黄河水沙调控与生态治理丛书

黄河下游生态廊道构建理论与实践

张金良　等 著

科 学 出 版 社
北 京

内 容 简 介

作者坚守黄河治理一线30余年，针对世界上最复杂、最难治理的河流长期致力于治河基本理论与重大水利工程设计运用技术研究。本书是作者于2017年以来在深入认识黄河下游在新形势下面临的问题、机遇和挑战的基础上，采用综合行业视角，回应社会、学界对宽滩多沙河流治理的诸多疑虑，逐步形成的黄河下游生态廊道构建思考、理论探索和试点规划实践的总结，并介绍了从黄河下游治理与保护的历程和现状出发，不断深化黄河下游复合功能认识与约束结构解析，形成黄河下游生态廊道构建理论，开发一系列关键技术，从国土空间管控及法律协调方面提出可持续发展保障制度体系，在三个典型宽滩河段滩区开展试点规划实践的成果。

本书可供从事河道治理、生态保护、空间规划等方面研究、设计和管理的水利科技工作者及相关专业师生参考使用。

图书在版编目（CIP）数据

黄河下游生态廊道构建理论与实践/张金良等著. —北京：科学出版社，2021.10

ISBN 978-7-03-067581-1

Ⅰ.①黄… Ⅱ.①张… Ⅲ.①黄河-下游-生态环境建设-研究 Ⅳ.①X321.2

中国版本图书馆CIP数据核字（2020）第260377号

责任编辑：朱 瑾 习慧丽 / 责任校对：严 娜
责任印制：赵 博 / 封面设计：无极书装

科学出版社出版
北京东黄城根北街16号
邮政编码：100717
http://www.sciencep.com
北京建宏印刷有限公司印刷
科学出版社发行 各地新华书店经销
*
2021年10月第 一 版 开本：787×1092 1/16
2025年 1 月第三次印刷 印张：22
字数：522 000

定价：298.00元

（如有印装质量问题，我社负责调换）

前　言

本书是我近年来对黄河下游河道和滩区问题的一些研究成果的整体思考，同我学习生涯、工作生涯的研究、思考、实践紧密关联。世事洞明皆学问，我的学习经历、工作经历让我对黄河水沙问题、黄河治理有思考的载体，也有验证实践的机会，为本书的成稿提供了支撑和基础。

1963年我出生于河南新安，洛水汤汤、黄河滔滔，此间正是河洛文化的核心地带，河图洛书的古老传说一直令人神往。18岁我负笈北上天津，来到海河腹地，见识海河五大支流交汇奔流入海，求学于天津大学，开始与水利结缘；1997年南下，至长江穿城而过的南京，赴河海大学攻读硕士；1999年再赴天津大学，师从曹楚生院士，攻读水利水电工程水沙联合调度方向的博士，坚定了此后数十年努力工作的重点和方向。纵观我的求学经历，辗转于江河淮海间，一直在水利专业的道路上不断前进，逐渐将工作和学习结合起来，找到了努力的方向，这是本书成稿的第一道保障。

几十年的工作经历是本书形成素材的积累时期。我的工作足迹主要可以分为三个阶段，即三门峡枢纽管理局、黄河水利委员会防汛办公室及现在的黄河勘测规划设计研究院有限公司。1985年我从天津大学毕业，被分配到成立两年的三门峡枢纽管理局，从事水电站的运行管理与技术工作。在三门峡枢纽管理局工作的13年间，从技术计划处的技术员到基建分局副局长，从总工办主任到三门峡枢纽管理局副局长，从助理工程师到高级工程师，这是我事业上逐渐成长的时期，这期间我攻克了一些技术难关，破解过一些管理难题。2001年12月，我出任黄河防汛总指挥部办公室副主任和黄河水利委员会防汛办公室主任，肩负起整个黄河流域（片）的防汛调度管理重任，我开始从全河的视角审视黄河的泥沙问题。黄河复杂难治的症结在于水少沙多、水沙关系不协调，解决水沙关系主要靠增水、减沙和调水调沙，长期的治黄实践总结为“拦、排、调、放、挖”五字方针。2008年11月，我来到黄河勘测规划设计研究院有限公司，一直工作至今。黄河勘测规划设计研究院有限公司是黄河水利委员会治黄的技术参谋，为治黄的各项战略、战术提供技术支撑。我工作的内容更加拓宽，从水库调度、防汛为主的专长，扩展到治黄的方方面面。我对黄河治理有了更广泛、深入的了解、认识，意识到尽管人民治黄成绩斐然，但黄河依然存在着洪水威胁、下游悬河、水资源短缺、滩区居住大量群众等一系列问题和相互交织的矛盾，不断破解上述难题，逐步探索出人、水、沙和谐相处的黄河下游河道治理方略意义深远。近年来，论证建设黄河水沙调控体系、研究黄河下游河道生态治理是我在治黄方面主要投入的工作。黄河下游河道生态治理构想，是我基于新时代新的治水方针，提出的一种实现下游河道悬河治理和破解滩区群众生产安全问题的一种全新思路。

2019年9月18日召开了黄河流域生态保护和高质量发展座谈会，黄河流域生态保护和高质量发展上升为重大国家战略，提到了“治国必治黄”的高度，发起了“让黄河成为造福人民的幸福河”的伟大号召。

黄河下游历来是治黄的重中之重。新时期，下游仍存在突出问题。首先，“二级悬河”态势严峻、游荡性河势尚未得到有效控制，黄河下游滩区已经成为黄河防洪工程体系的短板。其次，黄河下游滩区是黄河人水关系矛盾的焦点。千里悬河长治久安的需要使得滩区近 190 万滩民的生存发展受到长期限制，滩民的生产生活也影响着黄河下游河道治理进程。滩区行洪滞洪沉沙与滩民防洪保安之间，群众致富、持续发展与下游洪水调度之间，沿黄城市群生态空间需求与滩区现状之间矛盾相互交织，下游滩区已经成为人水关系矛盾的焦点。再次，滩区限制性发展已经成为黄河生态文明建设的束缚。黄河下游滩区是我国极具地域特色的湿地生态系统，受洪水威胁和治河政策的限制，滩内公共基础设施严重缺乏，农业生产耕作粗放、效率低下，致使滩民生产生活极度困难；近 190 万滩民生活生产污水就近直排、固体垃圾处置无序，加之土壤重金属富集，滩区生态环境严重恶化；滩民对滩区湿地的人为干扰和对滩区土地的破碎化利用影响了滩区湿地生物的生境和生态廊道的连续性，也日益阻碍着黄河下游滩区作为淮河、海河流域的重要生态屏障功能的发挥，严重制约着黄河生态文明建设的进程。最后，黄河下游滩区安全建设滞后，移民迁建后续乏力。根据近两年滩外迁移安置规划实施情况，滩区人口外迁制约因素较多，当前迁建规划实施难度越来越大。

在国家全面建成小康社会、大力推进生态文明建设的总体战略部署下，迫切需要探索滩区综合治理新模式，破解黄河下游人水矛盾，实现黄河的长治久安和滩区群众的安居乐业、人水和谐。根据近年黄河水沙情势变化、下游标准化堤防完工建设和未来古贤水利枢纽开工建设等新情况，在可以预见的未来 100 年，进入黄河下游的水沙关系将是稳定和相对协调的，河道不显著淤积抬升、4000m^3/s 以上的中水河槽可以长期维持，这为黄河下游滩区综合治理提供了难得的有利条件。

2017 年以来，逐步形成了黄河下游生态廊道构建思路，即在生态文明建设思想的指导下，依照新时期治水方针，结合乡村振兴战略，依照“洪水分级设防、泥沙分区落淤、三滩分区治理”的新思路，采用生态疏浚稳槽、泥沙淤筑塑滩，形成主槽、嫩滩、二滩、高滩的空间格局，规划建设黄河下游生态廊道，作为生态、生产、生活的基底，维护黄河健康生命，促进流域人水和谐。近年来，此思路不断完善丰富，我们也不断与学界、社会各界交流讨论，引起了热烈响应。

在黄河流域生态保护和高质量发展战略走向深入之际，特整理撰写此书，以飨读者！

2019 年 12 月

目　　录

第 1 章　黄河下游治理与保护

黄河是我国的第二大河，发源于青藏高原巴颜喀拉山北麓海拔 4500m 的约古宗列盆地，流经青海、四川、甘肃、宁夏、内蒙古、山西、陕西、河南、山东等九省（区），最后注入渤海。干流河道全长约 5464km，流域面积 79.5 万 km^2（包括内流区 4.2 万 km^2）。自河源至内蒙古托克托县的河口镇为黄河上游，干流河道长约 3472km，流域面积 42.8 万 km^2，汇入的较大支流（流域面积大于 1000km^2）有 43 条。河口镇至河南郑州桃花峪为黄河中游，干流河道长约 1206km，流域面积 34.4 万 km^2，汇入的较大支流有 30 条。桃花峪以下至入海口为黄河下游，干流河道长约 786km，流域面积 2.3 万 km^2，汇入的较大支流只有 3 条。黄河下游现状河床高出背河地面 4～6m，比两岸平原高出更多，成为淮河和海河流域的分水岭，是举世闻名的“地上悬河”。

本书所关注的黄河下游研究范围从西霞院水利枢纽坝下开始，至黄河入海口结束，以宽滩河段为研究重点。由于中游河南洛阳白鹤镇至郑州京广铁路桥河段与下游一样具有宽、浅、散、乱的宽滩游荡特征且无拦河闸坝阻隔，通常也将其纳入黄河下游研究范围内，在说法上概称黄河下游。山东利津以下断面成为河口河段，为黄河泥沙堆积造陆形成的年轻陆地，形成了多流路入海的河口三角洲地带，其生态系统独特、生物多样性层次丰富，其生态空间功能的强约束性得到了公认。本书将河口地区纳入生态廊道考虑范围，加强保护与修复，探讨水沙通道作用对河口的影响，对河口治理暂不作深入讨论。

1.1　黄河下游河道及滩区概况

1.1.1　河道与滩区形成

黄河下游为堆积型的河道，加之多泥沙的特性，河势游荡摆动，构成了黄河下游善淤、善徙、善决的特点。在输送泥沙入海的同时，也淤积塑造了华北大平原。自有历史记载以来，黄河下游河道发生过多次变迁。自周定王五年（公元前 602 年）到 1948 年的 2500 多年间，黄河下游决口 1500 多次，大改道 26 次，因此有“三年两决口，百年一改道”的说法。早期黄河被称为禹河，据历史记载，禹河流路大致经新乡、浚县、广平、广宗、巨鹿、沧县、静海等地，从天津以北流入渤海。周定王五年（公元前 602 年），河水侵夺漯水、漳水河道，注入渤海。汉武帝元光三年（公元前 132 年），黄河决口，向南摆动，经泗水入淮水。王莽始建国三年（公元 11 年），黄河决口，再度东侵漯水。唐昭宗景福二年（公元 893 年），黄河河口段决口，侵无棣水入海。此后至宋初，黄河下游频繁决口，河道分流不断。直到宋仁宗庆历八年（公元 1048 年），黄河大改道，北侵御河（今南运河）、界河（今海河）入海。12 年后，黄河又东出西汉故道侵笃马河入海，是为北、东二流。此后，宋神宗熙宁年间黄河又东流夺泗入淮，北流合济入海。16 世纪，明朝万历年间经潘季驯推行“筑堤束水、以水攻沙”的治河方针，黄河下游基本固定为单股河道（即图 1.1-1 中的明清故道）。1855 年铜瓦厢决口，黄河夺大清河入渤海，形成下游现行河道。与现行河道相比，公元前 206 年至 1127 年，黄河变迁范围大都在现行河道以北，1127～1855 年，黄河变化范围皆在现行河道以南。

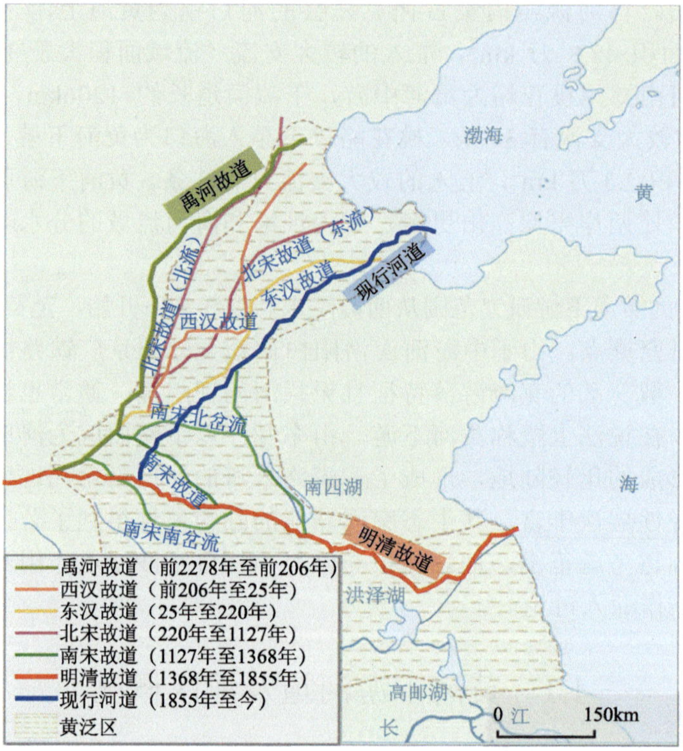

图 1.1-1　黄河下游河道变迁图

下游河道自白鹤镇至京广铁路桥河段为禹河故道，已有几千年的历史；京广铁路桥至东坝头（兰考县）河段为明清故道，已有 600 多年的历史；东坝头以下河段是 1855 年铜瓦厢决口后，黄河从东坝头改道流向东北，穿运河夺大清河以后形成的。黄河夺大清河入海之后，洪水漫流达 20 余年，沿河各地为限制水灾蔓延，顺河筑堰，遇湾切滩，堵截支流，修起了民埝，后在民埝的基础上陆续修建形成现状大堤（图 1.1-2），构成目前黄河下游滩区格局。铜瓦厢决口后黄河侵占了滩区居民的生存生活基地，堤防的修建使大量人口成为滩区居民。同时黄河下游河势游荡摆动，小洪水不上滩，一年中至少有一季收成，广阔的滩地适合人类耕作、生活。

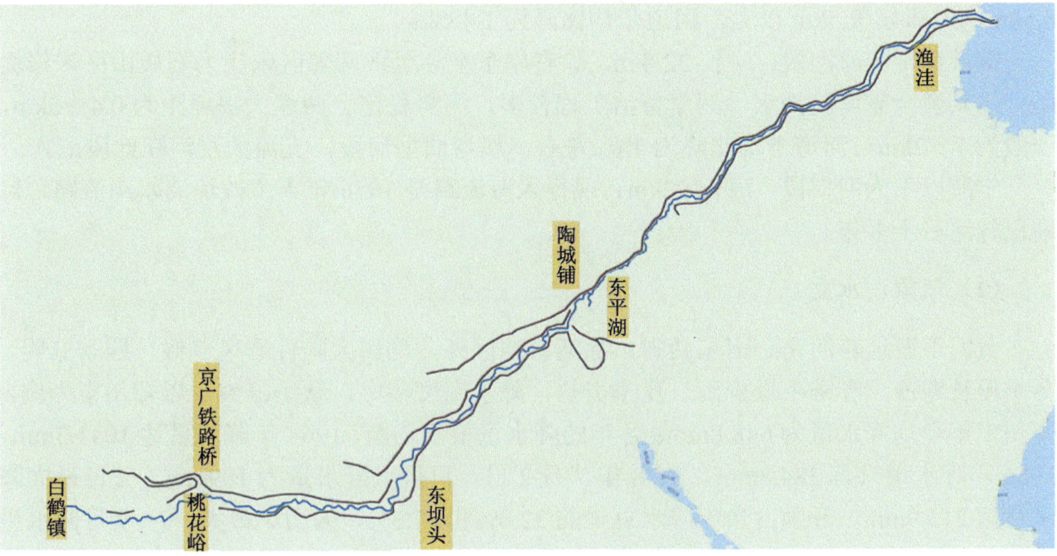

图 1.1-2　黄河下游堤防格局示意图

1.1.2　自然概况

（1）地形地貌

黄河下游的地貌类型主要为平原，有少量山区、丘陵。自沁河入黄口以下两岸为黄河冲积扇平原区，形成了我国最大的平原——黄淮海平原，渔洼以下为黄河三角洲。在山东东平湖以下右岸有一些山区丘陵，黄河下游最大支流大汶河在此山区形成。历史上黄河下游两岸平原是水域，由黄河长期淤积形成平原。由于堤防约束水沙，黄河下游河道淤积严重，成为世界闻名的“地上悬河”，也成为淮河、海河流域的天然分水岭。现行河道为 1855 年铜瓦厢决口形成的，河床已高出大堤背河地面 4～6m，局部河段达 10m 以上，高出两岸平原更多，严重威胁着黄淮海平原的安全，是黄河防洪减淤的最主要河段。从桃花峪至黄河口，除南岸东平湖至济南区间为低山丘陵外，其余全靠堤防挡水。

黄河下游河床高于两岸地面，汇入支流很少。支流只有天然文岩渠、金堤河和大汶河三条，由于河道淤积升高，入黄不畅。河道上宽下窄，比降上陡下缓，由 2.65‱降到 1‱。按照河道自然形态，黄河下游河道可分为游荡型、过渡型、弯曲型和河口段四类。

白鹤镇至高村（东明县）河段，河道长 299km。其中，京广铁路桥以上，右岸为高出河面 100～150m 的邙山黄土丘陵；左岸温县以上一般高出河面 10～40m，称为青风岭，温县以下地面逐渐降低，沁河口两侧修有堤防。京广铁路桥以下为广阔的大平原，两岸均修有堤防。该河段滩地广、河宽、水散，冲淤幅度大，主流摆动频繁，为典型的游荡型河段，两岸大堤堤距一般为 5～10km，最宽处达 20km 以上，河道比降为 1.72‱～2.56‱，支流伊洛河、沁河在此段汇入。

高村至陶城铺河段，河长 165km，由于河道控导工程的作用，尽管河势仍然变化较大，但主槽已趋于稳定，属于由游荡向弯曲转化的过渡型河段。两岸大堤堤距为 1.4～

8.5km，大部分在 5km 以上，河道平均比降为 1.48‱。

陶城铺至宁海河段，河长 322km，除右岸东平湖至济南郊区宋庄为石质山区未修堤防外，其余全靠堤防挡水。两岸整治工程较多，河势稳定。两岸大堤堤距为 0.4～5km，一般为 1～2km。河道平均比降为 1‱左右，属弯曲型河段，支流大汶河在此段汇入。

宁海以下为河口段，河长 92km，现行入海流路是 1976 年人工改道清水沟流路，目前已行河三十多年。

（2）气象、水文

黄河下游地跨河南、山东两省，除河口地区外，均属大陆性季风气候，四季分明，冬季漫长寒冷，春季干燥少雨，夏季炎热，降水高度集中，秋季凉爽。以郑州市为例，郑州市年平均降水量为 648.8mm；各年的降水量很不均衡，1964 年降水量达 1041.3mm，1986 年降水量只有 384.8mm。1978 年 7 月 2 日，日最大降水量为 189mm，三日最大降水量达 215.9mm，分别占当年降水总量的 32.6%和 37.3%，为历年最大。7～9 月降水量占全年的 50%～56%，冬季降水量占全年的 4%～5%，年内大到暴雨降水日数为 5～7d。

黄河河口地区属北温带半湿润大陆性气候，光照充足，四季分明。多年平均气温为 12.2℃，极端最高气温达 41℃，极端最低气温为–22℃。多年平均降水量为 601mm，最大年降水量达 950mm，最小年降水量为 284.6mm。多年平均水面蒸发量为 1944.2mm。全年日照小时数为 2750h，年均无霜期为 211d。风向随季节变化，年均风速为 3.7m/s。

黄河下游洪水主要由中游地区暴雨形成，洪水发生时间为 6～10 月。黄河中游的洪水，分别来自河龙间（河口镇—龙门区间）、龙三间（龙门—三门峡区间）和三花间（三门峡—花园口区间）这三个地区。

由于黄河流域面积大，上游、中游、下游各区的气候特性和暴雨特性各不相同，因此各区所发生的洪水并不同时遭遇。对实测和调查资料统计分析，花园口站大于 8000m^3/s 的洪峰流量，都是以中游地区来水为主所造成的；兰州站相应来水流量一般仅 2000～3000m^3/s，组成花园口站洪水的部分基流。下游为“地上悬河”，汇入水流较少。以三门峡以上来水为主的“上大洪水”和以三花间来水为主的“下大洪水”一般不遭遇。

（3）潮汐与风暴潮

黄河三角洲滨海区大部分岸段为不正规半日潮，仅神仙沟口附近岸段表现为不正规日潮，离神仙沟越远半日潮性质越强，现行清水沟入海位置为不规则半日潮性质。各地潮差不等，神仙沟以北潮波附近潮差最小，仅为 0.4m，沿三角洲北部岸线向西和沿三角洲东部岸线向南，潮差均逐渐增大，徒骇河口、小清河口潮差达 1.6～2.0m。

三角洲地区的大风主要是东北风，8 级以上的大风中东北风占将近一半。春季（3～5 月）大风日数最多，约占全年大风日数的一半。西部海岸的大风日数多于东南海岸。因此，风暴潮多发生在春季和西部海岸。

百余年来，黄河三角洲发生特大风暴潮 8 次，分别是在 1845 年、1890 年、1938 年、1964 年、1969 年、1992 年、1997 年和 2003 年，其中 1997 年 8 月发生的特大风暴潮，无棣县东风港出现 3.26m 的最高潮位，浪高达到 4m，造成了严重的人员伤亡和损失。

1.1.3　社会经济概况

黄河下游防洪保护区面积广大，涉及黄淮海平原的重要经济地带。由于特殊的黄河河情，下游悬河一旦发生洪水决溢，其洪灾影响范围将涉及冀、鲁、豫、皖、苏 5 省的 24 个市 110 个县（市、区），总土地面积约 12 万 km^2，耕地 1.12 亿亩①。黄河下游两岸防洪保护区内人口密集，2017 年人口约 9655 万人，有郑州、开封、新乡、济南、聊城、菏泽、东营、徐州、阜阳等大中城市，有京广、京沪、陇海、京九等铁路干线以及京珠、连霍、大广、永登、济广、济青等高速公路，有中原油田、胜利油田、永夏煤田、兖州煤田、济宁煤田、淮北煤田等能源工业基地。由于目前河床高出背河地面 4～6m，局部超出 10m，黄河一旦决口，洪水淹没和泥沙埋没，将造成人民群众大量伤亡和巨大经济损失。除洪水直接淹没造成巨大损失外，洪水带来的泥沙沉积在城市、农村、工矿企业，淤塞治海、治淮水系和引黄渠道，淤高交通道路，大量良田沙化，这些损失远远超过直接淹没的损失，对经济社会和生态环境造成的损害将长期难以恢复。

黄河下游两岸堤防约束着广大滩地，社会经济发展历史悠久，是不可忽略的重要区域。

黄河下游渔洼以上河段流经河南省、山东省的 15 个市 43 个县（市、区）。下游河道面积为 4860.3km^2，现行河道两岸堤防之间，有 120 多个大小不等的滩地，滩区面积为 3154.0km^2（含封丘倒灌区），占下游河道总面积的 65%。按滩区面积划分，单个滩区面积大于 100km^2的有 7 个，50～100km^2的有 9 个，30～50km^2的有 12 个，30km^2以下的有 90 多个。滩地大部分位于陶城铺以上河段（表 1.1-1），面积占下游滩区面积的 83%以上（表 1.1-2）。

表 1.1-1　黄河下游滩区总体情况

河段	行河历史	河段长度（km）	河道宽度（km）	滩区面积（km^2）	耕地（万亩）	村庄（个）	人口（万人）	主要滩区
白鹤镇—京广铁路桥	禹河故道	98	4.1～10	445.2	49.7	73	9.10	温孟滩
京广铁路桥—东坝头	明清故道	131	5.5～12.7	702.5	76.8	361	45.42	原阳滩、郑州滩、开封滩
东坝头—陶城铺	现行河道	235	1.4～20	1477.2	157.0	992	93.37	长垣滩、习城滩、辛庄滩、陆集滩、清河滩、兰东滩、葛庄滩、左营滩
陶城铺—渔洼	现行河道	350	0.4～5.0	529.1	56.6	502	41.63	长平滩
合计		814		3154.0	340.1	1928	189.52	

注：人口数据为 2007 年详细数据，出自《黄河流域综合规划（2012—2030 年）》

① 1 亩≈666.7m^2。

表 1.1-2 黄河下游滩区主要滩区情况表（2007 年卫星解译数据）

序号	滩名	面积（km^2）	耕地（万亩）
1	原阳滩（含武陟县、封丘县）	407.7	46.6
2	长垣滩	302.6	31.3
3	濮阳滩（含范县、台前县）	263.1	25.3
4	开封滩	136.8	13.0
5	兰东滩（兰考县、东明县）	184.2	18.8
6	长平滩（含东平县、平阴县、长清区、槐荫区）	369.4	36.1
7	封丘倒灌区	407.0	50.1

（1）人口

1946 年人民治黄之初，黄河下游河道内已居住有 40 多万人。2007 年，黄河水利委员会（简称“黄委会”）通过入户调查、抽样调查的方式，对黄河下游滩区人口进行了全面统计，人口总数为 189.52 万人。考虑河南、山东两省多年人口自然增长率计算至 2014 年，黄河下游滩区共有 1928 个村庄，人口 195.79 万人，其中河南省共有村庄 1146 个，人口 130.92 万人；山东省共有村庄 782 个，人口 64.87 万人，这次数据统计分析与 2014 年黄委会开展黄河下游河道测绘工作时典型调查人口基本一致。2013～2017 年，河南省人民政府陆续开展外迁安置试点工作。2017 年，发展改革委印发《山东省黄河滩区居民迁建规划》《河南省黄河滩区居民迁建规划》，人口处于不断变化中。2019 年，通过典型调查和抽样统计，滩区居住群众约 190 万人，河南、山东两省迁建规划完成后仍有近百万群众生活在洪水威胁中。

黄河下游滩区陆续形成了相对固定的社会关系和社会管理架构。山东省济南市长清区、平阴县分布在滩区，洪水风险大；河南省有近 30 个整建制乡（镇、街道）分布在滩区，例如，新乡市平原城乡一体化示范区桥北乡、韩董庄镇，长垣市恼里镇、芦岗乡、苗寨镇、武丘乡等整个乡（镇、街道）均分布在滩区，乡（镇、街道）、村等基层政府和自治组织、民生基础设施均分布在滩区，形成了相对稳固的社会管理架构。还有近 40 个乡（镇、街道）是跨滩区乡（镇、街道），乡（镇、街道）政府一般在滩外，管理职能扩展到滩内。

对于河南省黄河滩区大县（市、区）来说，滩区人口占各县（市、区）人口的 20%～35%，滩区群众社会发展是县域发展的重要组成部分。例如，新乡市长垣市 2019 年总人口约 88 万人，在滩区生活的人口约 29 万人，涉及恼里镇、魏庄街道、芦岗乡、苗寨镇、武丘乡等 5 个乡（镇、街道），占全县（市、区）人口总数的 33%。

（2）土地利用情况

黄委会在 2007 年对土地类型信息进行了分析，依据遥感影像，结合相关资料和野外调查成果，通过人机交互式目视分析解译提取。根据遥感调查结果，黄河下游河道内耕地面积为 481.6 万亩（含封丘倒灌区耕地 50.1 万亩），占河道面积的 66.0%，其中滩内耕地面积为 340.1 万亩，河槽内耕地面积为 141.5 万亩；林地面积为 64.75 万亩，占河道面积的 8.9%；居民用地面积为 53.29 万亩，占河道面积的 7.3%；水面坑塘面积为 84.40 万亩，占河道面积的 11.6%；其他用地共 45.58 万亩。

黄河下游滩区总面积 473.1km^2，土地类型包括耕地、林地、居民用地、水面坑塘、水利设施用地、交通用地、企业用地等。

随着黄河下游河防工程的陆续修建，黄河下游游荡性河势虽未完全控制，但得到显著改善，河道与滩区边界进一步改变。特别是 2003 年以来，黄河下游洪水未曾漫滩，虽然每年仍有塌滩塌岸，但河道主流基本固定在相对窄的主槽内，滩区面积适当增加。特别地，随着基本农田、生态红线等敏感区的规划划定，黄河下游河道内土地利用有局部调整，也面临一些空间冲突和矛盾。

（3）经济现状

黄河下游滩区经济是典型的农业经济，基本无工业。农作物以小麦、大豆、玉米、花生、棉花为主。受汛期洪水漫滩的影响，秋作物有时种不保收，产量低而不稳，滩区群众主要依靠一季夏粮维持全年生活。

受漫滩洪水影响和生产环境及生产条件的制约，滩区经济发展落后，与周边区域的差距逐步扩大。洪水漫滩导致滩区群众收入低，损失大，财富得不到积累。据 2017 年统计，陶城铺以上河段滩区内集中分布着河南封丘、台前、范县 3 个国家级贫困县，以及河南原阳、濮阳和山东鄄城、东明 4 个省级贫困县，滩区贫困人口达 65 万人，形成了沿黄河下游滩区的贫困带。例如，2015 年河南农村居民人均可支配收入为 10 853 元，封丘、台前、范县滩区县分别为 8206 元、7434 元、7805 元；山东农村居民人均可支配收入为 12 930 元，鄄城、东明滩区县分别为 11 156 元、11 057 元，均远低于全省平均水平。经过近几年乡村振兴的大力投入，虽然已经基本实现脱贫摘帽，但其致富压力大，仍然是经济不发达区域①。

近年来，随着乡村振兴的大力推进，滩区基础设施投入加大，已有部分乡镇企业逐步萌发，如长垣恼里镇起重机产业、新乡平原城乡一体化示范区的河南由甲田农业科技有限公司等均在滩区快速发展，也有部分风光发电场在滩区出现，但是在政策性约束和限制下，普遍处于政策许可边缘地带，尚不能健康快速发展。

1.1.4　生态环境概况

黄河下游生态系统是生物与环境、生物与生物长期共同进化的结果（图 1.1-3）。黄河下游河道是兼具落淤沉沙、漫滩行洪等水文泥沙过程的宽滩河流生态系统，“悬河”特征显著且河滩人类活动强烈，其主要组成包括非生物环境和生物。

（1）非生物环境

黄河下游生态系统的非生物环境包括水土环境和人工设施。水环境物质因子主要包含地表水和地下水。地表水大部分来自黄河干流，其余的以滩内河渠、坑塘、沼泽等形

① 2021 年 2 月 25 日，习近平总书记庄严宣告：我国脱贫攻坚战取得了全面胜利！“三农”工作重心将转向全面推进乡村振兴。

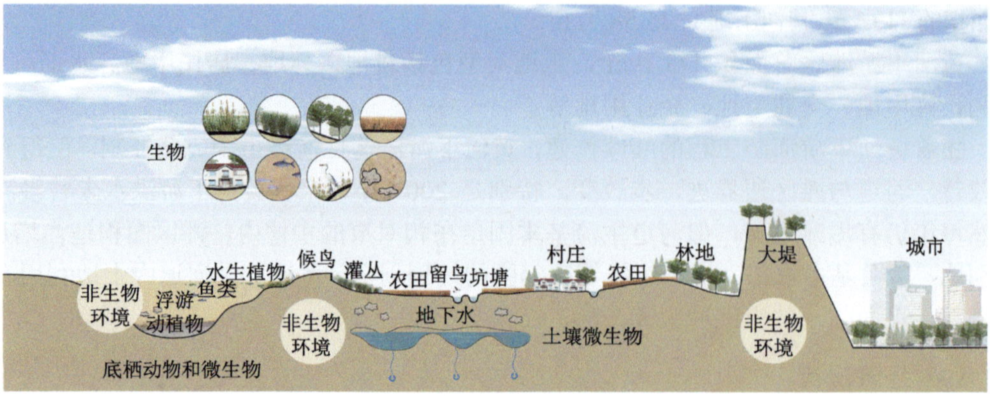

图 1.1-3　黄河下游生态系统结构示意图

式存在。水环境物质因子的主要特征属性为水量和水质。土壤环境物质因子主要包含面积广大的滩区和河床。滩区土地是陆生生物活动的主要场所，也是生态系统物质交换和能量流动的基底。河床维持了河流形态，为水生生态系统提供了重要场所。滩区土壤环境物质因子的主要特征属性为地质地貌、土地利用/覆被、土地质量等。人工设施主要包含防洪工程、河道工程等水利设施，以及滩区农业农村建筑等。

（2）生物

黄河下游生态系统的生物组分包括绿色植物（生产者）、动物及人类（消费者）、无脊椎动物和微生物（分解者）。按照人工属性和自然属性的区别可以将生物分为人类聚落、人工生物和自然生物。人类聚落主要是滩内生活的居民。人工生物包括粮食作物、经济林树种、用材林树种、饲料植物、养殖鱼类、畜禽等，这些生物及群落的物质循环与能量流动由人类活动引导和控制。自然生物包括河流及滩地的植物和各类野生动物，如水生、湿生及滩地陆生植被和群落，以及野生留鸟与候鸟、鱼类、爬行动物、两栖动物、昆虫等。

1.1.5　历史洪灾概况

黄河下游洪灾从范围尺度上分为两个层次，一个是与决堤有关的洪灾，决堤洪水水沙俱下，南犯江淮，北侵京津，危害极大。1946 年人民治黄后，黄河大堤在伏秋大汛未曾决口，黄河下游洪水灾害均在滩区发生，给滩区群众生产生活带来了巨大威胁，也不断激化着防洪运用与社会经济发展之间的矛盾。

（1）黄河下游洪水灾害

黄河下游是举世闻名的“地上悬河”，洪水灾害历来为世人所瞩目，历史上被称为“中国之忧患”。据不完全统计，从公元前 602 年（周定王五年）至 1948 年的 2500 多年间，下游决口泛滥的年份有 543 年，决口达 1590 余次，经历了 5 次重大改道和迁徙。洪灾波及范围西起孟津、北抵天津、南达江淮，遍及豫、鲁、皖、苏、冀五省的黄淮海平原，纵横 25 万 km^2，给国家和人民带来深重的灾难。

由于黄河下游河道高悬于两岸平原之上，洪水含沙量大，每次决口，水冲沙压，田庐人畜荡然无存者屡见不鲜，灾情极为严重。1761 年（清乾隆二十六年）和 1843 年（清道光二十三年）洪水较大，在黄河下游均发生决口夺溜的严重灾情。近代有实测洪水资料的 1919 年至 1938 年的 20 年间，就有 14 年发生决口。1933 年陕县站出现洪峰流量达 22 000m^3/s 的洪水，下游两岸发生 50 多处决口，受灾地区有河南、山东、河北和江苏等 4 省 30 多个县，受灾面积达 6592km^2，灾民达 273 万人。

1938 年国民政府为阻止日军西侵，于郑州花园口扒决黄河大堤，洪水经尉氏、扶沟、淮阳、商水、项城、沈丘至安徽进入淮河，使豫东、皖北、苏北 44 个县受淹，泛区一片汪洋，受灾人口达 1250 万人，有 300 多万人背井离乡，89 万人死于非命。

黄河下游河道是海河流域和淮河流域的分水岭。根据历史洪泛情况，结合现在的地形地物变化分析推断，在不发生重大改道的条件下，现行河道向北决溢，洪灾影响范围包括漳河、卫运河及漳卫新河以南的广大平原地区；现行河道向南决溢，洪灾影响范围包括淮河以北、颍河以东的广大平原地区。黄河下游洪泛影响范围涉及冀、鲁、豫、皖、苏五省的 17 个市（地）107 个县（市、区），总面积达 12 万 km^2，包括耕地 1.1 亿亩，受灾人口近 1 亿人。就一次决溢而言，向北最大影响范围为 3.3 万 km^2，向南最大影响范围为 2.8 万 km^2（表 1.1-3）。

表 1.1-3　黄河下游不同河段堤防决溢洪水波及范围

决溢堤段		泛区面积（km^2）	泛区范围	主要城市及设施
南岸	郑州—开封	28 000	贾鲁河、颍河与惠济河、涡河之间	开封，陇海铁路（郑州—兰考）
	开封—兰考	21 000	涡河与沱河之间	开封，陇海铁路（郑州—兰考），淮北煤田
	兰考—东平湖	12 000	高村以上决口波及万福河与明清故道间，以及邳苍地区；高村以下决口波及菏泽、丰县一带及梁济运河、南四湖，以及邳苍地区。两处决口，泛区面积相近	徐州，津浦铁路（徐州—滕州）、新菏铁路、京九铁路，兖州煤田、济宁煤田
	东平湖以下	6 700	沿小清河两岸漫流入海	济南少部分地区，胜利油田南岸
北岸	沁河口—原阳	33 000	北界卫河、卫运河、漳卫新河，南界陶城铺以上为黄河，以下为徒骇河	新乡，京九铁路（郑州—新乡）、津浦铁路（济南—德州）、新菏铁路，中原油田
	原阳—陶城铺	8 000～18 500	漫天然文岩渠流域和金堤河流域；若北金堤决口，漫徒骇河两岸	新菏铁路、津浦铁路（济南—德州）、京九铁路，中原油田、胜利油田北岸
	陶城铺—津浦铁路桥	10 500	沿徒骇河两岸漫流入海	津浦铁路（济南—德州），胜利油田北岸
	津浦铁路桥以下	6 700	沿徒骇河两岸漫流入海	胜利油田北岸

目前，黄河下游悬河形势加剧，防洪形势严峻，黄河一旦决口，势必将造成巨大灾难，打乱整个国民经济的部署和发展进程。据初步估算，如果北岸原阳以上或南岸开封附近及其以上堤段发生决口泛滥，直接经济损失将达 1000 亿元。

黄河下游的历史灾害和现实威胁充分说明黄河安危事关重大，它和淮河、海河的治理，与黄淮海平原的国计民生息息相关。黄淮海平原经济社会的快速发展，对下游防洪提出了越来越高的要求，确保黄河下游安全，对建设中国特色社会主义事业和实现可持续发展具有重要的战略意义。

（2）滩区洪灾

由于黄河主槽摆动，洪水泛滥，滩区群众在重度风险中求生存谋发展。为规避洪水风险，滩区群众陆续修建了避水村台、房台、避水楼、临时避水台等避水设施，在一定程度上减轻了洪灾风险，但避水设施缺少统一规划、标准低、各自防守等制约了其防御能力的充分发挥。据不完全统计，1949 年以来黄河下游滩区遭受不同程度的洪水漫滩 30 余次，累计受灾人口 900 多万人次，受淹耕地 2600 多万亩次，历年受灾情况详见表 1.1-4。

表 1.1-4　黄河下游滩区 1949 年以来受灾情况统计表

年份	花园口站最大流量（m^3/s）	淹没村庄（个）	人口（万人）	耕地（万亩）	淹没房屋（万间）
1949	12 300	275	21.43	44.76	0.77
1950	7 250	145	6.90	14.00	0.03
1951	9 220	167	7.32	25.18	0.09
1953	10 700	422	25.20	69.96	0.32
1954	15 000	585	34.61	76.74	0.46
1955	6 800	13	0.99	3.55	0.24
1956	8 360	229	13.48	27.17	0.09
1957	13 000	1 065	61.86	197.79	6.07
1958	22 300	1 708	74.08	304.79	29.53
1961	6 300	155	9.32	24.80	0.26
1964	9 430	320	12.80	72.30	0.32
1967	7 280	45	2.00	30.00	0.30
1973	5 890	155	12.20	57.90	0.26
1975	7 580	1 289	41.80	114.10	13.00
1976	9 210	1 639	103.60	225.00	30.80
1977	10 800	543	42.85	83.77	0.29
1978	5 640	117	5.90	7.50	0.18
1981	8 060	636	45.82	152.77	2.27
1982	15 300	1 297	90.72	217.44	40.08
1983	8 180	219	11.22	42.72	0.13
1984	6 990	94	4.38	38.02	0.02
1985	8 260	141	10.89	15.60	1.41
1988	7 000	100	26.69	102.41	0.04
1992	6 430	14	0.85	95.09	0
1993	4 300	28	19.28	75.28	0.02
1994	6 300	20	10.44	68.82	0
1996	7 860	1 374	118.80	247.60	26.54
1997	3 860	53	10.52	33.03	0

续表

年份	花园口站最大流量（m^3/s）	淹没村庄（个）	人口（万人）	耕地（万亩）	淹没房屋（万间）
1998	4 700	427	66.61	92.20	0
2002	2 600	196	12	29.25	0
2003	2 500	0	14.02	37.92	0.53

新中国成立以来，滩区洪涝灾害最严重的是 1958 年、1976 年、1982 年和 1996 年。其中，1958 年、1976 年和 1982 年东坝头以下的低滩区基本上全部上水，东坝头以上局部漫滩；1996 年 8 月洪水（“96.8”洪水）的淹没范围、影响人口以及造成的财产损失均为人民治黄以来最严重的一次。小浪底水库建成运用后，黄河下游防洪形势发生了新的变化，但局部河段仍发生由小洪水引起的灾害，如 2002 年洪水以及 2003 年秋汛洪水。

1996 年 8 月花园口站洪峰流量为 7860m^3/s（图 1.1-4），由于河道淤积严重，除高村、艾山、利津三站外，其余各站水位均达到了有实测记录以来的最高值，滩区几乎全部进水，甚至连 1855 年以来从未上水的原阳、开封、封丘等高滩也大面积漫水。据调查，“96.8”洪水滩地平均水深约 1.6m，最大水深为 5.7m，洪水淹没滩区村庄 1374 个，淹没耕地 247.60 万亩，受灾人口为 118.80 万人，房屋倒塌 26.54 万间，损坏房屋 40.96 万间，紧急转移安置群众 56 万人，按当年价格估算，直接经济损失达 64.6 亿元。

1996年8月，花园口站洪峰流量为7860m^3/s，洪水位高于1958年22 300m^3/s的洪水位

图 1.1-4　1996 年 8 月洪水位示意图

由于黄河下游来水严重偏枯，长期小水行河，主槽淤积严重，2002 年调水调沙期间，东坝头—陶城铺河段的濮阳县渠村东滩和习城滩、东明县北滩、鄄城县左营滩、郓城县四杰滩等滩区在河道流量为 1800m^3/s 时进水，淹没面积达 45.3 万亩，淹没耕地 29.25 万亩，水围村庄 196 个，受灾人口为 12 万人。

2003 年 8 月下旬到 10 月下旬，受“华西秋雨”影响，黄河流域发生了新中国成立以来少见的长历时较大流量秋汛，来水量 340 亿 m^3 以上，比前几年同期高出一倍以上，接近多年平均值。东坝头—陶城铺河段共有 9 处自然滩漫滩，其中兰考北滩—东明南滩滩区平均水深 3m 左右，最大水深约 8m，灾害最为严重。此次洪灾，按照河南、山东两省上报的数据，东坝头—陶城铺河段淹没面积共计 49.78 万亩，其中淹没耕地 37.92 万亩，受灾人口 14.02 万人，房屋倒塌 1999 户 5312 间，损坏房屋 10 270 户 38 803 间。

除上述洪灾外，黄河下游滩区还受凌汛威胁，在封冻期或开河期冰凌插塞成坝，堵塞河道，水位陡涨，致使滩区遭受不同程度的凌洪漫滩损失。1968～1969 年，黄河下游发生“三封三开”的严重凌情，造成山东东阿、齐河、长清、平阴、章丘、济阳、高清、利津、垦利等 9 个县（区）的滩区多次进水受淹，受灾村庄达 130 个，淹没耕地 2 万亩，受灾人口为 6.6 万人。1997 年 1 月，河南台前县河段封河长度达 36km，卡冰壅水造成滩区倒灌，滩区水深 1～3m，有 6 个乡 109 个行政村被水淹没，8.66 万人被冰凌洪水围困，受淹面积达 10 万亩左右。小浪底水库于 2000 年投入黄河防凌运用后，利用其充足的防凌库容，直接调节进入下游河道的流量，黄河下游凌汛威胁基本解除。

1.2 黄河下游治理与保护历程

1.2.1 历史治河概述

黄河下游堤防始建于春秋，战国以后黄河来水来沙发生变化，黄河决口改道增多。为寻求治河对策，从西汉到北宋再到明清，不断产生新的治河思想。北宋以前，全国政治中心在黄河流域，平治水土、消除黄河水害、开发黄河水利，乃兴国安邦之举。金、元、明、清，国家的政治中心北移，经济中心南转，南北大运河横穿黄河，黄河失事，势必危及漕运。黄河的治理，依然是国家的较大开支之一，是朝廷直接过问的大事。

（1）北宋以前治河

自传说中的大禹治水至秦统一六国（约公元前 21 世纪至公元前 221 年），对黄河洪水的防御，大体经历了躲避、陂障、疏导至堤防四个阶段。

原始社会，先民以采集、狩猎为生，对黄河洪水采取躲避的方式，如商朝建都黄河下游（今豫北黄河故道两岸），多次迁都以避洪。

共工率众“壅防百川，堕高堙庳”，即取高处的土石修堤埝，防御洪水。尧舜时代，尧派鲧治水，亦按共工之法“障洪水”“作三仞之城（防洪墙）”。

舜派禹治水，开始也“陂障九泽”，治水失败，后改用“因水之流”“疏川导滞”，九河分流入海，终获成功。洪水平息后，人们“降丘宅土”，即迁居平原。夏、商、周黄河下游多道入海，史称禹河。

春秋时，齐国与赵国、魏国以河为界，齐国地处下游，沿河平原地势低下，水患较多。管仲于公元前 685 年提出筑堤防洪、除害兴利，被齐桓公采纳并付诸实施，齐国得以富强并终成霸业。此后，延河诸侯各自为利，先后筑堤。为避免堤防弯曲，人为成险，公元前 651 年齐桓公于葵丘会集诸侯订立盟约，确定了“无曲防”的治河法规。战国时黄河下游堤防规模进一步扩大，并连贯一体，当时堤防较宽。《汉书·沟洫志》记载贾让之说：“盖堤防之作，近起战国，雍防百川，各以自利。齐与赵、魏，以河为竟。赵、魏濒山，齐地卑下，作堤去河二十五里。河水东抵齐堤，则西泛赵、魏。赵、魏亦为堤，去河二十五里。”

为保护农田，在两岸堤防内，农民又各自设防，严重影响行洪。秦始皇时期，河防也得到统一整治，主要是“决通川防，夷去险阻”。

西汉初期，黄河相对安定，中后期，河患渐多。为平河患，逐渐提出了许多新的治黄方略，改河说、分疏说、滞洪说、水力冲沙说及贾让三策具有较强的代表性。王景治河后黄河进入一个相对安流时期，因而为后人所传诵。

汉武帝时，黄河下游瓠子决口泛滥二十余年，延年上书改河，使黄河成为防御匈奴的天然屏障，同时避免下游成灾。这一设想得到汉武帝欣赏，但其认为“河乃大禹之所道”，不能更改。西汉鸿嘉四年（公元前 17 年），黄河泛滥，丞相史孙禁查勘后提出黄河下游向东改道的意见，河堤都尉许商及公卿反对。王莽时大司空掾王横提出黄河下游向东北改道，改循禹河故道，沿太行东麓入海。

随着泥沙淤积悬河的出现，分疏说一派憧憬大禹“疏九河”千年无患，主张多支分流入海。公元前 32 年，清河都尉冯逡提出复开屯氏河，以助大河宣泄，而备非常。王莽时御史韩牧以为，可略于《禹贡》九河处穿之，纵不能分为九河，但分四五条河，也还是大有益处的。分疏的建议，均未被采纳。

王莽时，长水校尉关并提出开辟滞洪区分洪，建议将太行山以东、菏泽以西、开封以北、大名以南一带的低洼地区作为滞洪区，在洪水期分滞洪水。大司马史张戎反对分流，他指出“水性就下，行疾则自刮除成空而稍深”“民皆引河、渭、山川水溉田。春夏干燥，少水时也，故使河流迟，贮淤而稍浅”，阐述了河水流速与河床冲淤的关系，反对分流，甚至反对上中游引水灌溉。

公元前 7 年，贾让提出治河三策。他首先分析了下游河道的演变，筑堤前，河道宽阔，河水“左右游波，宽缓而不迫”；早期筑堤，堤距尚宽，河水游荡、滩地肥美；而人们贪图滩地肥美，耕种筑宅，进而又堤内筑堤自救，缩窄河道，有碍行洪，常决口为患。基于此，上策是不与水争地，人工移民、改道。遵古圣之法，可实现“河定民安，千载无患”。中策是在黄河狭窄段分水灌溉，既灌了田，又治理了河。虽非古圣之法，但也可以“富国安民，兴利除害，支数百岁”。而加高加固现有的堤防，不但劳费无穷尽，而且免不了河患频频，这是下策。贾让三策为后人所推崇，但清朝靳辅曾笑谈：“有所言之甚中听而必不能行者，唯贾让论治河是也。”

公元 11 年黄河决口，河汴乱流，泛滥豫东南、豫北、鲁西及皖西北，黄河失治 60 余年。公元 69 年，汉明帝派王景、王吴修渠治河，修筑千余里堤防，整修汴渠。王景治河达到了“河汴分流，复其旧迹”，黄河经濮阳、聊城、禹城、临邑，由利津入海。该河道行河近千年，直至北宋初年才改道，史称京东故道。自西晋大乱至南北朝的 300 多年中，黄河下游长期处于战乱之中，人口锐减，堤防残破，洪水一度自由泛滥，现有史料中有近 30 次黄河大水记载。

隋唐时期，黄河下游经济迅速发展，两岸堤防日渐加固。据考证，唐朝的堤防宽窄不一，一般在 10km 以上，浚县、滑县河段堤防最为狭窄，为 3～4.5km。据记载，浚县、滑县窄河段在公元 813 年、公元 865 年曾两次局部改河分洪抗御特大洪水。同时，唐朝仍有堤内筑堤的现象，曾有“令诸侯水堤内不得造小堤”的法律规定。

北宋时期，1048 年黄河在濮阳附近商胡埽决口，改由衡水、献县北流，由天津入海。朝廷上下，从对京师的安危、漕运的通阻、边防的形势等考虑，力图堵北流改走东流（又称“二股河”，1060 年在西决口分出的叉流，介于京东故道和北流之间，经由德州、无棣入海），三次（1056 年、1069 年、1093 年）东流大改道均以失败告终。治河有筑遥堤、分流、滞洪、改道等多种思路、措施，还动用机械来疏浚河道淤积，朝廷还设“淤田司”，动用行政力量，进行大规模的放淤改土。

宋初，河行京东故道，人们在故道遥堤内垦殖居住，河床缩窄、河患增多，当时便有人主张“免赋徙民，兴复遥堤”。公元 983 年黄河决口后，巡堤使者赵孚巡视，遥堤“所存百无一二”。之后有人主张在下游易决口的狭窄河段，兴筑遥堤，以御河患。1029 年都大巡护澶滑河堤官高继密、1041 年龙图阁直学士姚仲孙都提出了狭窄河段放宽河道、筑遥堤的方案。1048 年黄河决口北流后河势也不稳，1101 年左正言任伯雨提出“宽立堤防，约拦水势”，终因工程浩大，未能实施。

公元 983 年黄河决口后，因遥堤“所存百无一二”，“治遥堤不如分水势”，在最狭窄的濮阳、滑县河段，南北岸开河分水。1012 年著作佐郎李垂主张在滑县以北分河六支。此外，韩贽、范百禄、吕大防等主张北流、东流并存。1089 年翰林学士苏辙、中书侍郎傅尧俞主张将东流作为分洪区分滞洪水。

宋人治河多举措，但河患依然，尤其是东流大改道的失败，朝廷对治河已失去信心。宋神宗总结说：“河之为患久矣，后世以事治水，故常有碍。夫水之趋下，乃其性也，以道治水，则无违其性可也。如能顺水所向，迁徙城邑以避之，复有何患？虽神禹复生，不过如此。”乃敕自今后不得复议回河闭口，盖采用汉人之论，俟其泛滥自定也。

（2）金、元、明、清治河

1128 年金兵南侵，南宋东京留守杜充决黄河南堤御敌，黄河从此南泛夺淮入黄海，直至 1855 年铜瓦厢决口，黄河再北泛夺大清河入渤海。

金至元初，战乱频繁，朝廷无暇治河，任其自然。元、明、清建都北京，南北水运是经济大动脉，治黄必须确保大运河畅通，堤防工程则与南宋相反，北堤强，人为逼水南流。其间，贾鲁治河、郭守敬引黄灌溉等都丰富、发展了治河理论与技术。明初奉行“北岸筑堤、南岸分流”的治河策略，在“分流杀势”的实践中逐渐产生了“分黄济运”“分黄济卫”等兴利除害兼顾的治河思想。万恭、潘季驯提出了“以河治河，束水攻沙”的治河理论。而自明朝后期始，河淮分流改道之说也不少，清朝更多。清康熙年间靳辅治河，秉承潘季驯的治河理论，主张治河筑堤与疏浚并举等。“汰沙澄源说”“沟洫治河论”则表明明清治河已开始重视中游水土流失问题。

1344 年白茅口（今山东曹县西北）决口，主流东注入运河，再南流入淮。1351 年朝廷决定堵复决口，工部尚书兼总治河防使贾鲁采用疏（分流）、浚（浚淤）、塞（拦堵）三法，筑堤、堵口皆有创新，成功实现河复故道。

总理河道万恭曾局部试验“束水攻沙”，证明有效果，总理河道潘季驯则明确提出“束水攻沙”的主张：“水分则势缓，势缓则沙停，沙停则河饱，尺寸之水，皆由沙面，止见其高。水合则势猛，势猛则沙刷，沙刷则河深，寻丈之水皆由河底，止见其卑。筑堤束水，以水攻沙，水不奔溢于两旁，则必直刷乎河底。”“束水攻沙”治河付诸实施后，“北堤南分”被完全取代。

明清堤防体系复杂，但主要是缕堤、遥堤。潘季驯用缕堤束水，他认为“缕堤即近河滨，束水太急，怒涛湍溜，必至伤堤。遥堤离河颇远，或一里余，或二三里。伏秋暴涨之时，难保水不至堤。然出岸之水必浅，既远且浅，其势必缓，缓则自易保也”。潘季驯后来的放淤固堤，有决缕堤而淤，有破缕堤而淤，直至淤滩代缕。清朝靳辅按照“束水攻沙”治河，放淤加固堤防，并在下游窄河段修建分洪闸，强化窄河段险工修守，同时还辅以河口河道疏浚。

明朝万恭认为黄河泛滥的重要原因之一就是两岸支流的汇水，他提出了改道南支入淮、北支入卫的方案。清朝胡渭、孙嘉淦、孙星衍、陈法、嵇璜等都有改道山东大清河的主张，魏源则积极主张人工改道大清河，预言北行是自然趋势，即使不人工改，也势必自然改。

（3）近代治河

1855 年铜瓦厢决口，黄河夺大清河入海，是堵塞决口回复故道还是乘势改行新道，朝廷长期争论不休。改行新道主要是考虑故道难以修复、铜瓦厢口门难堵、南河漕运恢复困难、南行逆水性、耗费大等因素，支持者众多，如张亮基、黄赞汤、沈兆霖、苏廷魁、李鸿章、乔松年、龙湛霖、翁同龢、潘祖荫、曾国荃、卢士杰、童宝善等；回复故道则主要是出于对漕运问题的考虑，新河道使山东各河尾闾受黄河顶托不畅、建南北新堤相距至少十里、弃地移民太多无以安置、妨碍大清河产盐、大清河两岸州县城池难保等，持此主张的人数少、声势小，有潘骏文、丁宝桢等。铜瓦厢决口之初，清廷忙于战争，未有治河争议。同治年间，国库渐增，治河争议侧重恢复漕运；光绪年间，漕运改由海运，但新河道淤积河患严重，回复故道的议论再起；到 1887 年，郑州决口后铜瓦厢干涸，干堵口门回复故道议论又起，但终因郑州决口为患甚大，堵塞了郑州决口，之后再无回复故道的争论。

1891 年单百克（荷兰）考察黄河提出，在下游用双重堤防来控制洪水，整治河道，并于内堤上修筑减水坝，则洪水漫淤 1.5～4km 的堤间空地。1898 年 9 月李鸿章、任道镕、张汝梅考察黄河，聘请卢法尔（比利时）参与考察。卢法尔指出，黄河病源在中游泥沙，提出了上下游全面治理的观点：首先应做两项基本工作，一是测量全河形势，包括河宽、深浅、堤岸高低厚薄，大水小水之深浅等；二是进行水文泥沙测验。对于河道工程，应根据河床泥沙淤积情况，规划河道纵坡与河床宽窄，控制流速，刷沙入海。在河口筑海塘，机械清淤。上游广泛植树造林，设闸坝拦沙，选大湖减少洪水。沿河设电线通电话，保证水情讯息畅通。1899 年 2 月李鸿章上奏“大治办法”十条：大培两岸堤身，以资修守；下口尾闾，应归复铁门关故道，以直达入海；建立减水坝；添置机器浚船；设迁民局；两岸堤成，应设厅汛；设立堡夫；堤内外地亩，给价除粮，归官管理；南北两岸设电话传语，并于险工段内酌设小铁路，以便取土运料；两岸清水（泛区积水）各工，俟治黄粗毕，量加疏筑，以竟全功。

李仪祉针对古代治河偏重下游河道但未得到根治的情况，提出治黄要上游、中游、下游并重，防洪、航运、灌溉、水电等要统筹兼顾。对下游河道他主张，在洪水得到控制之前，设置复式河槽，常遇洪水不出槽（约 6500m^3/s），非常洪水全断面行洪；洪水得到控制后，改单式河床加大挟沙能力。固滩坝固定河床，漫滩洪水被固滩坝阻挡而淤高滩面，清水归槽，冲刷河床。利津以下河口段筑堤不如巩固河岸，落淤形成天然堤。

张含英 1947 所写《黄河治理纲要》代表了这一时期他的治黄思想，对下游河道他认为民埝与大堤之间作为节蓄洪水场所，蓄洪兼落淤。巩固堤防，堤线分阶段调整，先选择特别突出的险工后靠，堤距狭窄的堤防放宽；当其他防洪工程到相当阶段时，再考虑缩窄堤距。固定河槽是当务之急，护岸工程先控制点，再扩充为线。

沈怡注重黄河史的研究。他推崇大禹、贾让、潘季驯的治河方法，又反对盲从古人。认为古人“防”多“治”少，防治不可偏废。他既反对利用大禹治水来反对筑堤，又反对借潘季驯“束水攻沙”将造堤作为唯一的治河方策。

1922 年费礼门（美国）发表《中国洪水问题》，并提出治河方案。他认为黄河下游堤距 4～8mile①，过分宽广，水流迂回易生险工，下游堤距只需 1/3mile 即可。他主张筑一直线新堤，以约束新河槽，使其不再迂回摆动，新堤与旧堤逐渐为泥沙淤填，形成一道坚固的堤防行水。堤线如需改向，要采用较小的弯度，半径不超槽宽的 2～3 倍。

恩格斯反对费礼门整治缩窄河床的主张，他认为宽堤具有储蓄洪水的作用。黄河的问题不在堤距过宽，而是无固定的中水河床、主流摆动。他主张固定中水河槽，通过“之”字形河道冲深河道，形成深水河槽，进而保持宽滩，洪水期漫滩落淤，淤高滩地，清水归槽进一步冲刷河槽。

方修斯师从恩格斯，他认为黄河下游中水、低水河槽在两堤间任意游荡，高水河床太宽，滩地水浅落淤，但泥沙大多淤积在河床之内。他建议筑一道或两道新堤，堤距 650m，新堤不一定要与旧堤同样高，也不要太坚固，超新堤标准洪水由新堤、旧堤间下泄。

恩格斯和方修斯师生二人争论不下，李仪祉建议试验解决争论。1931 年恩格斯在德国开展缩窄堤距试验，结果表明：将堤距缩窄之后，河床在洪水时并不因此冲深，洪水位也未下降反而抬高，造成新的漫溢危险。鉴于 1931 年试验用的是清水，河床沙粒与黄河不吻合。1932 年他在德国使用黄河泥沙进行了再次试验，结果表明：窄堤河槽泥沙输移较多；宽堤则泥沙的横向移动较多，河槽的刷深与滩地的淤高也远胜于窄堤。恩格斯据此提出两种治河方案：其一，固定中水河岸，防止滩地的冲刷，继续施行护岸工程，使河槽刷深至相当深度，再筑较低的堤工，以缩窄滩地；其二，用较高的堤工，缩窄滩地，不固定中水河岸。河槽刷深较缓，中水河槽将在堤防间移动，可能威胁洪水堤防，需相应加固。考虑到 1932 年试验是直线河槽，1934 年恩格斯采用“之”字形河道开展了第三次试验，分为宽窄两组，结果表明：窄堤洪水位增高，含沙量增大，滩地淤积减小，河槽冲深减小；宽堤试验中，在河槽弯曲处，从大堤筑大致并行河槽的堤防（简称翼堤），洪水时，翼堤局部被水淹没，结果洪水位虽增高，但因河槽逐年冲深，最小限度可逐步抵消洪水位的增高，预计经相当时期洪水可望低落，含沙量减小，滩地淤高大为增加，河槽

① 1mile≈1.609km。

冲深更甚。根据此次试验，恩格斯提出宽堤的措施：加高堤防；以适当工程（如堵塞支流）创造中水河槽，并固定下来；根据河槽形势，修筑翼堤；适当修筑保滩工程。方修斯也做过试验，结果表明：泄洪断面过宽，对低水河床塑造最为不利；缩窄堤防减少滩地后，洪水可大为刷深低水河床。因此他建议斟酌黄河形势，选择适当堤段缩窄堤距。

1.2.2　下游防洪工程体系建设

人民治黄以来，党和政府对黄河下游防洪工程建设十分重视，投入了大量人力物力，通过多年的研究和实践，初步形成了“上拦下排、两岸分滞”控制洪水和“拦、调、排、放、挖”处理、利用泥沙的基本思路。“上拦”就是根据黄河洪水陡涨陡落的特点，在中游干支流修建大型水库显著削减洪峰，如先后修建了三门峡水利枢纽、陆浑水库、故县水库、小浪底水利枢纽和河口村水库，在黄土高原坚持不懈地开展水土保持工作；“下排”即通过河防工程建设和河口治理，充分利用河道的排洪能力，确保进入河道的洪水排泄入海，包括干流堤防、险工和控导工程等；“两岸分滞”即在必要时利用两岸设置的滞洪区分洪，蓄滞下游较大洪水，主要有北金堤滞洪区和东平湖滞洪区。

黄河下游堤防历史悠久，随着河道变迁，经历代不断修建而成。现行河道两岸堤防，东坝头以上建于明清年代，已有 500 多年的历史，东坝头以下是 1855 年铜瓦厢决口改道后修筑的，亦有 160 多年的历史。目前，黄河下游临黄大堤长 1448.69km（含河口堤防），其中左岸 796.71km，右岸 651.98km。人民治黄以来，黄河下游进行了四次大复堤。1996 年以后，针对下游堤防堤身土质不良、质量差、存在较多裂缝和孔洞以及堤基分布有大量历史决口口门等问题，结合河道疏浚处理黄河泥沙，采用以放淤固堤为主、截渗墙为辅的措施开展了标准化堤防建设。依据国务院批复的《黄河流域防洪规划》，国家对下游进行了多次治理，实施了大量防洪工程建设。

（1）《“十五”后期科研项目》

2001 年 4 月，黄委会编报了《黄河下游 2001 年至 2005 年防洪工程建设可行性研究报告》（以下简称《“十五”后期科研项目》），并通过了水电水利规划设计总院（简称“水规总院”）审查和中国国际工程咨询有限公司的评估，总投资 127.34 亿元。2001～2004 年实际安排投资 41.37 亿元。2001～2004 年共完成大堤加高帮宽 169.056km，放淤固堤 562.411km，截渗墙 26.730km，堤顶防汛路 449.068km，防浪林 279.344km；险工改建坝垛 902 道，河道整治新建、续建 18.00km；东平湖大清河堤防加固 7.65km；沁河下游堤防加高帮宽 53.485km，险工改建坝垛 107 道。

（2）《亚行可研》

2003 年黄委会根据国家发展计划委员会《关于做好亚行贷款北部防洪项目准备的通知》，编报了《亚行贷款项目——黄河下游防洪工程建设可行性研究报告》（以下简称《亚行可研》），总投资 27.10 亿元。《亚行可研》共完成放淤固堤 98.70km，截渗墙 4.97km，堤顶防汛路 66.415km，防浪林 58.802km；险工改建坝垛 555 道，河道整治新建、续建 24.357km；东平湖围坝加固 77.829km。

（3）2005～2007 年实施方案

2003 年 11 月中国国际工程咨询有限公司组织专家对《“十五”后期科研项目》进行了评估，根据评估意见，扣除亚行贷款项目安排和“十五”前期安排的单项工程，于 2004 年 4 月编制完成了《黄河下游近期防洪工程建设可行性研究》（以下简称《近期可研》），并据此分别编制了 2005 年、2006 年和 2007 年实施方案，三年实施方案总投资 36.96 亿元。三年实施方案共完成大堤加高帮宽 539.938km，放淤固堤 164.477km，堤顶防汛路 370.383km，防浪林 100.613km；险工改建坝垛 134 道、防护坝 18 道，河道整治新建、续建 15.490km，控导加高加固 78 道坝垛；沁河下游堤防加高帮宽 20.00km，堤防加固 4.045km，险工改建加固 199 道，险工新建、续建 18 道；东平湖围坝加固 77.829km。三年实施方案解决了部分堤段堤顶宽度不足的问题，放淤固堤后部分堤段的强度得以提高；险工靠溜坝垛的改建缓解了顺堤行洪对堤防的威胁；高村以上河段主流游荡范围得到进一步控制；沁河下游部分堤段和险工段得到及时加固。

（4）《近期初设》

为保障黄河下游的防洪安全，依据《黄河流域防洪规划》提出的防洪目标及发展改革委、水利部的指示精神，黄委会组织编报了《近期可研》，发展改革委于 2011 年 12 月对《近期可研》进行了批复；据此编制的《黄河下游近期防洪工程建设初步设计》（以下简称《近期初设》）于 2012 年经水利部审查后实施。《近期初设》共安排大堤帮宽 120.302km，放淤固堤 134.904km，截渗墙 5.134km，堤顶防汛路 65.802km，防浪林 26.921km；险工改建坝垛 228 道，河道整治新建、续建和改造 6.541km，控导加固 3 处 52 道坝垛；沁河下游堤防加固 4.783km；东平湖二级湖堤加高加固 20.081km，扩建庞口闸，提高退水入黄能力。

（5）《“十三五”初设》

2014 年，黄河勘测规划设计有限公司编制完成了《黄河下游“十三五”防洪工程建设可行性研究报告》（以下简称《“十三五”可研》），水利部于 2015 年 2 月审查通过后，将报告更名为《黄河下游防洪工程可行性研究报告》，报送发展改革委。发展改革委于 2015 年 8 月对《“十三五”可研》进行了批复。2015 年 12 月，水利部正式批复《黄河下游防洪工程初步设计报告》（以下简称《“十三五”初设》），总投资 66.99 亿元。《“十三五”初设》共安排堤防加固 242.295km（其中放淤固堤 200.176km，临河修筑新堤 21.515km，截渗墙加固 20.604km）；防浪林 80.323km；4 处穿堤建筑物处理（麻湾闸、章丘屋子闸、豆腐窝闸和马山头涵洞）；山口隔堤土石结合部截渗墙加固（5 段 1.450km）。共安排险工改建加固 25 处坝垛 731 道。安排控导工程新建、续建 35 处，长 19.068km；其中续建 34 处，长 18.338km；新建 1 处（胜利控导），长 0.730km。安排控导工程改建加固 14 处（含 3 处险工），坝垛（岸）235 道。

“十五”以来，国家已安排投资 144.18 亿元，加上《“十三五”初设》投资的 66.99 亿元，共计安排投资 211.17 亿元（不含河口）。建设内容包括堤防加高、堤防加固、堤顶帮宽、堤顶道路硬化、穿堤建筑物拆除改建、险工改建加固、防护坝续建和改建、堤防防浪林及防汛道路建设；控导工程新建、续建及改建加固；东平湖滞洪区八里湾闸改建和庞口防倒灌闸新建；沁河下游堤防帮宽、加固及险工改建加固，完善部分工程管理内容。

到 2020 年《“十三五”初设》完成后，黄河下游白鹤镇至渔洼河段，按照 2000 年水平年设计水位，1 级堤防的高度不足问题已全部解决；堤防帮宽达到设计标准的堤段长 1278.428km，沁河口以上部分堤段、穿堤建筑物，欠宽 1m 以内、段落零散分布等不需加固堤段长 92.799km，下游河口以上堤防标准化建设全部完成，设防标准以内洪水的“漫决”和“溃决”问题基本解决，堤防整体抗洪能力大幅提高。重要险工靠溜改建加固已完成 2131 道坝垛，《“十三五”初设》安排 751 道，共完成 2882 道，占近期任务量的 56%；新建、续建河道整治工程 75.758km，加上《“十三五”初设》安排的控导工程 19.068km，已完成 106.081km（其中高村以上 56.484km），占规划的 61%。高村以上河段主流游荡范围进一步缩小，减少了“横河”发生机会，布点工程基本完成，高村以下河段河势得到了进一步控制，部分河道整治工程的自身强度也有了一定程度的提高；非工程措施及工程管理建设得到加强和完善。

2020 年之后，通过河道防洪工程建设，尤其在小浪底水库建成运用后，下游防洪能力由 60 年一遇提高到近千年一遇，通过水库拦沙和调水调沙，下游河道全线冲刷，主槽过流能力由 1800m^3/s 恢复到 5000m^3/s。

1.2.3　下游滩区治理与开发现状

黄河下游滩区既是河道的一部分，又是群众生活生产的家园。从管理实际上来说，滩区土地由地方政府管理，涉水建设等由河务部门管理，由于涉水审批管理对社会经济发展有强约束作用，因此滩区治理和开发顶层设计一直存在较大争议，不能得到贯彻落实，处于相对滞后、矛盾交织的境地。

（1）黄河下游滩区治理规划

2000～2010 年，黄委会组织编制了《黄河下游滩区综合治理规划》《黄河下游滩区安全建设规划》，开展了大量研究工作。为解决黄河下游治理存在的突出问题，提出长治久安的策略与研究方向，完善和创新治黄方略，2004 年 2～3 月黄委会先后在北京和开封组织召开了黄河下游治理方略专家研讨会，广纳国内专家对黄河下游河道治理的建议。2004 年黄委会开展了“黄河下游治理模式及安全建设研究”“黄河下游滩区生产堤利弊分析”等重大课题研究。2006 年 5 月，水利部联合发展改革委、财政部和河南、山东两省政府启动了黄河下游滩区运用补偿政策研究工作，黄委会于 2007 年 6 月完成了《黄河下游滩区洪水风险分析研究》《生产堤问题的研究》《黄河下游滩区安全治理模式研究》《黄河下游防洪与滩区群众生产发展的关系研究》《黄河下游滩区与全国其他大江大河滩区类比分析》等多项成果，2007 年 12 月、2008 年 3 月又先后完成了《黄河下游滩区洪水淹没补偿政策必要性研究报告》《黄河下游滩区洪水淹没补偿政策可行性研究报告》《黄河下游滩区洪水淹没补偿政策研究总报告》。为对黄河下游滩区运用补偿政策研究工作提供技术支撑，黄委会还相继开展了《黄河下游滩槽划分办法研究》《黄河下游滩区洪水风险图编制》《黄河下游滩区分区运用滞洪沉沙效果实体模型试验研究》等一系列编制工作。另外开展了多项前期工作，部分项目已得到实施。2001年，黄委会在开展黄河下游2001～2005年防洪工程建设可行性研究的同时，编制了《黄河下游近期五年滩区安全建设可行性研究报告》，并于2004年在北京召开专家咨询会；于2005年开展了《黄河下游滩区安全建设规划》编制工作，于2007年底完成并上报水利部，2009年3月水规总院组织专家对其进行了审查。

《黄河下游滩区综合治理规划》在宽河固堤治河方略的前提下，提出了3个滩区治理方案。一是逐步废除生产堤方案：为有利于滩槽水沙交换，在目前黄河下游滩区治理格局下，逐步废除生产堤。二是低标准防护堤建设方案：考虑到生产堤几十年来没被破除，反而规模增大，主要是防御小洪水，为减少滩区淹没损失，以生产堤和控导工程为基础，开展低标准防护堤防建设，防护堤标准为防御5000m^3/s流量洪水，超过防护堤标准的洪水全滩区运用。三是分区运用方案：为避免洪水上滩后淹没所有滩区，缩小一定标准洪水滩区淹没范围，利用围堤（格堤）将滩区划分成若干个分区，围堤标准为在8000m^3/s流量以下洪水下保证分区内耕地及居民防洪安全，超过8000m^3/s流量的洪水全滩区运用。对三个方案比选分析表明，低标准防护堤建设方案及分区运用方案减轻洪水期滩区的淹没损失，但均加快中水河槽淤积，加剧“二级悬河”发育，对下游大堤安全不利。逐步废除生产堤方案可以更好地发挥宽滩区的滞洪沉沙作用，也有利于洪水的管理和调度，通过“二级悬河”治理，完善安全建设，结合滩区运用补偿政策和河防工程建设，实现“稳定主槽、调水调沙，宽河固堤、政策补偿”，为下游河道治理和滩区群众生产发展共赢创造条件。因此，推荐逐步废除生产堤方案作为黄河下游滩区治理方案。

《黄河下游滩区安全建设规划》分析了滩区的滞洪沉沙作用与社会经济发展的矛盾，对安全建设现状及存在的问题进行了深入分析，形成了“黄河决口改道是目前滩区人口众多的重要原因”“滩区群众为黄河下游防洪安全大局做出了牺牲，滩区安全建设是保证滩区群众生命财产安全的重要手段”“滩区洪灾风险程度不一，安全建设宜区别对待，为规避风险应鼓励高风险区群众外迁，一劳永逸地解决洪水威胁问题”“滩外土地资源不富裕，安全建设应立足于滩区土地的充分利用”“滩外安置容量是制约滩区群众大规模外迁安置的重要因素，近一段时期内安置容量分析应基于县内就近安置的原则”“滩区安全建设要统筹考虑安全与发展问题”等关键认识，对外迁安置、滩内就地就近安置、临时撤离安置等三种方案开展了全面规划分析，得出了相关安置标准和安置规模。

《黄河下游滩区综合治理规划》《黄河下游滩区安全建设规划》等主要成果和结论均被纳入《黄河流域综合规划（2012—2030年）》，是一定时期指导黄河下游滩区治理和安全建设的上位规划依据。

（2）“二级悬河”治理试验工程

2003年6月，为了疏浚主槽，扩大河段过流能力，同时也为了探索“二级悬河”治理，在濮阳开展了“二级悬河”治理试验工程。

“二级悬河”治理试验工程作为一项尝试性的科学研究工作，主要目的为：疏浚河道主槽，增大过流断面面积，提高河道的行洪能力；降低主槽河底平均高程，减缓“二级悬河”的发展；利用疏浚泥沙淤填堤河，防止顺堤行洪威胁堤防安全；通过试验工程的现场实施、观测和分析，研究疏浚的方法和效果，以及疏浚设备的适应性，为以后开展“二级悬河”治理积累经验。

试验工程的任务包括三方面：一是用挖泥船和泥浆泵在双合岭断面上下（上游 2km，下游 3.2km）进行主槽疏浚；二是利用疏浚泥沙，通过泥浆泵和加压泵的二级远程接力，把疏浚泥沙淤填至大堤（75+100）～（83+350）临河侧的堤河里，减轻漫滩后顺堤行洪对大堤的威胁，并改善当地群众的耕作条件；三是淤堵万寨串沟，有效防止出现小水漫滩的局面。试验工程疏浚河槽长 5.2km，疏浚总量为 200.05 万 m^3。同时利用疏浚河槽土方淤填堤河，堤河治理桩号为北临黄堤中段（75+100）～（83+350），治理长度为 8.25km，淤填总量为 200.05 万 m^3。由于 2002 年调水调沙期间万寨决口，洪水顺万寨串沟流向大堤，造成顺堤行洪。因此，试验工程也将该串沟口处 500m 淤堵，淤填面积 0.134km^2，淤填土方 20.15 万 m^3。通过观测分析，“二级悬河”试验工程取得了初步成效，增大了试验河段过洪能力，减缓了“二级悬河”发展趋势，取得了一定的施工经验，为大规模实施奠定了一定的基础。

虽然“二级悬河”治理试验工程取得了良好的效果，但是由于投资主体单一，与高标准农田整治项目结合不足等，并未全面推广实施。

（3）滩区安全建设进程

在北宋初期，河行京东故道，由于河患增多，有人主张“免赋徙民，兴复遥堤”。由此可见，当时已有大量人口垦殖居住于故道内，滩区安全建设问题由来已久。

1957 年三门峡水利枢纽工程开工以后，基于对三门峡水库减淤效果盲目乐观的认识，黄河下游滩区普遍修筑了生产堤。生产堤修筑后，行洪河道束窄，主槽淤积严重，数年后人们才逐渐认识到这对黄河防洪极为不利。由此，1974 年国务院在批转黄河治理领导小组《关于黄河下游治理工作会议的报告》时指出，从全局和长远考虑，黄河滩区应迅速废除生产堤，修筑避水台，实行“一水一麦，一季留足群众全年口粮”的政策。

2013 年以来，河南、山东两省分别开展了两期滩区居民迁建试点，安排了 6.99 万人外迁，其中河南省安排了 5.69 万人，山东省安排了 1.3 万人。

1982 年以前，修建的避水台主要有公共台和房台，其中公共台是临时避洪所用，不建房屋，按人均面积 3m^2 修筑。由于公共避水台避水不便，而孤家房台面积小，房台之间易走溜，抗冲能力低，经水浸泡极易出现不均匀沉陷，造成房屋产生裂缝甚至倒塌等，1982 年洪水之后滩区开始修建小规模村台、连台，但也只是对房基进行垫高，绝大多数街道、胡同及其他公共部分没有连起来，洪水仍然走街串巷，房基经过浸泡，仍有不均匀沉陷，房屋倒塌虽有所减少，但房屋裂缝仍较为普遍。

1996 年 8 月花园口站洪峰流量为 7860m^3/s，滩区几乎全部进水，国家开始重视滩区安全建设工作，实施措施包括外迁、修筑避水村台和撤退道路等。2003 年秋汛，黄河花园口站流量为 2500m^3/s 时，下游滩区就有 9 处自然滩进水。灾后，发展改革委、水利部、财政部等有关部门，在总结长江流域湖北、湖南、江西和安徽四省移民建镇经验，以及淮河流域 2003 年以来实行的移民迁建等经验的基础上，确定在黄河下游山东省东明县和河南省兰考县滩区搞移民迁建试点。居民点占地按人均 60～80m^2，采用征地的方式解决；国家按户均 1.7 万元补助（其中基础设施补助 0.2 万元，盖房补助 1.5 万元），其余由地方配套解决。生产上实行退人不退耕，仍利用原有滩区土地耕作。

2017 年 8 月，发展改革委批复了《河南省黄河滩区居民迁建规划》《山东省黄河滩区居民迁建规划》。河南省计划 2017～2020 年共外迁安置 24.32 万人，涉及郑州、开封、新乡、濮阳 4 个省辖市，长垣县 1 个省直管县，共 9 个县（区）的 35 个乡镇 186 个村，以集中安置为主、分散安置为辅。规划安置住房面积约 730 万 m^2，道路 489.31 万 m^2，电力线路 890km，通信线路 473.91km，供水管道 722.35km，排水管道 848.79km，小学约 30 个 6.93 万 m^2，幼儿园约 42 个 20.80 万 m^2，社区服务中心 9.3 万 m^2，集贸市场 10.69 万 m^2，红白理事会 10.15 万 m^2，公厕 187 处等。户均投资标准为 21 万元，其中住房建设户均 14.2 万元，安置区占地补偿、基础设施和公共服务设施户均 6.8 万元，总投资约 144.59 亿元。中央财政补助 48.20 亿元（户均补助 7 万元），占总投资的 33.34%；地方财政补助 30.02 亿元（户均补助 4.36 万元），占总投资的 20.76%；群众自筹 19.55 亿元（户均自筹 2.84 万元），占总投资的 13.52%；整合部门项目资金为 21.95 亿元，占总投资的 15.18%；节余建设用地指标筹资 24.87 亿元，占总投资的 17.20%。经过近 3 年的实施，取得了重要的成果，外迁群众反响普遍较好，但是县级政府为增加群众外迁积极性，支付了大多数群众自筹部分，加上物价上涨等因素影响，县级财政投入远超规划投资，继续全部外迁，将增大县级等基层财政负担。

山东省计划 2017～2020 年全部解决黄河滩区内 60.62 万人的防洪威胁问题，其中外迁安置 14.10 万人，就地就近避洪安置 34.97 万人，采用临时撤离措施安置 11.55 万人。外迁安置 4.21 万户，共建设 42 个新社区；就地就近筑村台 30 个，安置 3.87 万户 13.89 万人；筑堤 40.44km，保护长清平阴滩区 15.97 万人；旧村台改造提升 100 个，涉及 1.57 万户 5.11 万人；撤离道路新建及改造 497.35km，涉及 11.55 万人。总投资共 260.06 亿元，其中外迁安置工程投资 95.85 亿元，就地就近避洪工程投资 157.2 亿元（其中，就地就近筑村台 115.3 亿元，筑堤保护 24 亿元，旧村台改造提升 17.90 亿元），撤离道路改造提升投资 7 亿元。按"各级政府补一块、土地置换增一块、专项债券筹一块、金融机构贷一块、迁建群众拿一块"的总体思路筹措建设资金，中央财政补助 60 亿元，省级补助 90.07 亿元，土地增减挂钩收益 70 亿元，群众自筹 27.99 亿元，济南市筹资 12 亿元。经过近 3 年的实施，已基本完成规划实施。但就地就近筑村台、旧村台改造、撤退道路改造提升等措施仍有继续改进提升的空间。

2020 年底，两省 3 年迁建规划实施完成后，仍有近百万群众生活在洪水威胁中，尚无可解决问题的实施性规划。

（4）基础设施建设

1988 年 7 月至 1997 年 7 月中央利用国家土地开发基金 4 亿多元，安排了三期黄河下游滩区水利工程建设，扶持滩区发展农田灌溉、修建生产道路、进行低洼地土地改良和滩区排水工程建设。

1998 年以来，滩区的基础设施建设以地方政府投入为主，但 1998 年至 2012 年，农田水利、生产道路等水电气网等基础设施建设严重滞后，滩内外差距集聚程度增加。2013

年后，随着乡村振兴投入增加，群众自发开始宅基地建设及小产权房建设，乡镇政府及村集体投入建设增加，但是缺少统筹组织和涉水建设审核审批，基础设施建设在竖向高程上形成多级阻水构筑物，还形成了采砂场、砖瓦窑等“四乱”现象。

（5）政策补偿制定

2012 年，财政部、发展改革委、水利部联合印发了《黄河下游滩区运用财政补偿资金管理办法》，对滩区居民遭受洪水淹没所造成的农作物和房屋损失给予一定补偿。

1.2.4　生态环境保护治理现状

黄河下游流经河南省 6 市，自西向东分别是洛阳、焦作、郑州、新乡、开封和濮阳。根据《河南省主体功能区规划》，巩义市、荥阳市、郑州市区、中牟县、开封市区属国家级重点开发区，孟津县、孟州市、兰考县、长垣县、濮阳县为省级重点开发区，温县、武陟县、原阳县、封丘县、范县、台前县属国家级农产品主产区。黄河流经山东省 9 市，自西向东分别是菏泽、济宁、泰安、聊城、济南、德州、淄博、滨州和东营。根据《山东省主体功能区规划》，滨城区（滨州市）属国家级优化开发区，东明县、牡丹区（菏泽市）、齐河县、槐荫区、天桥区、历城区、章丘市、邹平县属省级重点开发区，鄄城县、禹城市、阳谷县、梁山县、东平县、平阴县、东阿县、济阳县、高青县、惠民县、博兴县属国家级农产品主产区，长清区（济南市）、利津县、垦利县、河口区（东营市）属重点生态功能区（图 1.2-1）。

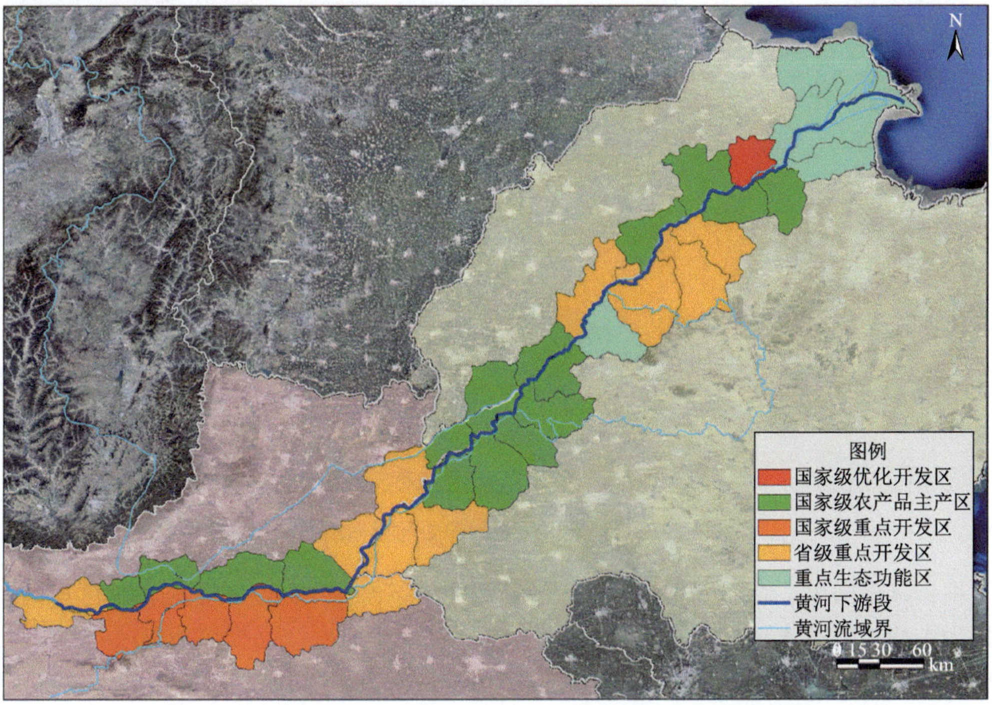

图 1.2-1　黄河下游过境区主体功能区划图

依据《河南省主体功能区规划》和《山东省主体功能区规划》绘制

黄河下游滩区河南段是河南省“四区三带”区域生态安全战略格局——黄河滩区生态涵养带的重要组成部分。黄河滩区生态涵养带横穿中原经济的发展核心区、沿济（南）郑（州）渝（重庆）发展轴和沿太（原）郑（州）合（肥）发展轴的空间交汇核心区（图 1.2-2），是河南省平原生态涵养区重要的生态安全屏障。东段是山东省“两屏三带四区”区域生态安全战略格局——沿黄河保护带的重要组成部分。山东沿黄河保护带是鲁西平原现代农业生态经济区、黄河三角洲高效生态经济区和鲁中山地丘陵生态经济区的重要分界，是山东省区域生态屏障的重要骨架。

近 30 年来，为保护黄河下游滩区，各地开展了滩区生态保护工作，划定了自然保护区、种质资源保护区、风景名胜区、地质公园、湿地公园、森林公园等禁止开发区，有力地保护了黄河下游滩区的生态环境。当前黄河下游滩区涉及河南新乡黄河湿地鸟类国家级自然保护区、山东黄河三角洲国家级自然保护区、郑州黄河湿地省级自然保护区、开封柳园口湿地省级自然保护区、濮阳县黄河湿地省级自然保护区、黄河鲁豫交界段国家级水产种质资源保护区、黄河郑州段黄河鲤国家级水产种质资源保护区等 7 处禁止开发区。

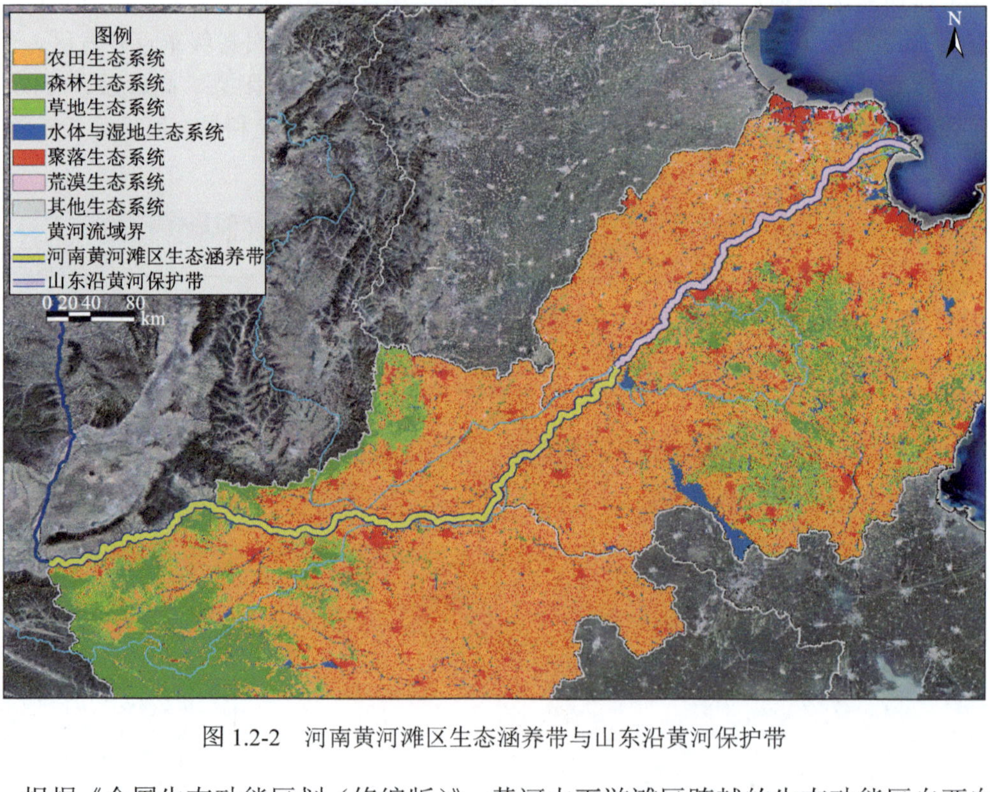

图 1.2-2　河南黄河滩区生态涵养带与山东沿黄河保护带

根据《全国生态功能区划（修编版）》，黄河中下游滩区跨越的生态功能区自西向东分别为中原城镇群人居保障功能区（Ⅲ-02-05）、黄淮平原农产品提供功能区（Ⅱ-01-15）、鲁中山区土壤保持功能区（Ⅰ-03-03）、鲁中城镇群人居保障功能区（Ⅲ-02-07）、山东半岛农产品提供功能区（Ⅱ-01-14）、黄河三角洲湿地生物多样性保护功能区（Ⅰ-02-07）。

1.2.5　近期研究成果

小浪底水库的建成运用，大大提高了黄河下游的防洪标准，进入下游的水沙条件和防洪形势发生了重大变化，经济社会的发展也对下游和滩区的防洪提出了新的、更高的要求，新时期的治水思路更加强调了可持续发展观，强调人与自然的和谐相处，下游滩区的治理问题成为黄河下游治理方略的焦点。水利部及黄委会对发挥滩区滞洪沉沙作用，实现滩区人水和谐相处，实现滩区经济可持续发展非常重视，2010 年编制完成了《黄河下游滩区综合治理规划》《黄河下游滩区安全建设规划》，主要成果纳入《黄河流域综合规划（2012—2030 年）》。党的十八大之后，形势又发生了很多变化，水利行业回应各界诉求，又主动开展了一些研究工作。

（1）黄河下游河道改造与滩区治理研究

针对社会各界有关专家提出的“新修防护堤、改造河道”等观点开展有关分析。有关研究方案如下：①防护堤（10 000m^3/s 流量）+不设滞洪区，该方案滩区防护堤按照 10 年一遇 10 000m^3/s 流量标准设置防护堤（长垣滩区段防护堤、围堤标准为 20 年一遇，长平滩区段防护堤标准为 30 年一遇），遇超防护堤设防标准洪水时全滩区运用；②防护堤（8000m^3/s 流量）+多个滞洪区，该方案滩区防护堤按照 10 年一遇 8000m^3/s 流量标准设置防护堤，并且原阳滩、原阳-封丘滩、中牟滩、开封滩、长垣滩部分区域（或兰东滩与其他一些滩区）分洪运用，确保其他滩区达到设计标准；③防护堤（10 000m^3/s 流量）+原阳滩（部分区域）分洪运用，该方案滩区防护堤按照 10 年一遇 10 000m^3/s 流量标准设置防护堤，并且原阳滩部分区域分洪运用，可使原阳滩分洪区以下滩区达到 20 年一遇设计标准；④防护堤（10 000m^3/s 流量）+中牟滩分洪运用，该方案滩区防护堤按照 10 年一遇 10 000m^3/s 流量标准设置防护堤，并且中牟滩分洪运用，可使中牟滩以下滩区达到 20 年一遇设计标准。

研究表明，设置滞洪区方案有利于滩区安全建设，但会加重主槽淤积，而且分沙效果较差，对大洪水漫滩行洪影响较大，调度运用产生的社会影响大，综合分析，防护堤（10 000m^3/s 流量）+不设滞洪区方案相对较优，作为本研究推荐采用的方案。

（2）黄河勘测规划设计有限公司三滩分区的治理思路

黄河勘测规划设计有限公司在黄委会“一点一线一滩”重点工作部署中，充分回应“十三五”结束后黄河标准化堤防全部建成，滩区问题到了彻底解决的时候的诉求，结合黄河下游河道地形条件及水沙特性，充分考虑地方区域经济发展需求，利用泥沙放淤、挖河疏浚等手段，由黄河大堤向主槽的滩地依次分区塑造高滩、二滩、嫩滩，形成了黄河下游三滩分区治理的思路。

高滩，作为居民安置区，达到 20 年一遇以上的防洪标准，解决全部滩区群众防洪安全问题；二滩，为高滩至控导工程之间的区域，结合“二级悬河”治理使二滩达到 5 年一遇的防洪标准，承担滞洪沉沙功能，发展高效生态农业、旅游观光产业等，促进滩区乡村振兴。嫩滩，结合生态疏浚等手段，建设湿地公园，与河槽一起承担行洪输沙功能。

（3）黄科院黄河下游河道滩区治理方向

黄河水利科学研究院（简称“黄科院”）对黄河下游河道滩区治理进行了很多超前研究，代表性方案为：通过优化、完善现有河道控导工程和生产堤，建设一个河宽2.5～4.9km、过流能力为8000～10 000m^3/s（5～10年一遇）的洪水泥沙核心宣泄通道。高村以上，将已有生产堤优化调整为防护堤，调整后间距为4.2～4.9km；高村以下，现有生产堤后撤，新建防护堤，间距为2.5～4km。

桃花峪水库以控制“回水末端不超过伊洛河口”为控制条件，106m 控制水位下的调蓄库容约为6.47亿m^3。

结合桃花峪水库和滩区分洪区滞洪运用，在滩区防护堤设防流量为10 000m^3/s的情境下，京广铁路桥—东坝头河段滩区滞蓄能力为9.29亿m^3，与千年一遇洪水超标准洪量9.4亿m^{3}基本相当，可基本解决千年一遇洪水东坝头以下河段的漫滩问题。

在滩区防护堤设防流量为8000m^3/s的情境下，京广铁路桥—东坝头河段滩区滞蓄能力为7.72亿m^3，小于20年一遇洪水超标准洪量10.0亿m^3，需要更多的滩区滞洪区。

在维持“宽河固堤”总体格局、确保黄淮海平原安全的前提下，为进一步提高滩区防护标准，为滩区生态、经济、社会可持续发展提供适度的安全保证，黄河下游应采取“一河两道”的治理方向，“一河”指黄河下游，“两道”指河槽高效行洪输沙通道和滩区生态文化廊道。河槽高效行洪输沙通道是指优化、完善现有河道控导工程和生产堤，建设一个河宽2.5～4.9km、过流能力为8000～10 000m^3/s（5～10年一遇）的洪水泥沙核心宣泄通道，保障中常洪水和调水调沙安全，降低滩区洪水淹没风险。结合桃花峪水库和滩区分洪区滞洪运用，在滩区防护堤设防流量为10 000m^3/s的情境下，可基本解决千年一遇洪水东坝头以下河段的漫滩问题。滩区生态文化廊道是指在大堤和防护工程之间的滩区，发展生态文化旅游等绿色产业，将滩区建设成美丽的生态人文廊道，促进滩区环境提升和群众生活水平提高；同时通过采取接近平滩流量的调水调沙运用，促使淤滩刷槽、主槽冲刷（洪峰流量大于1.5倍的平滩流量）以及高含沙洪水高效输沙（平衡输沙含沙量是一般含沙量的5倍以上），提高河道输沙能力。

（4）中国水科院治理思路

中国水利水电科学研究院（简称“中国水科院”）依托国家重要课题，不断深入开展黄河下游滩区治理研究。主要代表方案为：黄河下游“二级悬河”、滩区治理和河道改造方略为形成一个宽600～1000m的主槽，建设堤距为3～5km的新防洪子堤，子堤与现有大堤间的滩地按生产生活和滞洪淤沙进行分区布置。

以下游河道现有生产堤为基础，建设防洪子堤之间的窄河道可输送8000～10 000m^3/s的流量，窄河道内居民全部迁出。新防洪子堤和黄河大堤之间的滩区分段（5～20km）修建隔堤，将一部分隔堤内的滩区按滞洪区建设，其中居民退出，土地可耕种；将另一部分隔堤内的滩区建设成生活居住区，提高该区域的防洪标准，采取机械疏浚、人工漫滩等措施抬高滩区和堤河，将滩区建设成滞洪淤沙区和居民安全生活区，逐渐缩小横比降，消除“二级悬河”，淤筑“相对地下河”。

（5）有关建议

在学界和社会上，很多专家学者提出了建议。中国水科院王浩院士建议：对黄河下游河道进行分区治理，行洪区与主槽一起作为中小洪水的排洪通道，同时也是大洪水的主要通道；滞洪沉沙区在大洪水时作为滞洪、沉沙的主要地方，平时作为滩区居民的农牧业生产和滩区开发利用的主要场所；庄台居民区集中修建一批面积在 $1km^2$ 以上，可以安置上万人的、高标准的、永久性的避水台。武汉大学韦直林教授考虑将黄河下游河道分为三个区域：第一个区域为生活区，就是在宽河段划出几大块搞移民建镇，把滩区里散居的群众全部集中到这几大块；第二个区域是行水输沙区，这个区域是河道的核心，应该做到上下游河段行水输沙能力的均衡，重点考虑防止小水淤积；第三个区域是生产区，兼作滞洪淤沙区，保留部分行洪的功能，在这个区域里可以种庄稼、种草、种树、放牧，但是不能住人。中国工程院王金南院士认为，应积极探索实施滩内移民、集中居住、集约种植、政策补偿的滩区治理方案，实现人水分离，各得其所。

1.3　黄河下游治理与保护刍议

1.3.1　人民治黄以来取得了伟大的历史成就

黄河是中华民族的母亲河，孕育了 5000 年光辉灿烂的华夏文明，在我国经济社会发展和生态安全方面具有十分重要的地位，黄河治理历来是中华民族安民兴邦的大事。1946 年人民治理黄河以来，经过 70 多年艰辛探索和不懈努力，中国共产党领导沿黄军民在中华民族治理黄河历史上书写了崭新篇章，铸就了“除害兴利、造福人民”的巍巍丰碑。

黄河水少沙多、水沙关系不协调，作为全世界泥沙含量最高、治理难度最大、为害最深的河流之一，历史上曾经三年两决口、百年一改道，给中华民族带来深重灾难。为了消除黄河水沙灾害，中华民族进行了不懈的努力，但受生产力水平和社会制度的制约，均未能彻底改变频繁决口、改道的险恶局面。新中国成立后，党和国家把黄河治理作为治国安邦的头等大事来抓，特别是党的十八大以来，党中央持之以恒地推进黄河治理，坚持以防为主、防抗救结合，加强防洪减灾体系建设；坚持并落实节水优先方针，加强水资源统一调度和管理；坚持生态优先、绿色发展，加强水资源和水生态保护；坚持山水林田湖草统筹规划，加强水土流失的人工治理与生态修复；坚持深化流域水利改革，不断完善流域与区域相结合的管理体制。黄河治理与保护取得了辉煌成就，为保障国家经济安全、能源安全、粮食安全、生态安全作出了巨大贡献。

防洪减灾体系基本建成，实现了黄河连续 70 余年岁岁安澜。一是中游干支流修建了三门峡、小浪底、陆浑、故县和河口村等水利枢纽，增强了拦蓄洪水、拦截泥沙和调水调沙能力，下游四次加高培厚两岸临黄大堤 1371km，开展了标准化堤防工程建设，开辟了北金堤、东平湖滞洪区，开展了河道整治工程和滩区安全建设，基本形成了“上拦下排、两岸分滞”的防洪工程格局。二是上游建设了龙羊峡、刘家峡等水库，修建堤防 2313km 以及 6 个应急分凌区、河道整治工程 255km，初步形成了上游防洪防凌工程体系；中游干支流河段开展了河道治理、堤防建设等，提高了洪水防御能力。三是初步形成了“拦、调、排、放、挖”处理、利用泥沙体系，累计减少入黄泥沙近 300 亿 t，减少下游河道淤积 112 亿 t，相当于下游河道 30 年不淤积。通过防洪减淤工程体系建设和防汛科学调度，加上沿黄广大军民的严密防守，战胜了 12 次洪峰流量超过 10 000m^3/s 的大洪水，彻底扭转了历史上黄河频繁决口、改道的险恶局面，确保了黄淮海平原 12 万 km^2 防洪保护区人民群众的生命财产安全，避免了黄河决口造成的交通中断、河流淤塞、良田沙化等严重破坏，保障了国家经济社会的可持续发展。

城乡供水体系基本形成，在保障流域及相关地区供水安全和饮水安全方面发挥了重要作用。一是建成蓄、引、提水工程约 5.4 万座，为流域及下游引黄地区 1.2 亿亩农林牧灌溉和 60 多座大中城市、340 个县（市、区、旗）以及晋陕宁蒙地区能源基地、中原油田和胜利油田提供了水源保障，同时还向河北、天津、胶东半岛、河西内陆河等地区供水，支撑了全国 12%的人口、15%的耕地用水需求，促进了经济社会发展。二是以“八七”分水方案为约束，大力推进我国节水型社会建设，农田灌溉水利用系数从 2012 年的 0.52 提高到 2019 年的 0.56，2019 年万元地区生产总值用水量、万元工业增加值用水量分别为全国平均值的 76.2%、50.7%，节水水平总体优于全国平均水平，用水效率和效益显著提高。三是重要城市群和经济区多水源保障格局加快形成，累计解决近 9000 万农村人口的饮水困难，农村自来水普及率达到 82%，保障了城乡供水安全。

水土流失防治格局基本形成，减少了入黄泥沙、有力改善了黄土高原地区生态环境状况。一是实施黄河上中游水土保持重点防治工程、国家水土保持重点建设工程、黄土高原淤地坝试点工程等国家水土保持重点工程，至 2019 年初步治理水土流失 24 万 km^2 以上，水土流失面积较 2011 年减少了 10%，入黄泥沙年均减少 4.35 亿 t。二是实施林草植被建设，至 2019 年累计造林 11.18 万 km^2、种草 2.03 万 km^2，黄土高原林草覆盖度由 20 世纪 80 年代的不足 30%提高到 60%以上，黄土高原的主色调“由黄变绿”，水力侵蚀面积较 1990 年减少了 47%，强烈以上水蚀面积减少了 78%。三是通过大规模的坡改梯、建设淤地坝等水土保持措施的实施，增加了区域内耕地面积，促进了粮食增产，山地高效农业得到发展，至 2019 年水土保持措施累计增产粮食 1.57 亿 t、增产果品 1.56 亿 t，改善了农村生产生活等基础条件，促进了生态良性发展。

水资源与水生态保护体系基本建立，河湖生态环境状况持续向好。一是 1999 年在全国率先开展干流水量统一管理和调度，结束了 20 世纪 70～90 年代黄河频繁断流的局面，实现了黄河干流连续 21 年不断流，下游花园口、利津等重要断面生态基流得到保障。二是 2008 年以来结合调水调沙实施黄河下游生态调度，累计向河口三角洲自然保护区补水 4.2 亿 m^3，河口湿地芦苇面积由 1.1 万 hm^2 增加到 2 万 hm^2，有效促进黄河下游河道、河口三角洲及附近海域生态系统的自然修复；实施三江源生态保护，水源涵养能力稳定提升。三是向乌梁素海连续五年累计生态补水约 20 亿 m^3，向河北累计生态补水 10.48 亿 m^3，河湖生态系统得到一定程度的修复。四是严格实施污染物入河总量控制，开展入河排污口专项整治，持续改善水生态环境质量，流域Ⅰ～Ⅲ类水河长占比由 2012 年的 55.5%上升至 2019 年的 73.8%。

流域与区域相结合管理体制基本建立，水治理能力显著提升。一是依法治河管河取得重要进展，颁布了《黄河水量调度条例》《黄河河口管理办法》等，政策法规逐步完善，为流域管理提供了法律依据。二是流域管理与区域管理相结合的管理体制基本建立，初步形成了流域统一规划、统一分配、统一调度的管理体制，全面实施了取水许可制度，建立了流域监管运行机构体系，流域管理机构和地方政府各负其责的管理机制。三是河湖长制全面推行，建立了覆盖全流域省、市、县、乡、村五级河长组织体系，共设立各级河湖长 99 551 名，加强了河湖监督管理能力，发起“携手清四乱 保护母亲河”专项行动，实施河湖执法三年攻坚行动，依法查处水事违法行为 3377 起。四是黄河信息化工程框架基本形成，水沙监测与预测预报体系初步建立，黄河治理开发保护与管理的科技支撑能力进一步增强。

人民治黄 70 多年黄河治理与保护取得了举世瞩目的成效，实现了黄河治理从被动向主动的历史性转变，为沿黄地区人民提供了防洪安全和供水安全保障，初步构建了贯通东西的生态廊道、形成了我国北方重要的生态安全屏障，有力保障了黄河流域和相关地区的长期繁荣稳定及国家经济社会可持续发展，人民群众获得感、幸福感、安全感显著提升。

1.3.2　多重国家战略叠加提出了更高更新的要求

（1）生态文明建设

党的十八大站在历史和全局的战略高度，对推进新时代“五位一体”总体布局作了全面部署。从经济建设、政治建设、文化建设、社会建设、生态文明建设五个方面，制定了新时代统筹推进“五位一体”总体布局的战略目标，使生态文明建设的战略地位更加明确，融入经济社会建设各方面和全过程，提升为国家战略。2015 年 9 月，中共中央、国务院印发了《生态文明体制改革总体方案》，要求加快建立系统完整的生态文明制度体系，加快推进生态文明建设，增强生态文明体制改革的系统性、整体性和协同性。党的十九大提出坚持人与自然和谐共生，统筹山水林田湖草系统治理，建设美丽中国。

生态文明建设要求在空间上优化国土空间开发格局，在经济上转变发展方式，全面促进资源节约。以往黄河下游河道滩区的治理，非常重视防洪保安，而对于滩区与两岸城市的生态、经济发展重视不够。生态文明建设对河流的治理提出了新的要求，在防洪保安的同时，需要更多地满足生态、景观、亲水、人文等多方面的需求，改善水生态环境，营造水文化氛围。黄河下游两岸分布有郑州、开封、济南等 30 余座大中城市，涉及 5000 多万人，贯穿河南、山东两省经济发展的中心地带。为了满足人民日益增长的优美生态环境需求，黄河下游生态廊道建设需要构建科学合理的城市化格局、农业发展格局、生态安全格局，为人民提供更多优质生态产品。

（2）社会经济高质量发展

2016 年 12 月，发展改革委发布《促进中部地区崛起“十三五”规划》并明确提出，支持武汉、郑州建设国家中心城市。2016 年底，国务院批复《中原城市群发展规划》，该规划提出坚持以推进供给侧结构性改革为主线，服务“一带一路”建设、中部地区崛起和新型城镇化等国家重大战略，培育发展新动能，推进基础设施互联互通，深化产业体系分工合作，加强生态环境同治共保，促进公共服务共建共享，推动城乡统筹协调发展，构建网络化、开放式、一体化的中原城市群发展新格局。

《河南省建设中原城市群实施方案》提出，以郑州国家中心城市为中心，以洛阳为副中心，包括开封、新乡、焦作、许昌中心城区等四个次级中心，加快将中原城市群建设成为全国经济发展新增长极、全国重要先进制造业和现代服务业基地，突出河南省在中原城市群建设中的主体作用。

黄河下游生态廊道河南段除涉及许昌外，河南省中原城市群建设的所有国家中心城市、副中心城市及次级中心城市，地处中原城市群建设腹地，在新形势下黄河下游生态廊道建设要放到区域经济社会高质量发展的大局中去谋划，让黄河下游生态廊道更好地服务区域经济高质量发展，打造绿水青滩，最终实现人水和谐，实现下游生态廊道和两岸经济社会绿色、协调、可持续发展。

（3）黄河流域生态保护和高质量发展

黄河流域经济社会发展相对滞后，特别是上中游地区和下游滩区。积极支持流域省区解决好流域人民群众特别是少数民族群众关心的防洪安全、饮水安全、生态安全等问题，对维护社会稳定、促进民族团结具有重要意义。针对黄河流域生态保护和高质量发展主要目标任务，要支持各地区发挥比较优势，构建高质量发展的动力系统。沿黄河各地区要从实际出发，宜水则水、宜山则山，宜粮则粮、宜农则农，宜工则工、宜商则商，积极探索富有地域特色的高质量发展新路子。区域中心城市等经济发展条件好的地区要集约发展，提高经济和人口承载能力。经济不发达地区要提高基础设施和公共服务水平，全力保障和改善民生。

黄河下游生态廊道建设应立足于黄河下游人、水、滩综合治理、系统治理，坚持生态优先、绿色发展，将黄河下游生态廊道打造成黄河流域生态保护先行区，满足沿黄两岸人民日益增长的对优美生态环境的需求。推进滩区具有优势的滨水生态文化产业发展，改善滩区人民生活，形成区域协调联动发展新格局，促进区域经济社会高质量发展。

1.3.3 新时代呼唤新方略、新视角、新理论

黄河宁，天下平。从某种意义上讲，中华民族治理黄河的历史也是一部治国史。自古以来，从大禹治水到潘季驯“束水攻沙”，从汉武帝“瓠子堵口”到康熙帝把“河务、漕运”刻在宫廷的柱子上，中华民族始终在同黄河水旱灾害作斗争。黄河下游治理历来是治国安邦的大事，历史上治河方略多以消除黄河水害为主，人民治黄以来，一直把下游防洪作为治黄的首要任务，近期有关研究成果多从水利角度考虑，以确保黄淮海平原防洪安全为主要任务，开展了河道滩区治理方案研究，侧重于发挥黄河下游生态廊道防洪减淤功能，对其他功能需求考虑不够。新时期生态文明建设、社会经济高质量发展及黄河流域生态保护和高质量发展等多项国家战略对黄河下游河道滩区治理提出了新要求，应从促进流域经济社会可持续发展、人水和谐发展的战略高度，综合考虑满足黄河下游生态廊道防洪减淤、经济社会发展、生态景观文化建设等多种功能需求，创新黄河下游河道滩区治理策略。

第2章　黄河下游复合功能和约束结构

2.1　黄河下游功能定位体系

黄河下游生态廊道具有明显的行洪、自然滞洪削峰和调节泥沙的作用，是黄河下游防洪减淤体系的重要组成部分，具有保障两岸黄淮海平原防洪安全的防洪减淤功能；黄河下游生态廊道是滩区群众赖以生存的家园，是居民安居乐业的场所，承担滩区经济社会发展功能；黄河下游生态廊道生态资源丰富，具有确保黄淮海平原生态安全、满足沿黄两岸人民日益增长的对美好生态环境的需求的生态功能；黄河下游生态廊道文化资源丰富，风景资源种类多样，具有重要的景观文化载体功能。

2.1.1　防洪减淤功能分析

2.1.1.1　行洪作用

（1）黄河下游滩区的淹没概率

从新中国成立以来黄河下游滩区的洪水淹没情况可以看出，1949～2005年的57年间发生有灾害记录的漫滩洪水31次，洪水的淹没概率约为1.8年一遇。龙羊峡水库投入运用前，1949～1985年的37年间共发生漫滩洪水22次，洪水淹没概率约为1.7年一遇。龙羊峡水库运用后至小浪底水库运用前，1986～1999年的14年间发生漫滩洪水7次，滩区淹没概率约为2年一遇。小浪底水库运用后，2000～2005年发生漫滩洪水2次，滩区淹没概率约为3年一遇。不同时期黄河下游滩区淹没概率见表2.1-1。

表2.1-1　不同时期黄河下游滩区淹没概率表

时期	1949～1985年	1986～1999年	2000～2005年	1949～2005年
漫滩次数	22	7	2	31
淹没概率（*n*年一遇）	1.7	2	3	1.8

黄河下游河道长800km以上，整个下游有受灾记录并不表示下游河道全部受淹，而是在个别的河段有淹没。1949～2005年河南省累计受灾28年，1950～2006年山东省累计受灾27年。有些年份两省不同时受灾，分省统计后，两省的淹没概率提高到2.0～2.1年一遇。由于不同河段的河道特性不同，淹没概率也会不同，分河段后，各河段的淹没概率应高于全河段的淹没概率。

根据黄河下游各站平滩流量、实测各年最大洪峰流量、河南山东两省的实际淹没资料，计算各站不同时期的淹没概率，结果见表2.1-2，可以看出，1950～2005年下游各站淹没概率为 2.3～2.5 年一遇，其中 1950～1985 年淹没概率约为 2 年一遇，1986～1999 年约为 2.5 年一遇，2000 年以后的淹没概率不低于 3 年一遇。从对下游滩区的淹没概率分析可以看出，黄河下游滩区洪水淹没较频繁、淹没概率高。洪水漫滩后，滩区成为洪水的宣泄通道，是漫滩洪水的行洪区。

表 2.1-2　黄河下游各站不同时期淹没概率统计表

时期	项目	花园口	夹河滩	高村	孙口
1950～2005 年	年数	24	22	23	24
	淹没概率（n 年一遇）	2.3	2.5	2.4	2.3
1950～1985 年	年数	18	16	16	17
	淹没概率（n 年一遇）	2	2.3	2.3	2.1
1986～1999 年	年数	6	5	5	5
	淹没概率（n 年一遇）	2.3	2.8	2.8	2.8
2000～2005 年	年数	0	1	2	2
	淹没概率（n 年一遇）		6	3	3

注：表中夹河滩、孙口系列从 1952 年开始

（2）滩区行洪情况及行洪能力分析

滩区的行洪情况与洪水的量级、漫滩程度等有关，一般来讲，洪水的量级大、漫滩程度高，则滩区的行洪作用大。选取黄河下游发生的“54.8”“58.7”“82.8”“96.8”四场大漫滩洪水，分析滩区的行洪作用。这四场洪水中，“58.7”洪水是黄河下游实测最大洪水，花园口站洪峰流量达 22 300m^3/s，东坝头以下普遍漫滩偎堤，大部分堤段超过保证水位。“82.8”洪水花园口站洪峰流量为 15 300m^3/s，是实测第二大洪水，洪水期间下游滩区普遍进水。“54.8”洪水花园口站洪峰流量为 15 000m^3/s，是连续多峰型洪水，花园口站 20d 内接连出现大于 8000m^3/s 以上洪峰 5 次，最大 5 日洪量为 38.5 亿 m^3，10 000m^3/s 以上流量历时 26d，下游河道几乎全部漫滩。“96.8”洪水花园口站为双峰型，洪峰流量为 7860m^3/s，此次洪水洪峰量级只属于中常洪水，也非高含沙洪水，但由于前期主槽淤积严重，下游大部分河段出现历史最高水位，漫滩范围广、灾害损失大。

这四场洪水期间下游各站滩区与主槽的过流情况分析见表 2.1-3，可见不同河段的滩区过流比不同，花园口河段滩区过流比为 14%～20%，夹河滩河段为 4%～25%，高村河段为 12%～38%，孙口河段为 10%～43%。虽然滩区宽阔广大，但滩区水流流速小、水深浅，总体上滩区不是黄河行洪的主要通道，即使是滩区过流比最大的“96.8”洪水，各河段滩区也只能通过总流量的 19%～43%。

表 2.1-3　黄河下游实测大漫滩洪水滩区与主槽行洪能力分析表

实测大漫滩洪水		洪峰流量（m^3/s）	水面宽（m）	主槽宽（m）	滩区水面宽（m）	主槽过流比（%）	滩区过流比（%）
“54.8”洪水	花园口	15 000	5 250	880	4 370	84	16
	夹河滩	13 300	1 410	1 050	360	96	4
	高村	12 600	863	820	43	88	12
	孙口	8 640	1 410	680	730	90	10
“58.7”洪水	花园口	22 300	5 350	1 400	3 950	86	14
	夹河滩	20 500	6 190	1 570	4 620	96	4
	高村	17 900	5 250	1 100	4 150	62	38
	孙口	15 900	6 100	690	5 410	64	36
“82.8”洪水	花园口	15 300	2 830	1 370	1 460	80	20
	夹河滩	14 500	2 180	1 310	870	82	18
	高村	12 500	4 860	621	4 239	81	19
	孙口	10 100	4 530	700	3 830	64	36
“96.8”洪水	花园口	7 860	3 160	630	2 530	81	19
	夹河滩	7 150	3 120	585	2 535	75	25
	高村	6 810	4 850	685	4 165	69	31
	孙口	5 800	3 060	690	2 370	57	43

滩区的行洪能力与洪水量级、洪水过程、主槽淤积程度及滩区的地形特征等多种因素有关，不同时期影响滩区过流能力的主要因素不同。在主槽过流能力较大时，洪水过程是影响滩区过流的主要因素，洪峰流量越大、洪水过程越胖、洪水漫滩程度越高，滩区的过流能力就越大。在主槽过流能力较小时，即使洪水量级不大，滩区的过流能力也会增大，如 20 世纪 90 年代和小浪底水库运用初期，黄河下游河道主槽淤积、“二级悬河”发育，对于河道断面形态为高槽低滩的河段，滩区的行洪能力都有所提高。以“96.8”洪水为例，虽然洪峰流量并不大，含沙量也不高，但是由于河槽淤积，河道行洪阻力加大，洪水位偏高，花园口站达到历史最高洪水位 94.73m，各断面滩区过流比与以往洪水相比，都有较大的提高。

2.1.1.2　滞洪削峰作用

黄河下游白鹤镇至渔洼断面河道总面积为 4860.3km^2，其中滩区面积为 3154.0km^2，具有较大的蓄洪容量。一旦黄河发生较大洪水，进入下游的洪水超过平滩流量后，就会发生洪水漫滩，水流进入滩区，此时下游滩区就是一个天然的大滞洪区。有资料记载的黄河下游发生大洪水的年份有 1954 年、1958 年、1982 年等，滩区对大洪水的作用主要表现为削减洪峰、减小洪水传播速度、沉沙落淤。

黄河下游滩区面积占河道面积的 85%以上，白鹤镇至京广铁路桥和京广铁路桥至陶城铺两河段的滩区面积分别占滩区总面积的 14.3%和 64.4%，合计为 78.7%。由此可见，黄河下游河道，特别是陶城铺以上河段，是一个相当大的自然滞洪区，对洪水有显著的滞洪削峰作用，尤其是对三花间发生的较大洪水，由于峰型较瘦，其滞洪削峰作用更为显著，见表 2.1-4。

表 2.1-4 花园口较大洪水沿程洪峰流量 （单位：m^3/s）

洪水发生时间	花园口	夹河滩	高村	孙口	艾山	泺口	利津
1954 年 8 月	15 000	13 300	12 600	8 640	7 900	6 920	6 960
1958 年 7 月	22 300	20 500	17 900	15 900	12 600	11 900	10 400
1982 年 8 月	15 300	14 500	12 500	10 100	7 430	6 010	5 810

小浪底至孙口各河段的滞洪削峰作用分述如下。

小浪底至花园口河段：根据小浪底站洪峰流量大于 6500m^3/s 的 15 次洪水分析，该河段的平均削峰率为 10.93%，最大削峰率达 27.6%（1958 年）。

花园口至夹河滩河段：该河段河道宽浅，河心滩众多，河势多变，滞洪削峰作用较大，根据对花园口站洪峰流量大于 8000m^3/s 的 9 次洪水分析，该河段平均削峰率为 6.99%，最大削峰率达 11.33%。其中，1954 年、1958 年和 1982 年三次较大洪水的河道最大滞蓄量分别为 7.36 亿 m^3、10.1 亿 m^3 和 7.85 亿 m^3，削峰率分别为 11.33%、8.07% 和 5.22%，平均为 8.21%，该河段长 99.0km，平均每 10km 的削峰率为 0.83%。

夹河滩至高村河段：根据对花园口站洪峰流量大于 8000m^3/s 的 9 次洪水分析，夹河滩至高村河段的平均削峰率为 9.17%，最大达 13.79%，大于花园口至夹河滩河段。其中，1954 年、1958 年和 1982 年三次较大洪水的河道最大滞蓄量分别为 4.37 亿 m^3、6.63 亿 m^3 和 8.38 亿 m^3，削峰率分别为 5.26%、12.68%和 13.79%，平均为 10.6%，该河段长 72.0km，平均每 10km 的削峰率为 1.47%。

高村至孙口河段：该河段滩区横比降大，堤根地势低洼，滩区分布较散，块数较多，滞洪蓄水作用十分显著，具有水库型的滞蓄作用，滞洪后的死水区占有相当大的比重，削峰效果比河道型更为显著，滞时增长，洪峰出现时间错后。根据对花园口站洪峰流量大于 8000m^3/s 的 9 次洪水分析，该河段的平均削峰率为 11.4%，最大为 31.4%。其中，1954 年、1958 年和 1982 年三次较大洪水的河道最大滞蓄量分别为 6.96 亿 m^3、17.60 亿 m^3 和 16.30 亿 m^3，削峰率分别为 31.4%、11.17%和 19.2%，平均为 20.6%，该河段长 126.0m，平均每 10km 的削峰率为 1.63%。

综合以上分析，花园口至孙口各河段的削峰率具有上小下大的特点，高村至孙口河段最大，夹河滩至高村河段次之，最小的是花园口至夹河滩河段。根据对花园口站洪峰流量大于 8000m^3/s 的 9 次洪水分析，花园口至孙口河段的平均削峰率为 24.37%，其中 3 次较大洪水（花园口站洪峰流量不低于 15 000m^3/s 的洪水）的平均削峰率为 35.02%。

宽河道的滞蓄作用也相当可观。1958 年和 1982 年花园口站洪峰流量分别为 22 300m^3/s、15 300m^3/s，花园口至孙口河段的槽蓄量分别为 25.89 亿 m^3、24.54 亿 m^3，相当于故县水库和陆浑水库的总库容，起到了明显的滞洪作用，大大减轻了窄河段的防洪压力。从各河段的滞洪量看，高村至孙口河段最大，占花园口至孙口河段最大滞洪量的 52%～71%。

目前，陶城铺以上宽河段堤防的设防标准为花园口站洪峰流量 22 000m^3/s，艾山以下窄河段堤防的设防标准则为 11 000m^3/s，仅为宽河段的 50%，下游堤防这样的防洪标准，正是建立在滩区及东平湖滞洪区滞洪削峰能力的基础上的。

2.1.1.3　沉沙作用

黄河下游滩区不仅有滞洪作用，还有沉沙作用。据实测资料统计，1950 年 7 月至 1998 年 10 月，黄河下游共淤积泥沙 92.02 亿 t，其中滩地淤积 63.70 亿 t，占全断面总淤积量的 69.2%（表 2.1-5）。

表 2.1-5　黄河下游各时期分河段年均冲淤量及横向分布

时期	项目	冲淤量（亿 t）				
		铁谢—花园口	花园口—高村	高村—艾山	艾山—利津	铁谢—利津
1950.7～1960.6	主槽	0.32	0.30	0.19	0.01	0.82
	滩地	0.30	1.07	0.98	0.44	2.79
	全断面	0.62	1.37	1.17	0.45	3.61
1960.7～1960.8	全断面	0.19	0.28	0.71	0.35	1.53
1960.9～1964.10	全断面	−1.90	−2.31	−1.25	−0.32	−5.78
1964.11～1973.10	主槽	0.47	1.25	0.58	0.64	2.94
	滩地	0.48	0.77	0.16	0.04	1.45
	全断面	0.95	2.02	0.74	0.68	4.39
1973.11～1980.10	主槽	−0.18	0.04	0.13	0.03	0.02
	滩地	−0.04	0.83	0.57	0.43	1.79
	全断面	−0.22	0.87	0.70	0.46	1.81
1980.11～1985.10	主槽	−0.30	−0.64	−0.14	−0.19	−1.27
	滩地	−0.06	−0.19	0.59	−0.04	0.30
	全断面	−0.36	−0.83	0.45	−0.23	−0.97
1985.11～1998.10	主槽	0.28	0.85	0.26	0.26	1.66
	滩地	0.17	0.38	0.11	0.01	0.66
	全断面	0.45	1.23	0.37	0.27	2.32
1950.7～1998.10	主槽	0.02	0.28	0.13	0.15	0.59
	滩地	0.18	0.57	0.41	0.16	1.31
	全断面	0.20	0.85	0.54	0.31	1.90
1973.11～1998.10	主槽	0.04	0.33	0.14	0.10	0.61
	滩地	0.06	0.39	0.34	0.12	0.90
	全断面	0.10	0.72	0.47	0.22	1.51
1950.7～1998.10 累计	主槽	1.02	13.54	6.33	7.43	28.32
	滩地	8.82	27.38	19.74	7.76	63.70
	全断面	9.84	40.92	26.07	15.19	92.02

注：由于数值修约，表中数据存在进舍误差，下文同

1950 年 7 月至 1998 年 10 月，铁谢至花园口河段滩地淤积量为 8.82 亿 t，约占全断面总淤积量的 89.6%。由于铁谢至花园口河段河道自上而下逐渐展宽，因此，沉沙作用较大。

花园口至夹河滩河段两岸堤距较宽，最宽处可达 14km，滩地面积占总面积的 81.1%，洪水一旦漫滩，泥沙将大量落淤，滩地是大洪水的滞洪沉沙区。1950 年 7 月至 1998 年 10 月，该河段滩地淤积量为 11.7 亿 t，占全断面淤积量的 63.9%。另外，据花园口断面的实测最大含沙量统计，花园口至夹河滩洪水期的最大含沙量的平均衰减率为 27.8%，花园口断面 1974 年 8 月 2 日洪水含沙量为 220kg/m^3，到达夹河滩断面时含沙量已衰减为 113kg/m^3，含沙量衰减 48.6%。

夹河滩至高村河段，堤距最宽处可达 20km，由于上河段含沙量的沿程衰减，到达该河段时含沙量有所降低，但滩地淤积量并未减少，还略有增加，滩地淤积量为 15.68 亿 t，占全断面淤积量的比例达 69.8%。该河段含沙量的最大衰减率为 41.7%，最小为 10%。

高村至孙口河段，较上河段堤距有所减小，一般为 7km。该河段滩地淤积量最大，达 15.81 亿 t，占全断面淤积量的 85.1%。但含沙量的衰减率有所减小，除 1977 年含沙量的衰减率较大外，一般为 20%左右。

黄河下游滩区的滞洪沉沙区主要位于花园口至孙口河段，该河段滩区的淤积量为 55.19 亿 t，占下游滩区淤积量的 86.7%。从各河段淤积量来看，夹河滩至孙口河段淤积最多，花园口至夹河滩河段次之，铁谢至花园口河段最少。从黄河下游各水文断面最大含沙量的衰减情况分析，各河段含沙量的衰减值沿程递减。

2.1.2 经济社会发展功能分析

2.1.2.1 经济社会发展作用

黄河下游滩区有耕地 340.1 万亩、村庄 1928 个、人口 189.52 万人（含国有农场 3 个 457 人），涉及河南、山东两省 15 个市 45 个县（市、区），因此滩区既是行洪区，又是群众生产生活的重要场所。滩区经济是典型的农业经济，基本无工业，农作物以小麦、大豆、玉米、花生、棉花为主。由于汛期洪水漫滩的影响，秋作物有时种不保收，产量低而不稳，滩区群众主要依靠一季夏粮维持全年生活。东坝头以上滩区生产相对稳定，粮食单产高，漫滩概率较下段滩区低。东坝头至陶城铺河段的低滩区，漫滩概率较高，灾害频繁，生产环境较差，不少滩地洪水漫滩后，秋作物受淹，若退水不及时，则会影响小麦的播种。

受漫滩洪水影响和生产环境及生产条件的制约，滩区经济发展落后，与周边区域的差距呈现逐步扩大之势。下游广大滩区已成为贯穿豫鲁两省、集中连片的经济社会发展落后区域。滩区内大部分县（市、区），特别是东坝头至陶城铺河段，群众收入远低于所在县（市、区）的人均值，有的只达到县（市、区）人均值的 50%左右。洪水漫滩造成滩区群众收入低，损失大，财富得不到积累。

由于滩区所处的地理位置特殊，其开发利用必须以服从黄河下游的防洪安全为前提，经济发展受到诸多限制，因此滩区经济发展落后。群众生活水平不高的原因还在于其所在区域的总体经济水平较低，如濮阳县、台前县、范县等整个县域一部分位于滩区，另一部分则位于北金堤滞洪区，所处区域自然地理、经济发展整体条件较差。滩区所在县（市、区）的经济发展水平与全省平均水平相比，有 90%以上达不到所在省的平均水平。另外，由于滩区的滞洪沉沙作用是保护下游地区的重点城市、工矿企业、交通枢纽等，因此其与这些地区就有一定的空间距离，很难受到这些重点城市的辐射作用，或者较难利用这些资源或交通便利优势，缺乏区位优势。

滩区土地经营方式以分散的家庭联产承包责任制为主，大部分土地被分为小块地各自经营。这种分散的土地经营模式影响了先进农业技术的应用和现代化农业机械生产潜力的发挥，导致农业生产资料购置、农业耕作、农产品销售等农业生产各环节成本较高，影响了群众收入；同时由于缺乏及时获得市场信息的有效途径，农产品销售无法获得最大效益，无形中加大了农业生产的市场风险，增加了农业生产融资的困难。这种粗放的土地经营模式影响了滩区经济的发展。

黄河下游河道滩区是行洪滞洪沉沙场所，下游滩区居民多，安全建设严重滞后，滩区洪灾风险大，淹没概率高，经济发展和群众生活水平低。随着流域经济社会的快速发展，滩区内外经济社会发展的差距逐渐增大，黄河下游生态廊道经济社会发展作用和防洪减淤作用的矛盾日益突出。

2.1.2.2　滩区群众安全建设

滩区安全建设按照民生优先、统筹兼顾、人水和谐、因地制宜、区别对待的原则，结合新农村建设，总体上采用迁留并重、鼓励外迁的安全建设方案，合理引导滩区群众逐渐外迁。综合考虑滩区人口分布特点及淹没水深、距离堤防远近等情况，以及滩区群众的安全建设意愿、耕作半径等，安全建设采取外迁、就地就近避洪、临时撤离三种安置方式。

为确保滩区群众防洪安全，自 1974 年起，黄河下游滩区陆续采取了修建避水台、小规模村台、连台及外迁、修筑避水村台和撤退道路等多种安全建设措施。按照“废除生产堤，一季留足全年口粮，修筑避水台”的政策，1982 年洪水之后滩区开始修建小规模村台、连台。1996 年 8 月洪水后，采取了外迁、修筑避水村台和撤退道路等多种措施进行安全建设。2003 年秋汛洪灾后，发展改革委、水利部、财政部等有关部门，在黄河下游山东省东明县和河南省兰考县滩区实行了移民迁建试点。2013 年以来，河南、山东两省分别开展了两期滩区居民迁建试点。2017 年 7 月，国务院批复同意河南、山东两省继续开展下游滩区安全建设。

2.1.2.3　滩区淹没补偿政策

自 2004 年以来，水利部、财政部、发展改革委和河南、山东两省组织相关部门围绕黄河下游滩区洪水淹没补偿政策开展了大量的调查研究工作，先后完成了“黄河下游滩区运用补偿政策必要性研究”“黄河下游滩区运用补偿政策可行性研究”，2011 年国务院批准了《黄河下游滩区运用财政补偿资金管理办法》。实施黄河下游滩区运用财政补偿政策，对于保障黄河下游滩区群众的基本利益，改善滩区群众生产生活状况，解决黄河下游长治久安和滩区经济社会稳定发展之间的矛盾具有重要意义。

2.1.3 生态功能分析

2.1.3.1 生态要素分析

黄河下游滩区涉及 2 个国家级和 3 个省级自然保护区，分别为河南新乡黄河湿地鸟类国家级自然保护区、山东黄河三角洲国家级自然保护区、开封柳园口湿地省级自然保护区、郑州黄河湿地省级自然保护区和濮阳县黄河湿地省级自然保护区。

（1）河南新乡黄河湿地鸟类国家级自然保护区

河南新乡黄河湿地鸟类国家级自然保护区前身为河南豫北黄河故道湿地鸟类国家级自然保护区，始建于 1988 年，1996 年 11 月经国务院批准晋升为国家级自然保护区。

保护区位于河南省新乡市东南部，由封丘、长垣两县（市）组成，长 70km，平均宽 3.5km。地理坐标为（34°53′13″～35°06′21″N，114°13′53″～114°52′30″E）。

保护区属内陆湿地和水域生态系统类型的保护区，以保护湿地、水域生态系统和各类候鸟、涉禽、游禽、猛禽、鸣禽等鸟类及其栖息地、迁徙通道、生物多样性等为主。

保护区总面积 22 780hm^2，其中核心区面积 7973hm^2，占总面积的 35%；缓冲区面积 7290hm^2，占总面积的 32%；实验区面积 7517hm^2，占总面积的 33%。

（2）山东黄河三角洲国家级自然保护区

黄河三角洲国家级自然保护区于 1992 年批准建立，地处清水沟流路入海口与刁口河流路入海口及其周围地区，以保护新生湿地生态系统和珍稀、濒危鸟类为主，保护区总面积为 15.3 万 hm^2，其中，核心区面积 5.8 万 hm^2，缓冲区面积 1.3 万 hm^2，实验区面积 8.2 万 hm^2。

黄河三角洲国家级自然保护区作为中国唯一的三角洲湿地自然保护区，已列入世界及中国生物多样性保护和湿地保护名录。黄河三角洲湿地是我国暖温带最广阔、最完整和最年轻的原生湿地，其特有原生湿地系统和湿地生物资源，为珍稀鸟类提供了丰富的食物来源和良好的栖息环境，是东北亚内陆和环西太平洋鸟类迁徙的重要“中转站、越冬栖息和繁殖地”。保护区有野生动物 1543 种，其中海洋性水生动物 418 种，属国家重点保护的 6 种；淡水鱼类 108 种，属国家重点保护的 3 种；鸟类达 283 种，属国家一级保护的丹顶鹤、白头鹤、白鹤、大鸨、东方白鹳、黑鹳、金雕、中华秋沙鸭、白尾海雕等 9 种，属国家二级保护的有灰鹤、大天鹅、鸳鸯等 41 种。

（3）开封柳园口湿地省级自然保护区

开封柳园口湿地省级自然保护区是河南省人民政府1994年批准建立的自然保护区。保护区属河道和滩涂湿地，是重要的鸟类越冬地和停歇地。

保护区位于河南省东部、开封市北 10km，西接郑州市中牟县，东至山东省，北与新乡市隔河相望，南邻开封市。东西长 60km，南北宽 15.5km。地理坐标为（34°52′～35°01′N，114°12′～114°52′E）。

保护区以保护天鹅、鹤等珍稀水禽及其栖息地为主，是亚洲候鸟重要的越冬地和停歇地，在保护野生动物的同时积极开展科学研究，发展生物资源，目前已建设成为一个融自然保护、科学研究、合理开发利用和科普旅游为一体的综合性、科学性、多功能的自然保护区。

保护区总面积 16 148hm^2，其中核心区面积 5849hm^2，占总面积的 36%；实验区面积 10 299hm^2，占总面积的 64%。

（4）郑州黄河湿地省级自然保护区

郑州黄河湿地是河南省生物多样性分布的重要地带，湿地内物种繁多，生态系统类型多样，是河流湿地中最具代表性的地区之一，具有重要的生态学价值，是候鸟迁徙的重要停歇地、繁殖地和觅食地。2004 年 11 月 19 日河南省人民政府批准建立郑州黄河湿地省级自然保护区。

郑州黄河湿地省级自然保护区位于河南省中部，郑州市北部的黄河南侧，呈带状东西走向，地理坐标为（34°48′～35°00′N，112°48′～114°14′E），保护区长 158.5km，跨度 23km。

保护区主要开展郑州黄河湿地生态环境和珍稀水禽保护工作。保护对象有：黄河中下游湿地生态系统及其生物多样性；国家和省重点保护鸟类及水禽、候鸟的繁殖地、停留地、迁徙地；经济价值较高的水生动植物，如芦苇、黄河鲤、铜鱼、鳗鲡等；列入我国和其他国家签订的候鸟保护协定的候鸟；其他典型的自然景观。

保护区总面积 38 007hm^2，其中核心区面积 9209hm^2，占总面积的 24%；缓冲区面积 2617hm^2，占总面积的 7%；实验区面积 26 181hm^2，占总面积的 69%。

（5）濮阳县黄河湿地省级自然保护区

濮阳县黄河湿地省级自然保护区是河南省人民政府 2008 年 6 月批准建立的以湿地生态系统和其他生物多样性为主要保护对象的自然保护区。濮阳县黄河湿地位于濮阳县南部的习城乡、郎中乡和渠村乡等三个乡，东西依黄河形态呈带状分布。地理坐标为（35°20′～35°50′N，114°52′～115°24′E）。保护区东西长 12.5km，跨度 3～12km。保护区的保护对象有：濮阳县黄河湿地生态系统；国家和省重点保护的野生动植物；列入我国与其他国家签订的候鸟保护协定的候鸟，以及其他国际公约规定保护的野生动植物；湿地景观和人文景观资源。

保护区总面积 3300hm^2，其中核心区面积 1100hm^2，占总面积的 33%；缓冲区面积 1300hm^2，占总面积的 39%；实验区面积 900hm^2，占总面积的 27%。

2007 年 12 月 12 日，农业部将黄河郑州段黄河鲤国家级水产种质资源保护区列入了第一批国家级水产种质资源保护区。保护区总面积 2670hm^2，其中核心区面积 750hm^2，为花园口核心区和伊洛河核心区，核心区以保护黄河鲤种质资源和黄河水域生态系统为目的，占总面积的 28%；实验区分为西部和东部两个部分，面积 1920hm^2，占总面积的

72%。保护区主要保护对象为黄河鲤，黄河鲤繁殖季节为特别保护期，在该期内，对黄河郑州段黄河鲤产卵场划定了禁渔期和禁渔区。

2.1.3.2 生态功能分区

根据《河南省生态功能区划》，河南省内黄河下游滩区属于四个亚区，分别为豫西黄河湿地生态功能区、豫东黄河湿地生态功能区、豫北黄河故道湿地生物多样性保护生态功能区、内黄—濮阳土壤沙化控制农业生态功能区。

（1）豫西黄河湿地生态功能区

该区域指黄河自陕西入河南三门峡豫灵镇至花园口段。灵宝至三门峡段，黄河干流为黄土峡谷，河面较为宽阔，属三门峡库区；三门峡至洛阳孟津段约150km的河道穿行于中条山、熊耳山之间，称为晋豫峡谷，是黄河最后一段峡谷，落差200多米，河谷底宽200～300m，出口即是黄河小浪底水库；小浪底以下至郑州桃花峪段是山地丘陵区，河道逐渐放宽为3～5km，是由山地进入平原的过渡河段，左岸是断续的黄土低崖，高出水面10～40m，右岸是绵延的邙山，高出水面 100～150m；三门峡至桃花峪段是黄河主要暴雨区之一，暴雨中心多在三门峡以下的干流区间和支流伊河、洛河、沁河的中下游，暴雨强度大、历时短、洪峰高，对下游防洪具有严重威胁；桃花峪以下进入下游冲积大平原。该区段黄河是河谷湿地生态系统，区域内维管植物有80科285属598种，其中木本植物有38种，草本植物有560种；陆生植物有62科557种；国家重点保护珍稀濒危动物有41种。

生态系统主要服务功能是水源涵养及湿地生态。由于两岸地势高、植被覆盖率低，水土流失严重，水体污染程度及范围近年有所增加，上游来水也是污染加重的原因之一，威胁饮水安全及湿地生态环境。生态保护措施及目标是加强沿线工业企业的污染控制和治理力度；退耕还林还草，保护两岸天然植被，防治水土流失，控制旅游开发项目的适度发展。

（2）豫东黄河湿地生态功能区

该区域包括开封北部黄河大堤以内部分和郑州辖区的黄河南岸滩涂，属黄河下游嫩滩区，地势西高东低，地貌以滩涂为主。滩地面积广阔，当黄河发生较大洪水时，上段具有显著削减洪峰的作用，下游流散的河道处于强烈的堆积状态。黄河下游河南段，河床淤塞抬升，高出地面3～10m，成为“地上悬河”。气候适宜，土壤、水文等生态条件良好。该区域有河流湿地、沼泽、滩涂、库塘、洼地、农田、森林等多种生态系统类型，蕴藏着丰富的野生动植物资源。有维管植物598种，陆生野生动物217种，国家一级重点保护动物15种，国家二级重点保护动物28种。

黄河水资源是黄河沿岸工农业和生活用水的主要水源之一，生态系统主要服务功能是涵养水源、补充地下水、削减洪峰、防止洪涝灾害。湿地水面宽散、摇摆滚动，滩面宽阔，历史上黄河多次溃堤改道，汛期堤坝受洪水威胁大，枯水期河道断流时有发生，水生态环境脆弱。生态保护措施及目标是有计划做好生态移民，降低河滩生态压力；保护湿地生物多样性，维护水位稳定性。

（3）豫北黄河故道湿地生物多样性保护生态功能区

该区域位于新乡市东部，卫辉市和延津县接壤的黄河故道，以及封丘县的黄河滩涂地带和背河洼地。属于暖温带大陆性季风气候区，年均温度 14.4℃，年均降水量 606mm。有野生鸟类 130 多种，其中 34 种国家重点保护鸟类，7 种河南省重点保护鸟类；有野生兽类 12 种，两栖动物 5 种，爬行动物 9 种，鱼类 31 种，水生昆虫 30 余种，底栖动物 41 种；有维管植物 256 种，其中木本植物 38 种，草本植物 218 种；有水生植物 41 种。

生态系统主要服务功能是湿地生物多样性保护。近几年受厄尔尼诺现象的影响，该地连续多年干旱少雨，湿地面积大大萎缩，加之该地交通发达，周边地区人口稠密，非法开发土地时有发生，造成地下水位下降，耕地被占用。生态保护措施及目标是控制农业开发占用湿地和地下水的超量开采。

（4）内黄—濮阳土壤沙化控制农业生态功能区

该区域分布在黄河、卫河、漳河故道上，包括濮阳市区的周边，南乐县的元村镇，清丰县的阳邵镇、韩村镇、固城镇，台前县的黄河背河洼地，濮阳县的庆祖镇、八公桥镇、梁庄镇、王称堌镇、梨园乡、白堽乡、徐镇镇、郎中乡、习城乡。土壤为砂土、风沙土，蓄水保肥能力差。生态系统主要服务功能是防风固沙、农业及林果生产。

农村生活污染、农田化肥污染、农药污染、养殖业污染严重，80%的地表水水质超过国家Ⅴ类标准，丧失使用功能。水资源短缺，河流径流量小，地下水资源严重超采，水位持续下降，地下漏斗面积逐年扩大。长期污水灌溉引起农作物污染，土壤退化。土壤沙化高度敏感。生态保护措施及目标是减少地下水的开采；保持农田林网生态完整性，控制土壤沙化；控制农业面源污染。

2.1.3.3 生态系统服务功能

（1）涵养水源

黄河为流域内外提供了丰富的优质水资源，包括生产生活用水和生态用水，在人民生活、工农业生产和生态环境保护方面发挥了重要作用，见图 2.1-1。2016 年黄河下游流域内供水总量为 69.27 亿 m^3，地表水略多于地下水，其中河南 48.13 亿 m^3，山东 21.14 亿 m^3。此外，2000～2016 年黄河流域年均外供水量达到 96.51 亿 m^3，其中河南 23.03 亿 m^3，山东 65.42 亿 m^3，主要涉及河南、山东引黄灌区，以及河北、天津引黄等(《黄河水资源公报》)。滩区是黄河水资源以地下水的形式涵养和保存的重要区域，滩区内的湿地、灌丛、林地等自然生态系统，由于地表覆被和植物根系的共同作用，也会对滩区内降水起到显著的涵养效果。这些水资源不仅为滩区的农业生产和渔业养殖提供了重要的物质条件，还对黄河下游湿地生态系统的维持和繁荣起到了关键性作用。目前，滩区水资源节约和饮用水源保护的力度仍然有限，水资源浪费和水环境污染的现象仍然存在。

图 2.1-1　滩区饮用水源保护区（a）和滩区渔业养殖区（b）

（2）土壤保持

黄河下游滩区面积约 3154.0km^2，土壤类型主要有潮土类的脱潮土亚类和黄潮土亚类，也有少部分风沙土和盐碱土。土壤分布有很强的规律性，由于河流的分选作用，由河槽至两岸土壤砂质化程度逐渐降低，土壤肥力逐渐提高。高滩和二滩多分布重壤土、砂壤土和沙土，亦有部分淤土，嫩滩以淤土和沙土为主，低洼地有少量盐碱土。滩区内的湿地、草地等自然生态系统可以有效固土防沙，植物根系的微生物作用可以不断改善土壤团粒结构，从根本上改善滩区沙地的物理化学性质，提高土壤有机碳含量。同时，适宜的农业耕作显著增加了绿色覆被，对土壤保持和防风固沙具有积极作用，使得滩区内土地从黄沙万顷变为沃土良田，见图 2.1-2。但应该认识到，滩区仍存在一定面积的沙地、盐碱地，部分地区土地退化的趋势和风险仍然存在，粗放的农业活动还会导致地力下降和长期撂荒。

图 2.1-2　滩区内规模化种植的小麦田（a）和滨水灌木林（b）

（3）维护生物多样性

滩区内分布有大量的自然生态系统，滩区特有的气候地形和水文泥沙特征造就了非常典型的野生动植物群落。滩区自然生境类型以湿地、森林和灌（草）丛为主。湿地分为河流湿地和沼泽湿地两大类，其中河流湿地包括永久性河流（河床、低河漫滩）（图 2.1-3）、洪泛平原湿地（二滩）；沼泽湿地包括草本沼泽和灌丛沼泽。森林为旱柳林、杨树林、榆树林、刺槐林人工防护林和苹果、梨、桃、枣、银杏等果木林。灌（草）丛主要有以沙蓬群落、虫实群落、白茅群落、砂引草群落、柽柳群落为主的沙地灌（草）丛及盐生灌（草）丛。滩区生境为白鹳、黑鹳、金雕、白头鹤、丹顶鹤、白鹤、小鸨、大鸨等珍稀水禽提供了得天独厚的栖息地，为黄河鲤、鲇、赤眼鳟等江河平原区淡水鱼类提供了稀缺的产卵场、洄游区和捕食地，是众多珍贵动植物的基因资源保护地。此外，滩区内的农田、坑塘等人工生态系统，既为动植物提供了食物来源和栖息场所，又是动植物资源保护的重要补充。但仍应该认识到，滩区仍存在一定程度的湿地生境退化，强烈的人类活动对野生动物特别是候鸟易造成影响。

图 2.1-3　滩区自然保护区内的嫩滩湿地（a）和沙洲（b）

（4）产品供给

滩区依靠水土资源和生态禀赋，源源不断地为区内和周边城市提供了大量优质的生态产品。滩区的物质产品主要通过种植业、畜牧业、渔业等生产活动产生和提供，如小麦、玉米、花生、水稻、莲菜、生猪、鲤等，仅郑州滩每年农业总产值就达近 20 亿元。滩区的服务产品主要包含为全社会提供的科研、教育、体验、游憩等公共服务，众多的湿地、森林、地质等价值极高的郊野公园（图 2.1-4），以及科研基地和试验场地、农耕采摘体验园及其他多种形式的服务，构成了滩区生态服务产品网络。但仍应该认识到，滩区农业生产和旅游业开发的整体水平仍然不高、空间均衡不足，且存在干扰强度较大的问题。

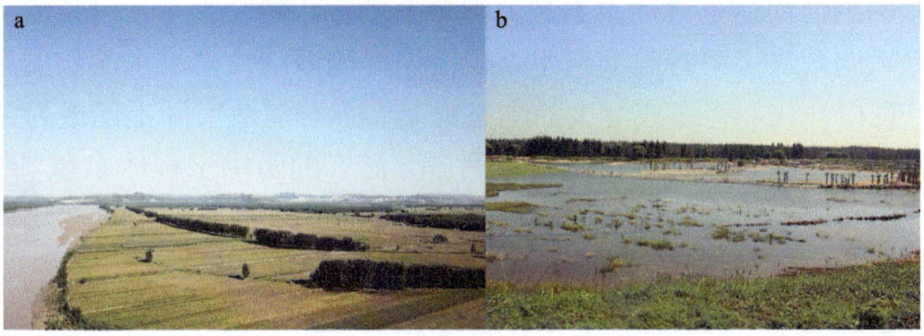

图 2.1-4　滩区农田（a）和湿地公园（b）

（5）为人类聚落提供生存和发展的适宜空间

目前滩区仍然是众多群众的生产生活重要空间。据统计分析，2014 年黄河下游滩区（含封丘倒灌区）共有村庄 1928 个，人口 195.79 万人，其中河南省共有村庄 1146 个，人口 130.92 万人；山东省共有村庄 782 个，人口 64.87 万人。群众聚落以农村的形式集中体现（图 2.1-5），种植业、畜牧业和渔业几乎遍布黄河下游滩区全境。由于存在洪水风险，滩内农村道路、供排水、垃圾收集等基础设施建设薄弱。黄河下游滩区内的人类聚落存在空间结构散乱、发展动力不足的现实短板，滩区目前的资源环境承载力、国土空间开发适宜性仍待进行系统性的评价。

图 2.1-5 滩区村台（a）和农村街道（b）

2.1.3.4 生态安全屏障功能

黄河下游两岸平原人口密集，城市众多，铁路、公路纵横，能源等工业基地广布，也是全国重要的商品粮基地。按照洪水风险分析结果，如果北岸原阳以上或南岸开封附近及其以上堤段发生决口泛滥，那么影响人口将超过 2300 万，影响耕地面积将超过 247 万 hm^2，直接经济损失将超过 1000 亿元。除直接经济损失外，黄河洪水泥沙灾害还会造成十分严重的后果：大量铁路、公路及生产生活设施，治淮、治海工程，以及引黄灌排渠系都将遭受毁灭性破坏，造成群众大量伤亡、泥沙淤塞河渠、良田沙化等，对经济社会发展和生态环境造成的不利影响长期难以恢复。1938 年，国民政府为阻止日军西侵，扒决了花园口黄河大堤，洪水挟带大量泥沙进入淮河，淤塞河道与湖泊，致使淮河流域连年发生水灾；洪水泛滥，豫东大地饥荒连年、饿殍遍野，造成 5400km^2 黄泛区，形成了“百里不见炊烟起，唯有黄沙扑空城”的凄惨景象。

黄河下游的悬河河道是淮河水系和海河水系的分水岭。大洪水时，黄河向北决口将打乱海河水系，向南决口将打乱淮河水系，由于多泥沙特性，洪水泥沙所到之处，淤塞河（湖）渠，良田沙化，将造成巨大的生态灾难。下游河道实际上已成为黄淮海平原的生态安全屏障，其主要包括“上拦下排，两岸分滞”的防洪工程体系和“拦、调、排、放、挖”处理、利用泥沙体系及相应的非工程措施体系。而下游由标准化堤防及其保护范围、主槽和滩区、分滞洪区构成的近 800km 河道成为生态安全屏障的主要表现。

2.1.4 景观文化载体功能分析

人水和谐共生是沿河景观营建的重要原则。随着城市化的逐渐发展，人类社会开始傍水聚居。河流哺育了城市，城市也装点着河流。最初的人类五大古文明都是基于大河流域发展而来的，有黄河流域的中国夏商周文明、两河流域的美索不达米亚文明、尼罗河流域的古埃及文明、印度河流域的哈拉帕文明以及爱琴海地区的古希腊文明。

黄委会在 2003 年 2 月举办的委员会高级圆桌会议上提出了“河流生命”的新概念，强调了河流的文化生命与自然生命的同等重要性。通过研究黄河下游两岸景观营建与河流文化的契合点，用景观手法辅助黄河文化遗产的延续，能够更大程度发挥黄河自身的功能价值，焕发河流生机。

2.1.4.1　历史文化传承功能——因水而生的大河文明

黄河流域是中华民族最重要的发祥地，是中下游地区产生的大河文明积淀，也是中华大地宝贵的精神财富。在原始社会不断演化发展进程中，黄河中下游地区是最早进入文明时代的区域。

从有形的考古体系文化要素角度来看，黄河流域发现的文字、古城址、青铜器等是人类进入文明社会的反映。文字是记录时代思想和语言的通用工具。在沿黄地区的河南贾湖遗址发现了距今约 8000 年的卦象符号，在山东大汶口遗址、丁公遗址等地出土的陶片上发现了距今约 4100 年的具有一定章法的符号刻画。生活在中华大地的先民在不同地区都在使用文字符号记录思想和语言。在沿黄地区的河南淮阳平粮台、登封王城岗、辉县郊区、安阳后岗，以及山东章丘城子崖、邹平丁公村、淄博胥家村等地发现了龙山文化时期的城址，揭示了沿黄先民的创造力和生存力。沿黄地区的古代都城是黄河岸边宝贵的精神财富。都城是国家政治、经济、文化的凝聚枢纽，也使得中华民族由零散分布的生活演变成了社会融合共同生活，从奴隶社会向封建社会过渡，促使社会由野蛮逐步走向文明。青铜器是古代社会生活的缩影。在河南登封王城岗遗址发现了被公认为我国最早的青铜器。在河南息县出土的青铜器反映了春秋时期艺术审美观念的重要变化。分布在河南中下游地区，约 8000 年前的裴李岗文化、约 4000 年前的龙山文化以及约 7300 年前的北辛文化，先后揭开了黄河文化灿烂光辉的序幕。

从无形的精神层面来看，黄河流域文化在文化教育、科学技术、思想学术的方面有突出成就。

在文化教育方面，沿黄地区诗词、绘画、雕刻、书法成就显著。从最早的《诗经》到先秦散文、汉赋、唐诗、宋词，再到明清小说，汇集了黄河流域文化史学宝藏，出现了庄子、司马迁、蔡文姬、李白、白居易等一大批文豪；《兰亭序》《步辇图》《清明上河图》等一系列传世名作、龙门石窟等雕刻艺术现世，涌现了张择端、阎立本、柳公权等书法绘画大师；从简陋的私塾学堂到学府书院，出现了孔子、孟子等教育家以及四大学府书院。

在科学技术方面，源自周朝的勾三股四弦五定理、三国时期的圆周率、唐朝的子午线测量等记载是世界上公认最早的数学计算。诞生于原始社会的中医在 2018 年被世界卫生组织纳入具有全球影响力的医学纲要。华佗发明“麻沸散”比西方制造麻醉药剂早 100 多年，张仲景的《伤寒杂病论》丰富了医学宝库，李时珍的《本草纲目》促进了本草学的进一步发展。治理黄河技术达到一定水平，大禹、贾让都是著名的黄河治水专家。《考工记》《水经注》《梦溪笔谈》等反映了我国工业、农业以及地理学等方面的科技成就；造纸术、印刷术、火药、指南针等是我国古代四大发明，沿黄人民对世界文明作出了重大贡献。

在思想学术方面，春秋战国时期沿黄地区百家争鸣局面形成，人们思想解放，产生了儒家、道家、兵家、法家等不同学派，出现了《庄子》《论语》《孟子》《韩非子》《孙子兵法》《孙膑兵法》等文化宝藏。汉唐时期随着佛教、伊斯兰教、基督教在沿黄地区传播，出现了玄奘等宗教大师。

黄河作为中华民族的摇篮，是凝聚民心、引领民气的“精神图腾”。黄河文化在不断吸纳各地文化精华的同时，也通过文化输出将自身文明推向世界。如今在“一带一路”倡议引领下，黄河沿岸与全世界各地的交流更加频繁，融合程度更加紧密。灿烂辉煌的黄河文化同其他各类文化共同组成了人类文明史，其承载着人类文明历史并且推动文明的不断发展延伸。

2.1.4.2 经济社会发展功能——城市更新中的水城之恋

城市环境与河流息息相关，人们常用“河流是城市的血脉”“母亲河”等词汇来形容黄河。黄河沿岸景观成为人们对沿黄城市环境评价、历史文化追根溯源、乡愁寄托等社会性认知的载体。其伴随的社会效应，对于提高城市的品位、凝聚力、综合竞争力及促进经济社会发展起到了很大的作用。

随着城市化进程的加快，河流周边被大理石沟渠包围，本应充满野趣的湿地变成了人工迹象严重的喷泉水池，沿黄城市各自发展，河流与城市在空间上相对分隔，人们在城市中看不见黄河水，望不见乡愁。黄河沿岸得天独厚的文化资源与历史遗存，因维护不利、重视不足，无法形成系统的文旅发展游线，居民的家乡自豪感、文化凝聚力也会随之降低。

随着现代社会的发展，在城市更新进程中，沿黄城市和河流之间的关系越来越紧密，人民对黄河所反映的“场所精神”需求也越来越高。只有对河流历史文化景观所反映的社会属性进行深度挖掘，并将其运用到河流景观的再生创建中，才能得到广泛的社会认同。

现阶段各城市发展逐渐从隔河而望转变为跨河联通，各地区依托黄河实现城市融合发展的趋势凸显。从远期来看，可以黄河为纽带将这些人文景观串起来，发展文化旅游与农业观光产业，通过合理调整黄河沿岸的土地利用方式，充分发挥自身具备的文化资源优势，提升沿黄地区形象。带动各地服务产业的发挥，对黄河下游沿岸优化产业结构、促进地区经济发展有重要意义。

只有依托黄河文化展示平台，打造特色主题活动，讲好黄河故事，才能为新时代黄河治理与保护凝聚力量，实现城市更新契机下的“水城之恋”。

2.1.4.3 人水共荣引领城市复兴功能——人类实践下的社会关怀

河流景观文化内涵不仅包含物质层面和精神层面的结果呈现，还包含人类与黄河共同发展的实践过程。人类对黄河的社会历史实践形成了黄河景观文化的重要组成部分。从自然角度来看，黄河作为一条河流，其自身具备的属性特点使得中下游地区形成美丽富饶的冲积平原，为黄河文化的聚集和发展提供了优越的地理环境；从文化角度来说，人类对河流的历史实践过程熔铸了人民的精神、情感，创造了灿烂的文明和文化，体现了实践过程中的人文关怀。

我国社会在利用黄河水资源谋发展和同黄河水患作斗争中不断发展，创造了最具生命力的黄河大地景观。例如，治水专家大禹因势利导、科学治水，通过测量方位，科学选址，合理处理人类与河流的关系。自大禹治水以来，历朝历代开启了同黄河水患作斗争的历程。西汉贾让在黄河第二次大改道后，提出的“治河三策”被史学家记录至《汉书》中，对后世影响深远；东汉王景主导修筑黄河大堤，通过使用“十里立一水门”的方法达到洪水分流，保障黄河安流数百年；元代河官贾鲁在洪泛期间疏塞治河，恢复黄河故道，恢复运河漕运，现今河南省内有以其名字命名的贾鲁河，以纪念其功绩；清代名臣林则徐在开封堵口治水，于黄河南岸修建黄河大堤作为遏制水患的重要屏障。现今开封城市保留的护城堤和林公堤是开封人民治水智慧的结晶，更表达了劳动人民根除水患、安居乐业的强烈愿望，从侧面反映了劳动人民几千年的治水历程。

黄河与人类的实践历程是一部中华民族坚韧不拔、顽强拼搏的奋斗史。人水共荣的和谐关系能够促进城市文化体系的健全与城市复兴。黄河沿岸场所精神的传承是空间和人文双重作用的结果，场所在承载深厚历史文脉的同时，也会诞生出更加多元的产业结构和空间形态。黄河沿岸地区有非常宝贵的资源，随着时代发展，人水关系也必将迈入新的征程。通过重新审视黄河文化，多方面探索，建设适合黄河与沿岸城市和谐发展的机制，塑造人与河流共生的新时代黄河文化。

2.1.4.4　景观美学鉴赏功能——可意蕴性的传达与感知

建设良好的沿黄景观不仅会传达河流的文化内涵，还能够提高城市的美观品位。意蕴是景观中最具文化的部分，能够赋予人们超出视觉形象之外的感受，这也是景观艺术的感染力所在。

在黄河沿岸景观营造时，可以通过对河流文化景观要素之间的有机组合展现“美”；通过分析河流景观的主要观赏对象、视点位置以及河流景观连续性、空间变迁等来展示“观”。通过对河流注入文化内涵，为观者提供情感共鸣，提升沿黄景观可意蕴性的传达与感知。将沿河绿地景观作为黄河文化的宣传平台，打造舒适的滨河环境，完善沿河慢行系统，提高滨河景观的亲水性和可达性，可以充分发挥沿黄地区的景观美学功能，为居民提供休闲游憩场地。

在进行沿黄提升设计时，景观区除了考虑便捷的交通，同时还要注意减少人类活动对生态自然性的干扰。在外部空间上形成布局完整有序的景观文化长廊，在内部空间结构上又要充分考虑各空间组成的生态性、可达性、游憩性等特点。

目前黄河下游沿岸休闲游憩场地多集中在城市核心区，远离城市的大面积区域景观效果较差，各游憩地之间分布零散，没有统一规划景观游线。黄河沿岸应充分依托水、桥、绿、道等要素构成的带状空间，发挥城市“生态轴系”的功能，通过构建慢行步道、沿岸公园、亲水木栈道等景观节点，为城市居民提供充足的休闲游憩空间，这也是黄河沿岸文化景观带功能开发可借鉴的重要手段。

2.1.4.5　景观文化载体功能需求分析

随着人类活动的加剧，黄河多次改道导致众多文化遗址被淹，多地经济发展滞后，导致被淹没的沿黄文化遗址日渐被遗忘。在很长一段时间内，由于经济发展的限制，沿黄多地并不能将河道文化景观作为建设重点。当河流生态遗留问题逐渐影响人们生存生活时，黄河文化景观建设开始受到广泛关注。

随着城市的发展，生活在黄河下游的人们对居住的环境要求越来越高，针对沿河景观的文化性研究越来越多，黄河沿岸景观作为文化载体的作用越来越得到重视。这对黄河河道建设也提出了新要求和新内容，迫切需要河道设计发挥景观文化载体功能，发挥历史文化传承、促进经济社会发展、引领城市复兴以及景观美学鉴赏等多种作用。

2.1.5 黄河下游最简功能体系分析

考虑黄河下游滩区及两岸防洪保护区域对黄河河道滩区治理需求，本小节在进一步对黄河下游河道滩区承担功能分析的基础上，甄别分析黄河下游河道滩区必须承担的、不能剥离的最简功能体系。

（1）防洪减淤功能

黄河下游河道高悬于两岸黄淮海平原之上，是举世闻名的“地上悬河”，黄河下游洪水含沙量高，每次决口，水冲沙压，田庐人畜荡然无存者屡见不鲜，灾情极为严重。洪水灾害历来为世人所瞩目，历史上被称为“中国之忧患”。历史上，黄河三年两决口、百年一改道。据统计，从周定王五年（公元前 602 年）到 1948 年的 2500 多年间，黄河下游决口 1500 多次，大改道 26 次，北达天津，南抵江淮，遍及河南、河北、山东、安徽和江苏等 5 省的黄淮海平原，纵横 25 万 km^2，给国家和人民带来了深重灾难。

现状地形条件下，黄河下游防洪保护区总土地面积约 12 万 km^2，涉及河南、山东、安徽、江苏和河北等 5 省 110 个县（市、区），主要为淮河、海河流域。人口约占全国人口的 6.9%，耕地面积约占全国的 6.1%，是我国重要的粮棉基地之一。保护区内人口密集，城市众多，有郑州、开封、济南、徐州等大中城市，有京广、陇海、京九等铁路干线以及很多公路干线，还有中原油田、胜利油田、淮北煤田等能源工业基地，在我国经济发展中占有重要的地位。

新时期为发挥各地区比较优势，促进各类要素合理流动和高效集聚，增强创新发展动力，加快构建高质量发展的动力系统，增强中心城市和城市群等经济发展优势区域的经济和人口承载能力，增强其他地区在保障粮食安全、生态安全、边疆安全等方面的功能，形成优势互补、高质量发展的区域经济布局。以特大城市为核心、以周边大城市和中小城市为腹地的城市群以及区域经济发展将成为中国经济未来发展的一个重要趋势。黄河下游两岸防洪保护区涉及中原城市群、京津冀城市群、山东半岛城市群、江淮城市群等，黄河下游防洪保安将影响党中央提出的京津冀协同发展、长江经济带发展、长三角一体化发展、黄河流域生态保护和高质量发展等重大国家战略。

黄河一旦决口，除直接影响区域经济社会发展造成经济损失外，洪水泥沙灾害还将会造成十分严重的后果：大量铁路、公路及生产生活设施，治淮、治海工程，以及引黄灌排渠系都将遭受毁灭性破坏，造成群众大量伤亡、泥沙淤塞河渠、良田沙化等，势必造成巨大灾难，对经济社会发展和生态环境造成的不利影响长期难以恢复。结合历史灾害情况，黄河决口所造成的社会经济影响是每一个时代的国家都难以承受的。

黄河下游河道及滩区具有明显的行洪、自然滞洪削峰和调节泥沙的作用，洪水漫滩后，水流变缓、通过水流横向交换、泥沙大量落淤在滩地，主槽则发生冲刷，从而增大主槽的排洪能力，有利于防洪。黄河下游防洪与黄淮海平原的国计民生息息相关，在黄河流域生态保护和高质量发展上升为重大国家战略、保护黄河事关中华民族伟大复兴的千秋大计的当下，对黄河下游防洪提出了更高的要求，黄河下游确保黄淮海平原防洪及生态安全的防洪减淤功能不但不能弱化，反而是新时期黄河下游治理必须满足的首要功能。

（2）经济社会发展功能

1855 年铜瓦厢决口后，黄河从东坝头改道向东北流，夺大清河入海形成目前的流路格局，沿河各地为限制水灾蔓延，顺河筑堰，修起了民埝，后在民埝的基础上陆续修建形成了现状大堤，堤防修建后，黄河侵占了堤内原居民的生存生活基地，堤内大量人口被迫成为滩区居民。1946 年人民治黄之初，黄河下游河道内就已居住有 40 多万人，为保障滩区群众生命财产安全。

2017 年 7 月，国务院批复同意河南、山东两省继续开展下游滩区安全建设，计划三年内河南省安排 24.32 万人外迁；山东省 60.62 万人的安全建设问题全部解决，其中外迁安置 14.01 万人，筑堤保护 16 万人，其他筑村台等在滩内安置 30.61 万人。两省迁建规划 2020 年实施完成后，河南滩区仍剩余近百万人达不到 20 年一遇防洪标准，处于中常洪水威胁中，暂无明确解决方案。

从近几年滩区外迁实施情况来看，若进一步采用外迁措施解决滩区群众安全建设问题存在以下问题：滩外生活生产生态空间有限，滩外沿黄城市用地指标容量有限，进一步外迁受建设用地指标制约较大；外迁群众农业生产耕作半径增大，生产成本一定程度增加，在城市中生活成本增加，就业困难，稳得住难度大；河南省迁建规划投资由中央财政补助资金、地方财政补助资金、群众自筹资金、整合部门资金、节余建设用地指标筹资等组成。根据滩区迁建规划实施情况，地方财政补助资金和群众自筹资金筹集难度较大，且结合各地实施具体情况，一些地方具体实施迁建规划过程中投资增大，增加地方政府财政投入。若进一步考虑将滩区内剩余人口实施外迁，地方配套资金压力大。

黄河下游滩区群众全部外迁实施难度极大，即便迁出，滩区内土地仍然是群众生产资料来源地，因此应采取滩内安置与滩外迁建相结合的措施开展滩区群众安全建设，广大滩区依然是滩区群众赖以生存的家园。按照以人民为中心的发展理念，着眼于改善滩区人民生活、加快滩区经济社会高质量发展，从促进滩区人水和谐的角度出发，黄河下游滩区应进一步强化黄河下游生态廊道承担经济社会发展的功能。

（3）生态功能

黄河下游是连接上中游及入海口的一个完整连通体系，高度连通的河流对物质和能量的循环流动以及动物和植物的运动等非常重要。黄河下游河道水系资源丰富，区内地表植被覆盖度较高，动植物资源多样，构成了相对独立的黄河生态系统，具有栖息地功能、过滤功能、屏蔽功能、通道功能、源汇功能等生态功能，为区内植物和动物能够正常生活、生长、觅食、繁殖以及进行生命周期循环提供了重要场所。优越的自然条件及丰富的水系湿地资源，同时具有涵养水源、保持土壤、维护生物多样性、供给产品、为人类聚落提供生存和发展的适宜空间等生态功能。1997 年黄河利津站断流 226d，举世皆惊。黄河断流造成了严重的后果，在一些支流的中下游河段，由于生态流量补给不足，造成水环境容量下降、污染物浓度提高，水体自净能力丧失，水生态环境受到严重胁迫，许多河段鱼类基本绝迹；大批河口地区特有的动植物遭遇灭顶之灾，数万亩耐盐碱的柽柳林因淡水干涸、海水倒灌浸泡而死，8 万亩刺槐林接近枯死；鱼虾大量减少，味道鲜美的黄河刀鱼基本绝迹，海水蚀退陆地，黄河三角洲面积停止扩展，出现萎缩，黄河下游生态功能遭到严重破坏。因此，维护黄河下游河道生态功能及生态安全屏障功能，是黄河下游生态廊道必须发挥的功能。

（4）景观文化载体功能

黄河文化厚重，内涵丰富，但是必须有连续载体。以自身为名的载体是景观文化载体功能必不可少的。沿黄城市旅游、滨河需求很多，现在正在逐步承担部分功能。

综上所述，为支撑黄淮海平原经济社会高质量发展，促进黄河滩区群众生活改善、致富，发挥黄河下游河道生态功能、景观文化载体功能，满足两岸人民日益增长的对美好生态环境、感知黄河文化等精神层次的需求，黄河下游河道的防洪减淤功能、经济社会发展功能、生态功能、景观文化载体功能不但不能削弱，反而应进一步强化，是黄河下游河道必须承担的、黄河治理开发与保护必须满足的最简功能体系。

2.2 黄河下游功能约束结构

黄河下游是连通黄土高原和渤海的生态廊道，黄河下游广袤的滩区具有防洪减淤功能、经济社会发展功能、生态功能和景观文化载体功能等。在国家实施乡村振兴、大力推进生态文明建设、建设黄河幸福河的大背景下，滩区特殊的河道形态、滩区功能需求的多样性及各功能对应空间的高度重叠性使得黄河下游面临诸多问题与矛盾，主要体现在以下四个方面。

2.2.1 下游生态安全屏障尚存在短板

安澜的黄河下游河道是黄淮海平原的生态安全屏障和生命线，是国家战略实施的基础和支撑。

“治国必先治黄”，而下游防洪是黄河治理开发保护与管理的首要任务。人民治理黄河以来，按照“宽河固堤”的思路，经过 70 余年坚持不懈的治理，基本形成了以中游干支流水库、下游河防工程、蓄滞洪区工程为主体的“上拦下排、两岸分滞”的黄河下游防洪工程体系，并取得了连续半个多世纪伏秋大汛不决口的安澜成就。目前，黄河下游河势游荡、“二级悬河”发育，洪水威胁依然存在。

（1）黄河仍面临大洪水及高频率中常洪水威胁

由于小浪底水库的运用，进入下游的洪水以中小洪水为主且其量级和概率都显著减小，但水文变化具有周期性和不确定性，稀遇大洪水仍将存在，大洪水的发生概率不会有大的变化。历史上，1761 年花园口发生近 500 年一遇特大洪水，洪峰流量约 32 000m^3/s；1843 年陕县发生千年一遇历史特大洪水，洪峰流量达 36 000m^3/s，在不到 100 年内，发生了两次特大洪水。随着气象不稳定因素及致灾风险增加，黄河发生超标准洪水的风险依然存在。小浪底水库运用后，进入下游的稀遇洪水得到了有效控制，同时通过水库拦沙和调水调沙遏制了河道淤积，中水河槽得到有效恢复，但小浪底水库拦沙库容淤满后（目前已拦沙 32.1 亿 m^3，约占拦沙库容的一半），后续若无控制性骨干工程建设，已形成的中水河槽将难以维持，下游河道将淤积回升，河防工程的防洪能力将随之降低。并且小浪底到花园口区间尚有 1.8 万 km^2 无工程控制区，百年一遇洪峰流量 12 000m^3/s，洪峰高、预见期仅 8h，黄河下游受洪水威胁大。

下游中常洪水上滩概率高，河道滩区防洪形势严峻。20 世纪 90 年代，小浪底水库运用之前，黄河下游主槽淤积严重，下游河道最小平滩流量仅 1800m^3/s，多次出现“小流量、高水位、大漫滩、重灾情”的灾害局面。小浪底水库建成后，通过调度运用，拦蓄漫滩洪水 11 次。随着中游水库拦沙结束，下游河道淤积抬高，平滩流量进一步减小，黄河下游将可能重现“小流量、高水位、大漫滩”的灾害情况。

（2）游荡性河势尚未有效控制，威胁滩区及堤防安全

黄河下游河道水流宽、浅、散、乱，河势游荡多变，历史上一场洪水主流摆幅最大可达 10km 以上。洪水落水时主流瞬息万变，时常出现“横河”“斜河”，直冲大堤，中、小洪水也会造成堤防决口。高村以上 299km 游荡型河段，冲淤变化剧烈，主流游荡多变，为下游河势变化最大的河段，也是最难整治的河段。目前除东坝头至高村河段、白鹤镇至神堤河段、马庄至武庄河段和柳园口至府君寺河段外，其余 166km 河道的河势变化仍然较大，除严重威胁滩区群众生产生活安全外，一旦抢护不力，水流将直奔大堤，还威胁防洪保护区整体安全。

（3）“二级悬河”发育，威胁黄河下游整体防洪安全

黄河下游河道不仅是“地上悬河”，还是槽高、滩低、堤根洼的“二级悬河”，如图 2.2-1 所示。东坝头至陶城铺河段“二级悬河”发育最为严重，目前滩唇一般高于大堤临河地面 3m 左右，局部达 4～5m，滩面横比降达 10‱左右，而河道纵比降为 1.4‱左右，洪水漫滩后，堤根水深较大，大堤堤河附近平均水深即可达到 2～3m，局部河段堤根最大水深可达到 5m 以上。按平滩流量 4000m^3/s，东坝头至陶城铺河段堤根最大水深近 7m。由于“二级悬河”滩唇高仰、堤根低洼的河道特性，漫滩洪水进入滩区后流量大，洪峰回落后堤根积水不能及时排出，因此洪水退水缓慢，堤防长时间被浸泡，增加了堤防溃决的可能性，威胁堤防安全。

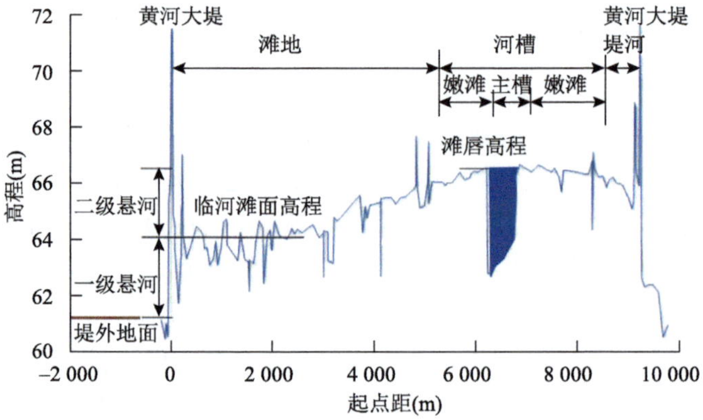

图 2.2-1　黄河下游“二级悬河”横断面示意图

同时，滩内堤河、串沟多达 167 条，总长度 846km，各串沟水深特征值见表 2.2-1。一旦发生较大洪水，由于河道横比降远大于纵比降，滩区过流比将增大，滩区过流会很不均匀，相对更容易在地势低洼的串沟和堤河附近集中过流，增加了主流顶冲堤防、顺堤行洪甚至发生“滚河”的可能性，严重危及堤防安全。2003 年蔡集控导工程附近生产堤决口，水流进入滩区。受“二级悬河”影响，水流进滩速度高达 2.8m/s。黄河大堤偎水时间达 36d，洪水造成山东省共 5 处滩区漫滩，淹没面积为 257km^2，18.96 万人受灾，损坏房屋 36 552 间，严重威胁堤防安全，给滩区群众造成重大损失。

表 2.2-1　下游各河段平滩水位下堤河平均水深特征值　（单位：m）

河段	全河段平均		断面最大		断面最小	
	左岸	右岸	左岸	右岸	左岸	右岸
京广铁路桥—东坝头	1.69	1.80	3.37	3.42	−0.35	0.38
禅房—高村	2.36	2.96	3.26	4.49	0.98	1.69
南小堤—陶城铺	2.78	2.47	4.44	4.11	0.84	1
黄庄—泺口	1.83	2.18	3.39	3.94	0.73	0.73
后张庄—利津	2.56	2.23	3.69	4.6	1.21	−0.26
利津—渔洼	3.08	1.77	4.31	2.53	1.2	0.81
渔洼—汊 2	1.60	1.85	2.82	4.87	0.58	0.57

小浪底水库运用后，虽然下游河道平滩流量得到一定程度的恢复，但滩地横比降大的不利态势仍没有得到有效解决，“二级悬河”形势依然严峻，对黄河下游防洪构成威胁。

2.2.2　下游滩区人水矛盾突出

黄河下游滩区既是行洪滞洪沉沙的场所，又是广大群众赖以生存的家园、安居乐业的场所，也是地方经济发展的有效组成部分。滩区内安置仍然是未来滩区人口安置的主要方式，滩区行洪滞洪沉沙功能严重制约了滩区经济社会发展，滩区无序发展，严重影响了黄河下游防洪调度。

（1）滩内安置仍然是未来滩区人口安置的主要方式

2013 年以来，河南、山东两省陆续开展下游滩区安全建设，通过外迁及安全建设谋求滩区群众的全面小康。至 2020 年迁建规划实施完成后，河南滩区仍剩余近百万人达不到 20 年一遇防洪标准，处于中常洪水威胁中，暂无明确解决方案。

根据近几年外迁及安全建设实施情况，滩区人口外迁及安全建设制约因素较多，实施难度越来越大。一方面，滩外生活生产生态空间有限，沿黄城市用地指标容量有限，进一步外迁受建设用地指标制约较大。根据《黄河下游滩区安全建设规划》的成果，以安置区可接受人口比例为指标进行分析，当滩外安置区群众与滩区群众之比为 10∶1 时，不考虑行政区划，按总人口匡算，外迁最大可能安置人口为 122.50 万人。考虑到各县（市、区）滩区总人口数，按县（市、区）内安置原则，匡算的最大可能安置人口为 71.19 万人。若考虑各县（市、区）外迁人口分布，安置容量仅 65.44 万人。因此，滩区人口全部外迁难度极大，即使滩区人口全部外迁，滩内的耕地依然是外迁人口生存的基本要素。另一方面，外迁群众农业生产耕作半径增大，生产成本一定程度增加，在城市中生活成本增加，就业困难，稳得住难度大。对黄河下游滩区耕作半径的分析表明，单从对耕作时间的影响看，滩区人工耕作时耕作半径 1km 合适，机械 5km 可以，考虑到粮食安全、收种时间集中、一般经验，滩区耕作半径多采用 3km，若超出 3～7km，返迁概率增加。

此外，滩区水土资源丰富，具有较高的资源环境承载能力。因此，滩内安置是未来滩区人口安置的主要方式。

（2）滩区行洪滞洪沉沙功能严重制约了滩区经济社会发展

滩区行洪滞洪沉沙的功能使得滩区洪灾频繁。1949～2005 年的 57 年间发生有灾害记录的漫滩洪水 31 次，洪水的淹没概率约为 1.8 年一遇。但当前滩区内安全设施严重不足，群众生命及主要财产安全无法得到保障，无法形成有效的财富积累，这是滩区经济不发达的根本原因。

同时，滩区的滞洪沉沙功能严格限制了滩区群众的生存发展建设。从法律法规及行政管理角度看，黄河大堤之间的广阔滩区均属于河道管理范围，由黄委会各级河务部门管理，依照《中华人民共和国防洪法》《中华人民共和国水法》等法律法规，不允许开展阻洪碍洪的建设及生产活动。滩区群众在高洪水风险中求生存谋发展，形成了与洪水共存的生产生活方式。但滩区内基础设施薄弱，许多惠农政策和项目进不了滩区，导致滩区经济发展相对落后，加剧形成了黄河下游的贫困带。河南黄河滩区是河南省最为集中连片的贫困地区之一，其中封丘县、范县、台前县巩固脱贫任务艰巨。2014 年以来，河南省将“三山一滩”（大别山、伏牛山、太行深山和黄河滩区）作为扶贫开发的重点，加大滩区精准扶贫的力度，地方政府希望引进项目开发滩区土地资源。但是行洪滞洪沉沙的功能定位对发展提出了严格约束，滩区内扶贫项目及资源开发利用推进缓慢。

黄河下游滩区具有滞洪区功能，但滩区优惠补偿政策缺失，一定程度上导致滩区与周边地区的经济差距逐步拉大。国务院曾在 1974 年颁布了滩区优惠政策，滩区群众实行“一水一麦”免交农业税政策，在20世纪90年代前后为了扶贫又拨付专项资金帮助群众修筑房台和滩区水利配套设施，很大程度上缓解了滩区群众的贫困状况。但随着全国取消农业税和农村改革的深入推进，计划经济时代的相关扶助政策失效。目前实施的《黄河下游滩区运用财政补偿资金管理办法》，对滩区洪水运用后居民遭受洪水淹没所造成的农作物和房屋损失给予一定补偿。但滩区由于行滞洪沉沙功能限制，经济社会发展受限，滩区群众为国家的整体利益作出了巨大牺牲，但未享受到相关优惠的经济、税收补偿政策支持。经过近几年乡村振兴的大力投入，虽然已经基本实现脱贫摘帽，但其致富压力大，仍然是经济不发达区域。

（3）滩区无序发展，严重影响了黄河下游防洪调度

滩区经济是典型的农业经济，为尽可能减少淹没损失，滩内群众沿主槽不断修建生产堤，对生产堤破而复堵、毁而复修，甚至越修越强，阻碍了滩区滞洪沉沙作用的发挥，加剧了“二级悬河”的发展。当下游发生中小洪水时，由小浪底水库控制漫滩洪水，从而减少了水库拦沙使用年限，削弱了水库的减淤作用，同时，为避免小洪水漫滩，限制了小浪底水库调水调沙运用，降低了下游的减淤效果。

受洪水威胁和生产生活条件制约，黄河滩区大部分地方以农业种植和零散养殖为主，土地开发利用程度比较低。近年来，在国家全面建成小康社会、大力推进生态文明建设和黄河水沙变化的大背景下，滩区群众改善生活条件、致富愿望强烈。在房屋建筑上，群众投入越来越高，独栋独院、高层楼房已成普遍现象；在产业发展上，滩区内已建、拟建项目以设施农业、生态旅游项目以及光伏发电为主，已建的仓储地、加工厂、砖瓦窑厂、高附加值的蔬菜大棚等项目，多数属于违规项目，拆除难度大；拟建的大部分项目也不符合滩区治理发展要求，审批难度大。例如，平原城乡一体化示范区（简称“平原新区”）近期准备全面实施的“1123”工程，其中包括投资12亿元、用时3年、围绕黄河滩区“三横四纵”的90km路网，打造一条百里花果观赏大道，道路路基普遍高于滩面1m以上并逐渐成网。这些项目既阻碍河道行洪，影响黄河防洪安全，又难以保全项目自身安全。相对于过去主要是生产堤存废问题，目前滩区开发需求强烈，项目建设方兴未艾，河道管理面临的难度空前巨大。

2.2.3 滩区生态供给与需求失衡

黄河下游是贯穿华北平原的生态廊道，是我国重要的生态屏障，承载着生态空间、保护生物多样性、生态休闲体验等多种功能。随着城市的发展、规模扩张，生产生活空间不断扩大，城市发展面临水土资源和生态空间的瓶颈制约，逐步向黄河扩展。滩区已成为探索跨河发展、携河发展或傍河发展等战略的桥头堡和实验田，近郊生态旅游、黄河文化感知、滨水生态空间等需求成为人民对美好生活向往的重要部分，特别是平原新区黄河滩区等紧邻城市，需求非常旺盛。发挥黄河下游滩区的生态廊道作用，以及对沿黄城市发展的生态支撑作用，满足沿黄人民日益增长的优美生态环境需求，对滩区治理提出了更高的要求，面临着诸多挑战。

（1）对黄河下游生态廊道认识不足

对于黄河本身，越来越多的城市认识到黄河生态廊道的功能。沿黄各地从省级、地市级层面均有不同程度的政策、文件出台，各行各业也编制了相应的规划、条例，对黄河的生态保护、生态修复、生态建设进行了不同程度的研究。各地城市规划、产业发展规划等上层规划，都对沿黄区块的城市功能、生态功能、农业布局、文化旅游进行了定位。但目前对黄河生态廊道的重要性、廊道组分结构的多元性、廊道的功能需求的多样性、黄河本身的特殊性等认识片面，导致各地对黄河下游生态廊道的定位不清，对河城水融合发展的复杂性认识不足，治理措施混乱，落地性差或根本不具备落地性。在实践中，地方政府多以沿黄河大堤及其外延 500～1000m 作为研究重点，认为生态廊道构建就是沿黄河下游堤防植树造林。特别是自 2020 年 3 月 12 日植树节以来，地方政府以黄河大堤淤背区为重点，大力推动绿廊、绿道及林带建设，并以此作为生态廊道核心区域，或规划在黄河滩区内建设大规模的成片林带，提升生态环境等，这些都有一定的片面性。

（2）黄河下游滩区生态空间破碎无序、连通性差，生态位错位严重

黄河下游滩区有丰富的土地资源和湿地生态资源，已划定 2 个国家级和 3 个省级自然保护区，即河南新乡黄河湿地鸟类国家级自然保护区、山东黄河三角洲国家级自然保护区、开封柳园口湿地省级自然保护区、郑州黄河湿地省级自然保护区和濮阳县黄河湿地省级自然保护区。由于自然保护区划定不合理，部分核心区域划至基本农田，随着农业生产侵占生态保护空间，且呈现包围之态势，形成了生态保护孤岛，生态空间支离破碎，且连通性差，降低了生态系统稳定性。同时，水陆交错带的嫩滩是生态系统边缘效益最大的区域，却缺乏有效保护，增加了生态系统失稳风险。此外，作为黄河下游滩区重要组分的人类聚落空间结构散乱，部分村庄位于高洪水风险区。滩区生态系统各组分的生态位不合适，甚至错位，导致宽河滩生态系统的生态效率低下。

（3）生态系统脆弱、生态环境堪忧

黄河下游滩区“二级悬河”特征导致水陆交错带的自然形态几近丧失，水分和养分的横向传递受阻，河滩湿地植被带稀少，自然湿地生境受损，天然河流繁盛的边缘效应难以充分发挥，生物多样性维护功能存在系统性缺陷。破碎化的生境格局也降低了生态走廊的功能，鸟类栖息地被挤压；天然植被群落稀缺，自然生态系统净初级生产力很低，生态系统稳定性不足。此外，人为干扰和土地利用破碎化也影响了滩区生态景观的连续性，降低了生物多样性和生态系统稳定性。

农业生产粗放低效，化肥、农药施用量持续增加，秸秆、农膜废弃物缺乏管控。生活污水集中收集和处理系统不完善，污水随意排放，污水环村现象严重；生活垃圾收集转运不力，随意堆放和倾倒现象普遍。畜禽散养普遍，粪污收集处理薄弱，水产养殖尾水随意排放；土壤重金属富集等超过了滩区生态系统组分的自调节能力，使滩区生态环境受到严重威胁。这些都严重威胁黄河自身的健康，进而影响河流社会功能的正常发挥。

2.2.4 文化保护传承和弘扬不足

黄河是中华民族的母亲河，孕育了古老而伟大的中华文明。九曲黄河奔流入海，以百折不挠的磅礴气势塑造了中华民族自强不息的伟大品格，成为民族精神的重要象征。系统保护黄河文化遗产，深入传承文化基因，讲好新时代黄河故事，打造具有国际影响力的黄河文化旅游带是新时代对黄河文化保护传承和弘扬的要求。黄河下游干流及周边城市文化资源内容丰富、价值高，分布广泛，但黄河“善淤、善决、善徙”，文化保护传承存在以下挑战。

（1）文化遗产资源挖掘、保护力度不足

自古以来，人类傍河而居，依水而兴，在黄河流域繁衍生息，留下了丰富的黄河流域文化资源，如史前文化、新石器文化、上古传说、三皇五帝文化、流域王朝中心、中华姓氏、哲思妙理、科技杏坛、文坛艺苑、民族民俗、人文胜迹等汇通中外。特别是中华民族在同黄河水旱灾害的斗争中，留下了很多的故事和遗迹，凝聚了古今人民的智慧和汗水，丰富了黄河文化内容。黄河是农耕文化、水文化的高度聚集地，但黄河“善淤、善决、善徙”，河道游荡摆动，水冲沙压，滩区内的历史遗存少，很多深藏于地下，如开封；滩外文化遗存分布分散，缺乏深度挖掘，如洛阳；博物馆、文化旅游区、文化论坛等文化设施少，档次低，如郑州；黄河故事缺少集中展示地。同时，黄河文化与“一带一路”、大运河等关联性弱，对国家战略支撑不足。

（2）城水融合联系不紧密，低影响高品质的生态旅游开发缺失

现状黄河大堤最高达 10m 以上，悬河最高达 20m，仿佛一道屏障，阻隔了人水相亲，很大程度上切断了城市与黄河的联系，形成喝着黄河水，毗邻黄河滩，出门却看不到河，亲近不了河，记不住乡愁，进而逐渐疏远的局面。黄河下游滩区目前总体风貌较为原始，乡镇、农田分布广泛，由于交通连接性差、市民可达性弱、公共服务及配套设施不齐全，大部分区域与城市联系不够紧密。

近年来，黄河下游个别滩区零星发展了观光休闲农业。一方面，观光休闲农业规模小，农业生产粗放低效，旅游业开发同质化严重，整体水平仍然不高。例如，沿黄各地争相建立沿黄观景平台，但建筑物雷同，且与文化结合少，不能从多角度展现黄河文化和黄河之美。另一方面，现有旅游设施未考虑生态保护的需要，对生态系统干扰强度较大，低影响的生态旅游开发缺失，保护开发模式急需创新。

（3）文旅融合发展带动弱

黄河文化内容丰富，由于文化挖掘、保护文化资源相对分散，缺乏深度挖掘、高品位提炼和整体联动，无法发挥资源的连片带动作用，也无法形成文化资源规模化效应。同时，文化旅游结合不充分，也未形成具有国际影响力的黄河旅游文化品牌。因此，迫切需要将历史文化、区域特色文化等与现代旅游产业进一步融合。

第 3 章　黄河下游生态廊道构建理论

3.1　理论体系构架

黄河下游生态廊道是以黄河干流河道为主体，具有生产、生活、生态等复合型功能的带状空间。廊道的构建以最大限度发挥廊道的空间价值为导向，以生态学、河流动力学、土地学、景观学、社会学、管理学等多学科理论为基础，通过高滩、二滩和嫩滩塑造重构下游河道断面形态，通过土地利用布局优化调整沿河道纵向形成连续的生态绿廊、高效集约的城镇空间、成片优质的耕地资源，形成滩河林草田人融合发展的空间格局。

3.2　生态廊道研究进展

生态廊道是目前国际生态领域研究的热点之一，与生态廊道相关的概念起源可追溯至 1959 年，美国学者 William 首次提出了“绿道”（green way）的概念，其提出和设计的最初目的主要是服务于审美游憩，为人们从工作居住环境进入绿地景观提供途径和保障。20 世纪 60～70 年代，随着人类对自然的改造力度不断增强，景观破碎化以及物种数量减少，因此线性绿岛理念被认为是解决这一生态问题的潜在途径。1975 年，Wilson 等基于岛屿生物地理学和复合种群的思想提出了“廊道”（corridor）的概念，指出利用廊道连接相互阻隔的生境斑块以缓解生境破碎给生物生存所带来的威胁。随着对生态廊道的研究，Saraiva 于 1993 年提出，生态廊道作为重要的景观要素对水系及集水区景观结构和生态过程具有整合作用以及对改善城市生态环境起到了积极作用。

不同国家和地区对生态廊道的定义有所不同，但总体一致，基本上都是呈线性或带状布局的，是能够沟通连接空间分布上较为孤立和分散的生态景观单元的生态系统空间类型，有利于提高景观或区域尺度上的连接度，能够满足物种的扩散、迁移和交换等功能。

我国生态廊道建设最早可以追溯到 20 世纪 70 年代开展的三北防护林体系建设工程。该工程旨在建设一座绿色长城，致力于改善区域恶劣的气候和脆弱的生态环境。进入 20 世纪 90 年代后，生态廊道强调线性空间两侧的绿带建设，如铁路、公路、河流沿线以及城市道路两侧的绿化带建设。20 世纪 90 年代以来，生态廊道的生态功能愈发受到重视，基于生态要素的生态廊道建设成为研究的新方向。2010 年以来，国内有地区突破城市绿化层面，开展区域生态廊道构建研究。2010 年 1 月《珠江三角洲绿道网总体规划纲要》指出，要在珠三角地区 9 个城市建设 6 条涵盖省级、城市和社区 3 个层次的区域绿色廊道，这是我国首例在区域尺度下开展的多功能生态廊道建设工程。2016 年，《长江经济带发展规划纲要》要求建设一条人与自然和谐发展的绿色生态廊道。2018 年 12 月 25 日，《湖南省人民政府办公厅关于加快推进生态廊道建设的意见》印发。2018 年，上海市推动生态廊道建设，推进 17 廊（片）市级重点生态廊道建设，发挥其阻隔邻避设施、隔离城市组团、连接生态系统的功能，并提供居民休闲活动场所。2019 年 3 月，河南省沿黄生态廊道示范工程集中开工。自然资源部、财政部、生态环境部 2020 年 8 月印发的《山水林田湖草生态保护修复工程指南（试行）》明确给出了生态系统结构、生态廊道的定义。生态系统结构是指生态系统生物和非生物组分保持相对稳定的相互联系、相互作用而形成的组织形式、结合方式和秩序。生态廊道是指具有不同于周围景观基质的景观要素，并能发挥保护生物多样性、过滤污染物、防止水土流失、防风固沙、调控洪水等生态服务功能的线状或带状通道，能促进廊道内动植物沿廊道迁徙，达到连接破碎生境、防止种群隔离和保护生物多样性的目的。《山水林田湖草生态保护修复工程指南（试行）》提出，根据 IUCN 的《通过生态网络和生态廊道加强保护区连通指南》，生态廊道是为保持或恢复有效的生态连通性，长期治理和管理、明确界定的地理空间。

从发展历程来看，生态廊道经历了从微观的具体设计到宏观的区域战略规划，从以服务于审美休憩为主到发挥其重要生态功能的过程。然而我国生态廊道研究起步相对较晚，目前我国生态廊道的构建目的通常局限于城市绿化、景观审美以及小范围生态资源保护等方面，我国生态廊道构建不应仅局限于此，以生物多样性保护、生态功能提升以及生态安全格局维护为主的生态廊道构建是未来的重要研究方向。

黄河下游已成为横贯黄淮海平原的一道天然生态屏障，建设黄河下游生态廊道，是深入贯彻落实黄河流域生态保护和高质量发展国家战略中“实施黄河下游河道和滩区综合提升治理工程”重要指示的关键举措。

根据生态廊道的定义和黄河下游河道、滩区及沿线城市生态空间需求，黄河下游生态廊道构建应包括堤防内河道与滩区、依托黄河淤背工程的沿黄绿道以及堤防以外一定的区域。

3.3 理论基础

黄河下游生态廊道构建以生态学理论为基础，以基于适宜生态位的国土空间优化布局理论、宽滩游荡型河道多目标综合治理评估理论为支撑，以景观生态学为视角，构建多维度复合生态廊道。

3.3.1 生态学理论

廊道是在景观生态学基底和缀块概念的基础上延伸而来。河流廊道是由河流及其两岸的洪泛滩地或堤防以内的水域、滩地共同构成的开放空间。黄河下游生态廊道是以河流廊道为主体，根据生态、景观、社会经济的关联性，在堤防或洪泛滩以外划定一定的区域而构建的带状生态空间。其中，洪泛滩地的范围可依据历史最大洪水或者某一设计频率的洪水淹没范围来确定，洪水频率的选取需综合考虑沿岸土地利用压力。

生态是生物及环境间的相互关系，生态系统是在一定空间中共同栖居着的所有生物与环境之间由于不断进行物质循环和能量流动过程而形成的统一整体，是一种永远处于不断运动和变化状态的动态系统。生态学的基本原理体现在生物与环境之间的相互关系和规律，主要包括以下四种。

（1）相互依存与相互制约关系

生态系统包括非生物环境、生产者、消费者和分解者等 4 种主要组分，其中各组分的种群都在时间、空间上有特定的位置，并与相关种群之间有供应和限制关系，即生态位（niche）。生物在形成自身生态位的过程中要遵循趋适→竞争→开拓→平衡的原则，形成相互依存与相互制约的关系。一切生物都通过竞争来夺取资源，以求自身的生存和发展；同时，面对有限的资源，生物之间又通过共生来集约资源，以求持续稳定。人类作为系统的重要一员，同样要遵循这一规律，在开发利用资源的同时，要注意整个生态系统的关系网及全局性。

（2）输入输出动态平衡原理

生态系统各子系统及要素在物种结构、时空结构和营养结构上处于动态平衡，即系统物质和能量都相对平衡。当系统中某个或某些因子受干扰时，系统进行自我调节修复，但当干扰强度超过自我调节阈值时，系统处于不平衡状态。例如，输入不足，生物的生长发育就会受到影响，系统正常的机构和功能就得不到有效维持和发挥；而如果输入过多，生态系统内部就消化吸收不了，无法完全输出，导致物质在系统的某些环节积累，造成环境污染和生态破坏。

（3）最小因子原理

在生态系统中，影响系统组成、结构、功能和过程的因素很多，但往往是处于临界值的因子对系统的功能发挥具有最大的影响，即生态学的“木桶原理”。因此，当一个生态系统处于不平衡状态时，找出该系统的关键临界因子，改善和提高该因子的量值，就会大大增强系统强度。

（4）循环再生原理

地球资源是有限的，物质的多重利用和循环再生使得生物圈能长期生存且不断发展。对于生态系统来说，物质和能量的循环包括系统内循环和系统与环境之间的外循环。生态系统中某组分处于不平衡状态时，需要通过与系统内部其他组分或环境进行物质和能量交换，以达到相对平衡状态。例如，由于系统退化，层次结构简单化，食物网解链、解环或链缩短、断裂甚至消失，因此生物循环的周期变短、周转率降低，系统的物质循环减弱，活动库容量变小，流量变小，生物的生态学过程减弱。对于正常的生态系统而言，生物难以滞留相对较多的物质于活动库中，因而系统外循环加强，通过循环再生达到新的平衡点。

上述生态学的基本原理，是生态规划与设计中必须考虑的，必须站到生态整体性的高度，从生态演替的内在基础与人类生态系统的各个角度把握系统的空间格局、生态过程、功能特征、动态演替，为生态廊道规划提供科学客观的依据，并在具体规划中得到充分体现。

3.3.2 基于适宜生态位的空间优化布局理论

生态系统各组分是有适宜生态位的，超出适宜生态位范围，则生态系统会失衡，甚至损坏生态。生态位有空间和时间两个维度。在空间上，国土空间是水、土地、动植物、人类等生态系统各组分赋存的载体，各组分在此空间内相互依存和制约，形成特定的适宜的分布范围、高效的空间利用，实现生态系统的动态平衡。因此，各组分在空间合理的布局是生态位在空间的具体表征。

根据空间功能需求，以风险评估、生态组分自调节能力为基础，以确定适宜生态位、提升生态系统运行效率为目标，进行空间布局优化。从生态系统安全风险、生态系统可持续发展、各组分自调节能力等方面遴选出指标，构建指标体系。

生态系统的安全风险选取遵循最敏感原则，即生态系统主要组分间相互影响制约较大的因子，其变化会造成生态系统失稳甚至损坏，比较常见的是洪涝水。例如，黄河下游生态系统中，对于人及耕地组分有较大影响的是洪水威胁，因此可选择洪水风险作为重要对象，具体分解为淹没水深、淹没历时、洪水威胁距离、安全撤退距离。生态系统可持续发展方面，可选择经济社会发展条件和特征生物生态良性维持的关键因子，其中经济社会发展方面，选择交通便利度、供水便利度、公共基础设施便利度等。各组分的自调节能力即生态系统中关键组分的承载阈值，重要的生态组分包括水资源条件、农业耕作条件等。空间布局综合评价指标体系详见表 3.3-1。

表 3.3-1 基于适宜生态位的空间布局综合评价指标体系

目标因子	指标因子	具体指标
生态系统安全	洪水风险	淹没水深、淹没历时、洪水威胁距离、安全撤退距离
生态系统可持续发展	经济社会发展条件	交通便利度、供水便利度、公共基础设施便利度
	特征生物（如植物、动物）生态良性维持条件	生存空间、食物来源
生态组分自调节能力	水资源条件	降水量、水资源可利用量
	农业耕作条件	坡度、高程、土壤养分等

基于 GIS 空间分析功能，构建空间布局综合评价模型，识别评价生态系统矛盾的关键组分及因子，明确各组分空间发展的潜力规模及分布范围，科学有序统筹最适宜生态位的生态空间布局。

（1）洪水风险

洪水风险是指区域发生由洪水造成损失和伤害的可能性。通过淹没水深、淹没历时、洪水威胁距离、安全撤退距离指标综合反映。

淹没水深：根据滩区实际情况，将评价对象划分为一定精度的栅格格网，基于数字地形图和多年水文气象统计资料，分析 20 年一遇洪水情况下区域遭受洪水淹没的范围和深度，生成淹没水深分级图。

淹没历时：根据滩区实际情况，将评价对象划分为一定精度的栅格格网，结合水文计算模型模拟结果，分析 20 年一遇洪水情况下区域遭受洪水淹没的时间情况，生成淹没历时分级图。

洪水威胁距离：根据滩区实际情况，将评价对象划分为一定精度的栅格格网，基于滩区主槽边界数据，采用欧氏距离工具分析各区域遭受洪水威胁的程度，得到洪水威胁距离分析图，将其归一化为 0～1，生成洪水威胁距离分级图。

安全撤退距离：根据滩区实际情况，将评价对象划分为一定精度的栅格格网，基于滩区黄河大堤边界数据，采用欧氏距离工具分析各区域遭遇洪灾时安全撤离的难易程度，得到安全撤退距离分析图，将其归一化为 0～1，生成安全撤退距离分级图。

对淹没水深、淹没历时、洪水威胁距离、安全撤退距离指标进行评价，编制要素分级评价图、统计表。取淹没水深、淹没历时、洪水威胁距离、安全撤退距离 4 项指标中相对较好的结果，确定低风险、中低风险、中风险、中高风险、高风险 5 个等级。评价中可根据实际需要，选取差异化的分级阈值标准。

（2）经济社会发展条件

经济社会发展条件是指保障滩区居民开展开发建设活动和生活的便捷情况。通过交通便利度、供水便利度、公共基础设施便利度指标综合反映。

交通便利度：根据滩区现有交通路网资料，采用欧氏距离工具分析各区域享受交通基础设施的便利程度，得到交通便利度分析图，将其归一化为 0～1，生成交通便利度分级图。

供水便利度：根据滩区现有沟渠水系资料，采用欧氏距离工具分析各区域供水的便利程度，得到供水便利度分析图，将其归一化为 0～1，生成供水便利度分级图。

公共基础设施便利度：根据滩区现有公共基础设施资料，采用欧氏距离工具分析各区域享受公共基础设施的便利程度，得到公共基础设施便利度分析图，将其归一化为 0～1，生成公共基础设施便利度分级图。

对交通便利度、供水便利度、公共基础设施便利度指标进行评价，编制要素分级评价图、统计表。取交通便利度、供水便利度、公共基础设施便利度 3 项指标中相对较好的结果，确定便利、一般便利、不便利 3 个等级。评价中可根据实际需要，选取差异化的分级阈值标准。

（3）特征生物生态良性维持条件

特征生物生态良性维持条件是指特征生物（如动物、植物）维持良性生态系统的支撑条件情况，通过生存空间、食物来源指标综合反映。

生存空间：针对特征生物的生活习性，整理自然保护区、森林公园等动植物维持良性生态系统的生存空间，结合实际情况等进一步划分重点、次重点、一般区域。

食物来源：针对特征生物的生活习性，分析保障其生存生活的食物来源区域，如农田、林地等，结合实际情况进一步划分重点、次重点、一般区域。

对生存空间、食物来源指标进行评价，取这 2 项指标中相对较好的结果，确定重点、次重点、一般区域 3 个等级。评价中可根据实际需要，选取差异化的分级阈值标准。

（4）水资源条件

水资源条件主要评价区域水资源的丰富程度，通过降水量和水资源可利用量综合反映。

降水量：基于区域内及邻近地区气象站长时间序列降水观测资料，通过空间插值得到格网尺度的多年平均降水量数据，划分为很湿、湿润、半湿润、半干旱、干旱 5 个等级。

水资源可利用量：以重要河流水系为评价单元，计算水资源可利用量，即生态环境保护和水资源可持续利用前提下，可供河道外经济社会系统开发利用消耗的最大水量，划分为丰富、较丰富、一般、较不丰富、不丰富 5 个等级。

对降水量、水资源可利用量指标进行评价，编制要素分级评价图、统计表。取降水量、水资源可利用量 2 项指标中相对较好的结果，确定水资源丰富、较丰富、一般、较不丰富、不丰富 5 个等级。评价中可根据实际需要，选取差异化的分级阈值标准。已有大中型蓄、引、提、调等供水工程的，可根据工程规模和能力适度提高受水区水资源评价等级。

（5）农业耕作条件

农业耕作条件是指农业生产的土地资源可利用程度，需具备一定的坡度、高程、土壤养分等条件。对于地形条件复杂的地区，还可考虑坡向、坡型、地形部位等因素。

坡度：根据滩区实际情况，将评价对象划分为一定精度的栅格格网，基于数字地形图，计算栅格单元的坡度，生成坡度分级图。

高程：各地可根据地形地貌特点，结合垂直地带性林草界线、农牧界线、种植业熟制等确定地形高程分级阈值。

土壤养分：根据土壤中有机质、全氮、水解氮、速效磷和速效钾的含量及其比例关系，对土壤养分进行评级。

对坡度、高程、土壤养分指标进行评价，编制要素分级评价图、统计表。分析区域地形、地貌特点及其对农业耕作条件的影响，编制农业耕作条件空间分布图、统计表，并刻画可利用程度的空间分异特征。以坡度分级结果和土壤养分等级为基础，结合高程，将土地资源的可利用程度划分为高、较高、中等、较低、低 5 种类型。

（6）综合评价

在上述指标的分析基础上，以河流、水生生物等为对象，参考洪水风险、特征生物生态良性维持条件指标评价结果，综合识别出河道治理和水生生态系统发展的适宜生态空间；以人、土地为对象，参考经济社会发展条件、农业耕作条件指标评价结果，综合识别出进行农业生产和开发建设的适宜生态空间；并以洪水风险和水资源条件为制约要素，综合统筹布局黄河下游滩区人、水、林、田、草等要素有机结合的适宜生态空间。

3.3.3　宽滩游荡型河道多目标综合治理评估方法体系

宽滩河道的治理有多种方法，对于黄河下游，有窄河方案、滩区分滩运用方案、全滩运用方案等。各种治理方案的治理效果不同，对各治理方案需要进行综合评价分析。

3.3.3.1　指标选择

滩区治理方案综合评价涉及很多评价指标，不同指标影响程度也不同，这些指标具有明显的层次结构。将综合治理评估指标体系分成三个层次，将滩区治理方案综合评价作为目标层的一个大系统，二级指标为准则层，将其分为防洪安全、社会经济发展、生态保护、投资及管理四个子系统；三级指标为指标层，可以直接反映各个子系统的状况。

根据上述分析，结合黄河下游滩区治理方案不同方面评价要求，考虑可操作性、可靠性、客观性等原则，共遴选了 12 个具体评价指标，见表 3.3-2。

表 3.3-2　宽滩游荡型河道多目标综合治理评估指标体系

<table>
<tr><th>目标层</th><th>准则层</th><th>指标层</th></tr>
<tr><td rowspan="12">黄河下游滩区治理方案综合评价</td><td rowspan="5">防洪安全</td><td>河道淤积抬升速率</td></tr>
<tr><td>平滩流量</td></tr>
<tr><td>洪水位</td></tr>
<tr><td>峰现时间</td></tr>
<tr><td>“二级悬河”治理</td></tr>
<tr><td rowspan="3">社会经济发展</td><td>滩区居民防洪标准</td></tr>
<tr><td>滩地防洪标准</td></tr>
<tr><td>影响滩区居民生产生活</td></tr>
<tr><td rowspan="2">生态保护</td><td>植被覆盖率</td></tr>
<tr><td>水面覆盖率</td></tr>
<tr><td rowspan="2">投资及管理</td><td>投资</td></tr>
<tr><td>运行管理维护</td></tr>
</table>

3.3.3.2　递阶层次构建

在治理方案比选决策问题中，目的是综合考虑各方面因素，找到黄河下游滩区治理的最佳方案，即决策目标 A 是“综合治理最优方案”。为实现这一目标，需要考虑的主要准则 B 有 4 个，即防洪安全、社会经济发展、生态保护和投资及管理（图 3.3-1）。进一步分解目标，在主要准则下再建立指标层 C。例如，防洪安全具体考虑河道淤积抬升速率、平滩流量、洪水位、峰现时间、“二级悬河”治理；生态保护考虑植被覆盖率、水面覆盖率。用这些准则对黄河下游滩区治理的几个代表性方案进行评价，这些因素作为措施层 D 位于递阶层次结构的最下层。将决策的目标、考虑的因素（决策准则）和决策对象按它们之间的相互关系分为最高层、中间层和最底层。

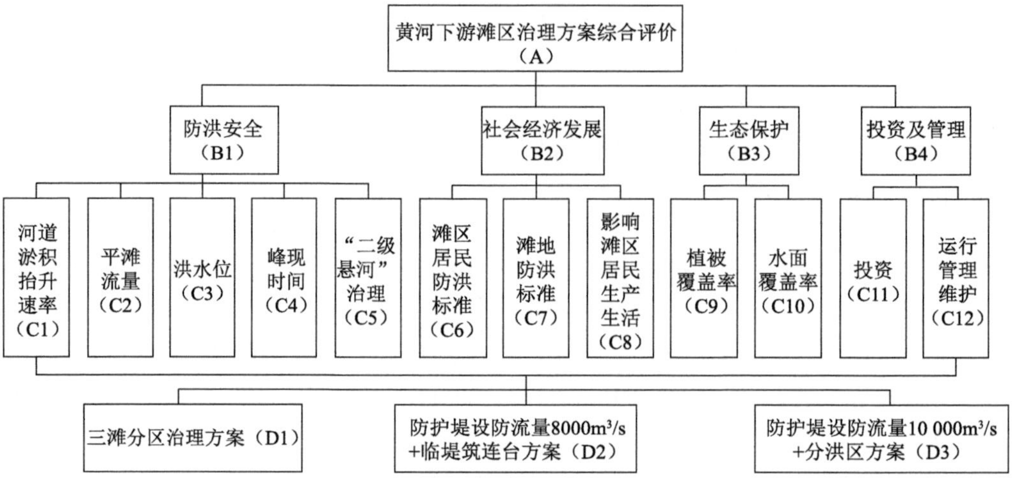

图 3.3-1　递阶层次结构示意图

3.3.3.3　评价模型

目前国内外提出的综合评价方法已有几十种之多，总体上可归为两大类：主观赋权评价法和客观赋权评价法。前者多采取定性的方法，由专家根据经验进行主观判断而得到权数，如层次分析法、模糊综合评判法等；后者根据指标之间的相关关系或各项指标的变异系数来确定权数，如灰色关联度法、主成分分析法等。

由于综合治理方案需要考虑防洪安全、居民生产及生态环境等方面的因素，通过比较各综合分析法的优缺点可以看到，层次分析法能够把复杂的问题拆分为几个层级，理顺解决问题的思路，定性与定量相结合，既运用主观的经验分析，又结合数学方法保证分析过程逻辑的一致性，用决策者的经验判断各衡量目标能否实现的标准之间的相对重要程度，并合理地给出每个决策方案的每个标准的权数，利用权数求出各方案的优劣次序，适用于综合治理方案的评价比选过程。

3.3.3.4　评价指标权重确立

（1）构造判断矩阵

在确定各层次各因素之间的权重时，如果只是定性的结果，则常常不容易被人接受，因而 Santy 等提出了一致矩阵法，即不把所有因素放在一起比较，而是两两相互比较；对比时采用相对尺度，以尽可能减少性质不同的诸因素相互比较的困难，以提高准确度。

判断矩阵是表示本层所有元素针对上一层某一个因素的相对重要性的比较。判断矩阵的元素 a_{ij} 采用 1～9 标度法给出。结合黄河下游滩区的实际情况，选择有经验的研究人员采用两两比较的形式判断不同元素的重要程度，构建判断矩阵。

（2）计算权重值

对应于判断矩阵最大特征根 λ_{max} 的特征向量，经归一化（使向量中各元素之和等于 1）后记为权重 W，此即为同一层次因素对于上一层次某因素相对重要性的排序权值。通过对构建的判断矩阵进行数学计算，可以得到准则层各因素的权重值，结果见表 3.3-3。

表 3.3-3　各层级因素权重值

目标层	准则层	准则权重值	指标层	指标权重值
黄河下游滩区治理方案综合评价（A）	防洪安全（B1）		河道淤积抬升速率	
			平滩流量	
			洪水位	
			峰现时间	
			“二级悬河”治理	
	社会经济发展（B2）		滩区居民防洪标准	
			滩地防洪标准	
			影响滩区居民生产生活	
	生态保护（B3）		植被覆盖率	
			水面覆盖率	
	投资及管理（B4）		投资	
			运行管理维护	

3.3.3.5　评价结果及结论

根据已知准则层的指标，经过相关专家的讨论，采取向相关专家征集意见的方式，由各专家给出方案优劣的分值，分别对 3 个方案（方案一，窄河方案；方案二，滩区分滩运用方案；方案三，全滩运用方案）进行相对比较评分。每一准则分优、中、劣三个档次，根据各专家给出的方案优劣的分值，进行加权处理，得出各方案评价指标的优劣评定表（表 3.3-4），将其进行数值化处理（优为 0.9，中为 0.7，劣为 0.5），结合各指标的权重值，采用加权方法计算得到各方案的综合评价结果（表 3.3-5）。

表 3.3-4　各方案评价指标的优劣评定表

目标层	准则层	指标层	方案一	方案二	方案三
黄河下游滩区治理方案综合评价（A）	防洪安全（B1）	河道淤积抬升速率	优	中	中
		平滩流量	优	中	中
		洪水位	优	劣	劣
		峰现时间	劣	优	中
		“二级悬河”治理	优	中	劣
	社会经济发展（B2）	滩区居民防洪标准	优	优	劣
		滩地防洪标准	优	优	劣
		影响滩区居民生产生活	优	优	劣

续表

目标层	准则层	指标层	方案一	方案二	方案三
黄河下游滩区治理方案综合评价（A）	生态保护（B3）	植被覆盖率	优	中	劣
		水面覆盖率	优	优	中
	投资及管理（B4）	投资	劣	中	优
		运行管理维护	优	中	劣

表 3.3-5　各方案的综合评价结果

目标层	准则层	方案一	方案二	方案三
黄河下游滩区治理方案综合评价（A）	防洪安全（B1）	0.289	0.230	0.200
	社会经济发展（B2）	0.252	0.252	0.140
	生态保护（B3）	0.216	0.192	0.144
	投资及管理（B4）	0.088	0.098	0.108
综合评价值		0.845	0.772	0.592

3.3.4　景观生态学视角

河流廊道是结构和功能统一体。结构是功能得以发挥的物质基础，功能是结构演化的外在体现。河流廊道所在的广阔而连续的背景为基底，廊道周边的生物栖息地为缀块。河流廊道可看作条带状的廊道或生境缀块。

（1）河流廊道结构

根据 Ward 在较大时空尺度上提出的河流四维结构理论，河流廊道四维连通结构如下：纵向上，由河流和水陆交错带构成；横向上，由边缘高地、洪泛滩地、河流构成；竖向上，河流由水面、水中、底质构成；三维空间结构在时间维度上发生动态变化，呈现出四季更替的景观。河流廊道的结构要素包括缀块面积、形状、植被组成，各级廊道的数量、宽度、形状，关键点或区域等。

在纵向断面上，河流是典型蜿蜒曲折的线性系统，而非直线河流。弯曲河流呈现出更多的生态环境类型，随着基底的更迭、沿程所受影响的改变而呈现连续变化的景观，从而拥有更复杂的动物和植物群落。

在横向断面上，河流廊道一般由三部分组成：河道、滩区和岸边高地过渡带。洪泛滩区是河道一侧或两侧受洪水影响、周期性淹没的高度变化的区域，具有蓄滞洪水和保持由洪水脉冲效应带来物质、能量、信息流的作用，因而河道与洪泛滩区的连通极为重要。岸边高地过渡带是洪泛滩区和外围景观的过渡带，因此，其外边界也就是河流廊道本身的外边界，该区常受土地利用方式改变的影响。

在垂直断面上，底质的结构、组成物质的稳定程度及其含有的营养物质的性质和数量、与地表以下的连通程度等，都直接影响着水生生物的分布。水陆交错带的植被层次在垂直断面上可分为草被层、灌木层、乔木层。

在时间维度上，随着河流廊道的时序变化，气候、地貌、能量等非生命因子与生物发生着不同的相互作用；廊道生态系统在纵向、横向、竖向的状态也随之变化。

（2）河流廊道尺度

河流廊道尺度是进行河流生态研究的视角和范围，包括空间尺度和时间尺度。不同尺度下，河流生态的参数和过程往往不同。因此，河流廊道的结构在空间上需由大尺度—中尺度—小尺度逐层深入，从整体到局部；在时间上需分析四季的更替和生物生理周期的变化。在各尺度上对河流廊道的功能进行分析与把握，进而规划河流廊道的结构。

首先要从大尺度即流域或全国生态功能区（赵彦伟和杨志峰，2005）的宏观层次明确河流廊道功能定位及品质要求。在宏观定位下，从中尺度即景观（董哲仁，2006）层面对河流廊道所在的基底（如城市、农村）及其周围的重要缀块（如自然保护区）和廊道自身进行分析与研究，对主要的生态问题进行识别与把握，统筹协调廊道内保护与利用的关系，对各功能区进行界定。在明确中尺度格局的基础上，对小尺度即河流廊道各区段的具体矛盾与问题进行详细规划与设计。小尺度上往往涉及水陆交错带的生态设计、生境恢复、次级廊道构建等。

时间尺度方面，较大的时间尺度为季节；较小的时间尺度为鱼类、鸟类、植被等生物的生理周期。例如，对于鲤，冬季冬眠、春季产卵为其生理周期特征；对于候鸟，冬季迁徙为其生理周期特征。生物的生理活动随季节变化有趋同性，在其各自的生理周期上具有种间差异性。

已有研究表明，生物多样性与景观空间异质性呈正相关关系。空间异质性可通过恢复大面积缀块、增加小面积缀块、构建各级廊道以增强缀块间的连通性来提高。水陆交错带具有水体至陆地过渡地带的复杂特点，因而拥有最为多样的生境与生物。

3.4　黄河下游矛盾解耦

黄河下游生态系统是包括陆域河滩（岸）生态系统、水生生态系统、湿地及沼泽生态系统等在内的一系列子系统组合而成的复合生态系统，系统中各组分通过物质循环、能量流动、信息传递及各种复杂的反馈功能构成一个多因素、多成分的耦合系统。黄河下游生态系统由自然生态系统演变而来，具有自然生态系统的特点，但受黄河特殊的水沙、河道地形条件及剧烈的人类活动影响，也有别于一般自然生态系统。

3.4.1　黄河下游生态系统结构

黄河下游生态系统的结构组分主要有水体、生物和河滩地（河岸带）。

水体兼具河流生态系统初级生产的产地和分解工厂的双重作用，黄河下游水体的主要特征是泥沙含量大，这也为生态系统带来了重要的物质营养和结构组分。绿色植物和浮游植物是系统内的生产者，鱼类、底栖动物、候鸟以及人类是消费者，各类微生物是分解者，这些生物受水流特性、土壤底质的影响巨大，随着环境特征的变化已经形成了其特有的适应性，它们为生态系统提供了生命活力，是生态系统可持续发展的基础。例如，水生植物群落为黄河鲤提供了优良的生境，同时也是大鸨、金雕等国家一级重点保护鸟类的捕食地。食物链的整体均衡是系统稳定的前提。

河滩地泛指河水与陆地交界处的两边，高低水位之间的河床以及高水位之上直至河水影响完全消失位置的地带。黄河下游河流约束在两岸堤防之间，堤防之间有宽度达数千米的广阔河滩。河滩地水陆交错带具有明显的边缘效应，是生物圈中最为复杂的生态系统之一。

河流生态系统具有多重生态功能。具有宽而浓密植被的河流廊道可控制来自景观基底的溶解物质，为两岸内部物种提供足够的生境和通道，并能很好地减少来自周围景观的各种溶解物污染，保证水质、净化环境、调节气候；不间断的河岸植被廊道可以维持水温低、含氧高的水生条件，有利于生物生存，增加生物多样性；沿河两岸的植被还可以减弱洪水影响，并为食物链提供有机质，为鱼类提供良好的生存环境。此外，河流本身为两岸提供了重组的水资源和营养，还是发电、航运和水产养殖的重要支撑。

河岸带对水陆生态系统间的物流、能流、信息流和生物流能发挥廊道、过滤器和屏障的功能。河岸带生态系统对增加物种种源，提高生物多样性和生态系统生产力与服务功能，稳定河岸，进行水土污染治理和保护，调节微气候和旅游活动均有重要价值。线性连续的河岸带植被带是生物多样性边缘效应区，那里生境复杂、物种繁盛，频繁的水文过程也会对河岸带生态系统的稳定性造成挑战，是极具保护价值的自然廊道系统。河岸带的草地、灌木和林地，以及天然的河流岸坡，具有极强的营养物质存留和污染物过滤作用，这对水体系统和岸上系统是双向积极的，河岸带土壤和植被既接受了水体和岸上的营养物质用以系统内部的发展，又削减了进入水体的过量营养盐或其他污染物。此外，河岸带还是天然的防侵蚀护岸，其往往与水流、泥沙、河岸带性质如物质组成与质地、切向力和抗张力、地下水水位、渗透力、地层、河岸几何形态及其上生长的植被等有关。

3.4.2 黄河下游生态系统功能

河流廊道作为一个整体发挥着栖息地、通道、过滤器、屏障、源和汇等重要的生态功能（Bernard and Tuttle，1998；邬建国，2000；董哲仁，2006）。黄河下游生态廊道以河流为主体，其功能涵盖了河流廊道的所有生态功能。

（1）输送和涵养水源

黄河以直接引水和间接侧渗的方式为滩区及其周边区域带来了大量的优质水资源，包括生产生活用水和生态用水，对人民生活、工农业生产和生态环境保护发挥了重要作用。滩区范围内分布有数量众多的地下水饮用水源，仅郑州市区就有 3 个井群 135 眼。滩区是黄河地下水资源赋存的重要区域，滩区的植被和水体也会对降水起到显著的蓄积、涵养效果。这些水资源对滩区的农业耕种和渔业养殖，以及滩区内湿地生态系统的维持和繁荣起到了关键性作用。

（2）保持和提质土壤

黄河下游滩区土地面积约 4800km^2。土地资源是滩区重要的生存依靠和生产资料，滩区为水土保持和土壤质量提升提供了有利条件。滩区内的湿地、草地等自然生态系统可以防止土壤沙化，提高土壤有机碳含量，改良土壤质量。同时，适宜的农业耕作显著增加了绿色覆被，化肥施用和作物生长共同提高了原有滩地的土壤肥力。自然植被水土保持和土地肥力不断提升，使得滩区内土地资源从黄沙万顷变为良田沃土。但仍应该认识到，滩区沙地、盐碱地的面积不容忽视，部分地区土地退化的趋势和风险仍然存在。

（3）维护和保育生物多样性

滩区独特的水文泥沙和气候地形特征营造了丰富的生境，形成了典型的野生动植物群落和自然资源。滩区生境类型以湿地、森林和灌（草）丛为主。湿地分为河流湿地和沼泽湿地两大类，其中河流湿地包括永久性河流（河床、低河漫滩）、洪泛平原湿地（二滩）；沼泽湿地包括草本沼泽和灌丛沼泽。森林为旱柳林、杨树林、榆树林、刺槐林人工防护林和苹果、梨、桃、枣、银杏等果木林。灌（草）丛主要有以沙蓬群落、虫实群落、白茅群落、砂引草群落、柽柳群落为主的沙地灌（草）丛及盐生灌（草）丛。滩区生境为白鹊、黑鹤、金雕、白头鹤、丹顶鹤、白鹤、小鸨、大鸨等珍稀水禽提供了得天独厚的栖息地，为黄河鲤、鲇、赤眼鳟等江河平原区淡水鱼类提供了稀缺的产卵场、洄游区和捕食地，是众多珍贵动植物的基因资源保护地。此外，滩区内的农田、坑塘等人工生态系统，也是动植物资源保护的重要补充。但仍应该认识到，滩区生境退化和物种减少的情况并没有从根本上消除。

（4）生产和生态产品及服务供给

一方面，滩区的水土资源为滩内外群众提供了生产条件，种植业、畜牧业、渔业等生产活动提供了诸如小麦、玉米、花生、水稻、莲菜、生猪、鲤等优质农产品。另一方面，滩区内的湿地、森林、地质等价值极高的郊野公园，以及科研基地和试验场地、农耕采摘体验园等为全社会提供的科研、教育、体验、游憩等公共服务，构成了滩区生态服务产品网络。

（5）为人类聚落提供生存和发展的适宜空间

现状滩区仍然是大量的人民群众生产生活的重要空间。据统计分析，2014 年黄河下游滩区（含封丘倒灌区）共有村庄 1928 个，人口 195.79 万人，其中河南省共有村庄 1146 个，人口 130.92 万人；山东省共有村庄 782 个，人口 64.87 万人。群众聚落以村台的形式集中体现，滩区其他区域发展种植业、畜牧业、渔业等。由于洪水漫滩、生态退化等问题的客观存在，滩区内的人类聚落仍然存在空间结构和内核驱动力方面的现实短板，滩区目前的资源环境承载力、国土空间开发适宜性仍待进行系统性的评价，滩区内农村体系结构、空间格局、基础设施网络的研究十分缺乏。

3.4.3 多维度下的黄河下游矛盾解析

以生态学理论为基础，从空间优化布局、游荡型河道整治、景观生态修复多维度，对黄河下游矛盾进行解析，得到如下认识。

一是部分组分生态位变化频繁、变幅大。水沙、河道及滩区是黄河下游生态系统的重要组分。黄河河势游荡，水流宽、浅、散、乱，主流摆动不定，特别是洪水落水时主流变化频繁且摆幅大，最大可达 10km 以上。进入下游的水沙受气候变化及人类活动的影响，未来需要联合运用小浪底、三门峡等骨干水库调节水沙。目前进入下游的水沙条件两极分化趋势更加明显，一方面洪水以中小洪水为主，含沙量可能还会略高，水沙关系更不协调；另一方面稀遇大洪水仍将存在。生态位的频繁、大幅度变化导致生态系统极不稳定。

二是人为干扰强度大、持续时间长。当前黄河下游生态系统受自然和人为因素的双重干扰，以人为干扰为主。黄河下游滩区人口 195.79 万人，耕地 340.1 万亩。要维持耕地的高产，需要化肥、农药等大量有机物质投入；人类生产生活产生的废污水量及固体垃圾已远远超过了生态系统的自调节能力。人类活动强度高和历时长，使下游生态系统失衡，生态环境遭到严重损坏。

三是循环再生内动力弱。黄河下游生态系统水陆交错带的湿地生态系统是生物圈中最为复杂活跃、最具有明显边缘效应的区域。但黄河下游河道宽，且横断面结构上槽高、滩低、堤根洼的“二级悬河”特征显著，基本丧失了自然的河道断面形态，从而阻隔了滩槽水沙交换，导致湿地生态系统获得的水分和养分资源不足、天然植被群落稀缺、物种单一、自然生态系统净初级生产力很低。这极大地降低了河滩地水陆交界带的生态空间和生物多样性，广阔的滩地受水沙交换和人类影响存在大面积的土地沙化、盐渍化和环境污染问题，河流生态系统缺乏循环再生动力。

四是生境破碎程度高。目前黄河下游人水混居，为保障人民群众生命财产安全而修建的村台和避水楼等，一般高于滩面 3～5m，最高的达 10m 以上；滩区内还建设有设施农业、生态旅游项目以及仓储地、加工厂、砖瓦窑厂。这些设施降低了滩区横向和纵向的连通性，减少了栖息地面积，增加了斑块数量，且形状趋于不规则，使得生境破碎化。破碎化的生境格局也降低了生态系统的稳定性及其功能。

3.5 黄河下游生态廊道构建基本准则与策略

3.5.1 构建准则

所有已知的生态学原理都可以直接或间接地用于指导生态廊道的构建，结合黄河下游生态廊道的基本特点，主要有以下四条基本准则。

一是系统各组分相互协调的整体性原则。黄河下游生态系统内部存在相互依存和相互制约的关系，但总体上应该是相互协调的。例如，当前极具典型性的落淤沉沙、漫滩行洪就是水体及其水文过程与河床和河滩地的强烈作用，显然，当前这种依存和制约关系的不断作用对整个系统产生了负面影响，通过复杂的人为干扰扭转这种负面关系是关键。又如，滩地人类的农耕和居住依靠的是土地，土地又受到洪水的制约，滩地行洪的过程与生产堤及村台存在相互影响。因此，厘清各组分之间的相关协调与补充关系，构建一种有序积极的系统格局、优化各组分关系、合理分配组分资源十分重要。

二是整体有序状况下的动态平衡原则。黄河下游生态系统中，植物、动物、微生物等重要的生物因子经过长期的自然和人为过程形成了各自的现实生态位，分析各生态位宽度和相互关系，构建一种能使各种生物因子处在一个自我种群可持续、系统生物总平衡的状态和关系。

三是基于空间优化和效率提升的循环再生原理。黄河下游生态廊道以农田为基底，以居民村庄为斑块。物质的正常代谢是维持农业系统稳定的基础，农业生产中经济和生态效益的大小、物质和能量的转化效率是决定因素，只有充分掌握种植的各环节时空因素，科学地安排农业生产结构和多层利用，才能实现生物资源的循环再生和生态环境的良性循环。需要通过外来动力，建立和完善这种循环再生机制，构建三生共融的空间格局，使有限的资源在其循环中得到充分利用，促进物质和能量的转化效率提升，增加生态环境活动库容量及供给。

四是基于边缘效应的最小因子原理。黄河下游不利的河道形态阻碍滩槽水沙交换，物质循环受阻，使滩区整体生态功能下降。而河槽和滩地的水陆交错带是生态廊道中物质、能量交换的活跃地带，具有显著的边缘效应。黄河下游堤防作为河道内外的边界、交通的通廊，也具有显著的边缘效益。黄河下游生态廊道提升应以改善河道形态为关键因子，以提升水陆交错带、河道内外交互带边缘效应为手段，调整断面的生态水文过程，使物质和能量循环正常进行，从而增强生态系统强度，促进生态系统良性循环。

3.5.2　构建策略

黄河下游生态廊道是一个三维复合的巨型系统廊道。首先是建立在生态安全格局基础上的以黄河两岸大堤间为核心的高效行洪输沙廊道，其基底为河流本体，其主要表征为河道横断面的水力要素分布特征及河道平面上的稳定约束；其次是依存于河道滩区生态优先、以人为本的生活-生产-生态相互融合的空间有序分布，以及人与自然和谐相处的活动关系的生态文明示范廊道；最后是统筹考虑历史维度，以现行河道为主轴，承载黄河自然景观、人文景观、历史文化并带有独特黄河文化基因的文化景观廊道。即黄河下游生态廊道构建策略为：以河流形态重构为基，以生态空间构建为体，以生态文明建设和黄河文化为魂。

综合以上功能定位、问题识别、基础理论、矛盾解耦和研究分析，黄河下游生态廊道构建的主要目标可归纳为以下四点：①通过消除“二级悬河”不利的河道断面、稳定主槽来补齐黄河下游生态安全屏障的短板；②重组黄河下游河道与滩区的空间格局以破解人水矛盾；③增效生态过程来增强黄河下游生态供给能力；④梳理、挖掘、串联黄河文化遗存来弘扬黄河文化、讲好黄河故事。相应的构建对策如下。

1）重塑宽滩河流地貌，扭转“二级悬河”局面，恢复自然河流健康的断面形态，从结构上根本性唤醒繁盛的河流边缘效应，显著激活水体和营养盐物质循环与能量流动过程，修复水陆交错带的湿地生境，提高生境质量，增强宽滩河流的生态系统稳定性。

2）增强黄河下游河流生态空间的异质性，增加生态系统类型，提高自然生态系统占比和系统复杂性，科学布局人工缀块，包括大小、形状、取向，形成自然缀块与人工缀块的复合稳定性格局，连块成廊，功能融合，构建层次多样的生态空间优化格局。

3）促进系统内部能量流动、物质循环、信息传递等生态过程的正向反馈，布局各组分的最适生态位，保护和培育生物多样性，发展高效循环农业，绿色移民生态建镇，促进河-滩-人复合整体的有序性和自组织结构完善，提高宽河滩生态系统的生态效率。

4）梳理黄河下游人水关系历程，挖掘黄河文化独特基因，加强古建筑、古镇古村等农耕文化遗产和古灌区、古渡口等水文化遗产保护，保护古栈道等交通遗迹遗存。系统阐发黄河文化蕴含的精神内涵，建立沟通历史与现实、拉近传统与现代的黄河文化体系，综合展示黄河流域在农田水利、天文历法、治河技术、建筑营造、中医中药、传统工艺等领域的文化成就，推动融入现实生活。

3.6 黄河下游生态廊道构建范式

3.6.1 黄河下游河道与滩区形态重塑

依照新时期治水方针，结合乡村振兴战略，提出“洪水分级设防、泥沙分区落淤、三滩分区治理”的黄河下游滩区综合治理思路，采用生态疏浚、泥沙淤筑的方式塑造滩区，形成高滩、二滩及嫩滩的空间格局，作为生活、生产、生态的基底。

高滩，为紧靠黄河大堤临河侧的高台，主要用于居住区、生态特色小镇建设。高滩是从河道及滩区抽取泥沙沿大堤临河侧淤高形成的，防洪标准达到 20 年一遇以上，作为移民安置区，引导当前滩区居民就近积聚迁建，以乡村振兴战略为指引，建设特色生态小镇和美丽乡村，解决滩区群众防洪安全问题。

二滩，为高滩至控导工程之间的区域，按照“宜水则水、宜泽则泽、宜田则田”的原则，结合“二级悬河”治理使二滩达到 5 年一遇的防洪标准，构建河湖水系、沼泽湿地、低碳牧草、高效农田、绿色果园等复合生态系统，对搬迁后的村庄进行土地复耕与高标准农田整治，调整滩区农业生产结构，引导洪水风险适应性高的产业入驻，发展高效生态农业、旅游观光产业，建设生态化、规模化、品牌化、可持续的生产基地，助推滩区居民致富。

嫩滩，为控导工程与黄河主槽之间的滩区。嫩滩经常上水，且范围不固定，常随河势变化而发生改变。在优先保护现有湿地自然保护区的同时，开展滨水缓冲带保护与湿地修复，结合生态疏浚等手段，打破生态孤岛，形成连续的生态廊道，修复提升下游湿地生态系统。

主槽，继续以稳定河槽、控制河势为主，完善建设控导、险工等河防工程，塑造对不同量级洪水泥沙具有高适应性的过流通道，增强防护安全保障。

通过调整河道断面，塑造三滩，分区治理，使洪水分级设防、泥沙分区落淤，进而协调好生活、生产、生态之间的关系，协调好滩区内外的均衡发展。

3.6.2　黄河下游堤防及外部廊道建设

黄河下游堤外廊道是黄河大堤与城镇之间的过渡区域，其规划以绿道设计为主，通过合理布局分区、科学配置适生树种、同时兼顾沿黄景观文化特色，在纵向上实现堤内河道、滩区与外部城镇空间的生态衔接，达到应绿尽绿、空间连通的效果，打造黄河水岸、城镇之间的“生态绿肺”。

3.6.2.1　堤防外部廊道范围

有关生态廊道的宽度目前并没有相关规范，堤外廊道的布设范围大多由植被分布状况、廊道生态功能、土地利用现状、廊道保护目标等多个因素决定（朱强等，2005）。根据黄河下游各地区土地利用现状、行政区划范围、大堤外主要交通状况以及城市发展情况，考虑到区域具备的经济承载力、社会承载力和生态环境承载力，将黄河下游生态廊道堤外布设范围界定为自黄河大堤至堤外 200～5000m 的范围，其中城市核心区按 200m、城区段按 2000m、农村段按 5000m 控制。规划范围主要包括黄河大堤外的堤防工程区域和外围需要延伸衔接的区域。结合区域承载能力确定堤外廊道宽度范围，通过这样的契机促进落后地区经济发展，缩小城乡经济的差距，推进乡村振兴战略的实施。

（1）堤防及淤背区

黄河下游堤防工程是在原民埝的基础上加高帮宽修建的（吴玉娇和张红伟，2016）。根据《黄河堤防工程管理标准（试行）》，整个堤防工程包括主体工程、堤外护堤地、临河堤防浪林及附属设施，其中堤外工程主要为淤背区、护堤地及附属设施。

据统计，近年来在关于黄河标准化堤防工程建设中，淤背区工程宽度大多为 80～100m（吴玉娇和张红伟，2016）。根据《河南省黄河河道管理办法》，河南段黄河堤防护堤地宽度为：兰考县东坝头以上黄河堤左右岸背河 30m；东坝头以下的黄河堤背河 10m；沁河堤背河 5m。

黄河淤背区是指在黄河大堤背河侧 80～100m 的范围内，利用吸泥船、泥浆泵等设备，将河道里面的泥沙传送到黄河大堤背河侧一定的范围内，经过沉积而形成的地块（徐新亮，2015）。

淤背区顶部结构包括围堤、隔堤、排水沟，区域内的土壤结构包括沙土和壤土。按照国务院批复的《黄河近期重点治理开发规划》，淤背区属于堤防工程的重要组成部分，淤背区的建设能够提高堤防的防洪能力，基本消除背河侧潜在险情的发生，增强大堤的稳固性能。在淤背区内多种植适生林，通过增强糙度以增加堤防稳定性。适生林带的形成还能改善滨河生态气候、美化大堤环境，因此淤背区工程是黄河生态廊道建设工程至关重要的部分。

（2）堤防外延部分

根据河南省沿黄生态廊道示范工程，河南段廊道建设范围为黄河干流及大堤（西部山区无大堤部分以 175m 等高线为边界计算）以外 5km（牛彦合等，2020）。堤外廊道的外延区域范围约为 4.8km。

根据《郑州建设黄河流域生态保护和高质量发展核心示范区概念性总体规划》，中部规划区目前实际建设南北宽 150～500m（含防浪林、大堤、淤背区、S312 及其以南延展区）的城市生态景观带；东部规划区实际建设单侧 100～500m 生态景观带。堤外廊道的外延区域范围约为 400m。

根据《郑州大都市区空间规划（2018—2035 年）》，为推进沿黄地区生态修复，在黄河大堤外预设布置 100～500m 的控制带，规划防护林和景观带。堤外廊道的外延区域范围约为 400m。

《湖南省省级生态廊道建设总体规划（2019—2023 年）》提到，省级生态廊道建设范围为长江岸线湖南段、“一湖四水”干流及其一级支流两侧水岸线至第一层山脊线或平原区 2km 之间的可建区域。

根据《陕西省渭河生态区建设总体规划》，沿渭河建设一条纵向长 512km，横向范围依渭河两岸堤防向外侧按城市核心区 200m、城区段 1000m、农村段 1500m 控制的生态长廊。堤外廊道的外延区域范围为 100～1400m。

参考各省市生态廊道建设指导意见，根据黄河下游的河流变化特点、城市发展状况，结合沿黄城市相关规划，确定黄河下游堤外廊道范围为 200～5000m，淤背区范围约为 100m，外延区域范围为 100～4900m。

3.6.2.2 堤外廊道建设

堤外廊道建设思路主要从廊道树种的选择和景观文化载体功能的展现等两个方面展开。

（1）树种选择

廊道植物的合理配置是沿黄生态廊道建设的重要环节。依据因地制宜的原则，综合考虑堤外廊道所处区域的生态功能和土地特点，确定淤背区（仅 50cm 耕植土）适合种植的树种主要为适生林、绿化苗木和经济林等，淤背区外可科学配置阔叶树种、彩叶树种，如适合本地生长的泡桐、雪松、柳树、国槐等乡土景观树种。通过对堤外廊道空间进行合理的植物规划设计，并与临河防浪林、堤顶行道林带建设相结合，可有效减轻河道扬尘天气对生态环境造成的不利影响，改善沿黄生态小气候。

参考各省市生态廊道建设指导意见，并兼顾沿黄防洪工程的基本特点，对黄河下游淤背区（仅 50cm 耕植土）适生林、绿化苗木及经济林树种的要求为：耐干旱、少肥料、抗逆性强、易于管理。

一方面，淤背区植物选择取决于黄河下游地区的气候环境。该区段冬季风强劲，表现为气候干燥，湿度较低，属于半干旱气候。在地势较低的区域气候环境对植被生长的影响较小，但是淤背区地势较高，浇灌不便，保水能力较差，若种植杨树类不耐干旱的树种，容易因干旱致病甚至死亡。另一方面，淤背区植物选择由淤背区独特的土壤特性决定。淤背区的功能性导致其土壤结构是下层沙土沉淀、上层黏土覆盖，土壤含有的有机质少，营养较差。虽然通常在规划设计中要求黏土覆盖 50cm 厚，但实际的覆盖厚度和土质大多达不到该标准。在这种立地条件下种植的树木，生长到 10cm 以上后主要根系都扎到沙土内，土壤缺水少肥的特点会使树木生长缓慢，很难长成大径材（董烈，2015）。

结合沿黄地区生态气候特点和土壤环境特性来看，分布广泛、生长快、材质好、用途广的泡桐类适生林树种，生长周期短、经济效益高、病虫害少的栾树、合欢、白蜡等绿化苗木，种植技术要求不高、易于管理、经济效益稳定的核桃、板栗、无花果等干果类经济树种都是沿黄淤背区生态林的较优选择。

（2）景观文化载体功能的展现

黄河流域有丰富的文化底蕴，但生态林景观文化特色彰显不足，区域文化影响力有待加强和提升（牛彦合等，2020）。因此，如何在黄河下游堤外廊道布设中体现千年积淀的中原文化特色、展现大河滋养下的城市独特风貌，是构建黄河下游生态廊道亟待解决的问题。本研究主要从分区布局、有形设施载体、配套服务设施等层面分析堤外廊道景观文化载体功能如何展现。

合理分区布局，构建层次多元、领域广泛、功能齐全的生态景观文化廊道。根据各地区特色合理分区分段，打造体现黄河文化的生态景观轴。对于廊道纵向布置，对临大堤侧的行道林进行景观提升，增加观花、观果、观叶类植物，使两侧林带“亮”起来；在堤外淤背区以及向外延伸区域，通过片植的种植方式营造大面积绿化景观，使黄河与城市间的过渡区“绿”起来。对于廊道横向布置，城市段廊道以“慢生活”为重点，结合黄河文化，打造生态休闲景观；通过设计慢行步道、骑行步道、临堤栈道、广场小品等将堤外空间与含有地域特色的文化载体进行衔接。郊区段或者农村段则以“湿地修复”为重点，依托自然风光，恢复自然生境，增加生物多样性。依托丰富的湿地资源营造充满野趣的自然景观风貌，开展湿地观光、科普教育、农耕体验等活动，促使城市居民走进自然，亲近河流，感受黄河文化。

打造蕴含地区历史文化的有形设施载体。依托黄河生态廊道景观节点，融入黄河文化及民俗文化元素，展示沿黄地区人民的精神风貌。结合沿黄步道工程，植入文化遗产元素，串联沿黄的物质文化遗产和非物质文化遗产。以小型景观造型或者休憩设施为依托，设置代表黄河文化特色的展示长廊以及刻有关于黄河主题诗词的景观亭或者置石、雕塑等。通过这些形式将几千年黄河文化的成果以最直接的方式展示给游客，让人们更直观地感受黄河对下游地区人民的哺育之情以及无数中华儿女治水的伟大成就。

完善黄河下游堤外廊道的配套服务设施体系。黄河生态廊道的部分区域位于距离城市较远的乡镇地区，这些区域的经济条件落后，卫生环境较差，基础服务设施相对落后。因此，在规划建设黄河生态廊道时，应该完善这些区域的厕所、浴室、商店贩卖机、停车场等公共配套服务设施体系；加强对工作人员的卫生安全教育，提高工作人员从业素质；注重景区的人性化设计，提高游客满意度，从而提升景点的知名度。

黄河生态廊道是黄河文化的集中展示台，堤外廊道作为堤内嫩滩区与堤外城镇的衔接空间，是展示人与自然、城市与乡村风貌的纽带。通过分析堤外空间的结构，确定廊道范围和廊道建设内容，讲好黄河下游的文化故事，以期打造沿黄下游地区的城市地标。

3.7 黄河下游生态廊道格局

根据生态廊道的定义和黄河下游河道、滩区及沿线城市生态空间需求，从平面布局上，黄河下游生态廊道构建应包括堤防内河道与滩区及依托黄河淤背工程的沿黄绿道；从功能布局上看，应有高效行洪输沙廊道、三生共融生态廊道以及生态景观文化廊道等能够满足行洪输沙、生活生产生态以及景观文化等复合性功能。

生态景观设计应较好地协调河道防洪、生态环境和滨水景观的关系，使水、绿、陆三者相互融合、相互依托，满足防洪安全、景观需求、水资源利用及水生态修复等多重功能。

总体来说，黄河下游生态廊道应该是包括黄河大堤并外延一定范围，以大堤内为核心的连续生态长廊。其主要功能出发点是构建黄淮海平原的生态安全屏障、华北平原连续而稀缺的水资源生命线、豫鲁两省重要的生态空间。在具体的表现上，其应该是由主槽与嫩滩构成的高效行洪输沙通道与水生态核心廊道、广大二滩构成的以生态农业为主要体现的绿色生产空间、高滩和大堤构成的安澜生态安全空间。

黄河下游是横跨豫鲁两省的大型生态廊道。黄河下游是中原经济区发展核心区、沿济南—郑州—重庆发展轴和沿太原—郑州—合肥发展轴的空间交汇核心区，是保障河南省生态安全的主体区域之一，保有重要的黄河湿地生态功能区，生物多样性高，景观风貌独特，是人与自然和谐相处的示范区。此外，山东沿黄河保护带是鲁西平原现代农业生态经济区、黄河三角洲高效生态经济区和鲁中山地丘陵生态经济区的重要分界，是保障山东省生态安全的主体区域之一。

黄河下游生态廊道由河南黄河滩区生态涵养带和山东沿黄河保护带共同组成，是豫鲁两省支撑区域生态安全战略和促进区域生态发展的核心生态服务功能带。黄河下游及滩区生态服务功能带的定位是：保障河南、山东两省生态安全的主体区域之一，为两省提供水源涵养、水土保持和生物多样性维护等重要的生态功能，为沿线城市提供特色生态走廊和高质量生态产品，通过整体保护、系统修复及综合治理不断提高生态承载力和环境容量，支撑区域绿色可持续发展。

3.7.1 高效行洪输沙廊道

（1）洪水处理方案

通过对下游河道主槽进行人工机械放淤，提高主槽过洪能力，增大平滩流量，将主槽河道泥沙淤至高滩和二滩，使高滩的设防标准达到 20 年一遇，二滩可以抵御 6000～8000m^3/s 的洪水，实现“洪水分级设防”。

按照“洪水分级设防”的治理思路，6000～8000m^3/s 的洪水主要依靠“主槽+嫩滩”行洪，8000m^3/s 至 20 年一遇的洪水依靠“主槽+嫩滩+二滩”行洪滞洪，20 年一遇以上洪水依靠“主槽+嫩滩+二滩+高滩”行洪滞洪。二滩和高滩按照不同量级的洪水进行设防，既显著提高了下游滩区的防洪标准，又保证了遭遇较大洪水时滩区能发挥滞洪削峰作用，从而确保下游防洪保护区的安全。

（2）泥沙处理方案

通过疏浚主槽泥沙对滩区进行再造，需要确定河道断面疏浚的控制指标，以有利于疏浚后行洪河槽的长期维持，并使之长期发挥防洪减淤效益。

重构后的高效输沙通道，需要完善的河道整治工程体系来“控导主流、保护岸滩”，维持输沙通道的平面形态。

3.7.2　三生共融生态廊道

三生共融生态廊道是指在高滩打造安全宜居的生活空间，构筑千里黄河滩上的生态家园；在二滩形成成片优质的生产空间，构建高生产力的农业生态系统；在嫩滩打造连续的生态空间，构建良性循环的自然生态系统，在河道横向和纵向形成系统延展和空间递进，实现三生融合可持续发展。

京广铁路桥—东坝头河段新乡、开封、郑州 3 个市有大量土地位于黄河滩区，新乡所辖滩区（原阳滩、封丘滩、长垣滩等）重点发展特色林果业、生态畜牧养殖业两种产业，构建高效种植养殖公园区；郑州所辖滩区（惠济滩、申庄滩、中牟滩郑州辖区部分）重点发展休闲观光农业、绿色生态农业等产业，打造生态农旅休闲公园区。开封所辖滩区（开封滩）发展高效有机农业、果蔬种植业等产业，规划农业科技中试实验区。

黄河下游生态保育涵养廊道呈现为以“一横一片”为主体、“多点多区”立体分布的空间格局。“一横”指黄河下游白鹤镇至渔洼段河道主槽与嫩滩组成的生态湿地带；“一片”指黄河下游国家湿地公园；“多点多区”指各类园区（包括湿地公园、地质公园、风景名胜区）、水产种质资源保护区和饮用水源保护区。

3.7.3　生态景观文化廊道

在宏观层面上，建立黄河与城市的生态联系，构建河道生态保护圈层及河道发展弹性空间，打破城市、城市边缘、堤防、河滩、黄河在空间关系、物质交换方面的隔阂，构建完整的横向生态格局。

黄河文化内容丰富，包含遗址文化、村镇文化、生态文化、农业文化、乡土民俗文化、水利科普文化、城市文化等多种门类。通过构建滩区复合文化体系，讲述黄河流域史前文化、新石器文化、上古传说、三皇五帝文化、流域王朝中心、中华姓氏、哲思妙理、科技杏坛、文坛艺苑、民族民俗、人文胜迹、汇通中外的辉煌。结合城市沿黄发展规划，于大堤内外合理布置，强化河道与城市空间的连接，按历史主线和人文主线两大主线，建设一批精品博物馆、文化旅游区等文化设施，建立复合文化体系，品沿黄千年风韵，绘历史文化风情长卷，激活城市发展。

河南省、山东省等各级地方政府管理范围多在黄河大堤以外，黄河滩区多为管理盲点。在前期编制相关规划研究成果中，多以沿黄河大堤及其外延 500～1000m 作为研究重点。自 2020 年 3 月 12 日植树节以来，地方政府以黄河大堤淤背区为重点，大力推动绿廊、绿道及林带建设，并以此作为生态廊道核心区域。

3.8 黄河下游高效行洪输沙廊道构建

3.8.1 黄河下游河道冲淤特性

黄河下游河道的冲淤变化主要取决于来水来沙条件、河床边界条件以及河口侵蚀基准面，其中来水来沙条件是河道冲淤变化的决定性因素。每遇暴雨，来自黄河中游的大量泥沙就随洪水一起进入下游，使下游河道发生严重淤积，尤其是遇高含沙洪水时，下游河道淤积更为严重，河道冲淤年际变化较大。黄河下游河道呈现“多来、多淤、多排”和“少来、少淤（或冲刷）、少排”的特点。利用多年观测资料分析，天然情况下，黄河下游河道多年平均淤积 3.61 亿 t，河床每年以 0.05～0.1m 的速度抬升。

1950 年以来黄河下游水文站观测资料和大断面统测资料为分析黄河下游的冲淤特性提供了重要的科学依据。黄河下游各河段冲淤量统计见表 3.8-1、表 3.8-2。

表 3.8-1 黄河下游各河段年均冲淤量及其纵向分布

时间	冲淤量（亿 t）					单位河长冲淤量（万 t/km）				
	铁谢—花园口	花园口—高村	高村—艾山	艾山—利津	铁谢—利津	铁谢—花园口	花园口—高村	高村—艾山	艾山—利津	铁谢—利津
1950.7～1960.6	0.62	1.37	1.17	0.45	3.61	56.4	76.0	63.8	16.1	47.9
1960.9～1964.10	−1.90	−2.31	−1.25	−0.32	−5.78	−172.9	−128.2	−68.2	−11.4	−76.8
1964.11～1973.10	0.95	2.02	0.74	0.68	4.39	86.5	112.1	40.4	24.3	58.3
1973.11～1980.10	−0.22	0.87	0.70	0.46	1.81	−20.0	48.3	38.2	16.5	24.0
1980.11～1986.10	−0.26	−0.58	0.41	−0.15	−0.59	−23.7	−32.2	22.4	−5.4	−7.8
1986.11～1997.10	0.50	1.36	0.40	0.30	2.55	45.5	75.5	21.8	10.7	33.9
1973.11～1997.10	0.10	0.73	0.48	0.23	1.54	9.1	40.5	26.2	8.2	20.5
1997.11～1999.10	0.08	0.34	0.18	0.13	0.72	7.3	18.6	9.8	4.5	9.6
1999.11～2018.10	−0.40	−0.69	−0.23	−0.21	−1.53	−36.5	−37.7	−12.7	−7.4	−20.4

表 3.8-2 黄河下游各河段年均冲淤量及其横向分布

项目		冲淤量（亿 t）					占全断面淤积量的比例（%）				
		铁谢—花园口	花园口—高村	高村—艾山	艾山—利津	铁谢—利津	铁谢—花园口	花园口—高村	高村—艾山	艾山—利津	铁谢—利津
1950.7～1960.6	主槽	0.32	0.30	0.19	0.01	0.82	51.6	21.9	16.2	2.2	22.7
	滩地	0.30	1.07	0.98	0.44	2.79	48.4	78.1	83.8	97.8	77.3
	全断面	0.62	1.37	1.17	0.45	3.61	100	100	100	100	100
1960.9～1964.10	主槽	−1.90	−2.31	−1.25	−0.32	−5.78	32.9	40.0	21.6	5.5	100
1964.11～1973.10	主槽	0.47	1.25	0.58	0.64	2.94	49.5	61.9	78.4	94.1	67.0
	滩地	0.48	0.77	0.16	0.04	1.45	50.5	38.1	21.6	5.9	33.0
	全断面	0.95	2.02	0.74	0.68	4.39	100	100	100	100	100
1973.11～1980.10	主槽	−0.18	0.04	0.13	0.03	0.02	81.8	4.6	18.6	6.5	1.1
	滩地	−0.04	0.83	0.57	0.43	1.79	18.2	95.4	81.4	93.5	98.9
	全断面	−0.22	0.87	0.70	0.46	1.81	100	100	100	100	100
1980.11～1986.10	主槽	−0.21	−0.43	−0.09	−0.12	−0.86	80.7	74.1	−22.6	81.0	145.6
	滩地	−0.05	−0.15	0.50	−0.03	0.27	19.3	25.9	122.6	19.0	−45.6
	全断面	−0.26	−0.58	0.41	−0.15	−0.59	100	100	100	100	100
1986.11～1997.10	主槽	0.29	0.91	0.27	0.29	1.76	58.7	67.0	67.4	97.3	69.0
	滩地	0.21	0.45	0.13	0.01	0.79	41.3	33.0	32.6	2.7	31.0
	全断面	0.50	1.36	0.40	0.30	2.55	100	100	100	100	100
1973.11～1997.10	主槽	0.04	0.33	0.14	0.11	0.62	40.0	45.2	29.2	47.8	40.3
	滩地	0.06	0.40	0.34	0.12	0.92	60.0	54.8	70.8	52.2	59.7
	全断面	0.10	0.73	0.48	0.23	1.54	100	100	100	100	100
1997.11～1999.10	全断面	0.08	0.34	0.18	0.13	0.72	100	100	100	100	100
1999.11～2018.10	全断面	−0.40	−0.69	−0.23	−0.21	−1.53	100	100	100	100	100

3.8.1.1 天然情况

1950 年 7 月至 1960 年 6 月为三门峡水库修建前的情况，黄河下游河道年均水沙量约为 480 亿 m^3 和 18 亿 t，平均含沙量为 37.5kg/m^3，黄河下游河道年均淤积量为 3.61 亿 t。随着水沙条件的变化，淤积量年际变化增大。黄河下游河道冲淤发展趋势是淤积的，但并非单向的淤积，而是有冲有淤，总的来看，具有下列特性。

（1）沿程分布不均，宽窄河段淤积量差异大

铁谢至花园口、花园口至高村、高村至艾山、艾山至利津年均淤积量分别为 0.62 亿 t、1.37 亿 t、1.17 亿 t、0.45 亿 t，淤积强度分别为 56.4 万 t/km、76.0 万 t/km、63.8 万 t/km、16.1 万 t/km，可见艾山以上宽河段淤积量和淤积强度均明显大于艾山以下窄河段，艾山以下窄河段年均淤积量占下游淤积量（3.61 亿 t）的 12.5%；艾山以上淤积量占下游淤积量的 87.5%。

（2）主槽淤积量小，滩地淤积量大，滩槽同步抬升

20 世纪 50 年代发生洪水次数多，大漫滩机遇多，发生大漫滩洪水时一般滩地淤高，主槽刷深，发生不漫滩洪水时平水期、非汛期主槽淤积。受来水来沙条件的影响，滩地年均淤积量为 2.79 亿 t，主槽淤积量为 0.82 亿 t。该时期滩地淤积量大于主槽淤积量，但由于滩地面积大，二者淤积厚度基本相等，滩槽同步抬高。

3.8.1.2 三门峡水库运用后至小浪底水库运用前

三门峡水库运用后至小浪底水库运用前，根据三门峡水库运用方式可分为如下三个时段。

（1）三门峡水库蓄水拦沙运用阶段

1960 年 9 月至 1964 年 10 月为三门峡水库蓄水拦沙运用阶段，下游河道发生较为明显的持续冲刷，下游年均冲刷泥沙 5.78 亿 t，冲刷主要集中在主槽，其中高村以上游荡型河段年均冲刷达 4.21 亿 t，占下游冲刷总量的 72.8%。从沿程的冲刷强度看，艾山以上宽河段尤其是高村以上河段的冲刷强度，明显大于艾山以下窄河段的冲刷强度。

（2）三门峡水库滞洪排沙运用阶段

1964 年 11 月至 1973 年 10 月为三门峡水库滞洪排沙运用阶段，由于前期淤积在三门峡库区的泥沙大量下排，下游河道相应出现了淤积最为严重的历史时期。下游年均淤积量达到 4.39 亿 t，为 20 世纪 50 年代年均淤积量的 1.2 倍；主槽淤积量占全断面淤积量的 67%；高村以上游荡型河段的年均淤积量为 2.97 亿 t，为 50 年代年均淤积量的 1.49 倍，占下游淤积总量的 68%。

（3）三门峡水库蓄清排浑运用阶段

Ⅰ. 1973 年 11 月至 1986 年 10 月

该时期水沙条件较为有利，汛期水量丰沛、来沙少、含沙量低，中常洪水较多，其中 1975 年、1976 年和 1982 年汛期洪水较大，下游河道发生了较大范围的漫滩，高村以上游荡型河段发生了以“淤滩刷槽”为主要特征的冲淤调整，河道淤积量不大，甚至是冲刷的。其中，1973 年 11 月至 1980 年 10 月高村以上游荡型河段只淤积 0.65 亿 t，并且全部集中在滩地上，主槽还略有冲刷；1980 年 11 月至 1986 年 10 月高村以上游荡型河段年均冲刷泥沙 0.84 亿 t，其中主槽年均冲刷 0.64 亿 t，占全断面的 76%。

Ⅱ. 1986 年 11 月至 1997 年 10 月

20 世纪 80 年代中期以来，进入下游的水沙条件发生了较大变化，主要表现在汛期来水比例减少，非汛期来水比例增加，洪峰流量减小，枯水历时增长，下游河道主要演变特性如下。

i. 河道冲淤量年际变化较大

1986 年 11 月至 1997 年 10 月下游河道总淤积量为 28.03 亿 t，年均淤积量为 2.55 亿 t。与天然情况和三门峡水库滞洪排沙期相比，年均淤积量相对较小，该时段淤积量较大的年份有 1988 年、1992 年、1994 年和 1996 年，年淤积量分别为 5.01 亿 t、5.75 亿 t、3.91 亿 t 和 6.65 亿 t，四年淤积量占时段总淤积量的 76.1%。1989 年来水 400 亿 m^3，沙量仅为长系列的一半，年内河道略有冲刷，河道演变仍遵循丰水少沙年河道冲刷或微淤、枯水多沙年则严重淤积的基本规律。

ii. 横向分布不均，主槽淤积严重，河槽萎缩，行洪断面面积减小

该时期由于枯水历时较长，前期河槽较宽，主槽淤积严重。从滩槽淤积分布看，主槽年均淤积量为 1.76 亿 t，占全断面淤积量的 69.0%。滩槽淤积分布与 20 世纪 50 年代相比发生了很大变化，该时期全断面年均淤积量为 20 世纪 50 年代的 70.6%，而主槽年均淤积量却约是 20 世纪 50 年代的 2 倍。

iii. 漫滩洪水期间，滩槽泥沙发生交换，主槽发生冲刷，对河道排洪有利

下游低含沙量的中等洪水及大洪水出现概率的降低使黄河下游主槽淤积加重，河道排洪能力明显降低。1996 年 8 月花园口站洪峰流量为 7860m^3/s 的洪水过程中，下游出现了大范围的漫滩，淹没损失大，但从河道演变角度看，发生大漫滩洪水对改善下游河道河势及增强过洪能力是非常有利的。

iv. 高含沙洪水发生概率增高，主槽及嫩滩严重淤积，对防洪威胁较大

1986 年以来，黄河下游来沙更为集中，高含沙洪水频繁发生。高含沙洪水具有以下演变特性：①河道淤积严重，淤积主要集中在高村以上河段的主槽和嫩滩上；②洪水位涨率偏高，易出现高水位；③洪水演进速度慢。

3.8.1.3　小浪底水库运用后

小浪底水库 1997 年截流，1999 年 10 月下闸蓄水运用，1997 年截流至 2018 年 4 月小浪底库区累计淤积泥沙 33.31 亿 m^3，水库蓄水拦沙作用和调水调沙作用使黄河下游河道断面主槽展宽、冲深，河道平滩流量逐步恢复。

（1）河道冲淤变化

小浪底水库下闸蓄水运用后，黄河下游发生了持续冲刷（图 3.8-1），1999 年 11 月至 2018 年 10 月累计冲刷泥沙 29.086 亿 t。黄河下游各河段汛期、非汛期冲淤量统计结果见表 3.8-3。

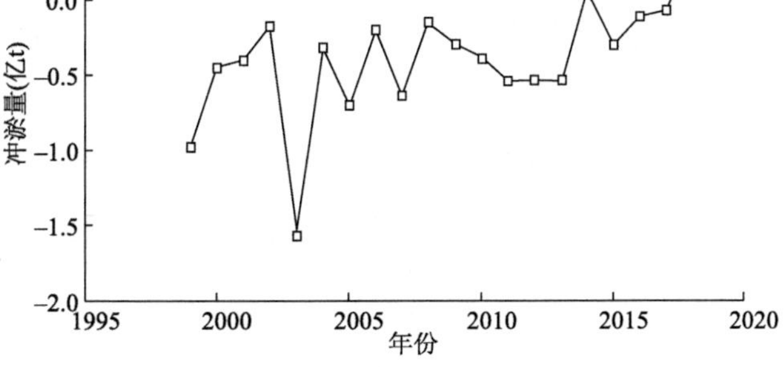

图 3.8-1　1999 年 11 月至 2018 年 10 月黄河下游历年冲淤量过程

表 3.8-3 1999 年 11 月至 2018 年 10 月黄河下游各河段冲淤量统计 （单位：亿 t）

时间	花园口以上	花园口—高村	高村—艾山	艾山—利津	利津以上
汛期	−3.284	−5.300	−4.112	−5.158	−17.854
非汛期	−4.319	−7.729	−0.312	1.129	−11.231
全年	−7.603	−13.029	−4.424	−4.029	−29.085

从冲淤量的沿程分布来看，高村以上河段冲刷较多，高村以下河段冲刷较少，其中高村以上河段冲刷 20.632 亿 t，占利津以上河段总冲刷量的 70.9%；高村至艾山河段冲刷 4.424 亿 t，占下游河道总冲刷量的 15.2%；艾山至利津河段冲刷 4.029 亿 t，占总冲刷量的 13.9%。

从冲淤量的时间分布来看，冲刷主要发生在汛期。汛期下游河道共冲刷 17.854 亿 t，各河段均为冲刷；非汛期下游河道共冲刷 11.232 亿 t，艾山以上河段均呈现出冲刷，其中冲刷主要发生在高村以上河段，冲刷 12.048 亿 t，冲刷向下游逐渐减弱，艾山至利津则淤积 1.129 亿 t。

（2）同流量水位变化

小浪底水库投入运用以来，黄河下游河道发生了全线冲刷，下游主槽过流能力明显增强，点绘黄河下游各主要水文站断面 1999 年以来水位-流量关系可知，下游各水文站同流量水位均有不同程度的降低，与 1999 年相比，2018 年 3000m^3/s 流量水位下降了 1.31～3.67m，高村断面降幅最大，为 3.67m，利津断面降幅较小，不到 1.5m。1999～2018 年黄河下游各水文站 3000m^3/s 流量水位变化见表 3.8-4。

表 3.8-4 1999～2018 年黄河下游各水文站 3000m^3/s 流量水位变化情况 （单位：m）

	花园口	夹河滩	高村	孙口	艾山	泺口	利津
1999 年水位	93.67	76.77	63.04	48.07	40.65	30.23	13.25
2018 年水位	90.95	73.55	59.37	45.81	38.02	27.69	11.94
水位变化	−2.72	−3.22	−3.67	−2.26	−2.63	−2.54	−1.31

（3）平滩流量变化

平滩流量是反映河道主槽排洪能力的重要指标，在洪水不漫滩的情况下与主槽的冲淤演变有直接的关系。小浪底水库投入运用以来，水库蓄水拦沙，黄河下游河道总体上发生了持续冲刷，因而河段主槽平滩流量均有不同程度的增加。2002 年后黄河下游河道平滩流量变化见表 3.8-5。

表 3.8-5 2002 年后黄河下游河道平滩流量变化情况 （单位：m^3/s）

	花园口	夹河滩	高村	孙口	艾山	泺口	利津
2002 年平滩流量	3600	2900	1800	2070	2530	2900	3000
2018 年平滩流量	7200	7100	6500	4350	4300	4600	4650
平滩流量变化	3600	4200	4700	2280	1770	1700	1650

2000～2001 年，黄河下游来水偏少，汛期进入下游的水量仅 50 亿 m^3 左右，供水灌溉期为满足下游用水需要，经常下泄 800～1500m^3/s 的不利流量级清水，该流量级清水在高村以上河段均为冲刷，而在高村以下河段则为淤积，导致该河段主槽过洪能力降低，到 2002 年汛前，高村河段平滩流量已下降至 1800m^3/s 左右。

2002～2018 年，由于小浪底水库拦沙和调水调沙运用，下游河道平滩流量增加了 1650～4700m^3/s，其中高村以上河道平滩流量增加最多，平均增加 4000m^3/s 左右，平滩流量已经达到 6500～7200m^3/s。下游河道最小平滩流量已由 2002 年汛前的 1800m^3/s 增加至 4300m^3/s。下游河道平滩流量不断增大对于提高河槽的行洪输沙能力，减轻防洪压力，维持河流的健康生命意义重大。

3.8.2　非漫滩洪水冲淤特性

根据 1960 年 7 月至 2015 年 12 月下游水沙资料，在分析水沙过程的基础上，对汛期洪水进行了划分。划分洪水时，考虑上下站洪水过程的对应关系，以流量过程为主，尽量使上下站有一个完整的水沙传播过程。

1. 非漫滩洪水冲淤特性分析

1960～2015 年汛期共发生 306 场非漫滩洪水，三黑小（三门峡—黑石关—小浪底，下同）来水量为 5432.5 亿 m^3，占 56 年以来汛期总水量的 52.9%；来沙量为 215.1 亿 t，占 56 年以来汛期总来沙量的 55.7%，利津以上河段共淤积 14.78 亿 t 泥沙，其中花园口以上淤积 14.54 亿 t，花园口至高村淤积 12.72 亿 t，高村至艾山冲刷 5.03 亿 t，艾山至利津冲刷 7.45 亿 t。

将 1960～2015 年非漫滩洪水根据三黑小含沙量划分 0～20kg/m^3、20～60kg/m^3、60～100kg/m^3、100～200kg/m^3、200kg/m^3 以上 5 个含沙量级，根据三黑小流量划分 1000～1500m^3/s、1500～2000m^3/s、2000～2500m^3/s、2500～3000m^3/s、3000～3500m^3/s、3500～4000m^3/s、4000m^3/s 以上 7 个流量级，各含沙量级非漫滩洪水下游冲淤情况统计见表 3.8-6。

表 3.8-6　1960～2015 年非漫滩洪水分流量级下游冲淤情况统计

含沙量级（kg/m^3）	流量级（m^3/s）	场次	历时（d）	平均流量（m^3/s）	平均含沙量（kg/m^3）	冲淤效率（kg/m^3）				
						花以上	花—高	高—艾	艾—利	利以上
0～20	1000～1500	23	203	1123	5.9	−1.76	−0.81	−0.74	0.80	−2.51
	1500～2000	18	145	1756	5.6	−2.42	−2.27	−0.54	−0.07	−5.30
	2000～2500	20	171	2308	11.6	−3.51	−2.32	−2.41	−1.82	−10.06
	2500～3000	15	180	2752	9.8	−0.86	−3.29	−3.62	−2.56	−10.33
	3000～3500	12	130	2644	9.1	−4.19	−1.79	−2.84	−1.65	−10.47
	3500～4000	8	67	3766	9.9	−6.27	−8.53	−0.95	−2.03	−17.78
	>4000	6	99	4828	5.7	−6.68	−9.67	−1.34	−2.94	−20.63
	小计	102	995	2459	8.4	−3.78	−4.43	−2.23	−1.40	−11.84

续表

含沙量级（kg/m³）	流量级（m³/s）	场次	历时（d）	平均流量（m³/s）	平均含沙量（kg/m³）	冲淤效率（kg/m³）				
						花以上	花—高	高—艾	艾—利	利以上
20～60	1000～1500	10	61	1252	36.1	7.12	1.75	−2.58	2.43	8.72
	1500～2000	26	171	1733	32.3	1.92	1.55	0.84	1.77	6.08
	2000～2500	29	234	2255	37.0	0.14	3.34	−2.02	−1.97	−0.51
	2500～3000	15	138	2768	36.3	−0.98	1.84	−1.97	−3.50	−4.61
	3000～3500	12	74	3206	35.2	0.23	−1.81	−2.18	−1.39	−5.15
	3500～4000	7	53	3669	34.6	−1.63	2.59	−3.48	−3.71	−6.23
	>4000	15	194	4582	27.3	−9.04	−3.57	−0.41	−2.74	−15.76
	小计	114	925	2814	32.7	−2.87	−0.02	−1.28	−1.98	−6.15
60～100	1000～1500	9	53	1319	72.2	20.21	8.65	−0.46	1.06	29.46
	1500～2000	13	84	1776	79.6	23.03	10.39	−1.21	−1.02	31.17
	2000～2500	9	53	2180	83.0	14.00	4.24	−2.10	−2.67	13.45
	2500～3000	9	71	2739	80.4	12.08	10.65	−0.22	−0.18	22.33
	3000～4000	4	26	3515	78.2	10.93	3.29	−2.37	0.72	12.59
	>4000	2	27	4239	85.9	5.55	10.77	−1.61	−2.81	11.90
	小计	46	314	2341	80.4	14.22	8.50	−1.22	−0.92	20.57
100～200	1000～1500	5	25	1145	116.8	49.19	29.71	3.68	1.98	84.56
	1500～2000	8	42	1667	132.9	36.37	32.45	4.68	3.88	77.38
	2000～2500	14	76	2232	130.7	40.03	24.85	5.00	1.24	71.15
	2500～3000	3	15	2765	173.9	28.44	47.11	4.80	−1.34	79.04
	>4000	1	13	4177	100.4	−17.54	11.89	6.86	−11.27	−10.04
	小计	31	171	2129	130.4	30.14	27.30	5.09	−0.36	62.19
>200	1000～1500	2	8	1264	289.5	158.35	68.76	8.01	15.45	250.57
	1500～2000	2	9	1770	337.9	184.23	70.64	11.56	−1.24	265.19
	2000～2500	5	29	2298	229.0	52.13	55.51	15.14	4.95	127.75
	2500～3000	4	17	2738	280.8	88.31	83.86	15.12	5.82	193.04
	小计	13	63	2210	264.2	87.05	67.68	14.21	5.30	174.21

注：花代表花园口；高代表高村；艾代表艾山；利代表利津

1）三黑小含沙量为 0～20kg/m³ 的洪水

1960～2015 年黄河下游共发生含沙量小于 20kg/m³ 的非漫滩洪水 102 场，历时 995d，三黑小来水量为 2114 亿 m³，来沙量为 17.8 亿 t。此类洪水在下游冲刷 25.03 亿 t，其中花园口以上冲刷 7.99 亿 t，花园口至高村冲刷 9.37 亿 t，高村至艾山冲刷 4.71 亿 t，艾山至利津冲刷 2.96 亿 t，其中高村以上河段冲刷量占全河段的 69.4%。

从该含沙量级下不同流量洪水在下游的冲淤表现来看，下游基本呈现冲刷状态，1000～1500m^3/s 流量级洪水在艾山至利津河段呈现淤积状态；1500～2000m^3/s 流量级洪水在艾山至利津河段微冲；流量增大到 2000m^3/s 以上时各河段均发生冲刷，下游河道和艾山至利津河段冲刷效率增加明显，流量增大到 3500～4000m^3/s 及以上时，下游冲刷效率进一步提高。

2）三黑小含沙量为 20～60kg/m^3 的洪水

1960～2015 年黄河下游共发生含沙量为 20～60kg/m^3 的非漫滩洪水 114 场，历时 925d，三黑小来水量为 2249 亿 m^3，来沙量为 73.5 亿 t，该含沙量级洪水在下游共冲刷 13.82 亿 t 泥沙，其中花园口以上冲刷 6.45 亿 t，花园口至高村冲刷 0.04 亿 t，高村至艾山冲刷 2.88 亿 t，艾山至利津冲刷 4.45 亿 t。

从该含沙量级下不同流量级洪水在下游的冲淤表现来看，随着洪水平均流量的增大，下游逐步由淤积转为冲刷。1000～2000m^3/s 流量级洪水在下游和艾山至利津河段呈现淤积；2000～2500m^3/s 流量级洪水在下游呈现微冲，其中高村以上河段呈现淤积，高村以下河段呈现冲刷；2500～3000m^3/s 流量级洪水冲刷效率明显提高；当流量达到 3000m^3/s 以上时下游和高村以下河段基本呈现冲刷，并且随着流量的增大，下游的冲刷效率有增大的趋势。

3）三黑小含沙量为 60～100kg/m^3 的洪水

1960～2015 年黄河下游共发生含沙量为 60～100kg/m^3 的非漫滩洪水 46 场，历时 314d，三黑小来水量为 635 亿 m^3，来沙量为 51.1 亿 t，该含沙量级洪水在下游淤积 13.06 亿 t，其中花园口以上淤积 9.03 亿 t，花园口至高村淤积 5.40 亿 t，高村至艾山、艾山至利津河段分别冲刷 0.78 亿 t 和 0.59 亿 t。从该含沙量级洪水在下游的表现可以看出，含沙量为 60～100kg/m^3 的洪水在下游的淤积主要集中在高村以上河段，占下游淤积量的 110.5%，高村以下河段则呈现微冲。

该含沙量级洪水随着流量的增大，下游的淤积效率和淤积比呈降低趋势。当洪水平均流量达到 3000～4000m^3/s 时，全河段淤积量占来沙量的比例明显减小，下游淤积效率明显降低，下游的淤积效率只有该类洪水平均淤积效率的 50%左右，高村以下河段冲刷效率进一步增加。

4）三黑小含沙量为 100～200kg/m^3 的洪水

1960～2015 年黄河下游共发生含沙量为 100～200kg/m^3 的非漫滩洪水 31 场，历时 171d，三黑小来水量为 314.5 亿 m^3，来沙量为 41.0 亿 t，该含沙量级洪水在下游淤积 19.56 亿 t，其中花园口以上淤积 9.48 亿 t，花园口至高村淤积 8.59 亿 t，高村至艾山淤积 1.60 亿 t，艾山至利津微冲，冲刷泥沙 0.11 亿 t。从该含沙量级洪水在下游的冲淤表现可以看出，下游河道淤积主要集中在高村以上河段，占下游淤积量的 92.4%。

该含沙量级洪水随着流量的增大，下游的淤积效率和淤积比有降低的趋势。洪水平均流量小于 3000m^3/s 时，下游河道淤积严重，淤积效率都在 70kg/m^3 以上；洪水平均流量达 4000m^3/s 以上时，下游及艾山至利津河段呈现冲刷。从上述分析看，对于该含沙量级的洪水，当流量增大到 3500～4000m^3/s 时，下游河道淤积效率将明显减小。

5）三黑小含沙量为 200kg/m^3 以上的洪水

1960～2015 年黄河下游共发生含沙量为 200kg/m^3 以上的非漫滩洪水 13 场，历时 63d，三黑小来水量为 120 亿 m^3，来沙量为 31.7 亿 t，该含沙量级洪水在下游淤积 20.96 亿 t 泥沙，其中花园口以上淤积 10.47 亿 t，花园口至高村淤积 8.14 亿 t，高村至艾山淤积 1.71 亿 t，艾山至利津淤积 0.64 亿 t。

由表 3.8-6 可以看出，该含沙量级洪水在下游整体呈现严重的淤积状态。洪水平均流量在 3000m^3/s 以下时，全河段淤积严重，淤积效率都达到 120kg/m^3 以上，有些甚至达到 250kg/m^3 以上。

2. 一般含沙量漫滩洪水冲淤特性分析

1960～2015 年此类洪水出现 22 场，历时 309d，小黑武［三门峡站（2000 年以后为小浪底站）、黑石关站、武陟站］来水量为 1123.7 亿 m^3，来沙量为 48.99 亿 t，平均含沙量为 43.60kg/m^3。利津以上共冲刷 1.20 亿 t 泥沙，其中花园口以上冲刷 3.40 亿 t，花园口至高村淤积 2.35 亿 t，高村至艾山淤积 3.08 亿 t，艾山至利津冲刷 3.23 亿 t。各流量级漫滩洪水在艾山至利津河段均表现为冲刷，从下游河道的冲淤效率变化情况看，流量为 2500～3000m^3/s 时，高村至艾山、艾山至利津河段表现为冲刷，冲刷效率分别为 5.60kg/m^3、2.54kg/m^3，流量为 3500～4000m^3/s 时，下游及艾山至利津河段冲刷效率相对较大，分别为 10.55kg/m^3、4.35kg/m^3。1960～2015 年一般含沙量漫滩洪水下游冲淤情况见表 3.8-7。

表 3.8-7　1960～2015 年一般含沙量漫滩洪水下游冲淤情况统计

小黑武流量（m^3/s）	洪水场次	历时（d）	小黑武水量（亿 m^3）	小黑武沙量（亿 t）	冲淤效率（kg/m^3）				
					小—花	花—高	高—艾	艾—利	小—利
2500～3000	2	21	51.7	3.71	7.86	11.47	−5.60	−2.54	11.20
3000～3500	4	59	165.6	15.73	1.37	27.09	5.17	−2.76	30.87
3500～4000	3	44	141.2	6.71	0.41	−3.61	−3.00	−4.35	−10.55
>4000	13	185	765.2	22.83	−5.35	−2.90	3.84	−2.64	−7.05
合计	22	309	1123.7	48.99	−3.03	2.09	2.74	−2.87	−1.06

注：小代表小浪底；花代表花园口；高代表高村；艾代表艾山；利代表利津

3.8.3　滩地滞洪沉沙适应性

黄河下游河道自河南省洛阳市孟津区白鹤镇由山区进入平原，于山东省东营市垦利区宁海注入渤海，全长 878km，平面上具有上宽下窄的特点（图 3.8-2）。艾山以上宽河段河宽远远大于一般河道，大部分在 5km 以上，最宽处达到 24km，以艾山为卡口形成类似于平原水库的滞洪沉沙场所。

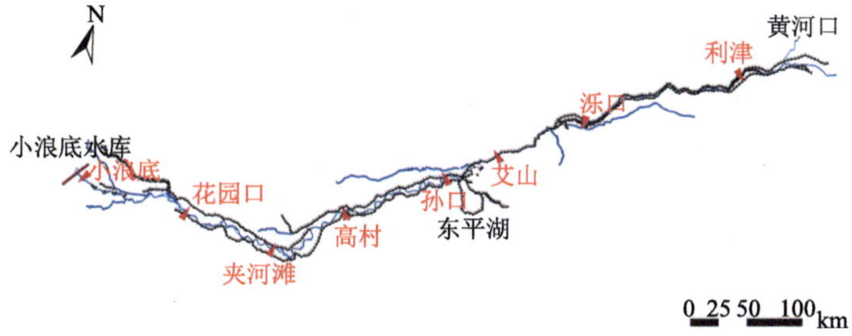

图 3.8-2　黄河下游河道示意图

20 世纪 50～60 年代，黄河下游滩槽水沙交换顺畅，滩槽同步淤高，河道形态演变良好；20 世纪 70 年代以来，滩区居民为了防洪保安修建了大量的生产堤，阻碍了滩槽水沙交换，造成大量泥沙淤积在主槽和嫩滩，下游河道形态恶化，呈现“槽高、滩低、堤根洼”的“二级悬河”不利态势，河道横断面滩槽比降为倒比降，严重威胁黄河下游防洪安全。未来随着社会经济发展，人类活动对黄河下游水沙运行的影响将进一步加强。

3.8.3.1　滞洪削峰作用分析

实测典型场次洪水黄河下游主要控制断面洪峰流量统计见表 3.8-8。对 1954 年、1958 年、1977 年和 1982 年 4 场典型洪水分析发现，黄河下游发生大洪水期间，下游河道尤其是艾山以上宽河道发挥了较大的滞洪削峰作用。1958 年和 1982 年花园口站洪峰流量分别为 22 300m^3/s 和 15 300m^3/s，相应的孙口站洪峰流量分别为 15 900m^3/s 和 10 100m^3/s，分别削峰 29%和 34%，花园口至孙口河段槽蓄量分别为 25.9 亿 m^3 和 24.5 亿 m^3，相当于支流洛河故县水库和伊河陆浑水库的总库容，起到了明显的滞洪作用，大大减轻了山东窄河段的防洪压力。

表 3.8-8　实测典型场次洪水黄河下游主要控制断面洪峰流量（单位：m^3/s）

洪水场次	花园口	高村	孙口	艾山	利津
1954 年	15 000	12 600	8 600	7 500	7 220
1958 年	22 300	17 900	15 900	12 600	10 400
1977 年	10 800	5 060	4 700	4 600	4 130
1982 年	15 300	12 500	10 100	7 430	5 810

但是漫滩洪水行洪期间，在生产堤决口前，由于生产堤阻挡，滩槽水头差较大，见图 3.8-3；生产堤溃决瞬间最大流速可以达到 5m/s 以上，由于滩地存在横比降，横向流速可高达 3m/s 以上（表 3.8-9），顶冲堤防，严重威胁堤防安全。再加上生产堤的存在，洪水过后，滩区退水困难，洪水不易归槽。

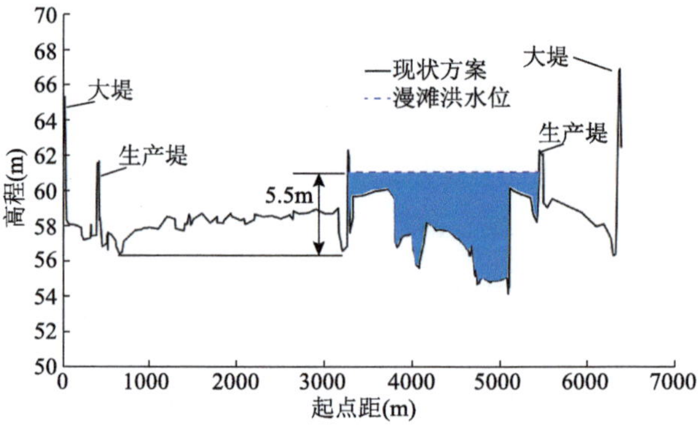

图 3.8-3　洪水漫滩前河槽蓄水状态

表 3.8-9　大洪水漫滩时不同位置处的流速

断面	滩槽高差（m）	滩槽横比降（‰）	滩地横向流速（m/s）	生产堤溃决瞬间最大流速（m/s）
禅房	5.5	–0.6	3.19	7.34
高村	3.2	–0.8	2.78	5.60
马寨	3.8	–0.4	2.04	6.10
油房寨	3.4	–0.6	2.51	5.77
孙口	4.2	–1.0	3.61	6.42

3.8.3.2　沉沙作用分析

（1）典型漫滩洪水冲淤特性分析

黄河下游河道平面外形呈宽窄相间的藕节状，收缩段与开阔段交替出现，下游滩地面积占河道总面积的 80%左右，滞洪淤沙作用大。洪水漫滩后，由于滩槽阻力不同，滩槽水流发生交换，同时发生泥沙的横向交换。一般情况下，水流从窄段进入宽段时，水流上滩，淤积滩地，当水流由宽段进入窄段时，来自滩地的较清水流进入主槽，冲刷主槽，在相当长的河段范围内出现淤滩刷槽的现象。漫滩洪水可形成相对高滩深槽，有利于河道的稳定，也有利于改善“二级悬河”，即便是高含沙的漫滩洪水，在滩地发生明显淤积的同时，主槽也能不淤甚至冲刷。

1973 年 8 月下旬的一场漫滩洪水，历时 8d，三黑小最大流量为 4550m^3/s，平均流量为 3627m^3/s，平均含沙量为 271.2kg/m^3，从下游河道的典型断面（图 3.8-4，图 3.8-5）来看，滩地大量淤积，主槽则发生冲刷，河底高程降低，主槽同时展宽，淤滩刷槽效果较为明显。

1977 年 7 月上旬黄河下游发生了一场漫滩洪水，历时 8d，三黑小最大流量为 7649m^3/s，平均流量为 4145m^3/s，平均含沙量为 271.1kg/m^3，是一场典型的漫滩洪水，洪水前后花园口断面的形态调整如图 3.8-6 所示。

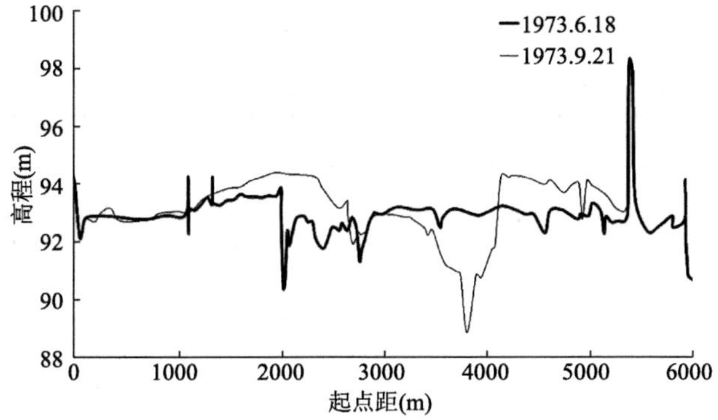

图 3.8-4　1973 年 8 月下旬洪水前后花园口断面形态变化图

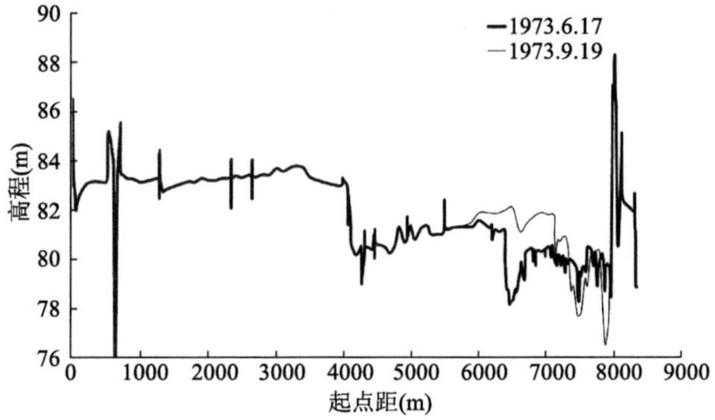

图 3.8-5　1973 年 8 月下旬洪水前后黑岗口断面形态变化图

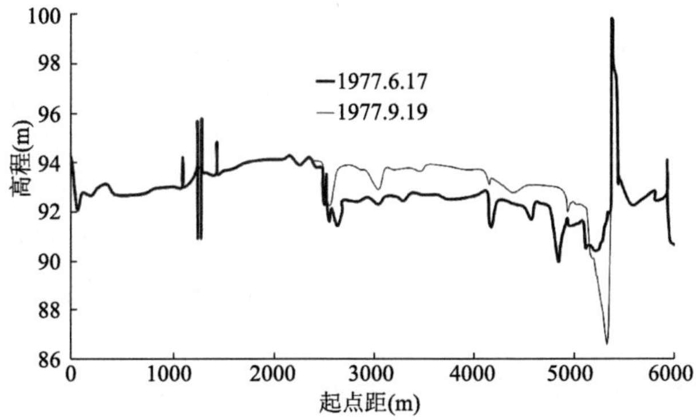

图 3.8-6　1977 年 7 月上旬洪水前后花园口断面形态变化图

由图 3.8-6 可以看出，高含沙洪水之前主槽深泓点高程为 90.05m，高含沙洪水过后的 7 月 23 日降到最低，至 886.62m，深泓点下降 3.43m，主槽平均深度下降近 1m，可见主槽冲刷之剧烈。滩地平均高程由原来的 92.5m 上升到 94m，高滩的形成可见一斑。

表 3.8-10 为上述两场漫滩洪水前后同流量水位变化情况，可以看出，1973 年 8 月下旬的漫滩高含沙洪水过后花园口站及高村站同流量水位明显降低，与相应的横断面调整保持一致，因此有明显的淤滩刷槽效果；1977 年 7 月上旬的漫滩高含沙洪水过后花园口站和夹河滩站表现出明显的同流量水位降低现象，从洪水前后的横断面调整来看，花

园口断面表现出明显的淤滩刷槽的冲淤特点。

表 3.8-10　漫滩洪水前后下游各主要站同流量水位

站名	1973 年 8 月下旬洪水			1977 年 7 月上旬洪水		
	流量（m^3/s）	水位（m）	日期	流量（m^3/s）	水位（m）	日期
花园口	2340	93.06	8 月 25 日	1700	92.1	7 月 6 日
	2340	92.35	9 月 5 日	1680	90.7	7 月 15 日
夹河滩	2970	73.84	8 月 25 日	1590	73.7	7 月 7 日
	2990	74.25	9 月 6 日	1540	73.0	7 月 16 日
高村	3070	61.86	8 月 28 日	1940	60.9	7 月 7 日
	3180	61.81	9 月 7 日	1920	61.1	7 月 17 日
孙口	3070	47.05	8 月 31 日	1790	46.1	7 月 8 日
	3070	47.09	9 月 9 日	1790	46.2	7 月 18 日
艾山	2900	39.68	8 月 31 日	2060	39.0	7 月 9 日
	2940	39.71	9 月 9 日	2040	38.8	7 月 19 日
泺口	2860	29.15	9 月 1 日	1970	28.3	7 月 9 日
	2860	29.28	9 月 10 日	2000	28.2	7 月 18 日
利津	2650	13.05	9 月 1 日	1810	11.8	7 月 9 日
	2700	12.93	9 月 10 日	1800	11.9	7 月 21 日

（2）沉沙作用统计分析

滩区的落淤沉沙作用，是黄河下游滩区有别于其他河流滩区的重要功能。当黄河下游发生漫滩洪水时，水流进入滩区后流速变缓，其挟带的泥沙在滩地大量落淤，而后滩地的清水再退入主槽，减轻主槽淤积甚至产生“淤滩刷槽”的效果，在维持宽河段主槽行洪输沙能力的同时减少了艾山以下窄河段的淤积。据实测资料统计，1950 年 6 月至 1999 年 10 月，黄河下游河道累计淤积泥沙 93 亿 t，其中 83%淤积在艾山以上宽河段；滩区落淤沉沙 63.70 亿 t，占整个下游河道淤积量的 68%，落淤量相当于小浪底水库设计拦沙量的 84%。

不同时段黄河下游来水来沙量、河道冲淤量和平滩流量的变化关系见表 3.8-11。20 世纪 50～60 年代，人类活动干预较少，河道总淤积量约占来沙量的 20.1%，主槽淤积量约占总淤积量的 22.7%，滩槽同步抬升，主槽过流能力维持在 6000m^3/s 以上；20 世纪 70 年代以来，滩区居民为了防洪保安修建了大量的生产堤，阻碍了滩槽水沙交换，再加上 1986 年龙羊峡水库投入运用，汛期进入下游的水量比例由天然时期的 60%左右减少到 47%左右，有利于河道输沙的大流量过程减少，造成河道淤积加重，同期泥沙淤积总量占来沙量的比例由天然时期的 20%左右增加至 31.1%，且 70%以上的泥沙淤积在主槽和嫩滩上，主槽过流能力逐步减小到 2000m^3/s 左右，同时造成下游河道形态严重恶化，呈现“槽高、滩低、堤根洼”的“二级悬河”不利态势，严重威胁黄河下游防洪安全，对滩区群众防洪保安也产生了明显的不利影响。

表 3.8-11　不同时段黄河下游来水来沙和河道冲淤特征统计

时间	进入下游的水沙量			年均冲淤特征		平滩流量	
	水量（亿 m^3）	沙量（亿 t）	淤积量比（%）	全断面淤积量（亿 t）	主槽淤积比（%）	平均值（m^3/s）	最大值（m^3/s）
1950.7～1960.6	492.34	17.95	20.1	3.61	22.7	5441	6000
1960.9～1964.10	587.39	6.08	—	–5.78	69.6（冲刷）	7025↑	7500
1964.11～1973.10	430.50	16.08	27.3	4.39	67	4627↓	6500
1973.11～1980.10	395.20	12.30	14.7	1.81	1.1	4559↓	5510
1980.11～1986.10	464.85	8.42	—	–0.59	145.6（冲刷）	5733↑	6800
1986.11～1997.10	288.60	8.21	31.1	2.55	69	3495↓	5000
1997.11～1999.10	206.36	4.86	14.8	0.72	100	2350↓	2400
1999.11～2017.4	244.73	0.60	—	–1.66	100.0（冲刷）	3389↑	4200

注：表中箭头表示平滩流量增大（↑）或减小（↓）

（3）未来滩区沉沙能力变化分析

采用三门峡站（2000 年以后为小浪底站）、黑石关站、武陟站（简称“小黑武”）的实测日均资料，结合黄河上游水库运用情况，分时段统计汛期（6～10 月）进入黄河下游河道的洪水泥沙特性，结果见表 3.8-12，可以看出，2000 年以来小黑武日流量 3000～4000m^3/s 和 4000m^3/s 以上的洪水发生概率比 1968 年以前天然时期分别降低 72%和 95%，水量、沙量也明显减小。未来随着小浪底水库拦沙以及古贤水库投入运用，下游河道平滩流量将在 60 年内基本维持在 4000m^3/s 左右，由于 3000～4000m^3/s 和 4000m^3/s 以上洪水发生概率降低，随漫滩洪水进入滩区的沙量将非常有限，泥沙淤积将主要发生在主槽和嫩滩。

表 3.8-12　汛期（6～10 月）进入黄河下游河道的洪水泥沙特性分析

年份	3000～4000m^3/s			4000m^3/s 以上		
	天数	水量（亿 m^3）	沙量（亿 t）	天数	水量（亿 m^3）	沙量（亿 t）
1960～1968	23.5	69.64	2.09	28.0	121.04	2.99
1968～1986	14.6	44.05	2.43	14.8	63.84	2.87
1986～2000	3.9	11.33	1.29	1.9	8.20	1.07
2000～2016	6.6	20.18	0.10	1.4	4.76	0.01
1960～2016	10.8	32.48	1.41	9.5	40.58	1.59

3.8.4　高效行洪输沙通道再造

嫩滩为二滩至河槽之间的临河浅滩，与河槽一起承担黄河下游行洪输沙的主要任务，也是黄河下游河道湿地的主要分布区。黄河下游共有嫩滩 1056km^2，较大且完整的嫩滩主要分布在河南宽滩区河段。在塑造高滩和二滩时，通过人工机械放淤，将主槽河道泥沙淤至高滩和二滩，结合河道行洪需求，对有需求的嫩滩实施清淤，二滩与主槽之间的嫩滩形态随即形成。

主槽、嫩滩的重构以平衡高滩和二滩淤筑土方量为主，并使主槽过洪能力尽可能超过5年一遇洪水（花园口站8000m^3/s）。结合黄河下游滩区的实际情况，根据2018年汛前黄河下游实测大断面进行分析。在东坝头以上河段，平滩流量为6000～7000m^3/s，挖沙量主要取自主槽，以高滩的淤筑量来确定主槽挖沙量，通过分析，该河段挖沙量为1.66亿m^3，主槽开挖后，过洪能力达到8000m^3/s以上；在东坝头至陶城铺河段，东坝头至高村河段平滩流量为6000～7000m^3/s，高村至彭楼河段平滩流量为4250m^3/s，彭楼至陶城铺河段平滩流量为4200m^3/s，挖沙量取自主槽和嫩滩，该河段尤其是高村以下河段的挖沙量除考虑高滩的淤筑量外，还要考虑改善“二级悬河”所需的淤填量，通过分析，该河段挖沙量为3.25亿m^3，主槽开挖后，东坝头至高村河段主槽过洪能力达到8000m^3/s以上；在陶城铺以下河段，挖沙量取自主槽和嫩滩，除了长清滩、平阴滩、高青滩、滨州滩、利津滩需要考虑高滩淤筑量，其余河段主要考虑改善“二级悬河”所需淤填量，通过分析，该河段挖沙量为2.90亿m^3。

3.9 黄河下游三生共融廊道构建

3.9.1 河槽形态稳定与生态治河

由于《黄河流域防洪规划》安排的工程尚未完成，当前黄河下游部分河段河势没有得到有效控制。游荡多变的河势不仅对沿黄大堤和滩区人民生命财产安全构成威胁，还影响下游多座引黄涵闸的供水安全。

根据《黄河流域防洪规划》和《黄河下游游荡型河段河道整治方案》，“十五”以来重点完成了游荡型河段河道整治工程的布点，虽然大大减小了河道游荡摆动的幅度，但由于整治工程建设任务尚未完成，现有控导工程长度明显不足，部分河段河势游荡范围依然过大，有可能形成“横河”，大洪水时易出现“滚河”，危及堤防安全。例如，焦作嘉应观滩区河势不利，2011年以前，大河出东安工程后流向桃花峪工程，由于两工程间的直河段较长，河势摆幅较大，塌滩、河心洲交替出现；《近期初设》实施后，东安工程下延1000m，但工程长度依然不足，送流能力弱，主流受阻于桃花峪工程上首滩地，折而向北，嘉应观滩区坍塌严重，主流偏离治导线最宽达2000m；截至目前，坍塌滩地面积已达 12 000 余亩。河势的失控导致黄河主流脱离规划治导线，下游桃花峪工程仅20 号坝以下着溜，送流能力弱，加上老京广铁路桥下抛石阻水，不能很好地将主流送至老田庵控导工程，致使京广铁路桥以下至双井20余千米的河势经常变化，主流摆动频繁。

河道整治工程是按照中水流量布置的，但长时间的小流量过程致使水流动能不足，加上工程长度短，工程迎流、送流能力不足，河势经常在两工程之间变化，出现了多处畸形河势。特别是高村以上游荡型河段，整治难度大，畸形河势的情况尤其突出。例如，2010年汛后，中牟韦滩河段河出九堡下延工程后动能不足，受阻于左岸三官庙控导工程前的滩地，主溜迅速南移，形成“横河”，在韦滩工程上首坐湾塌滩，导致三官庙控导工程和韦滩工程失去控导河势的作用。由于没有防护工程控制，畸形河势持续坐湾坍塌，2011 年汛后滩地坍塌长度已达 4000m，平均宽度约 250m，坍塌面积达 1500 亩；2011 年 7 月，黄委会对韦滩工程上首畸形河湾进行了临时应急抢护，延缓了畸形河势的发展。

河势变化较大，不仅危及堤防和滩区安全，还时常发生塌毁耕地、村庄掉河，威胁滩区人民群众生命安全。例如，焦作武陟的东安、新乡原阳的三官庙、郑州中牟的韦滩、开封欧坦等均出现失控的“畸形河势”，导致滩地大面积坍塌，如上面提到的三官庙控导工程，2010 年全线脱河，主流绕过三官庙控导工程直冲背后的陡门村，滩地坍塌致使三户村民被迫搬迁。

黄河下游干流共有引黄涵闸 94 座，其中山东 56 座、河南 38 座，2014 年引水困难的有 32 座，其中，河势变化导致引水困难的涵闸有 9 座，占到了 28.13%。可见河势摆动频繁，可使下游引黄涵闸脱流，造成引水困难，甚至无法引水，严重影响城乡人民饮水安全和工农业生产用水。

豫北灌区和新乡水源地的人民胜利渠渠首，自 2003 年以来，受河势变化的影响，常年挖引河取水；濮阳渠村引黄闸，2010 年随着河势变化，三合村工程逐渐脱河，引水口门逐渐淤积、出现嫩滩，随着主流的进一步南移，嫩滩大面积出现，近年为保证引水，只能在嫩滩上疏浚开挖渠道，而一旦大河流量回升，开挖渠道很快就会被淤平，运行管理困难，供水成本大大增加。花园口闸在 2006 年前靠大河主溜，引水状况良好，目前主流已脱离口门 2km，为保证引水，不得不在闸前开挖引渠。

综上所述，目前黄河下游河势尚未得到有效控制，对游荡型河段进行全面整治，同时对不利于防洪安全的局部河段进行治理是十分必要的。

3.9.2 高滩生态移民与人水共荣

生态移民建镇是指，在黄河大堤临河侧淤筑高滩，作为滩区群众安居场所，建设内容主要包括高滩淤筑及移民安置等。

参照《黄河下游滩区综合治理规划》，村台按防御花园口 20 年一遇洪水为标准。此次规划沿临河侧淤筑高滩（台）按防御 20 年一遇洪水标准设计，即台顶高程为 20 年一遇水位加 1.0m 超高。

高滩生态开发的核心是人水共荣、构筑千里黄河滩上的生态家园，是由嫩滩——自然生态系统、二滩——农业生态系统到高滩——城镇生态系统的系统延展和空间递进，在防洪保安的基础上，集中滩地居民，打造美丽乡村和特色小镇，为人民群众提供安全的生活之所、生态的宜居之地和经济的小康之家。

滩区作为沿黄经济带上较为薄弱的地区，一直以来的发展桎梏就是防洪之危和资源之危。高滩生态建镇是创新、协调、绿色、开放、共享五大发展理念的集中体现：创新治黄理念和当代科学技术，实现黄河下游长治久安；协调水利规划与城市规划、景观规划、农业规划、环境规划，实现滩区水土资源再分配；利用生态文明建设理念、生态修复技术、环境保护技术，实现滩区绿色发展；采取开放包容的态度吸纳各方政策规划、行业技术和利益相关方的诉求，实现滩区治理的集思广益；坚持发展为了人民、发展依靠人民和发展由人民共享，惠及广大滩区群众，从根本上践行治河与惠民的双赢。

在黄河下游高滩建设美丽乡村和特色小镇是沿黄农村地区落实生态文明建设的重要举措，是加快转变农业发展方式、深化农村改革、实现城乡一体化发展的有效途径，是实现农村经济可持续发展的必然要求。根据黄河下游滩区经济条件和生态本底，初步规划以下四种模式。

1）生态保护型模式：选择在自然保护区、生态湿地等生态优美、环境污染较少地区附近的高滩建镇，利用相对优越的自然条件，特别是湿地资源、林地资源和草地资源，利用传统的田园风光和乡村特色，把生态环境优势转变为经济优势，打造滩区生态保护与旅游区。

2）高效农业型模式：利用粮食主产区的资源优势，以发展农业作物生产为主，进一步完善滩区农田水利基础设施，提高农产品商品化率和农业机械化水平，重点推动农业资源优质化和差异化，将“高、精、尖、新”农业技术与农业科普、农业体验式观光有机结合，打造滩区农业科技示范区。

3）休闲旅游型模式：选择在风景名胜区、森林公园、地质公园等适宜发展旅游的地区周边建镇，依托当地丰富的旅游资源，完善住宿、餐饮、康体休闲等设施的建设，进一步发挥现有交通优势，规划建设休闲农场、家庭农舍、企业乡村会所等，打造滩区乡村休闲旅游区。

4）文化传承模式：在具有特殊人文景观，包括古村落、古建筑、古风俗及传统文化的地区建镇，利用保存较为完好的优秀民俗文化及非物质文化，开展文化传承与示范，打造滩区文化传承区。

以上四种模式各有侧重但并非绝对独立，而是在特定地区和经济发展条件下有机融合。

此外，美丽乡村和特色小镇建设在夯实农业生产力、实施质量兴农、融合一二三产业体系的基础上，还应着重推进乡村绿色发展，打造人与自然和谐共生的发展新格局。

一是统筹滩区山水林田湖草系统治理。把山水林田湖草作为一个生命共同体，进行统一保护、统一修复。实施滨水缓冲带和生态湿地的系统保护与修复。健全耕地、草原、森林与滩地水系河湖休养生息制度，分类有序退出超载的边际产能。扩大耕地轮作休耕制度试点。开展河湖水系连通和农村河塘清淤整治，全面推行河长制、湖长制。开展村镇绿化行动，推进滩区盐碱化和水土流失综合治理。实施生物多样性保护工程，有效防范外来生物入侵。

二是加强农村突出环境问题综合治理。加强农业面源污染防治，开展农业绿色发展行动，实现投入品减量化、生产清洁化、废弃物资源化、产业模式生态化。推进有机肥替代化肥、畜禽粪污处理、农作物秸秆综合利用、废弃农膜回收、病虫害绿色防控。加强农村水环境治理和农村饮用水源保护，实施农村生态清洁小流域建设。加强高滩建镇的污水集中收集和处理，推行农村污水连片整治。推进重金属污染耕地防控和修复，开展土壤污染治理与修复技术应用试点。严禁工业和城镇污染向滩区农业农村转移。

3.9.3　二滩生态构建与格局重塑

二滩是高滩和嫩滩之间的区域，以构建更加完善的复合生态系统，形成高效农田生态系统、低碳牧草生态系统、绿色果园生态系统的有机集成为目标，重塑二滩生态系统的基质格局、空间格局和功能格局，对于充分发挥黄河滩区生态服务和生态产品供给功能具有举足轻重的作用。

根据上述滩区生态治理总体布局，二滩通过挖取主槽泥沙，淤高低凹滩区地面，发展高效农业、绿色牧业、观光采摘林果业。参考《防洪标准》（GB 50201—2014），农田的防护标准最低为 10 年一遇，但考虑到滩区是黄河下游行洪的场所，若治理标准过高，会给行洪安全带来一定影响，因此推荐二滩采用 5 年一遇洪水标准进行治理。对二滩的塑造结合了“二级悬河”治理、土地整理及生态修复，二滩并不全部要按照标准断面进行全范围覆盖，根据“宜水则水、宜耕则耕”的原则对二滩的工程规模进行优化。

二滩的治理紧密结合黄河下游“二级悬河”的治理，淤筑滩面消除“二级悬河”威胁。东坝头以上河段及陶城铺以下河段，“二级悬河”发育不严重，且滩面相对较高。例如，开封滩及原阳滩等滩区发生 5 年一遇洪水时，相当部分滩区并未上水，因此二滩滩面不再淤高，少部分 5 年一遇淹没的区域可种植莲藕等水生作物，整体上二滩治理标准基本达到 5 年一遇。

生态系统服务的本质就是生态系统及其物种所提供的能满足和维持人类生活所需的条件与过程。Costanza 等 1997 年在 *Nature* 发表了关于全球生态系统服务功能和价值的评估研究，他们将生态系统服务分为 17 个类型，即气候调节、气体调节、扰动调节、水调节、废弃物处理、水供给、食物生产、原材料供给、基因资源、侵蚀控制和沉积物保持、土壤形成、养分循环、传粉、生物控制、避难所、休闲、文化，有学者对以上 17 个类型进行了归类，即生产功能、承载功能、调节功能和信息功能。二滩生态构建和格局重塑就是对黄河滩区生态资源的优化整合，以二滩塑造为基础，通过科学规划和实施，对滩区生态系统的生产功能、承载功能、调节功能和信息功能进行整合。

这种构建与重塑的生态服务分三个层次，一是农田、草地、园地为滩区群众和周边地区提供了数量可观的食物产品和原材料，是自然资源与人类生产力的结合；二是可持续的有机物积累为动植物提供了区别于自然的人工生境，丰富了生态系统的异质性；三是二滩生态构建造就了显著的区域碳汇、改善了滩区小气候，并将生态休闲和文化生活融会其中。

（1）高效农业区

以农业生态系统为重塑主体，推行小麦、玉米、大豆、绿豆、花生、高粱等传统粮食作物的集约化种植，打造高效农业区。其是滩区粮食作物和经济作物的主要生产区，为滩区居民提供重要的经济来源，采用有机种植、测土配方施肥、无公害栽培等新型农业技术，与滩地水系、湿地及特色小镇相衔接，发挥农业观光与田间体验优势，促进当地旅游业与农业有机结合。

（2）低碳牧业区

以草地生态系统为重塑主体，推行黑麦草、苜蓿、玉米草、冬牧等优势牧草植物的集中种植，打造低碳牧业区。其是滩区牧草原材料的主要生产区，为滩区及周边畜牧生产提供生产资料来源，是区域碳汇的重要贡献者之一，利用当地适生草种和可持续的牧草经营理念，发挥草地观光与原生体验优势，促进当地旅游业与畜牧业有机结合，牧草生长还可以缓解和修复滩地盐碱化。

（3）绿色园地区

以果园生态系统为重塑主体，推行苹果、梨、桃、枣等传统经济果林的绿色种植，打造绿色园地区。其是滩区经济林果的主要生产区，也是滩区及周边水果的主要来源，推广有机水果与无公害种植，推动可持续绿色经济林产业发展，是滩区旅游观光区的组成部分，兼具改善小气候、削减风沙和固土保水的生态功能。

3.9.4 嫩滩生态修复与生境营造

嫩滩由分散的破碎化形成自组织的连续化，从空间结构及生态功能上完善和加强了黄河下游生态系统重要的一环，嫩滩滨水缓冲带和湿地是黄河下游生态廊道的重要组成部分。嫩滩生态系统水热资源充沛，生境条件优良，是湿地生态修复、自然生境营造的理想区域，同时也是河流生态系统服务价值贡献的重要区域。

（1）滨水缓冲带保护与修复

嫩滩滨水缓冲带属于典型的水陆生态交错区，是水陆物种源（基因库）和野生动物的重要栖息地，是河流中粗木质碎屑和养分能量的来源，它直接影响着河流的微气候，更保护着河流的水质，为野生动植物提供水优良的栖息地。嫩滩滨水缓冲带也是养分管理、沉积物和水土流失控制及淡水资源环境系统的重要组成部分，其功能的有效发挥与否关系到流域生态系统是否健康，是维护陆地和水域生态系统稳定的重要屏障。

嫩滩滨水缓冲带作为河流生态系统的重要组成部分以及水陆间重要的生态交错带，对水陆生态系统间的物流、能流、信息流和生物流发挥着重要的廊道、过滤器及屏障作用，具有重要的水文、生态、美学和社会经济功能。这一地带生态环境的突出特点是水分多、土壤肥力较高、空气湿度也较高，但有的季节洪水泛滥，河岸植被缓冲带常被淹没。嫩滩应维持自然形成的水陆交错区生态系统，通过继续实施黄河调水调沙、建设完善的水沙调控体系、加强河道整治等，长期维持黄河下游河道中水河槽。

（2）生态湿地保护与修复

嫩滩生态湿地是面积更大、结构更加复杂的水陆交错区，这一区域是天然或人工、常年或季节性蓄有静止或流动水的沼泽地或者水域。湿地有多种生态功能和环境价值，包括为野生动物提供栖息地、涵养水源、截留泥沙、削减洪水、净化水体和改善水质以及补给地下水等。湿地有重要的生态资源，具有极高的生物多样性。同时，湿地具有重要的水文价值，湿地对区域水文循环起着重要的调节作用。湿地可以通过截留、储存雨水削减洪峰，然后以缓慢的方式入渗或形成径流。河漫滩湿地往往是河流的蓄滞洪区，有重要的防洪功能。改善水质是湿地的另一项重要功能。湿地中进行的物理、化学、生物过程相互结合起来，形成了一种可以吸收、转化、降解和固定污染物的环境，使水体得到净化。

采用适当的生物、生态及工程技术，逐步恢复退化湿地生态系统的结构和功能，维持生态系统地表基底的稳定性、恢复湿地良好的水文条件及水环境质量、提高植被覆盖率和土壤肥力、增加物种组成和生物多样性、实现生物群落的恢复、恢复湿地景观等，最终达到湿地生态系统的自我持续状态。同时，积极发挥湿地在削减洪水、调节径流、蓄洪防旱、调节气候、净化水体、控制土壤侵蚀、治污减霾、美化环境等方面的其他生态系统不可替代的作用，促进区域社会、经济、生态的可持续发展。

生态湿地的保护与修复措施以封育保护、天然河道恢复及严格控制湿地周边各类污染物排放、裸露地表植被恢复、河滩平整、适当种植湿生和水生植物等为主，避免过度破坏天然生境、大挖大建及人为营造湿地景观的行为。生态湿地修复工程技术措施可概括为三个部分：一是湿地生境恢复，主要包括湿地基底恢复、湿地水状况恢复和湿地土壤恢复等；二是湿地生物修复，主要包括物种选育和培植、物种引入、物种保护、种群动态调控、种群行为控制、群落结构优化配置与组建、群落演替控制与恢复等；三是生态系统结构与功能恢复，主要包括生态系统总体设计、生态系统构建与集成等。

根据黄河下游实际情况，黄河下游滩区共分布有嫩滩 1055.7km^2，其中河南 611.0km^2，山东 444.7km^2。嫩滩分布详见表 3.9-1，可以看出，河南宽滩区较多，因此河南嫩滩地块较大且完整，其面积占滩区嫩滩总面积的 58%；山东嫩滩面积占滩区嫩滩总面积的 42%，其中东坝头至陶城铺河段地块较完整，陶城铺至渔洼河段除了长平滩以外其他嫩滩地块零散且较小。

表 3.9-1　黄河下游滩区嫩滩分布表

省份	河段	岸别	滩区名称	涉及地区	嫩滩面积（km^2）
河南	白鹤镇—京广铁路桥	左岸	温孟滩	孟津区、温县、孟州市	105.4
	京广铁路桥—东坝头	左岸	原阳滩	武陟县、原阳县	88.0
			原阳-封丘滩	原阳县、封丘县	8.2
			陈桥滩	封丘县	13.0
			李庄滩	封丘县	13.5
			尹岗滩	封丘县	32.4
		右岸	惠济滩	郑州市	16.5
			申庄滩	郑州市	14.6
			杨桥滩	郑州市	12.6

续表

省份	河段	岸别	滩区名称	涉及地区	嫩滩面积（km^2）
河南	京广铁路桥—东坝头	右岸	中牟滩	中牟县、开封市	52.0
			开封滩	开封市	60.9
			东坝头滩	兰考县	1.7
	东坝头—高村	左岸	长垣滩	长垣市、濮阳市	81.3
			渠村东滩	濮阳市	6.7
		右岸	兰考滩	兰考县	14.3
	高村—陶城铺	左岸	习城滩	濮阳市	22.8
			辛庄滩	范县	9.5
			陆集滩	范县	7.5
			清河滩	台前县	25.4
			打渔陈滩	台前县	9.1
			吴坝滩	台前县	15.6
			河南嫩滩小计		611.0
山东	东坝头—高村	右岸	东明南滩	东明县	48.5
			东明西滩	东明县	14.0
	高村—陶城铺	右岸	菜园集滩	东明县	14.6
			牡丹滩	鄄城市	12.9
			董口滩	鄄城县	4.0
			葛庄滩	鄄城县	6.5
			左营滩	鄄城县、郓城县	16.1
			郓城西滩	郓城县	11.7
			郓城东滩	郓城县	5.9
			梁山赵堌堆滩	梁山县	11.5
			银山滩	东平县	5.3
	陶城铺—渔洼	左岸	天桥滩、历城滩、济阳滩、惠民滩、滨州滩、东营滩、利津滩	天桥区、历城区、济阳区、滨州市、利津县	161.4
		右岸	长平滩	东平县、平阴县、长清区、槐荫区	10.9
			历城滩、章丘滩、邹平滩、高青滩、滨州滩、博兴滩、东营滩、垦利滩	历城区、章丘区、邹平市、高青县、博兴县、垦利区	121.4
			山东嫩滩小计		444.7
			滩区嫩滩合计		1055.7

嫩滩应维持自然形成的湿地生态，通过继续实施黄河调水调沙，建设完善水沙调控体系、加强河道整治等，长期维持黄河下游河道中水河槽。由于嫩滩经常行洪，可通过适当修建通往嫩滩的道路，适度发展休闲旅游。结合已有的湿地自然保护区，塑造人工

湿地，发展湿地旅游、科普教育、观光摄影等产业，并根据实际情况选择性开发湿地公园，由过去单纯的生态修复转变为多元利用。

（3）生态治理模式

黄河下游各河段及滩区各功能组成部分开展生态治理后，滩区形成了“高滩+现状二滩+嫩滩”“高滩+二滩+嫩滩”“现状二滩+嫩滩”“二滩+嫩滩”“高滩+嫩滩”等 5 种治理模式，在各治理模式下结合滩区区位特点、沿黄地区经济社会发展等不同要求，分析提出城市生态观光及乡村生态修复两种生态发展模式，见表 3.9-2。典型滩区——开封滩区三滩分布及生态发展布局见图 3.9-1。

表 3.9-2 黄河下游滩区生态再造与治理模式表

滩区具体治理模式	滩区生态发展布局	涉及滩区	生态发展模式
高滩+现状二滩+嫩滩	生态旅游小镇（或新型社区或特色小镇）+休闲观光农业（或生态公园）+湿地公园	原阳滩、中牟滩、开封滩	城市生态观光模式
现状二滩+嫩滩	现代规模化农牧业基地+湿地修复保护基地	封丘滩	乡村生态修复模式
	休闲观光农业（或生态公园）+湿地公园	惠济滩	城市生态观光模式
二滩+嫩滩	现代规模化农牧业基地+湿地修复保护基地	东坝头滩、渠村东滩、兰考滩、辛庄滩、打渔陈滩、菜园集滩、牡丹滩、董口滩、鄄城西滩、鄄城东滩、梁山赵堌堆滩	乡村生态修复模式
高滩+二滩+嫩滩	历史文化特色小镇（或农业特色小镇）+休闲观光农业（或生态公园）+湿地公园	长垣滩、清河滩	城市生态观光模式
	农业特色小镇（或新型社区）+现代规模化农牧业基地+湿地修复保护基地	习城滩、陆集滩、东明滩、葛庄滩、左营滩、银山滩	乡村生态修复模式
高滩+嫩滩	新型社区+湿地修复保护基地	平阴滩、高青滩、利津滩	乡村生态修复模式
	新型社区+湿地公园	长清滩、滨州滩	城市生态观光模式

图 3.9-1 黄河下游滩区再造三滩分布示意图（以开封滩为例）

3.10 黄河下游生态景观文化廊道构建

3.10.1 现状分析

3.10.1.1 自然生态

在自然生态层面，黄河下游绵延近 800km，滩区开阔，土地类型以农田、林地、湿地等自然保护地为主，分布有天然河景、水利工程、农田、湿地保护区、鸟类保护区等自然生态景观，优质的生态环境和大河水利资源，是打造沿黄风景带的重要生态基础。

目前黄河下游滩区已划定 2 个国家级和 3 个省级自然保护区，即河南新乡黄河湿地鸟类国家级自然保护区、山东黄河三角洲国家级自然保护区、开封柳园口湿地省级自然保护区、郑州黄河湿地省级自然保护区和濮阳县黄河湿地省级自然保护区，滩区有丰富的湿地生态资源，但系统生态治理尚未开展。

3.10.1.2 文化资源

在文化资源层面，黄河孕育了华夏文明、中原齐鲁文明，古代先民依河而居，自史前时期发展至今，黄河文化延绵不绝，一脉相承。中原大地是黄河文化的集大成地，黄河干流及沿线地市富集有传统文化资源、红色革命文化资源、社会主义先进文化资源等。厚重的文化积淀、淳朴的民风乡情是打造沿黄风景带的重要文化基础。

3.10.1.3 城河关系

在城河关系层面，黄河下游滩区目前总体风貌较为原始，乡镇、农田分布广泛，大部分区域与城市联系不够紧密，体现在交通连接性和市民可达性弱、公共服务设施及配套设施不齐全、滩区产业功能单一、文化旅游结合不充分、品牌性弱等方面。随着沿黄各地城市发展与黄河的关系越来越紧密，沿黄风貌带打造和风景游赏体系构建已成为沿黄各地城市建设的重要组成部分。沿黄各地省级、地市层面均有不同程度的政策、文件出台，从政府到行业，都编制了相应的规划和条例，如《郑州市黄河文化遗产保护传承弘扬专项规划》《黄河生态景观风貌带城市设计》等，为黄河下游生态景观文化廊道的构建打下了良好基础。

3.10.1.4 小结

黄河下游生态基底相对完好，是沿黄城市的重要生态屏障，具备构建大型生态廊道系统的条件。整体生境相对单一、没有形成连续的生态系统，滩区缺乏生态圈层保护，生态承载力不足。

黄河下游干流及其周边城市文化资源内容丰富、价值高，分布广泛。黄河文化保护、传承、弘扬基础坚实，但挖掘力度不足，与滩区及城市连接程度较弱，保护开发模式亟待创新。

黄河过去是灾河、害河，黄河下游为“地上悬河”，迁徙游荡、决口改道，城市发展不得不远离黄河，留有安全空间。新中国成立以来，黄河 70 多年岁岁安澜，基本实现长治久安。城乡建设和发展与黄河逐渐形成统一整体，密切相关。

3.10.2　概念、定位及发展目标

3.10.2.1　概念

生态景观文化廊道是以黄河下游生态、景观、文化资源为基础，以河流滩地及沿线城市为空间载体，以黄河干流、滩区空间为主脉，连接融合沿线城乡发展的特色廊道。

3.10.2.2　功能定位

（1）完善区域生态服务功能

黄河下游生态本底良好，河道、滩区、丘陵、农田等自然资源分布广泛。对生态资源进行梳理与整合，以黄河干流河流生态廊道为核心，串联城乡型河流、道路廊道及大中型生态斑块，构建连续性强、多样性高的生态服务系统，将全面提升区域生态服务能力，完善河流生态安全环境。

（2）保护、传承、弘扬黄河文化

以黄河下游生态廊道为空间载体，以特色文化、文物资源点为基础，充分发挥资源点的带动辐射作用，以及文化资源感染人、影响人、融入生活的特点，以线串点、全面覆盖，提升活化文化资源，凸显廊道文化优势，全方位保护、传承、弘扬黄河文化。

（3）统筹区域发展

统筹三滩治理、城乡发展，遵循“以水定城、以水定产”的治理原则，融合文化旅游，实现全域旅游、全息度假，发展黄河品牌，带动产业转型发展，积极融入黄河流域生态保护和高质量发展国家战略、中部崛起战略与“一带一路”建设中。

3.10.2.3　形象品牌定位

以“母亲，我走近你”为总体形象定位，抽取“母亲”包容、厚重、慈爱、给予、哺育等内涵特质，进行生态化、自然化、展现文化魅力、低影响开发的系统构建，展现广袤滩区天然质朴之美，凸显人与黄河、乡土、田园亲近相处的朴素愿望，构建符合东方主义审美特点的黄河风貌廊道，实现“走近”母亲、感受黄河的目标。

3.10.2.4　发展目标

构建生态景观、黄河文明、河流公园“三位一体”黄河国家级廊道系统，将生态景观文化廊道打造成全国生态文明建设示范区、生态滨水新兴产业富集区、黄河生态环境保护先行区、国家全域旅游全息度假样板区、黄河历史文明传承创新发展区。

3.10.3 原则及策略

3.10.3.1 原则

（1）生态为基：构建连续的生态系统，安全的生态屏障，弹性区域生态体系。

（2）文化为魂：文化是景观打造的核心，要注重文化传承、文化创新、文化宣传。

（3）开放治河：景观打造建立在滩区空间再造的基础上，分析滩区适宜功能，进行滩区适宜性开发。

（4）空间引导：强调滩区生态景观与城市空间的关系，通过沿河联结、两岸连通，实现区域联动。

（5）城镇优化：滩区搬迁后，进行多元开发，实现城镇升级、城河双赢。

3.10.3.2 策略

（1）生态景观绿廊——构建连续、保护、区域协调的生态绿廊

构建连续的生态系统、圈层保护的生态屏障、弹性发展的生态区域。利用廊道、水系、绿地实现区域范围内的水系、山体、农田、林地等自然资源在空间上的交互与连通，构建纵向生态安全走廊。以河道、滩区、城镇边缘、城镇为基本单元，逐级进行生态保护规划，单元之间规划缓冲区域，形成圈层保护模式。打破城市、城市边缘、堤防、河滩、黄河在空间关系、物质交换方面的隔阂，构建完整的横向生态格局。串联各单元之间的生态交换与联系，单元之间建立生态缓冲区域，缓冲区内设置整体的生态廊道、斑块、基质，并对湿地、滩地实施保护性开发。

（2）文化长廊——传承、创新的文化长廊

《国务院关于支持河南省加快建设中原经济区的指导意见》明确指出，建立华夏历史文明传承创新区。传承弘扬中原文化，充分保护和科学利用全球华人根亲文化资源，培育具有中原风貌、中国特色、时代特征和国际影响力的文化品牌，提升文化软实力，增强中华民族凝聚力，打造文化创新发展区。

在滩区内串联两岸沿线自然生态景观、人文景观、历史景观等点、面状空间，尊重与保护其空间形式，以沿线交通、绿地作为连接纽带，构建带状文化空间。并在文化景观建设中，提出文化创新方式，以结合连接的方式构建综合型、多元型文化体系，发挥文化的功能与服务优势，最终发挥文化的传播、宣传、展示、启智的综合优势，借助媒体、产业、载体的作用，全面发挥河流品牌、名牌作用。

在文化展示创新中，通过“文化+”的理念，实现“文化+产业”“文化+景观”“文化+城市”“文化+旅游”的有机融合，增强文化产业发展引导力，提升景观空间文化魅力，重塑沿河城市文化景观风貌，打造沿黄旅游文化精品线路。

（3）空间连廊——完善高效、丰富、多层次的空间连廊

联结整合黄河沿岸多种功能与尺度的空间，有机组织内部游线系统，控制景观体量与建筑尺度，重塑城市滨河界面。通过整合现有资源，挖掘地域特色，打造有层次的空间节点。在滩区内使用多种规划构成方法，形成连续的沿黄空间连廊。告别传统单一的空间发展模式，增强空间弹性，融合生态斑块，丰富水系网络，多尺度串联不同层次的沿黄城镇与自然空间。滩区构建要充分糅合城市特点与发展趋势，通过核心引擎开放大河窗口，承载共享景观。

依托河流打造沿黄空间带，建立多层次、多尺度、多模式滨河空间。开放滩地，规范开发，形成相对完整的沿河空间。加强黄河两岸的连通，突破城市发展瓶颈与屏障，将河流作为城市的蓝色引擎，实现跨河式与共享式繁荣。通过城市及乡镇交通系统的网络，激活区域城市群落的联合发展。依托黄河构建沿黄交通运输带，实现经济、生态、人文等多层次的交互。

3.10.4　体系构建

目前黄委会按照紧紧围绕“维护黄河健康生命，促进流域人水和谐”的治黄思路，加快构建流域水安全保障体系，着力确保防洪安全、供水安全、生态安全，让黄河流域山川更秀美、河流更健康、人水更和谐，黄河基本实现长治久安。黄河不应只满足水利和交通功能性需求，而应实现城市与河流融合、带动城乡协调发展、实现河流功能多元化和复合化。

基于构建生态景观文化廊道的原则及策略，研究沿黄各城市与黄河的关联程度，以城河关系为核心内容，采用城市分类法，从经济实力、社会发展、与黄河的距离、城市发展对黄河的定位、城市文化底蕴、黄河滩区发展现状等角度出发，将河流与城市的关系分为三类，对黄河下游生态景观文化廊道的建设进行分级分类规划，在此基础上在纵向上构建生态景观基础、黄河文明体验、河流公园游赏三大体系并落实到各个城市。

生态景观基础体系——生态当先、绿色发展——打造黄河生态环境保护带。

黄河文明体验体系——文化梳理、传承文明——打造黄河文明传承创新带。

河流公园游赏体系——大河游赏、风景串联——打造中国河流公园示范带。

3.10.4.1　城市分类

一类城市：经济实力较强，距黄河较近，且在城市建设、文化传承、景观风貌等方面与黄河联系紧密的县（市、区）。此类城市滩地内多有支流、大型城市道路、桥梁、城市水系等重要生态要素，应注重城市发展与黄河的关系，从城市战略规划层面对滩区予以定位、打造。此类城市在保护、构建基本生态格局的前提下，应加强滩区高效集约生产、大型风貌带建设、文明创新与传承的功能，与城市紧密相连，共同发展，使其成为城市携河、跨河发展的重要支撑，编制沿黄生态、文化、风景、湿地公园等各类专项规划。

二类城市：具有一定经济实力的县（市、区）。城市发展与黄河相关，具有一定的文化基础，滩区农业生产相对成规模，生态本底较好。此类城市应进一步加强城市与黄河的关系，保护滩区生态基底，打造一定规模的农业生产、田园旅游、文化旅游综合空间。

三类城市：经济实力相对较弱或离黄河较远的县（市、区）。城市发展暂未将黄河考虑在内。此类城市应首先修复滩区生态系统，划定滩区生态保护空间，促进地方经济发展，尤其是以农业发展为首要任务，发展滩区第一产业（图 3.10-1）。各类城市划分及其发展情况见表 3.10-1。

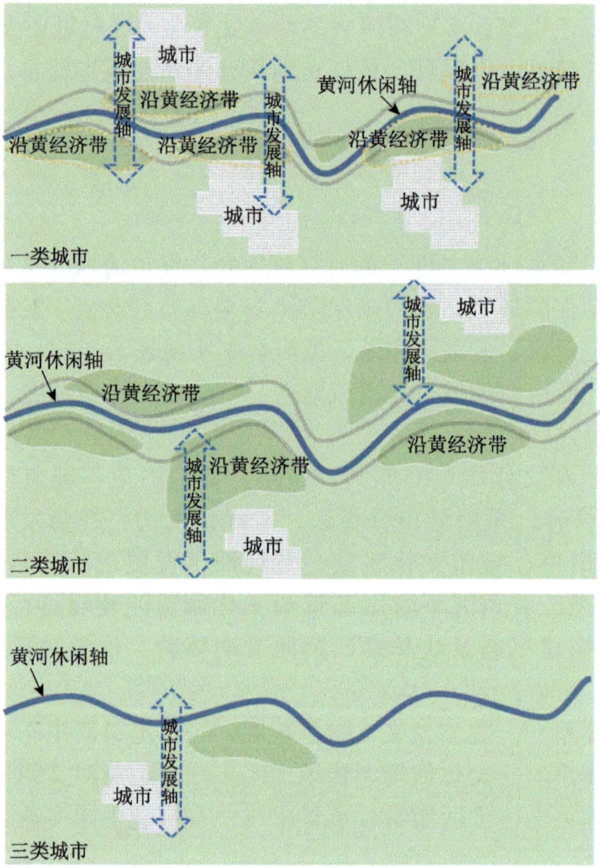

图 3.10-1　一、二、三类城市发展示意图

3.10.4.2　特色体系

（1）生态景观基础体系

针对黄河下游滩区生态空间与城乡生态空间联系较弱、滩区自身的生态连续性较弱、多样性不足、生态要素开发利用不充分的特征，分别在宏观、中观和微观层面分层次构建生态景观基础体系。

表 3.10-1　黄河下游一、二、三类城市划分及其发展情况

县（市、区）	与黄河距离	经济发展现状	滩区现状	文化底蕴	城市规划	沿黄专项规划	滩区发展定位
一类城市							
河南省							
郑州市区	较近	省会、国家中心城市	交通发达、花园口旅游区，黄河湿地省级自然保护区；滩区无人口	八大古都之一，黄河文化、商都文化、拜祖文化、武术文化、戏曲文化	《郑州大都市区空间规划（2018—2035年）》：黄河生态文化带。《森林河南生态建设规划（2018—2027年）》：黄河故道生态保育带、建设郑州黄河中央湿地公园。《郑州都市圈生态保护与建设规划（2020—2035年）》：黄河生态保育与生态文化发展带。《郑州建设黄河流域生态保护和高质量发展核心示范区概念性总体规划》	《河南黄河湿地公园群概念性发展规划》 《郑州黄河中央湿地公园概念性规划（2019～2027年）》	服务郑州大都市区，构建黄河国家生态文化公园。生态修复、农业观光，文旅综合体、田园综合体、大型风景区、黄河文明传承创新点
巩义市	较近	省直管县市、全国百强县	黄河湿地省级自然保护区；滩区无人口	裴李岗文化、仰韶文化和龙山文化遗址，北魏石窟，河洛文化、豫商文化等	《巩义市城乡总体规划（2014—2030年）》：黄河滩湿地、黄河滩高效农业生产基地。《巩义市国民经济和社会发展第十三个五年规划纲要》：沿黄滩区生态休闲农业观光带		生态旅游、农业生产、生态友好型产业、文化旅游、生态保护
中牟县	较近	全国县域经济综合竞争力100强	大型渔业养殖基地；滩区有人口	官渡之战发生地	《中牟县城乡总体规划（2016—2030）》：沿黄生态保育区、沿黄生态休闲产业区、观光农业区		利用好滩区资源，突出特色；农业生产基地、渔业养殖基地，农业观光旅游、风电光伏等新能源产业
新乡市平原新区	较近	郑州大都市区核心地区	农业基底、生态本底较好；滩区有城市建设，有人口	牧野文化	《平原新区建设总体方案》：沿黄文化和自然生态景观旅游区、生态景观农业区	《新乡市沿黄生态带发展规划》 《新乡市 2049（空间）发展战略规划》	城市会客厅、生态旅游区、高效农业生产、农业观光、田园综合体
长垣县	较近	国家新型城镇化综合试点地区	现代化农业生产；滩区有大量人口，搬迁相对积极	仰韶文化、龙山文化	《长垣县城乡总体规划（2016—2030）》：黄河洲沚	《河南省黄河滩区居民迁建规划》	水利风景区、生态旅游区、大型农业生产、农业观光、生态水系
开封市区	较近	河南省新兴副中心城市、中原城市群核心城市	开封黄河游览区；滩区无人口	国家历史文化名城、八朝古都、豫剧发源地	《开封市城市总体规划（2011—2020年）》：保护黄河南岸湿地及水源地。《开封市“十三五”旅游发展规划》：沿黄生态旅游带。《开封市黄河流域生态保护和高质量发展规划》：绿色发展、生态保护	《开封市黄河滩区生态保护与高质量发展规划》	建设开封黄河生态廊道示范带，带动沿黄乡村振兴，推进黄河文化遗产系统保护；水源及湿地保护、生态旅游、黄河文明传承创新点

续表

一类城市							
县（市、区）	与黄河距离	经济发展现状	滩区现状	文化底蕴	城市规划	沿黄专项规划	滩区发展定位
河南省							
兰考县	较近	国家级生态保护与建设示范区、全国普惠金融改革试验区	东坝头黄河湾风景区；滩区有人口	焦裕禄精神发源地	《兰考县土地利用总体规划（2006—2020年）》：加强黄河滩区的保护和湿地自然保护区建设；践行黄河生态保护，美化河道		建设黄河湿地生态保护区；黄河著名观光旅游区、水情教育基地、红色旅游、黄河文明传承创新点
山东省							
东阿县	较近	设 1 个省级经济开发区	东阿黄河国家森林公园；滩区有人口	阿胶文化，中国佛教音乐发源地		《东阿黄河国家森林公园总体概念规划》	国家森林公园、农业生产
齐河县	较近	中国最美生态旅游示范市、综合实力百强县、全国投资潜力百强县市	齐河黄河国际生态城，包含齐河黄河水乡国家湿地公园、黄河生态文化旅游大观园等	齐文化、黄河文化	《齐河县县城总体规划（2018—2035 年）》：“黄河水乡、生态齐河”，展现“齐文化、黄河文化、贤人文化” 《齐河县国土空间总体规划》（已中标）	《齐河黄河国际生态城控制性详细规划及城市设计》	黄河文化、生态旅游、综合开发、文旅综合体
济南市区	较近	省会、副省级市、环渤海地区南翼中心城市	百里黄河风景区；滩区有人口	国家历史文化名城、泉城，龙山文化发祥地之一	《济南市城市总体规划（2011—2020 年）》：黄河沿岸湿地保育区。《济南新旧动能转换先行区总体规划（2018—2035）》：黄河绿色发展带	《山东省黄河滩区居民迁建规划》《济南黄河生态风貌带规划》	依托黄河文化遗产廊道，诠释黄河厚重文化；加强生态林和湿地保育等生态保护与建设，保证区域生态安全。黄河国家湿地公园、大型景观文化旅游带、黄河文明传承创新点
滨州市区	较近	黄河三角洲高效生态经济区、山东“两区两圈”叠加地	现代化农业生产、交通条件较好；滩区有人口、有油井开采；打渔张森林公园	黄河文化与齐文化发祥地之一	《滨州市城市总体规划（2017—2035 年）》：黄河生态保护带、黄河核心风情景观带。《滨州市国土空间总体规划》（已中标）	《滨州市黄河沿岸概念性总体规划》	世界有影响力的旅游目的地，黄河下游的森林湿地公园；黄河流域生态景观体验区，引领高质量发展的创新空间，集中展示河、城特色的文化高地，体现人本共享的幸福活力场所，高效农业生产、观光，黄河生态文化旅游综合体、田园综合体

续表

一类城市							
县（市、区）	与黄河距离	经济发展现状	滩区现状	文化底蕴	城市规划	沿黄专项规划	滩区发展定位
山东省							
东营市（利津县、垦利区）	较近	中国城市全面小康指数前 100 名、“国际湿地城市”	黄河口生态旅游区、黄河入海文化旅游目的地、大型海水养殖基地	黄河文化、盐文化	《东营市国土空间总体规划（2019—2035年）》（已中标）：展现黄河入海人文魅力	《东营黄河水城旅游度假区总体规划》	建设黄河入海文化旅游目的地；创建黄河口生态旅游区 5A 级景区
二类城市							
县（市、区）	与黄河距离	经济发展现状	沿黄建设现状	文化底蕴	城市规划	沿黄专项规划	滩区发展定位
河南省							
洛阳市孟津区	较近	中部六省百强县	黄河大渠、黄河绿道	第一批革命文物保护利用片区分县、中州名县、河洛文化发源地	《孟津县城乡总体规划（2017—2035）》：沿黄生态林带、黄河水生态廊道		生态保护、旅游
焦作市区	较远	中原经济区转型示范区	黄河滩湿地生态旅游区，黄河文化旅游带	太极文化、体育文化、水利文化	《焦作市国土空间总体规划（2020—2035）》（已中标）	《焦作市黄河生态文化旅游带总体规划》	打造集滨水休闲、文化休闲、养生康体、乡村旅游、商贸旅游、宗教旅游于一体的全域旅游目的地
孟州市	较近	全国投资潜力百强县市、全国绿色发展百强县市	孟州黄河文化苑、孟州黄河湿地、黄河湿地国家级自然保护区；滩区有人口	古渡口、“一文一武一美一仙”	《孟州市城乡总体规划（2016—2030）》：黄河生态文化旅游带、黄河湿地保护区		生态修复、文化旅游、农业生产
温县	较近	中国十大休闲旅游县之一	焦作市黄河滩湿地生态旅游区；滩区有人口、农业生产	太极拳发源地、武术之乡	《温县城乡总体规划（2017—2035）》		生态修复、文化旅游、农业生产
武陟县	较近	全国食品工业强县	滩区有人口	黄河故宫嘉应观、妙乐寺塔、千佛阁	《武陟县城乡总体规划（2017—2030）》 《武陟县黄河流域生态保护和高质量发展规划》（已中标）		生态修复、文化旅游、农业生产

续表

二类城市							
县（市、区）	与黄河距离	经济发展现状	沿黄建设现状	文化底蕴	城市规划	沿黄专项规划	滩区发展定位
河南省							
原阳县	较近	河南省汽车制动器最大生产基地、“中国第一米”原阳大米种植基地	农业生产、观光；滩区有人口	饮食文化、非遗文化	《原阳县城乡总体规划（2017—2035年）》		大型农业生产基地，农业观光
封丘县	较近	长寿之乡、国家级贫困开发重点县	黄河湿地国家级自然保护区、农业生产；滩区有人口	陈桥驿兵变，青堆遗址	《封丘县县城2004—2020年总体规划》 《封丘县产业集聚区总体发展规划（2019—2030）》 《封丘县旅游业发展总体规划（2014— 2025）》		生态保护、农业观光
山东省							
聊城市区	较远	商品粮与农副产品加工出口基地、新兴旅游城市	滩区有人口，已完成部分搬迁	国家历史文化名城，大汶口文化	《聊城市城市总体规划（2014—2030年）》：注意沿黄河生态资源的保护与建设，加强旅游通道和旅游配套设施衔接，提升沿黄河休闲旅游带的总体服务水平和影响力		生态水系、文旅综合体、农业观光
菏泽市区	较远	中原经济区国家发展战略的核心城市之一	黄河故道、黄河故道国家湿地公园、八里湾风景区；滩区有人口	“天下之中”，黄河文化、临济文化	《菏泽市城市总体规划（2018—2035年）》：黄河休闲文化旅游发展翼、黄河故道生态旅游发展翼	《黄河风情小镇旅游规划》《牡丹区乡村旅游总体规划》《李村镇乡村旅游概念性规划》	生态保护、文化旅游、高效农业
东明县	较近	山东省长寿之乡，全国农村一二三产业融合发展先导区	黄河森林公园；滩区有人口	全国武术之乡	《山东省东明县城市总体规划（2011—2030）》		生态修复、农业生产
平阴县	较近	全国乡村治理体系建设试点单位	黄河玫瑰湖国家湿地公园；滩区有人口	和圣柳下惠故里，民间文艺	《平阴县城市总体规划（2010年—2020年）》《平阴县黄河流域生态保护和高质量发展规划》	《平阴县黄河流域生态保护和高质量发展规划》	生态修复、农业生产
济阳区	较近	国家知识产权强县工程试点县、全国县域经济投资潜力100强	滩区有村庄及农田；黄河健身休闲公园	黄河泥塑	《济阳县城市总体规划方案（2002年—2020年）》		生态修复、生态旅游

续表

县（市、区）	与黄河距离	经济发展现状	沿黄建设现状	文化底蕴	城市规划	沿黄专项规划	滩区发展定位
二类城市							
山东省							
邹平市	较近	全国县域经济综合竞争力 100 强	黄河水利风景区、黄河旅游文化节；滩区有人口	古齐鲁上古九县之一	《邹平县城市总体规划（2012—2030）》		生态旅游、文化旅游
淄博市区	较远	中国陶瓷名城、中国新材料名都、国家级新材料成果转化及产业化基地	国家水利风景区	齐文化发祥地、国家历史文化名城	《淄博市城市总体规划（2011—2020 年）》		生态旅游、田园综合体
三类城市							
县（市、区）	与黄河距离	经济发展现状	沿黄建设现状	文化底蕴	城市规划	沿黄专项规划	滩区发展定位
河南省							
濮阳市区	较远	设 1 个国家经济开发区	濮阳黄河水利风景区	中华龙乡，裴李岗文化	《濮阳市城乡总体规划（2015—2030）》：构建沿黄城乡发展带		生态旅游、文化旅游
濮阳县	较远	全国超级产粮大县、中国工业百强县	濮阳县黄河湿地省级自然保护区；滩区有人口	舜帝故里、华夏龙都	《濮阳市城乡总体规划（2015—2030）》：黄河大堤特色城乡发展带		生态旅游、文化旅游、农业生产观光、黄河历史文化轴
范县	较近	2020 年退出贫困县，正式脱贫摘帽	范县黄河水利风景区；滩区有人口	地方戏曲剧种：四平调。丹朱文化遗址、苏佑墓、闵子墓	《范县城乡总体规划（2016—2030）》：为黄河滩区迁建提供资金支持		生态旅游、农业生产
台前县	较近	中国羽绒之乡	滩区有村庄、农田；将军渡纪念馆	将军渡、晋王城遗址、蚩尤冢	《台前县城乡总体规划（2016—2035）》	《台前县省级黄河湿地公园项目总体规划》	生态旅游、农业生产

续表

县（市、区）	与黄河距离	经济发展现状	沿黄建设现状	文化底蕴	城市规划	沿黄专项规划	滩区发展定位
三类城市							
山东省							
鄄城县	较近	鲁西黄牛和中国斗鸡保种基地	黄河大堤风景带；滩区有村庄、人口及农田	千年古县、孙膑旅游城、孙膑故里、庄子钓鱼台	《鄄城县城市总体规划（2004 年—2020 年）》：建设黄河风景观光线		建设一条黄河风情带、两个田园综合体
郓城县	较近	第一批节水型社会建设达标县、山东省首批旅游强县	滩区有人口；“黄河人家”杏花节	千年古县，素有“梁山一百单八将，七十二名在郓城”之说；水浒文化旅游名城	《郓城县城市总体规划（2012—2030）》		生态保护、文化旅游、农业生产
阳谷县	较近	国家农产品质量安全县	滩区有人口	大汶口文化、龙山文化、水浒文化、黄河文化	《阳谷县县城总体规划（2018—2035 年）》		生态保护、文化旅游、农业生产
梁山县	较远	全国首批命名的武术之乡	滩区有人口	水浒传故事发祥地	《梁山县城市总体规划修编（2010—2030 年）》 《梁山县国土空间总体规划（2020—2035）》		生态保护、文化旅游、农业生产
东平县	较远	全国科技进步先进县	滩区有人口	东夷文化与华夏文化、齐鲁文化与中原文化的交汇处	《东平县城市总体规划（2016—2030）》		生态保护、文化旅游、农业生产
惠民县	较远	全国生态农业科技示范县、全国绿化模范县	生态旅游度假村	孙武故里			生态保护、文化旅游、农业生产
博兴县	较远	全国蒲草系列工艺制品唯一产地	黄河文化旅游节；滩区有人口	龙山文化遗址	《博兴县县城总体规划（2018—2035 年）》		农副产品生产基地，文化旅游
高青县	较远	中国温泉之城、中国白酒名城、中国黑牛城	黄河柳春园旅游区；滩区有人口	非物质文化遗产：核雕、东路梆子、董永传说、井窖工艺等	《高青县县城总体规划（2017—2035 年）》		生态旅游、文化旅游

在宏观层面，以黄河干流、支流为主干连接沿黄城市生态廊道系统，打破城市、城市边缘、堤防、河滩、黄河在空间关系、物质交换方面的隔阂，构建完整的横向生态格局，形成由内而外的生态网络，构建生态圈层保护的新格局。一是针对嫩滩、二滩、高滩功能及位置的差异性，在嫩滩区域以生态保护及修复为主要措施，结合水沙特征在水陆交汇区域构建连续性强、适宜性强的湿地斑块；在二滩区域以广阔的生态农田景观为生态基底，引导和规划绿色、生态农业的发展，减少面源污染，提升整治二滩区域内的水系及灌区生态系统，完善道路廊道绿化建设及大型生态斑块的修复工作，全面提升二滩生态环境综合水平；在高滩区域内主要建设生态型特色小镇或新型社区，注重“双控双排”的推广及运用，合理安排居住及生产环境的空间布局，结合各区域特色合理安排水系、林地、公园等公共开放生态空间。二是在堤防、淤备区等涉及河道管理区域，进一步完善生态空间的差异性、多样性及连续性，重点以标准化堤防断面生态提升为基础，增加总体绿量，完善局部生态节点，统筹带状生态廊道格局，淤备区域可结合各地方特色，选取生态效果好、管理便利的树种进行林带栽植，打造上林下草的缓冲生态空间。三是城市边缘及连接城市区域应与黄河下游生态廊道进行衔接，注重引导性开发，在待开发区域、城市发展方向预留绿地范围，适度建设。在河流纵向层面，以“三滩”修复整治为契机串联起滩区内生态湿地、生态公园、风景区、农田、水系等各生态斑块及要素，注重斑块及要素间的耦合关系，构建从上游至下游一体化的河流生态廊道。形成纵向圈层、横向连续的生态景观体系。

在中观层面，黄河下游滩区耕地、林地、河道及坑塘总面积为 406.86 万亩，占总面积的 86%，现状生态基础环境及生态用地条件较好，滩区现有小型风景区、生态园、农家乐等水平较低，风貌杂乱，承载能力低，已形成相对独立的斑块。以“斑块-廊道-基质”为生态构架，构建湿地、水系，与现状道路、河流连接，形成生态廊道，通过多条网状廊道联结山体、湿地、林地等斑块形成一体化生态基质，最终形成以单个滩区为单元的生态景观系统复合体。在中观层面，局部连续廊道的构建是关键，在滩区范围内结合二滩、高滩的打造优先以城乡主要道路、绿地、水系构建生态空间通廊，其次联结山体、农田、林地等建立河流空间斑块，最后联结城乡廊道、绿楔，实现城市、乡村与河流共生的生态网络系统构建（图 3.10-2）。

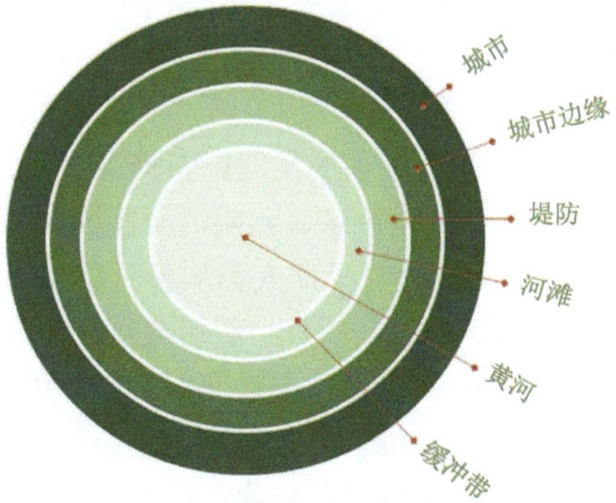

图 3.10-2　圈层缓冲带保护示意图

在微观层面，以低影响开发策略，构建生态景观基础设施，包括保护和建立多样化的乡土生境系统、维护和恢复河道及湖岸的自然形态、保护和恢复湿地系统、将城郊防护林体系与城市绿地系统相结合、建立非机动车绿色通道、公共开放专用绿地、完善城市绿地系统、保护和利用高产农田、建立乡土植物苗圃等，使其成为城市的绿色斑块。注重生态景观体验规划，在河势靠流情况较好的区域，构建大中型风景区、湿地公园群、完善的慢行系统、文旅设施等，完善游赏体验功能；通过大地景观、农田观光、林带廊道等实现大地肌理体验。进一步完善生物多样性保护，在嫩滩区域以物种保护为核心，留足生存空间和迁徙廊道，在二滩区域，以现状生态斑块为基础，以各种尺度的景观元素为保护对象，根据景观元素构建基础格局。

在分层级构建生态景观体系的基础上，依据城市分类和《全国生态功能区划（修编版）》，对下游各县（市、区）进行生态景观建设分类，从城市规模、经济发展、文化底蕴、产业发展、旅游前景等多角度出发，划定不同城市生态景观建设程度（图 3.10-3）。生态景观建设一级县（市、区）：生态景观建设程度较高，结合城市沿黄风貌带、风景带、文化旅游带、产业发展带等综合考虑。生态景观建设二级县（市、区）：生态景观建设程度一般，优先发展距离黄河较近、城市规划对黄河滩区有考虑的地区。生态景观建设三级县（市、区）：滩区以生态保护和农业生产为主，生态景观建设程度较弱。

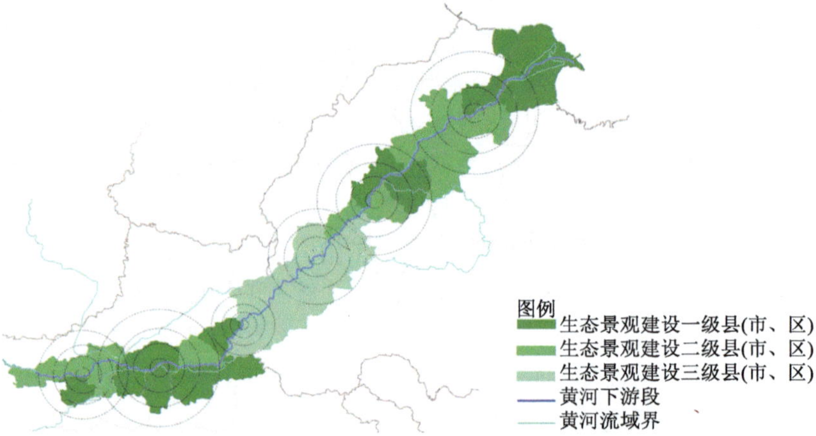

图 3.10-3　生态景观建设城市分类图

（2）黄河文明体验体系

纵观黄河流域自然、文化、社会关系的发展，黄河流域下游地区的发展大致可划分为史前、夏商周、秦汉至魏晋南北朝、隋唐宋、元明清至民国和新中国成立至今这六个时期。

在史前时期，黄河流域环境非常适宜早期人类从事狩猎和采集的生产方式。“三皇五帝”的活动区域基本集中在黄河下游，在这一时期，黄河流域的中原地区进入了原始农耕社会，农业、手工业、城市建设等方面成就显著。在夏商周时期，中原地区的政治中心地位得到确认，黄河下游地区的思想、文化、科学技术得到了空前的发展。在秦汉至魏晋南北朝时期，黄河流域下游地区的政治中心地位得以强化，南北文化融合促进了中华民族主体的形成。在隋唐宋时期，黄河进入安定期，经济社会得到巨大发展，对外交往频繁，文化辉煌灿烂。在元明清至民国时期，黄河泛滥、社会动荡，文化相对落后，政治中心转移到黄河流域之外，到清朝中后期中国在世界步入近代化的潮流中日益落伍。1938 年，国民政府扒开花园口黄河南堤，全河夺流改道，经颍河、涡河入淮，泛滥豫、皖、苏三省达 9 年之久。新中国成立后，黄河大堤连续加高四次，人民治黄投入了巨大的财政力量，修建了三门峡、小浪底等 18 座水库，黄河治理取得巨大成就，创造了七十余年“伏秋大汛，岁岁安澜”的奇迹。

梳理黄河流域自然、文化、社会发展可以发现，黄河孕育出的中原文化和华夏文明数千年间连绵不断、传承至今，构成了黄河底蕴深厚的文化基因。在中国共产党坚强领导下，黄河由“害河”变为“利河”的千年夙愿已成为现实，也实现了人与河流由抗争到和谐共处的思想升华。

黄河下游是中国上古时代英雄人物的主要活动区域（图 3.10-4）。盘古开天辟地、伏羲画八卦、神农尝百草等历史典故，以及大禹治水、愚公移山等不畏困难、自强不息的优良品性，早已化作中华民族的文化基因和民族精神，代代相传。以“三皇五帝”为代表的中华人文始祖群体，在上古时期聚首中原，成大业于河南。

图 3.10-4　人文始祖活动区域示意图

黄河下游是中华姓氏的主要发源地之一。根据姓氏专家研究，起源于河南的姓氏就有 1500 个，其中单字姓 1014 个、双字姓 484 个、三字姓 2 个，占古今姓氏总数的 18%。其中前五大姓氏中的李、张、陈均源于河南，王姓和刘姓最早的一支也是在河南形成的。由此可见，中华姓氏之根在黄河下游区域。

中国古代都城的源头、鼎盛发展和重要样板也在黄河下游区域。郑州西山古城是最早的圆形聚落城址，其时代可以早到仰韶文化时期。山东的淄博是齐国的故都，曲阜是鲁国的故都。以登封王城岗、淮阳平粮台、辉县孟庄等为代表的龙山城址，在全国同期城址中，以数量最多、结构完整、技术先进而著称。登封王城岗遗址，为“禹都阳城”。偃师二里头遗址是夏朝中晚期的都邑遗址，被誉为“最早的中国”。由此可见，古代都城之根、文化高峰在黄河下游区域。

黄河下游的地貌景观，包括峡谷河道、过渡性河道、宽浅型河道以及悬河，其类型的齐全在其他区域的黄河中是极为少见的。纵观治黄历程，治黄史就是一部人水不断斗争和融合的历史。由于黄河水患大多与黄河下游区域有关，因此黄河治理的关键与重点也在下游，许多重要的实践、重大的发明、重要的活动、重大理论的提出都离不开黄河下游区域。由此可见，治黄之根在黄河下游区域。

综上所述，黄河文化是中华文明的重要组成部分，是中华民族的根与魂。黄河下游区域是黄河的历史地理枢纽，是黄河文化的集大成之地，是黄河文化形成、融合、发展的核心区域，具有根源性、主干性、融合性、正统性的显著特征。

黄河下游文化资源较丰富，发展基础坚实，但文化挖掘力度不够，人文资源特色不明显，相关的文化景区和名胜古迹旅游区的规模较小，管理相对落后。面对黄河下游滩区文化发展现状，若要构建黄河文明体验体系，首要任务是梳理沿黄文化资源。

按照黄河下游两省文化资源的特征，可将文化资源分为传统文化类资源、非遗及红色革命文化类资源、自然公园类资源、综合体验类资源和水利工程类资源这五种类型，五种类型资源的具体分类见表 3.10-2。

表 3.10-2 沿黄文化资源类型分类统计表

沿黄文化资源类型	具体分类
传统文化类资源	世界文化遗产
	全国重点文物保护单位
	省级文物保护单位
非遗及红色革命文化类资源	非遗资源
	红色革命文化类资源
自然公园类资源	5A/4A 级景区；世界级、国家级地质公园；国家级森林公园；国家级水利风景区；国家级湿地公园；国家级自然保护区；国家级风景名胜区
综合体验类资源	文化展陈资源
	文化休闲体验资源
	乡村资源
水利工程类资源	堤防工程、护岸工程、控导工程、水库、险工等

基于上文所述的黄河文化溯源、黄河文化的正统性和根源性、沿黄资源点发展现状以及沿黄文化资源分类等因素，可采取“大文化”脉络轴线和“大融合”策略，构建黄河文明体验体系。

“大文化”脉络轴线分为主文化轴线和亚文化轴线。主文化轴线主要以河南、山东两省黄河干流和三类城市为基础，讲述古代治黄、人民治黄、黄泛区、新时代治河方略与故事；亚文化轴线主要以黄河支流和黄河故道为基础，讲述黄河迁徙变迁的故事。

“大融合”策略主要是为了展示中华文明的标志性品牌，融入全球经济大循环的对外开放高地。以国土空间规划“三区三线”为依据，在文化、生态、旅游、生活大融合的基础上，合理安排国土空间资源，全面开展经济活动、环境治理、生态维护、城市建设、农业生产、文化传播及公共基础设施建设等。“大融合”策略包括构建文旅品牌体系、主推原真中国化产品和规划国家文化线路（表 3.10-3，图 3.10-5）。

表 3.10-3　“大融合”策略、品牌、线路及资源点统计表

“大融合”策略	具体品牌及线路	具体资源点
构建文旅品牌体系	寻根文化品牌	新郑黄帝故里、淮阳太昊伏羲陵、灵宝黄帝陵等
	古都文化品牌	洛阳隋唐文化、郑州商文化、开封北宋文化、安阳商文化、淄博齐文化、曲阜鲁文化等
	地域文化品牌	商丘汉梁文化、洛阳和郑州河洛文化、焦作山阳文化、鹤壁淇河文化、济源济渎文化、新乡牧野文化、三门峡中流砥柱文化、平顶山应国文化等
	名物品牌	洛阳牡丹文化节、菏泽风筝节、开封菊花节、济南泉水节、鄢陵蜡梅节、淄博啤酒节、郑州嵩山少林武术节等
主推原真中国化产品	郑州嵩山少林寺（功夫、建筑）、开封清明上河园（绘画、城市）、焦作太极拳（功夫）、济南泉城（喷泉、城市）、菏泽孙膑故里（建筑、军事）、济宁水泊梁山风景区（武术、茶文化）等	
规划国家文化线路	华夏文明线路	庙底沟遗址（仰韶文化；河南）、龙山文化遗址（龙山文化；山东）、大汶口遗址（大汶口文化；山东）、商城遗址（商文化；河南）等
	思想元典线路	易文化、河洛文化、儒家文化、东夷文化、佛家文化等
	姓氏根亲线路	黄帝故里、淮阳太昊伏羲陵
	古都文化线路	洛阳、郑州、开封、安阳、淄博、曲阜
	治黄用黄线路	三门峡、小浪底、西霞院、桃花峪等水库
	红色革命线路	冀鲁豫边区革命纪念馆（菏泽）、时传祥纪念馆（德州）、二七纪念堂（郑州）、焦裕禄同志纪念馆（开封）、中原解放纪念馆（平顶山）等
	非遗艺术线路	豫剧（河南）、黄帝祭典（郑州）、少林功夫（郑州）、汴绣（开封）、皮影戏（济南）、山东大鼓（济南）、大洪拳（菏泽）、孟姜女传说（淄博）等

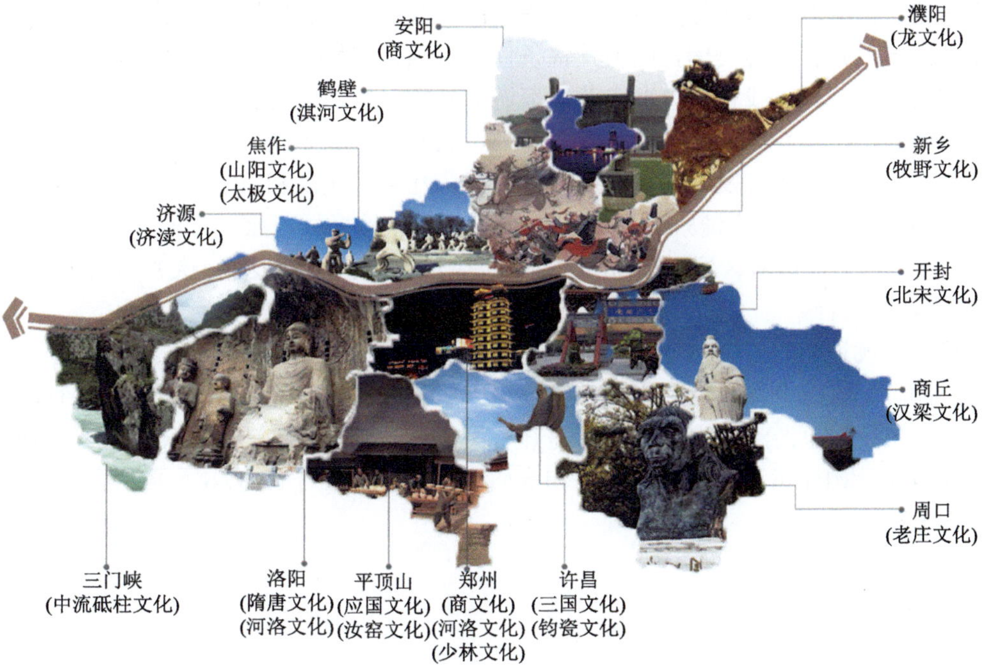

图 3.10-5　文旅品牌体系示意图（河南段）

（3）河流公园游赏体系

黄河下游蜿蜒浊流，滩区广袤，落日雄浑，无不展示博大、宏伟、壮丽、优美的大河风光。黄河下游流域内风景资源种类多样、构成丰富、分布广泛，有天景、地景、水景、生景等自然景观类型，也有胜迹、建筑、园景、风物等人文景观类型（图 3.10-6）。较为著名的风景资源有郑州黄河风景名胜区、花园口旅游区、兰考东坝头黄河湾风景区、济南百里黄河风景区、黄河口生态旅游区等。

虽然黄河下游滩区风景资源种类多样，但黄河下游滩区也存在风景资源发展不均衡的问题，发展较好的城市如郑州、济南和开封等，建设有数量较多的湿地公园、风景名胜区、国际生态城、游览区等；部分城市如菏泽、泰安、东营等，因为黄河主河道离市区较远，黄河滩区风景资源开发强度较弱。此外，黄河水少沙多、水沙关系不协调，泥沙问题长期以来并没有得到根本解决，威胁下游防洪安全的“二级悬河”的不利形态依然存在，对下游生态安全屏障的威胁依然严重，下游河道生态功能下降，为沿黄城市提供生态服务的能力严重不足。

考虑到黄河下游滩区风景资源开发现状、水沙关系、经济发展现状、群众生活条件、生态服务能力和三类县（市、区）生态景观建设标准等因素，黄河下游滩区可依据以“洪水分级设防，泥沙分区落淤，三滩分区治理”为主体的生态治理方略，形成嫩滩、二滩、高滩相协调的生态安全格局，构建河流公园游赏体系（图 3.10-7）。

滩区河流公园游赏体系可依托“三滩分区治理”模式，以天然河道为核心，依托下游沿黄地区建设的湿地自然保护区、湿地公园等湿地资源，落实国家湿地分级分类保护管理策略，在嫩滩和嫩滩与二滩交界处兴建湿地公园、构建省级层面湿地公园群。在具备条件的区域建立湿地公园，在不具备条件但自然景观优美、历史文化特色鲜明的区域布设游赏性设施，点线相连，形成黄河下游绵延数百里的生态湿地群。依托“三滩分区治理”模式，在二滩规划滩区特色农业基地、农业游览观光区、生态主题公园、田园综合体等，提升滩区经济发展和生态服务能力。依托乡村振兴和美丽乡村建设，采用“三滩分区治理模式”，在高滩规划建设特色小镇、文旅综合体、旅游产业集聚群、滩区居民安置社区等，促进滩区居民回流和产业发展，助推滩区经济发展，改善滩区人居环境，实现城乡品质升级。

通过“廊道+节点”的模式，串联起沿黄下游三滩内的湿地公园、农业基地、生态主题公园、文旅综合体和特色小镇等，采用“三滩分区治理”模式，缓解下游行洪输沙压力，助推黄河下游滩区生态保护，提升居民居住品质，促进滩区经济发展，加速城乡一体化发展，构建黄河下游生态保护和高质量发展带（图 3.10-8）。

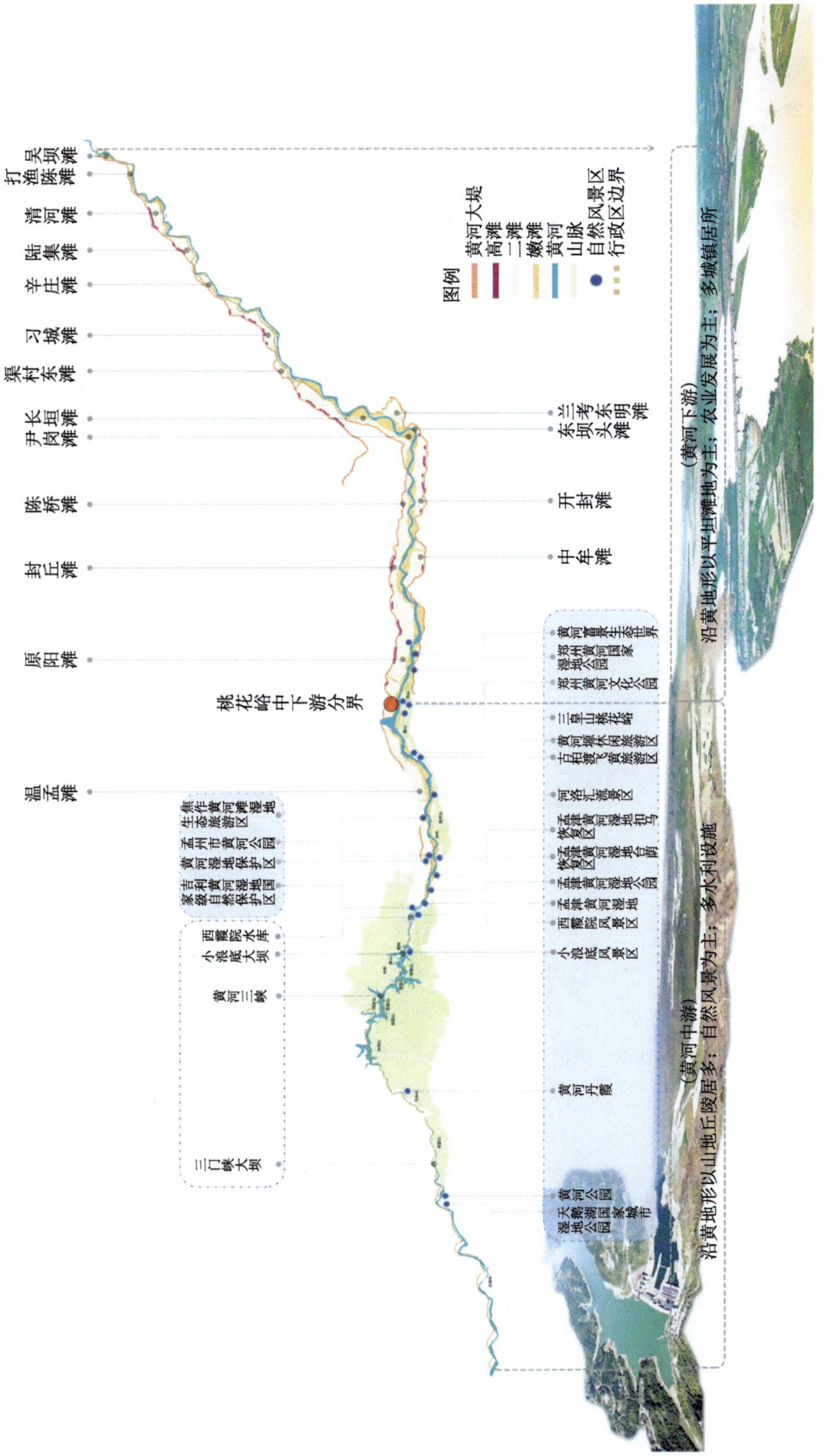

图3.10-6　黄河下游滩区风景资源示意图

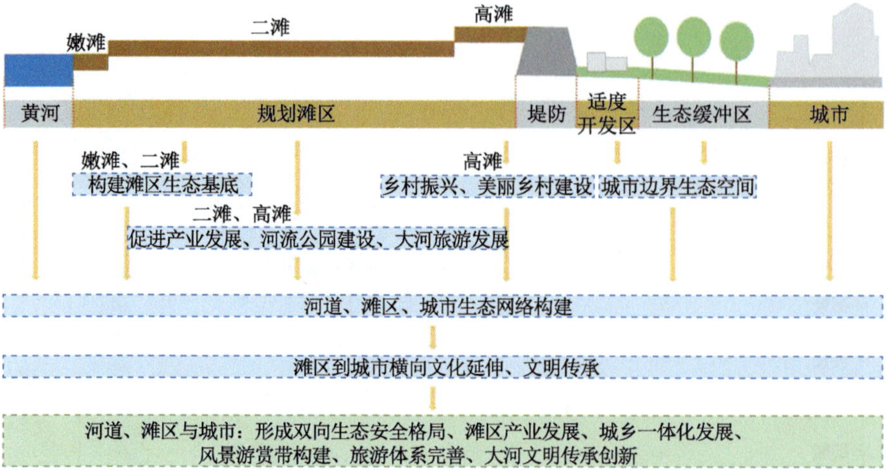

图 3.10-7　黄河三滩风景游赏模式示意图

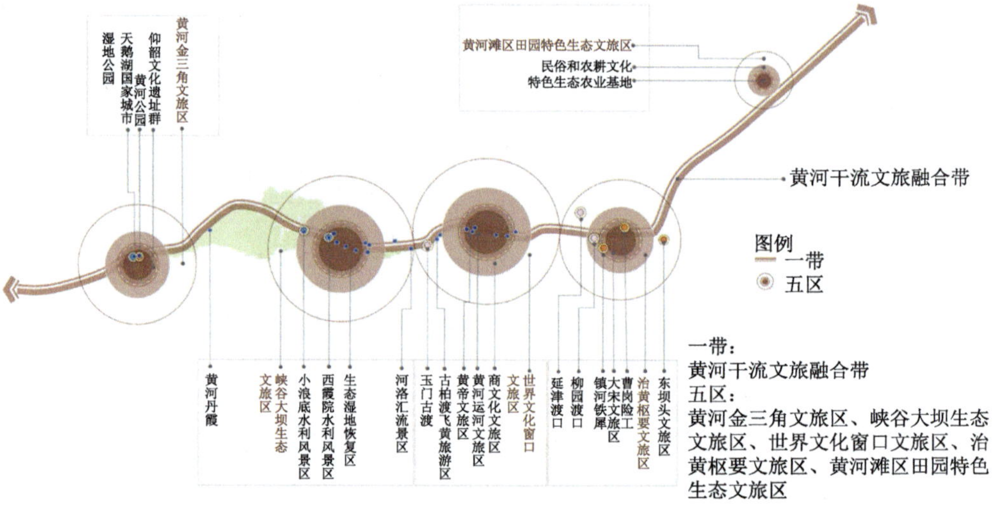

图 3.10-8　黄河干流（滩区）生态文化旅游融合发展示意图

第 4 章　黄河下游生态廊道构建关键技术

4.1　河流形态重构关键技术

4.1.1　宽滩河流滩槽协同再造方法

在宽滩河流生态治理理论的指导下，研究分析了宽滩河流滩槽协同再造手段，提出了挖河部位、挖河长度、挖河断面参数等河道断面疏浚的控制指标，基于“挖筑平衡、成本最优”的原则，提出了疏浚泥沙配置方法，实现了行洪通道、输沙通道和生态廊道的协同再造。

4.1.1.1　滩槽协同再造手段

滩槽协同再造手段有自然引洪放淤和机械放淤两种方式。

（1）自然引洪放淤

自然引洪放淤是通过有计划地修建引洪闸，开挖输沙渠，利用滩面横比降，借助洪水的自然力量，引洪入滩淤积泥沙。20 世纪 60 年代以前，黄河下游来水来沙基本为自然条件，陶城铺以上宽河段生产堤少，洪水出槽后，泥沙淤积在滩面，清水排入大河时，进行滩槽水沙交换，从而实现自然淤滩。

（2）机械放淤

机械放淤是利用挖泥船或泥浆泵等施工机械，结合疏浚主槽或挖取嫩滩泥沙并输送至滩区，采用挖泥船和泥浆泵组合抽取中水河槽泥沙，将泥沙淤积在滩区，主要有泥浆泵放淤和挖泥船放淤两种。

Ⅰ. 泥浆泵放淤

泥浆泵布置在中水河槽内的嫩滩上，利用高压水枪将土冲成泥浆，然后利用泥浆泵将泥浆送到指定位置沉淀、固结。为提高施工效率，泵淤施工常采用组合泵接力的施工方式，即以数台小泥浆泵挖泥，将泥沙输送到固定的集浆池内，再用一台接力泵连续接力或串联后用管道输送到指定的淤填区内。淤区采用分块（条）淤筑，排泥管布置力求平顺，以减少排距。为使淤区保持平整，排泥管出口设分水支管，根据淤筑情况，不断调整出泥管位置。退水口高程随着淤面的抬高不断调整，以保证淤区退水通畅，并控制退水含沙量。为防止淤区附近耕地盐碱化及影响群众生活，在淤区四周坡脚外 2m 处开挖截渗沟，截渗沟兼作退水渠，各淤区的施工排水均通过截渗沟或退水渠集中排走。

Ⅱ. 挖泥船放淤

挖泥船放淤是利用挖泥船在河道内依靠绞刀或高压水枪冲击河床或边滩土，加大含沙量，通过排泥管输送至淤区。目前黄河下游堤防放淤固堤采用的挖泥船主要有两种，一是简易挖泥船，主要由船体、动力主泵、进出水管道和高压水枪组成，利用高压水枪冲起河底泥沙，由主泵抽起含有大量泥沙的黄河水再通过管道送到淤区内；二是绞吸式挖泥船，主要由船体、舾装、动力系统、作业系统、液压传动系统和定位系统组成，采用扰动式造浆，即将绞刀下落至河床旋转切割河床土体，泥浆泵吸入切割的土体与河水，通过管道向外部输送。

泥浆泵和挖泥船施工具有结构简单、轻便灵活、操作方便、成本低、见效快、施工进度稳定、一般不受天气影响等优点，同时可大规模施工，黄河下游放淤固堤中已广泛应用。该法还可疏浚中水河槽，提高中水河槽过洪排沙能力，调整不利河势，减轻防洪压力。

随着近年来水沙条件的变化，下游中常洪水减少，加上生产堤约束，同时随着控导工程的不断完善，下游自然淤滩的概率大大降低，依靠自然引洪放淤塑造二滩不具备可行性。考虑到挖泥船放淤对水深、水流速度以及气候温度都有要求，且 2002 年以来黄河下游堤防淤背时均采用了泥浆泵放淤的方式，泥浆泵放淤具有一定的经验和基础，推荐二滩淤滩采用泥浆泵放淤方式。

4.1.1.2　河道断面疏浚的控制指标

通过疏浚主槽泥沙对滩区进行再造，需要确定河道断面疏浚的控制指标，以有利于疏浚后行洪河槽的长期维持，并使之长期发挥防洪减淤效益。断面疏浚的控制指标包括挖河部位、挖河长度、挖河断面参数。

（1）挖河部位

下游河道一般由正反相间、曲率达到一定程度的弯道和介乎其间的长短不等的过渡段（浅滩段）连接而成。

弯曲型河道的弯道段与浅滩段具有不同的横断面形态和流速分布特点。受弯道环流的作用，弯道段横断面形态接近三角形，凹岸冲蚀，边坡较陡，凸岸淤积，边坡要缓得多。凹岸水深和流速均较凸岸大，流速的横断面分布很不均匀（图 4.1-1）。而在过渡型河段上，因环流微弱甚至消失，断面形态趋于矩形或梯形，河宽较大，水深及流速在横断面上的分布比较均匀（图 4.1-2），对称性较好。

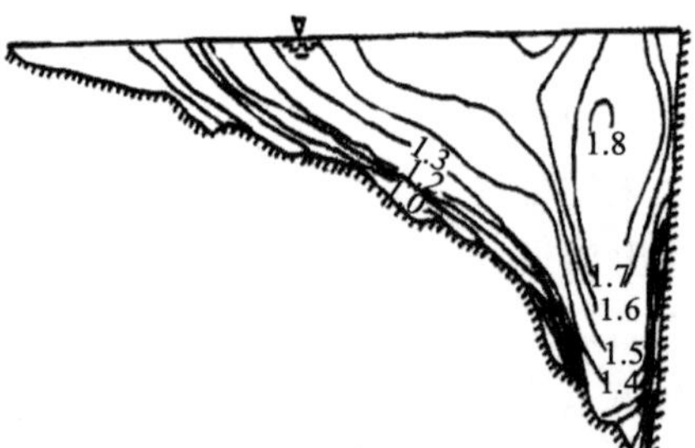

图 4.1-1　弯道段横断面形态和流速分布

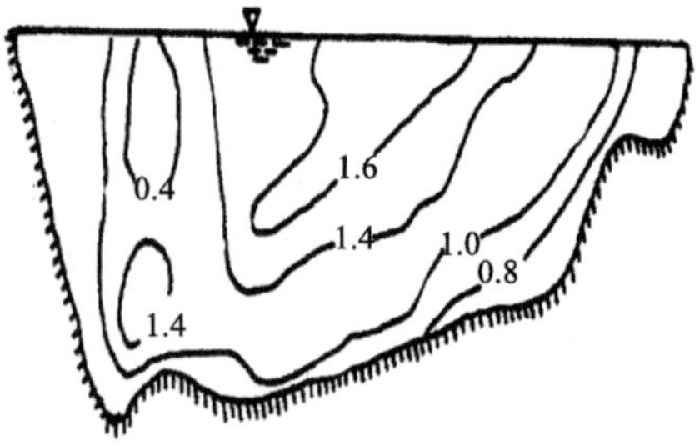

图 4.1-2　浅滩段横断面形态和流速分布

水流特性和输沙特性不同，决定了弯顶断面和浅滩断面冲淤特性的差异，弯顶断面和浅滩断面的冲淤对河段的排洪输沙能力又具有较大的反馈影响。实测资料分析表明，洪水期弯顶断面冲刷，即使不挖河，也可以造成这些河段的冲刷，随洪峰的增大输沙能力迅速增大，即挖河与否对弯顶河段汛期排洪输沙影响不大。但浅滩断面洪水期淤积，对于其上游的弯道段特别是弯顶断面，甚至整个河段的排洪输沙起到了局部侵蚀基面的作用。侵蚀基面抬高，不利于提高洪水期河道的排洪输沙能力。

枯水期弯顶断面大量淤积，不利于河段的排洪输沙，相应浅滩断面淤积较少，甚至是冲刷的，对河段排洪输沙能力的提高是有利的。非汛期弯顶河段大量淤积总体上是河段排沙能力不足造成的，但浅滩河段（并且是洪水期已经抬高了的浅滩）仍是其上游弯顶断面至浅滩断面的最高点，对其上游河段尤其是对其上游的弯顶断面起着明显的局部侵蚀基面的作用，是非汛期输沙的拦沙坎，拦沙坎的存在加剧了弯道断面的淤积。

以上分析表明，浅滩河段对洪水期的排洪和枯水期的输沙具有明显的不利影响，浅滩断面高程的降低不仅可以提高汛期排洪输沙能力，还有利于减少非汛期河道主要弯道河段的淤积，因此，挖河应把重点放在各河段的浅滩河段特别是浅滩滩脊断面的部位上。

（2）挖河长度

Ⅰ. 机理分析

挖河以后，由于河床边界条件的变化，在一定的水沙条件下，必然在挖河段产生一定的回淤，同时在挖河段上、下游发生一定的冲刷。为尽量减少开挖河段的回淤量，提高挖河减淤效果，需要从能量的角度分析河床演变的内在规律。

研究表明，要减少开挖河段的回淤量，就要使得含沙量的沿程衰减率尽量减小，应使挖河比降 i 最缓不能小于 J_f：

$$J_f = \frac{Q^2}{C^2}\frac{L}{Bh^2 W_{Sd}} \tag{4.1-1}$$

式中，L 为挖河长度；Q 为设计流量；C 为曼宁系数；B 为河宽；h 为平均水深；W_{Sd} 为挖沙量。

由式（4.1-1）可以看出，在流量和边界条件一定的情况下，对一定的挖沙量，要使 J_f 减小以减少回淤量，需要在满足河相关系的前提下尽量使挖河长度短一些；当挖河长度一定时，挖沙量不能太小，挖河断面也不能过小；当挖河断面一定时，要尽可能增大挖沙量。

Ⅱ. 挖河长度对减淤效果的影响

研究成果表明，无论挖河长度多大，开挖河段的回淤及其上游河段的溯源冲刷，均在过流初期调整得最快，也就是说，溯源冲刷和挖槽回淤主要集中在洪水的前段。而且，在这一时段，开挖河段越短，溯源冲刷引起的河床高程降低越少，在回淤段前一时段的河床高程回升也越慢，但是到后期，开挖段河越短，河床回升转而越快，因而，就减少开挖河段床面回升或增加上游冲刷河段床面下降的效果而言，挖槽不宜太短，但太长时，其作用也不会增加太明显。

当挖河长度较合适时，可以提高河道的溯源冲刷作用，同时降低开挖河段的回淤程度。研究表明，开挖长度为 10～15km 较为合适。

（3）挖河断面参数

挖河断面的几何形态是决定水流能耗大小的主要因素。挖河几何形态要素包括挖宽 B_n、挖深 h_n 及其组合因子宽深比，即 $\sqrt{B_n}/h_n$。

挖河减淤的作用主要在于增大汛期河道的排洪输沙能力，并尽可能地在较长时期内维持挖河的效果。而挖河以后的断面形态与自然形态不同，同时受其上下游河段自然河道形态的影响，冲淤调整必将更为强烈。为此，挖河断面的形状应尽可能符合河流的自然特性，以延长挖河效果的时效性。从定性上分析，相同面积条件下，挖河断面越窄深，越有利于开挖河段汛期的排洪输沙，也越有利于其上游河段的溯源冲刷；挖河断面越宽浅，受挖河下游河段侵蚀基面影响所造成的回淤越少。由此可见，合理确定高效输沙横断面，对挖河减淤效果具有一定的影响。

弯顶断面和浅滩断面排洪输沙特性不同。总体来看，洪水条件下，弯顶断面排洪输沙能力的增加要明显大于浅滩断面，表明弯顶断面的河槽横断面形态更有利于提高开挖河段的排洪输沙效果。为此，选取窄河道典型弯顶断面和典型浅滩断面，系统分析不同条件下枯水河槽河宽、水深、断面形态等横断面因子的变化特点，以弯顶断面枯水河槽不同面积下的特征尺寸作为挖河断面，特别是挖河宽度的控制上限，以减小横断面形态的沿程变化幅度，既有利于提高浅滩河段的排洪输沙能力，又使得开挖后断面接近自然状况下的弯顶断面的特性。

研究成果表明，挖槽宽深比与挖槽回淤比之间的关系具有极值区的特性，极值区域出现在宽深比为 5～8 时，此域内的回淤比相对最小。

综上分析，可用弯顶断面形态作为浅滩段挖河横断面形态的控制上限，挖河较佳面积为 300～500m^2，河相系数为 6～10；物理模型试验结果表明，河相系数为 6～9 时挖河减淤效果较好，二者结论基本一致。

4.1.1.3 *疏浚泥沙配置方法*

综合考虑安全建设和“二级悬河”治理的泥沙需求量、河道整治工程保护要求，在充分考虑“挖筑平衡、成本最优”的基础上，提出疏浚泥沙配置方法。

（1）安全建设和“二级悬河”治理泥沙需求量

1）安全建设需求：安全建设标准为每人 80m^2，高滩宽 300～500m，高滩设计高程按照 20 年一遇水位加 1.0m 考虑，按照此标准确定各河段安全建设泥沙需求量。

2）“二级悬河”治理要求：通过对堤河进行淤填，使断面横比降与河段纵比降一致，对于宽河段，淤筑宽度为 500m，对于窄河段，淤筑宽度为滩唇至大堤，按照此标准确定各河段“二级悬河”治理泥沙需求量。

（2）泥沙疏浚方案

1）疏浚河段：根据安全建设需求和“二级悬河”治理要求，分 3 档（2km 以下、2～5km、5km 以上）确定排距合适的疏浚河段。

2）疏浚平面布置：黄河下游河道为中水河槽微弯型整治，泥沙来源在平面上取自平直段，扩大连续河段的过流输沙能力；从对控导工程保护的角度来说，泥沙疏浚离现有控导工程保留 100m 左右的距离；连续河段疏浚整治长度控制在 10～15km。

3）疏浚深度：考虑河势稳定要求，仅考虑在深泓点（河段平均概念）以上进行泥沙疏浚。

4）疏浚断面形态：采用土方平衡、过洪断面（平滩流量）及河相关系（$\sqrt{B}/H$）3 个指标进行控制。①土方平衡：河道断面上，主槽及嫩滩挖沙量等于高滩淤筑量和“二级悬河”淤填量，即 $V_{挖,槽}-V_{填,滩}=0$。②过洪断面：新开挖后的主槽断面面积乘以平均流速（花园口以上为 2m/s，花园口以下河段为 1.8m/s）尽可能大于 8000m³/s。③河相关系：控制在 6～9。

4.1.2　行洪输沙通道长期运行维持模式

下游高效输沙通道的长期运行，需要按照“控导主流、保护岸滩”的治理思路，完善下游河道整治工程布局，维持高效输沙通道的平面形态；需要通过结合水沙调控相机“排沙减淤”，并适时“挖河扩槽”，长期维持下游高效输沙通道规模。

4.1.2.1　输沙通道平面形态维持措施及工程布局

重构后的高效输沙通道，需要完善的河道整治工程体系来“控导主流、保护岸滩”，维持输沙通道的平面形态。

充分调查研究历史河势演变规律，从中选择有利的行河流路，确定了河道整治工程平面布局；采用实测资料分析、经验公式计算多种方法结合，分析论证了整治河宽、河湾间距、河湾中心角等河道整治工程参数；综合考虑生态治理要求，提出了河道整治工程的生态型设计方案。

（1）工程平面布局

充分利用黄河下游微弯型整治方案成果，对规划河道整治工程的适应性及河势变化趋势进行了研究，确定了局部有争议河段的工程平面布局，进而确定了河道整治工程规模，见表 4.1-1。

表 4.1-1　河道整治工程规模表

治理措施	省局	工程规模	治理措施	省局	工程规模
一、险工改建加固（道）	合计	567	三、控导工程加高加固（道）	合计	1 080
	河南局	60		河南局	295
	山东局	507		山东局	785
二、控导工程新续建（m）	合计	38 570	四、防护坝工程（道）	合计	133
	河南局	23 070		河南局	116
	山东局	15 500		山东局	17

注：“河南局”“山东局”分别指水利部黄河水利委员会下属的河南黄河河务局、山东黄河河务局

（2）河道整治工程参数

Ⅰ. 整治河宽

$$B=K^2\left(\frac{Q\cdot n}{K^2\cdot J^{\frac{1}{2}}}\right)^{6/11}$$

式中，B 为整治河宽（m）；Q 为设计流量（m^3/s）；n 为糙率，黄河下游一般取 n=0.01；K 为河相关系系数，即 $\sqrt{B}/h$；J 为整治流量下的水面比降（‱）。

采用实测资料分析和公式计算方法，确定整治河宽。

Ⅱ. 河湾间距和河湾中心角

类比模范河段河湾间距、河湾中心角等实测河湾要素，提出河湾间距和河湾中心角计算公式：

河湾间距：$L=(3\sim5)B$

河湾中心角：$\Phi=160Q^{0.33}/B$

（3）河道整治工程生态设计

Ⅰ. 丁坝的生态设计

丁坝是广泛使用的河道整治和维护建筑物，其主要功能为保护河岸不受来流直接冲蚀而产生淘刷破坏，同时它也在改善航道、维护河相以及保护水生态多样化方面发挥着作用。丁坝有长短之分，长者使水流动力轴线发生偏转，趋向对岸，起挑溜作用；短者起局部调整水流保护河岸的作用。由丁坝组成的护岸工程，既能控导溜势、保护堤岸，又有束狭河床、堵塞岔口和淤填滩岸的作用。

丁坝的空间位置与相对间距，可以影响范围内的水沙结构和河床形态，进而造成水生生物栖息地的适宜性变化，应针对河流水沙情势和水生生物栖息地适宜性，以更加适宜当地水生生境条件的涡流结构和水流分离现象为依据，科学布置丁坝的空间位置与相对间距，形成河床深浅交替、水流缓急并存的水沙情势，改善河流生境多样性。此外，根据实际情况选用透水材料和生态结构的丁坝组，可以有效提高河流局部生境质量，提高河流水体自净能力。

Ⅱ. 垛的生态设计

在进行防护堤垛的设计时，在保证堤坝和护岸安全的前提下，应按照人与自然和谐的生态建设要求，尽量采用当地材料，设置梯级缓坡，利用土工格栅堆石进占技术、生态笼埽、多孔混凝土构件和自然材质的柔性结构等具有良好反滤和垫层结构的堆石，为水陆交错带生境创造良好的环境条件。

Ⅲ. 护岸的生态设计

生态型护岸设计的最终目标应是在满足人类需求的前提下，使工程结构对河流的生态系统冲击最小化，不仅对水流的流量、流速、冲淤平衡、环境外观等影响最小，还适宜于创造动植物生存和繁衍的多样性生活空间。根据护岸工程特点，结合生态水利工程设计原则，在生态型护岸设计中应依照岸坡稳定、正常行洪、表面异质、材料自然、内外透水及成本经济等原则来进行。

在工程设计和实施时，应根据现场条件选择最优的生态水工技术和生态构件，如土体生态工程技术、生态砖和鱼巢砖等构件、石笼席、天然材料垫、土工布包裹、生态多孔混凝土块、土工格室、间插枝条的抛石护岸、椰壳纤维捆、木框墙、三维土工网垫等。生态护岸工程实施时，结合水体功能区划和周边湿地建设，因地制宜地选择护岸类型，同时满足防洪、景观、生态、游憩等多种功能。

4.1.2.2　高效行洪输沙通道长期运行模式

多年的治黄实践表明，黄河泥沙处理、利用的主要措施为“拦、调、排、放、挖”。建设干流骨干水库拦沙并进行调水调沙，充分利用黄河下游河道输沙能力多排沙入海，是实现“拦”“调”“排”相结合解决黄河泥沙问题的最优措施。有针对性地“挖”沙疏浚可有效提高河槽排洪、排沙、排凌能力，是“拦”“调”“排”的重要补充。

高效行洪输沙通道的维持需要将“拦”“调”“排”“挖”有机结合起来，利用输沙通道结合水沙调控相机“排沙减淤”，适时“挖河扩槽”，实现排洪输沙通道规模的长期维持。

当前，具有“拦沙”“调水调沙”能力的小浪底水库拦沙库容已淤积 34.50 亿 m^3，水库运用已处于拦沙后期，今后随着小浪底水库拦沙库容的逐步淤积损失，水库排沙的机遇将大大增加，进入下游的含沙量将大幅提升。水库拦沙库容淤满后，仅靠 10 亿 m^3 调水调沙库容，协调下游水沙关系的能力减弱，下游河道又将会快速回淤，小浪底水库拦沙期冲刷恢复的中水河槽过流能力将难以维持，必须建设古贤水库集中拦减入黄泥沙，并与小浪底水库联合调水调沙，减少下游河道的泥沙量，并长期维持中水河槽行洪输沙能力，保障黄河下游防洪安全。

（1）古贤水库、小浪底水库联合调水调沙运用方式

Ⅰ. 联合运用指导思想

古贤水库投入运用后与小浪底水库联合运用的指导思想为：古贤水库建成投入运用后的拦沙初期，应首先利用起始运行水位以下部分库容拦沙和调水调沙，冲刷小北干流河道，降低潼关高程，冲刷恢复小浪底水库部分槽库容，并维持黄河下游中水河槽行洪输沙能力，为古贤水库与小浪底水库在一个较长的时期内联合调水调沙运用创造条件，同时尽量满足发电最低运用水位要求，发挥综合利用效益。古贤水库起始运行水位以下库容淤满后，古贤水库与小浪底水库联合调水调沙运用，协调黄河下游水沙关系，根据黄河下游平滩流量和小浪底水库库容变化情况，适时蓄水或利用天然来水冲刷黄河下游和小浪底库区，较长期维持黄河下游中水河槽行洪输沙功能，并尽量保持小浪底水库调水调沙库容；遇合适的水沙条件，适时冲刷古贤水库淤积的泥沙，尽量延长水库拦沙运用年限。古贤水库正常运用期，在保持两水库防洪库容的前提下，利用两水库的槽库容对水沙进行联合调控，增加黄河下游和两水库库区大水排沙和冲刷机遇，长期发挥水库的调水调沙作用。

古贤水库在联合调水调沙运用中的作用为：①与小浪底水库联合运用，调控黄河水沙，塑造恢复、维持黄河下游和小北干流河段中水河槽行洪排沙功能的水沙过程，减少河道淤积；②在小浪底水库需要冲刷恢复调水调沙库容时，提供水流动力条件，延长小浪底水库拦沙运用年限，使之长期保持一定的调节库容；③初期拦沙和调水调沙，冲刷小北干流河道，恢复主槽过流能力，降低潼关高程，并部分冲刷恢复小浪底水库的调水调沙库容，为水库联合进行水沙调控创造条件。

小浪底水库在联合调水调沙运用中的作用为：①与古贤水库联合运用，塑造进入黄河下游的协调水沙关系，维持中水河槽行洪排沙功能；②对古贤水库下泄的水沙和泾河、洛河、渭河的来水来沙进行调控，减少下游河道淤积；③在古贤水库排沙期间，对入库水沙进行调控，尽量改善进入下游的水沙条件。

Ⅱ. 联合运用原则

根据各骨干水库的开发任务和水沙调控体系的总体要求，古贤水库投入运用后，其与小浪底水库主汛期联合调水调沙的运用原则如下。

古贤水库拦沙初期：主汛期古贤水库、小浪底水库联合调水调沙运用，在水库联合蓄水运用时，古贤水库主要对入库水沙进行调节，避免下泄 600～2000m^3/s 的水沙过程；当入库为流量大于 1500m^3/s 的高含沙洪水且小浪底水库累计淤积量小于 74 亿 m^3 时，水库异重流排沙，并控制出库流量不大于 10 000m^3/s，否则水库仍蓄水运用。小浪底水库对古贤至小浪底区间的水沙进行调节，凑泄花园口断面流量 800m^3/s 且出库流量不小于 600m^3/s，水库蓄水运用；当入库为流量大于 2000m^3/s 的高含沙洪水时，维持出库流量等于入库流量，水库异重流排沙；当小浪底槽库容淤积严重时，维持低水位壅水排沙；当小浪底水库蓄水位接近汛限水位时，维持水库蓄水位不变。在两水库蓄水和预报河道来水满足一次调水调沙大流量泄放的水量要求时，根据下游河道平滩流量变化和小浪底水库槽库容淤积情况，尽可能下泄有利于下游河道输沙的水沙过程（上限调控流量为 4000m^3/s 左右），冲刷恢复下游河道主槽过流能力或冲刷恢复小浪底水库有效库容。调节期古贤、三门峡和小浪底等水库调节径流，满足河道生态、水质、工农业供水和发电等要求。

古贤水库拦沙后期：根据黄河下游平滩流量和小浪底水库库容变化情况，古贤水库和小浪底水库联合调水调沙运用，适时蓄水（原则同拦沙初期）或利用天然来水冲刷黄河下游河道和小浪底库区泥沙。当黄河下游平滩流量大于 4000m^3/s 时，古贤水库和小浪底水库原则上不进行大量蓄水，主要采用低壅水拦粗排细运用，当遇较大流量低含沙洪水而小浪底槽库容淤积严重时，小浪底水库敞泄排沙以恢复库容。当黄河下游平滩流量小于 4000m^3/s 时，古贤水库和小浪底水库共同蓄水运用，联合泄放大流量过程冲刷恢复下游过流能力，小浪底水库可根据槽库容淤积情况，适当控制水库蓄水量，遇合适水沙条件冲刷恢复库容。两水库蓄水和预报河道来水满足一次调水调沙大流量泄放的水量要求时，即按照调控指标要求联合下泄洪水过程，冲刷恢复下游河道主槽过流能力或冲刷恢复小浪底水库有效库容。调节期水库联合兴利运用原则同拦沙初期。

古贤水库正常运用期：当古贤水库槽库容淤积不严重时，古贤水库和小浪底水库联合调水调沙运用原则同拦沙后期；当古贤水库槽库容淤积较严重时，充分利用入库流量冲刷排沙，恢复槽库容。调节期水库联合兴利运用原则同拦沙初期。

（2）对维持下游河道中水河槽过流能力的影响

不同水沙代表系列下，古贤水库投入运用后，均可改变小浪底水库拦沙库容淤满后下游各河段平滩流量迅速下降的局面，较长时期维持下游中水河槽行洪输沙功能。

4.1.3　河流形态重构效果评价

4.1.3.1　滞洪沉沙效果

1.　洪水泥沙演进模型

本研究基于 RSS 河流数值模拟系统，建立了黄河下游花园口至艾山河段平面二维水沙模型，经“96.8 洪水”验证后开展方案计算分析。

（1）控制方程

平面二维水沙数学模型的控制方程可写成如下通用形式：

$$\frac{\partial}{\partial t}(H\rho\varphi)+\frac{\partial}{\partial x}(H\rho u\varphi)+\frac{\partial}{\partial y}(H\rho v\varphi)=\frac{\partial}{\partial x}\left(H\Gamma_{\varphi}\frac{\partial\varphi}{\partial x}\right)+\frac{\partial}{\partial y}\left(H\Gamma_{\varphi}\frac{\partial\varphi}{\partial y}\right)+S_{\varphi} \qquad (4.1\text{-}2)$$

式中，φ 为通用变量；Γ_{φ} 为广义扩散系数；S_{φ} 为源项；ρ 为密度；H 为水深；u、v 分别为 x、y 方向的流速。控制方程中 φ、Γ_{φ}、S_{φ} 的意义如表 4.1-2 所示，其中 Z 为水位；n 为糙率；g 为重力加速度；v_T 为水流紊动扩散系数；v_S 为泥沙紊动扩散系数；S_i、S_{*i} 为第 i 组悬移质泥沙的含沙量和水流挟沙力；ω_i 为第 i 组悬移质泥沙的沉速；α 为悬移质恢复饱和系数（淤积，α=0.25；冲刷，α=1.0）。

表 4.1-2　控制方程变量表

控制方程	Φ	Γ_{Φ}	S_{Φ}
连续方程	1	0	0
u 动量方程	u	v_T	$-g\dfrac{n^2\sqrt{u^2+v^2}}{H^{\frac{1}{3}}}u-gH\dfrac{\partial Z}{\partial x}$
v 动量方程	v	v_T	$-g\dfrac{n^2\sqrt{u^2+v^2}}{H^{\frac{1}{3}}}v-gH\dfrac{\partial Z}{\partial y}$
悬移质不平衡输沙方程	S_i	v_S	$-\alpha\omega_i(S_i-S_{*i})$

河床变形方程如下：

$$\gamma'\frac{\partial Z_{0i}}{\partial t}=\alpha_i\omega_i(S_i-S_{*i})+\left(\frac{\partial g_{bxi}}{\partial x}+\frac{\partial g_{byi}}{\partial y}\right) \qquad (4.1\text{-}3)$$

式中，Z_{0i} 为第 i 组悬移质的河床高程；α_i 为第 i 组悬移质的泥沙恢复饱和系数；g_{bxi}、g_{byi} 分别表示第 i 组悬移质泥沙在 x、y 方向的单宽推移质输沙率；γ'为泥沙干容重。

定解条件及相关问题处理为：进口边界给定水深、平均流速以及悬移质含沙量的分布；出口边界给定水位，其他变量按照充分发展流动考虑。流速的岸壁边界按黏附条件给出，泥沙岸壁边界满足不穿透条件。滩区内片林、居民区等阻水地物通过糙率概化和地形调整实现；生产堤和输水渠道等线状地物均按照“Dike”处理，考虑到黄河下游生产堤主要为土质材料，建设年份不一，堤身材料以及堤防质量较差，在发生洪水时，易发生冲决和漫决，根据以往研究成果，当水流流速大于 1.8m/s、水流方向与生产堤附近单元网格夹角大于 45°、水深 H 超过 1.5m 时，就定性认为该段生产堤可能发生溃口；发生大洪水时，当洪水位与生产堤堤顶高差小于 0.2m 时，即认为生产堤发生漫决。

（2）数值计算方法

为适应不同复杂边界，RSS 河流数值模拟系统选择多边形单元为控制体，对二维模型的控制方程进行了离散，离散方程不但可基于非结构三角形网格进行求解，而且可基于非结构四边形网格或混合网格进行求解。离散方程的通用形式如下：

$$A_p \varphi_p = \sum_{j=1}^{N_{ED}} A_{Ej} \varphi_{Ej} + b_0 \qquad (4.1\text{-}4)$$

式中，φ_p、φ_{Ej} 分别为网格节点处和边界处的变量值；A_p、A_{Ej} 与 b_0 为系数；N_{ED} 表示控制体的边数。

2. 治理效果

（1）滩区治理模式

设置现状方案、生态治理方案（河流形态重构）2 种治理模式：现状方案采用 2017 年河道和滩地边界条件；生态治理方案基于“洪水分级设防，泥沙分区落淤，滩区分区改造”的治理新方略，将下游滩区由黄河大堤向主槽依次分区重构形成高滩、二滩、嫩滩，高滩在临堤 1～2km，设防标准为 20 年一遇，主要作为居民安置区，部分区域也可建设生态景观；二滩为高滩与控导工程之间的区域，结合“二级悬河”治理进行再造，主要用于发展高效生态农业、观光农业等，该区域设防标准为 5 年一遇，上水概率较高，承担一定的滞洪沉沙功能；嫩滩为二滩以内的临河滩地，用于建设湿地公园，与河槽一起承担行洪输沙功能。不同治理模式典型断面见图 4.1-3 和图 4.1-4。

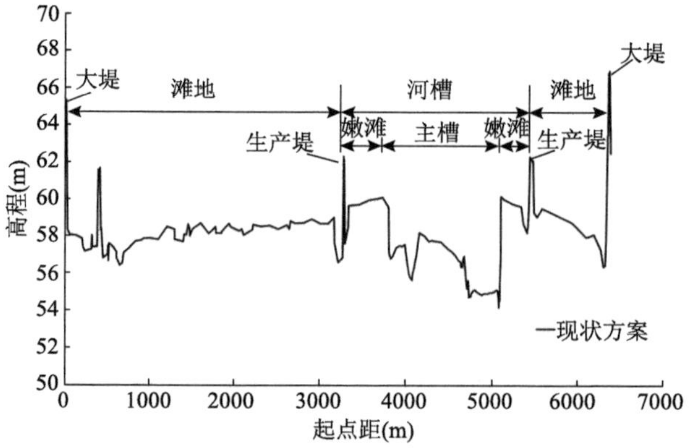

图 4.1-3　现状治理模式滩区典型断面图

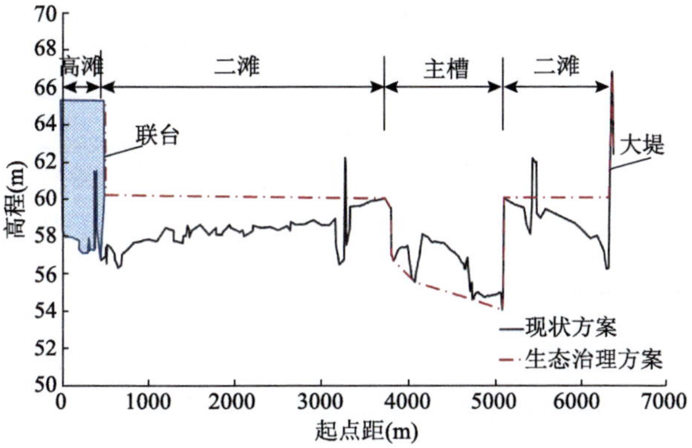

图 4.1-4　生态治理模式滩区典型断面图

（2）典型洪水选择

为反映不同量级洪水下游河道水沙运行机制，选择 1000 年一遇（“58.7” 型洪水）、100 年一遇（“58.7” 型洪水）、10 年一遇（“73.8” 型洪水）洪水泥沙过程进行黄河下游河道二维数学模型计算。根据潼关站设计水沙过程，考虑黄河中游三门峡、小浪底、陆浑、故县、河口村五库调节，得到进入下游河道的水沙过程，见表 4.1-3。“58.7” 型 1000 年一遇和 100 年一遇洪水历时均为 13d，洪峰流量分别为 18 900m^3/s 和 14 335m^3/s，平均含沙量略大于 50kg/m^3；“73.8” 型 10 年一遇洪水历时 46d，洪峰流量为 10 000m^3/s，平均含沙量为 90.25kg/m^3。

表 4.1-3　典型洪水进入下游河道的水沙特征值统计表

典型洪水	历时（d）	水量（亿 m^3）	沙量（亿 t）	平均含沙量（kg/m^3）	洪峰流量（m^3/s）	最大含沙量（kg/m^3）
“58.7”型 1000 年一遇洪水	13	114.7	6.27	54.66	18 900	152.64
“58.7” 型 100 年一遇洪水	13	108.3	5.54	51.15	14 335	135.47
“73.8” 型 10 年一遇洪水	46	222.6	20.09	90.25	10 000	316.52

（3）削减洪峰和滞洪效果

不同方案花园口至艾山河段对洪水的削峰率和蓄洪量统计见表 4.1-4。“58.7”型 1000 年一遇洪水条件下，现状方案和生态治理方案洪水演进至艾山，经东平湖分洪后，对洪水的削峰率均为 47%，滞洪量分别为 38.2 亿 m^3 和 37.5 亿 m^3；“58.7” 型 100 年一遇洪水条件下，现状方案和生态治理方案洪水演进至艾山，经东平湖分洪后，对洪水的削峰率均为 30%，滞洪量分别为 29.8 亿 m^3 和 28.5 亿 m^3；“73.8” 型 10 年一遇洪水条件下，因洪峰近似为“平头峰”，现状方案和生态治理方案艾山以上河道对洪水的削峰率分别为 8%和 6%，滞洪量分别为 28.5 亿 m^3 和 26.3 亿 m^3。

表 4.1-4　不同方案花园口至艾山河段对洪水的削峰率和滞洪量统计表

场次洪水	对洪水的削峰率（%）		滞洪量（亿 m^3）	
	现状	生态治理	现状	生态治理
“58.7”型 1000 年一遇洪水	47	47	38.2	37.5
“58.7”型 100 年一遇洪水	30	30	29.8	28.5
“73.8”型 10 年一遇洪水	8	6	28.5	26.3

综合对比可以看出：大洪水期间，两种治理模式黄河滩区均能够较好地发挥滞洪削峰作用，但是退水期间，现状方案由于生产堤或防护堤存在，洪水不易归槽，大量洪水将蓄滞在滩区；生态治理方案因滩槽水沙交换顺畅，滩区蓄滞的洪量将随着洪水消退，很快归入河槽。

（4）河道输沙和滩区落淤效果

“58.7”型 1000 年一遇洪水条件下，现状方案和生态治理方案全河道淤积量分别为 2.06 亿 t 和 1.03 亿 t，其中嫩滩淤积量分别为 1.53 亿 t 和 0.77 亿 t；“58.7”型 100 年一遇洪水条件下，现状方案和生态治理方案全河道淤积量分别为 2.01 亿 t 和 0.98 亿 t，其中嫩滩淤积量分别为 1.42 亿 t 和 0.69 亿 t；“73.8”型 10 年一遇洪水条件下，现状方案和生态治理方案全河道淤积量分别为 7.72 亿 t 和 6.00 亿 t，其中嫩滩淤积量分别为 3.85 亿 t 和 2.99 亿 t（表 4.1-5）。

表 4.1-5　不同方案河道和嫩滩冲淤效果统计表　　（单位：亿 t）

场次洪水	全河道淤积量		嫩滩淤积量	
	现状	生态治理	现状	生态治理
“58.7”型 1000 年一遇洪水	2.06	1.03	1.53	0.77
“58.7”型 100 年一遇洪水	2.01	0.98	1.42	0.69
“73.8”型 10 年一遇洪水	7.72	6.00	3.85	2.99

综合对比可以看出：现状方案受生产堤等滩区构筑物阻挡，河道淤积量占来沙量的 30%～50%，这是“二级悬河”发育、河道形态恶化的重要原因；生态治理方案下，通过治理，河道形态归顺，有利于行洪输沙，因此全河道淤积量和嫩滩淤积量均较现状方案减小，有利于遏制“二级悬河”发育和河道形态恶化。

（5）洪水漫滩过程对比分析

表 4.1-6 给出了“二级悬河”典型断面（禅房断面）滩槽关系和漫滩洪水特征统计。图 4.1-5 和图 4.1-6 给出了两种治理模式洪水漫滩前河槽蓄水状态示意图。现状方案下，禅房断面滩槽高差为 5.5m，滩槽横向倒比降达到 0.6‰，洪水漫滩后由于生产堤阻挡，水位逐渐壅高，若生产堤突然决口，大量洪水居高临下，直冲大堤，流速一般能达到 3m/s 以上，黄河大堤最大偎水深度达 7.5m；生态治理方案通过二滩再造和高滩淤筑，“二级悬河”不利局面基本消除，滩槽横向倒比降不复存在，洪水自然漫滩，堤根最大偎水深度仅有 0.9m。

表 4.1-6　禅房断面滩槽关系和漫滩洪水特征统计表

典型断面	滩槽高差（m）	滩槽横比降（‰）	漫滩时横向水头差（m）	横向流速（m/s）	堤根最大偎水深度（m）
现状方案	5.5	–0.6	5.5	3.05	7.50
生态治理方案	0.0	0.0	0.0	0.0	0.9

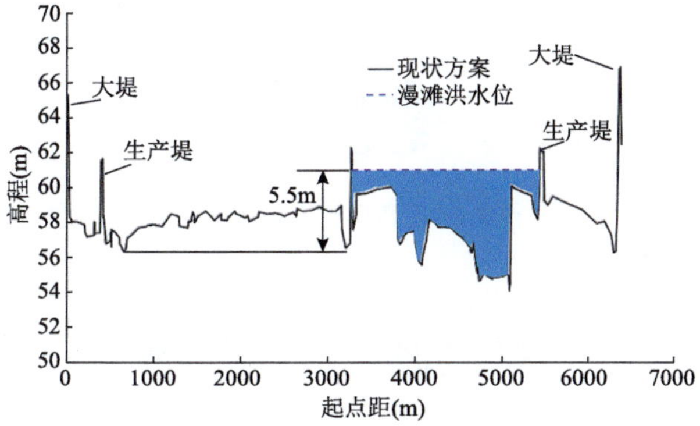

图 4.1-5　现状治理模式洪水漫滩前河槽蓄水状态

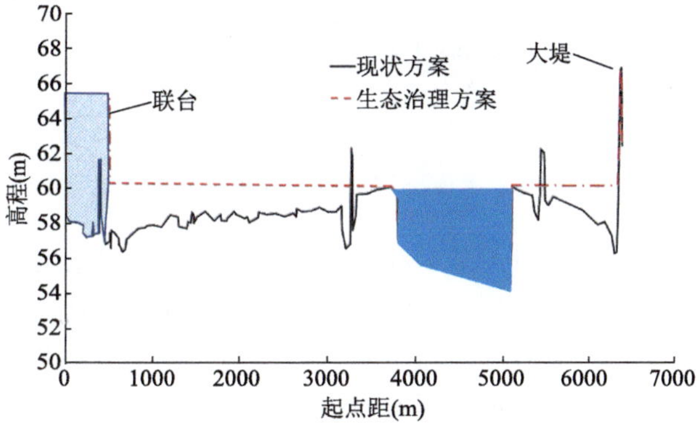

图 4.1-6　生态治理模式洪水漫滩前河槽蓄水状态

4.1.3.2　泥沙冲淤和平滩流量

1.　黄河中下游水库群河道互馈模型总体框架

黄河中下游水库群河道互馈模型包括调度模块、水库模型和河道模型。水库模型包括古贤水库、三门峡水库和小浪底水库模型，河道模型包括黄河下游河道和河口模型，调度模块根据水库冲淤、河道冲淤和来水来沙条件，确定古贤水库、三门峡水库和小浪底水库的调控指标，作为水库、河道冲淤计算的边界条件，实现水库、河道冲淤互馈。数学模型总体框架和水库群调控与河道冲淤互馈方式分别见图 4.1-7 和图 4.1-8。

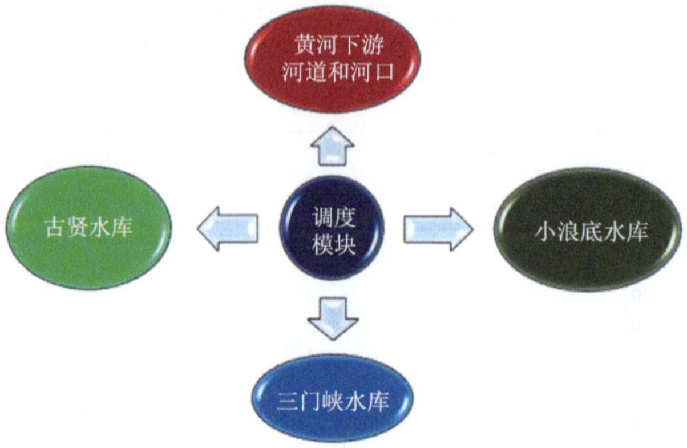

图 4.1-7　数学模型总体框架

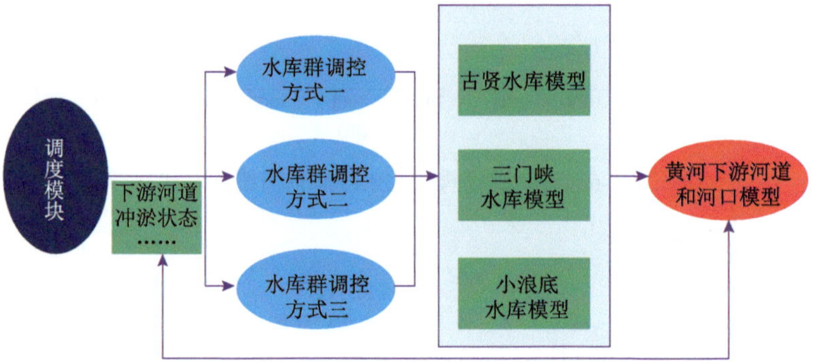

图 4.1-8　水库群调控与河道冲淤互馈方式

水库、河道冲淤计算均采用一维水动力学模型，模型计算范围如下。古贤水库：碛口坝下至古贤坝址，支流三川河、屈产河、无定河、清涧河、昕水河、延河毛沟按虚拟水库考虑。三门峡水库：黄河干流龙门至三门峡坝前、渭河华县以下，汾河、北洛河按点源考虑。小浪底水库：三门峡坝下至小浪底坝前。一维水动力学模型基本原理如下。

Ⅰ. 水流运动控制方程

水流连续方程：

$$B\frac{\partial z}{\partial t}+\frac{\partial Q}{\partial x}=q_l$$

水流运动方程：

$$\frac{\partial Q}{\partial t}+2\frac{Q}{A}\frac{\partial Q}{\partial x}-\frac{BQ^2}{A^2}\frac{\partial z}{\partial x}-\frac{Q^2}{A^2}\left.\frac{\partial A}{\partial x}\right|_z=-gA\frac{\partial z}{\partial x}-\frac{gn^2|Q|Q}{A(A/B)^{4/3}}$$

式中，x 表示沿流向的坐标；t 表示时间；Q 表示流量；z 表示水位；A 表示断面过水面积；B 表示河宽；q_l 为单位时间单位河长汇入（流出）的流量；n 为糙率；g 表示重力加速度。

Ⅱ. 悬移质不平衡输沙方程

将悬移质泥沙分为 M 组，以 S_k 表示第 k 组泥沙的含沙量，可得悬移质泥沙的不平衡输沙方程：

$$\frac{\partial(AS_k)}{\partial t}+\frac{\partial(QS_k)}{\partial x}=-\alpha\omega_k B(S_k-S_{*k})+q_{ls}$$

式中，α 表示恢复饱和系数；ω_k 表示第 k 组泥沙颗粒的沉速；S_{*k} 表示第 k 组泥沙的水流挟沙力；q_{ls} 表示单位时间单位河长汇入（流出）的沙量。

Ⅲ. 河床变形方程

河床变形方程：

$$\gamma'\frac{\partial A}{\partial t}=\sum_{k=1}^{M}\alpha\omega_k B(S_k-S_{*k})$$

式中，γ' 为泥沙干容重。

Ⅳ. 定解条件和数值计算方法

模型进口为流量和含沙量过程，出口为水位过程。数学模型控制方程采用有限体积法离散，用基于交错网格的 SIMPLE 算法处理流量与水位的耦合关系。离散方程组由水流运动方程、水位修正方程、泥沙输移方程共 3 个方程构成，均采用 Gauss 迭代法求解。

2. 分析计算条件

（1）四站水沙情景

计算水沙条件考虑黄河来沙 8 亿 t 和来沙 3 亿 t 两种情景。

Ⅰ. 黄河来沙 8 亿 t 情景

设计水沙条件采用《黄河古贤水利枢纽工程可行性研究报告》的成果，四站（龙门、华县、河津、状头）全年水量为 272.1 亿 m^3，其中汛期水量为 140.2 亿 m^3，占全年水量的 51.5%；全年沙量为 8.00 亿 t，其中汛期沙量为 7.10 亿 t，占全年沙量的 88.8%。汛期、全年含沙量分别为 50.7kg/m^3 和 29.4kg/m^3（表 4.1-7）。

表 4.1-7　黄河来沙 8 亿 t 情景各站水沙特征值表（1956～2010 年系列）

水文站	径流量（亿 m^3）			输沙量（亿 t）			含沙量（kg/m^3）		
	汛期	非汛期	全年	汛期	非汛期	全年	汛期	非汛期	全年
龙门	104.3	109.4	213.7	4.17	0.69	4.86	39.9	6.3	22.7
华县	28.5	17.1	45.6	2.41	0.18	2.59	84.6	10.3	56.7
河津	4.6	3.4	7.9	0.10	0.01	0.11	22.3	2.0	13.7
状头	2.9	1.9	4.8	0.43	0.02	0.45	146.4	12.6	93.5
四站	140.2	131.8	272.1	7.10	0.90	8.00	50.7	6.8	29.4
黑石关	13.2	6.7	20.0	0.06	0.00	0.07	4.9	0.6	3.4
武陟	3.9	2.3	6.2	0.02	0.00	0.02	5.1	0.8	3.5

在 1956～2010 年的 55 年基本系列中，从平均水沙量尽可能接近设计值、系列尽可能连续的角度考虑，选取 1959～2008 年的 50 年系列，作为 8 亿 t 情景的水沙代表系列。代表系列中，四站年水量为 272.97 亿 m^3，年沙量为 7.93 亿 t。

Ⅱ. 黄河来沙 3 亿 t 情景

2000～2013 年四站实测沙量为 2.996 亿 t，与设计 3 亿 t 情景最接近，因此选用 2000～2013 年实测 14 年系列连续循环 3 次+2002～2009 年组成 50 年系列，作为该情景的水沙代表系列。主要控制站水沙量见表 4.1-8，四站年水量为 246.44 亿 m^3，年沙量为 3.00 亿 t。

表 4.1-8　黄河来沙 3 亿 t 情景各站水沙特征值表

水文站	径流量（亿 m^3）			输沙量（亿 t）			含沙量（kg/m^3）		
	汛期	非汛期	全年	汛期	非汛期	全年	汛期	非汛期	全年
龙门	77.49	108.36	185.86	1.28	0.30	1.58	16.52	2.81	8.52
华县	32.29	18.77	51.06	1.15	0.08	1.23	35.67	4.14	24.08
河津	2.53	1.89	4.42	0.00	0.00	0.00	1.09	0.14	0.70
状头	3.20	1.91	5.10	0.17	0.01	0.18	52.99	5.21	35.13
四站	115.51	130.93	246.44	2.60	0.39	3.00	22.54	2.99	12.16
黑石关	10.1	8.5	18.7	0.01	0.00	0.01	0.6	0.0	0.3
武陟	3.5	1.4	4.9	0.01	0.00	0.01	1.7	0.1	1.2

（2）骨干水库建设情景

目前，黄河中游已经建成万家寨、三门峡、小浪底、陆浑、故县、河口村等水库工程（图 4.1-9）。东庄水库初步设计已经通过国家审批，已进入全面建设阶段。古贤水库正在进行可研工作。河流形态重构效果考虑有小无古（有小浪底水库无古贤水库）和有小有古（有小浪底水库和古贤水库）两种情况。

图 4.1-9　水沙调控体系建设现状

3. 下游河道冲淤分析

黄河来沙 8 亿 t 情景下，分析计算期采用 100 年（1959～2008 年系列循环 2 次）。无古贤水库情况下，小浪底水库 2030 年淤满，下游河道 100 年累计淤积 148.00 亿 t，随着泥沙淤积，下游河道平滩流量逐步减小，在 2080 年降至 4000m³/s（表 4.1-9）。有古贤水库情况下，下游河道累计淤积 63.14 亿 t，古贤水库拦沙期下游河道平滩流量可基本维持在 8000m³/s 左右（图 4.1-10），古贤水库拦沙期满后，随着下游河道淤积，下游河道平滩流量逐步减小，但在分析计算期内，平滩流量均大于 4000m³/s，预估 4000m³/s 以上中水河槽可维持到 2130 年左右。

表 4.1-9　不同计算方案水库拦沙年限和下游河道冲淤结果

水沙情景方案	工程情景	水库拦沙库容淤满年限		黄河下游累计淤积量（亿 t）		平滩流量降至 4000m³/s 的年份
		古贤水库	小浪底水库	1～100 年	1～200 年	
8 亿 t（计算 100 年）	有小无古	—	13 年（2030 年）	148.00	—	2080
	有古有小	41 年（2071 年）	13 年（2030 年）	63.14	—	—
3 亿 t（计算 200 年）	有小无古	—	40 年（2057 年）	10.34	56.9	2095
	有古有小	154 年（2170 年）	69 年（2086 年）	–8.35	–7.2	长治久安

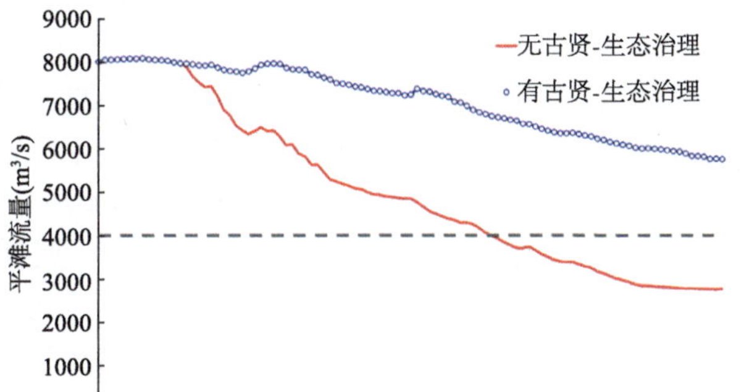

图 4.1-10　生态治理后下游河道平滩流量保持情况（8 亿 t 来沙情景）

黄河来沙 3 亿 t 情景下，分析计算期采用 200 年（由 2000～2013 年实测 14 年系列连续循环 3 次+2002～2009 年组成 50 年系列，再将该 50 年系列循环 4 次）。无古贤水库情况下，小浪底水库 2057 年淤满，下游河道 200 年累计淤积量为 56.9 亿 t，随着泥沙淤积，平滩流量逐步减小，在 2095 年降至 4000m³/s。有古贤水库情况下，水库拦沙期下游河道微冲，古贤水库拦沙期结束进入正常运行期后，下游河道将处于冲淤平衡状态，平滩流量可基本维持在 8000m³/s 左右（图 4.1-11）。

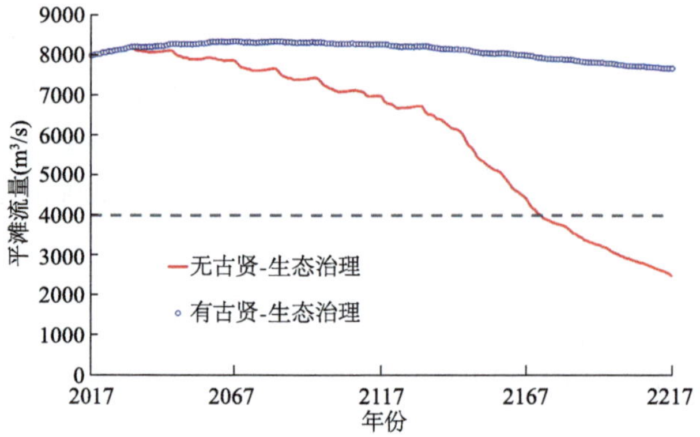

图 4.1-11　生态治理后下游河道平滩流量保持情况（3 亿 t 来沙情景）

4.2　绿色节水节能型城镇供排水系统

水资源短缺和环境保护一直都是世界各国关注的焦点问题。据相关研究统计，我国目前的人均水量仅为 2400m^3，仅相当于世界人均水量的 1/4，低于人均 3000m^3 的轻度缺水标准，被联合国列为 13 个贫水国家之一，因此，建立水资源节约集约利用的可持续发展城市已上升为国家战略。

随着我国城市化不断推进，供排水系统规模由散户、村落、村镇，逐渐过渡为大中型城镇，形成了“统一收集、输送和处理”的供排水系统模式。伴随着城镇化进程进一步推进，未来城市规模将越来越大，而我国目前形成的“统一收集、输送和处理”的供排水系统模式将面临越来越多的挑战。对相关文献和实际工程的调研发现，现阶段城镇供水系统采用“集中处理、统一输送”模式的弊端主要体现为忽略了用户对不同水质的供水需求而采取统一供给（如生活饮用水、生活杂用水、各类冲洗用水和绿化浇洒用水等）。目前，一方面自来水水质达不到直饮水标准，另一方面自来水用于洗涤、冲厕、绿化浇洒等显得水质过高，造成浪费，导致自来水利用处于高不成、低不就的尴尬境地。现阶段城镇排水系统采用“统一收集、合并处理”模式的弊端主要体现为忽略了分质排放而采取统一排放，即将洗浴、洗涤废水与粪便污水混合后送入污水厂进行统一处理，达到污水排放标准后排放。这不仅影响了天然有机肥资源的循环利用，还增加了污水处理成本，造成资源的浪费。

针对城镇供排水系统存在的问题，构建“分质供水、分类排水、精准处理、循环利用”的绿色节水节能型城镇供排水系统，实行污水源头分类收集排放，精准处理。将粪尿污水单独收集，经无害化、资源化、减量化处理后制作成有机肥料，将其他低负荷废水集中收集，处理后进行中水回用，实现资源回收利用，构建污染物资源化处理利用模式，其系统原理如图 4.2-1 所示。

建设直饮水和自来水双供水系统。按区域分区建设直饮水处理厂，从生活生产水厂引接自来水，在直饮水处理厂将 10%～15%的自来水进行深度处理，使之达到直饮水标准，新建直饮水管网供居民饮用（图 4.2-2）。其他用水保持原有的自来水供水系统和处理工艺，水质满足洗涤、淋浴等一般用水要求即可，实行分类处理、分质供水。

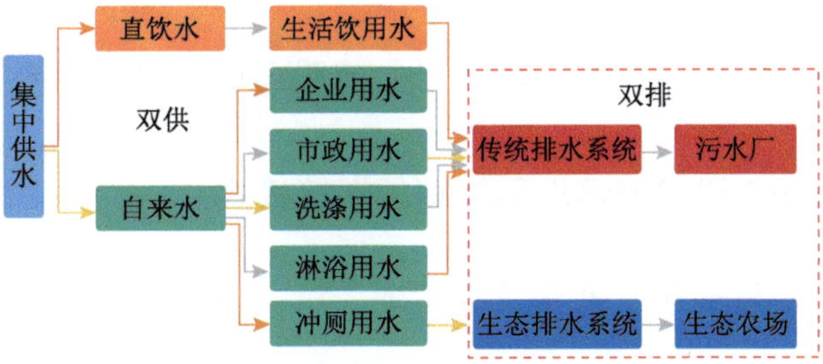

图 4.2-1　绿色节水节能型城镇供排水系统原理图

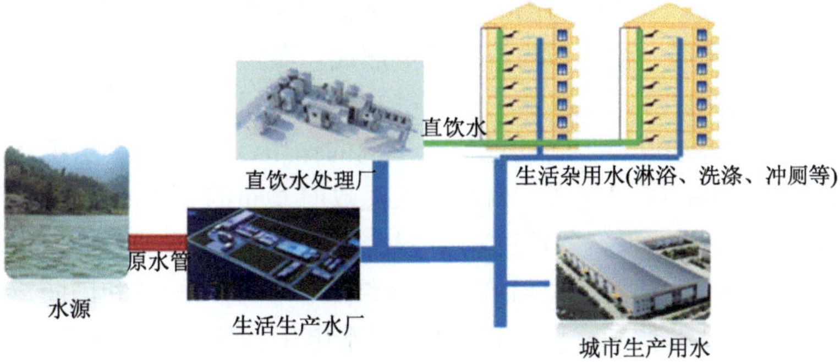

图 4.2-2　分质供水系统示意图

将粪尿污水（黑水）和其他杂用排水（灰水）分类排放，精准处理。将粪尿污水单独收集，经处理站无害化、资源化、减量化处理后制作成有机肥料、沼气等，可以回用于农田，改良土壤，打造绿色有机农业。将其他杂用排水集中收集，由于其水质较好，有机物含量较低，经物化-生态处理后，达到回用水标准，可用于景观水系回用、浇洒道路、绿化灌溉等，较传统污水处理可明显降低污水处理能耗，实现水资源及污染物的资源化回用（图 4.2-3）。

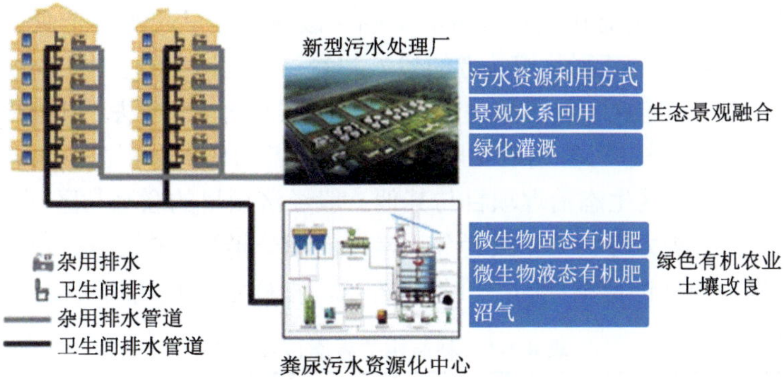

图 4.2-3　分类排水系统及污染物资源化回用模式

4.3 河流生态带与沿河城镇群融合发展模式研究

4.3.1 滩区生态治理与沿河城镇发展规划的衔接模式

4.3.1.1 滩区-沿河城镇利益相关者界定

滩区-沿河城镇利益相关者是指极其可能受黄河下游生态廊道构建影响的或者那些会影响项目的人、群体和单位。在冲突管理等方法运用过程中，利益相关者分析成为发展领域极为流行的工具。从滩区与沿河城镇发展规划角度来说，可将滩区与沿河城镇的利益相关者分为中央政府、当地政府、企业、居民、黄河河务部门、农业部门、建设部门、环保部门、环境保护者、专家学者等。每一个利益相关者都在项目运行中有自己独特的经济或社会效益诉求以及不同的地位、不同的作用、不同的社会行为。

研究数据及其来源：①河南省、山东省人民政府发布的关于滩区、沿河城镇的法规和文件，通过政府官方网站收集整理；②当地社会经济发展状况及生态环境情况等材料，通过政府门户网站、统计年鉴等资料收集；③结合《中华人民共和国防洪法》《大中型水利水电工程建设征地补偿和移民安置条例》《水电工程移民安置城镇迁建规划设计规范》（DL/T 5380—2007）等条文；④对滩区及沿河周边城镇进行社会调查，根据收集的资料选择城镇和滩区乡村进行深度访谈，访谈采取半结构化、面对面的方式，访谈对象为可能利益相关者，每次访谈完成后，整理访谈资料，逐一分析受访者对每个问题的回答结果，并按照回答的同质性及研究目的进行归纳总结，将多样化的回答结果整理成有限类型。

4.3.1.2 滩区-沿河城镇利益相关者分析

研究方法：基于文件、资料收集和访谈获得的数据，采用利益相关者分析方法，总结黄河下游滩区治理模式中利益相关者属性并对其进行分类，进一步采用比较分析方法探讨利益相关者冲突及对高滩建设的响应情况和影响因素，为项目优化提供依据。

利益相关者理论是利益相关者分析的基础，该理论最早起源于企业管理领域，强调任何一个企业的发展离不开利益相关者的投入和参与，在公司治理中应重视利益相关者的利益、参与及合作，并建立了利益相关者界定的多维细分法等方法。但传统企业利益相关者理论对利益的界定比较广义，为避免所有利益相关者均与生态利益有联系而不具有区分性的不足，充分考虑滩区生态治理项目与其他一般经济项目的联系与区别，结合利益性—影响力、参与度—影响力等利益相关者分析常用的细分指标，建立一个以影响力、参与度及经济利益性作为属性评价指标的三维界定方法，指标定义及刻画尺度如下（表 4.2-1）。

表 4.2-1 利益相关者属性及类型

利益相关者	河南省				山东省			
	影响力	参与度	利益性	类型	影响力	参与度	利益性	类型
中央政府	高	高	高	核心	高	高	高	核心
当地政府	高	高	高	核心	高	高	高	核心

续表

利益相关者	河南省				山东省			
	影响力	参与度	利益性	类型	影响力	参与度	利益性	类型
企业	低	低	低	边缘	低	低	中	次核心
当地居民	低	低	中	次核心	低	低	中	次核心
黄河河务部门	中	高	高	次核心	中	高	高	次核心
农业部门	中	低	低	次核心	中	低	低	次核心
建设部门	中	中	低	次核心	中	中	低	次核心
环保部门	中	低	低	次核心	中	低	低	次核心
社会公众	低	低	低	边缘	低	低	低	边缘

1）影响力：指利益相关者是否拥有影响滩区与沿河城镇发展的地位、能力和相应的手段及其讨价还价的能力状况。如果利益相关者拥有影响生态补偿的有效工具，则影响力为高；如果利益相关者不拥有影响生态补偿的地位和能力，则影响力为低。

2）参与度：指参与生态补偿的利益相关者占该利益相关者群体的比例，以及其投入生态补偿的资源、信息和技术等要素状况。如果利益相关者参与比例大，且投入要素多，则参与度为高；如果利益相关者参与比例小，投入要素少，则参与度为低。

3）经济利益性：指利益相关者的经济利益是否受到生态补偿的影响。如果利益相关者是费用支付者或者受偿者，或者经济利益受到直接影响，则经济利益性为高；如果利益相关者不是支付者或受偿者，经济利益不受直接影响，则经济利益性为低。

将上述指标中介于“高”和“低”的情形界定为“中”，三类指标定性评价结果作为利益相关者识别的依据。

以文件收集和访谈资料为依据，将利益相关者在影响力、参与度和经济利益性上的属性进行整理，得到各利益相关者属性。按照评价指标全部为“高”、全部为“低”的标准，将利益相关者分别划分为核心和边缘利益相关者，其他则为次核心利益相关者。

4.3.1.3　滩区-沿河城镇博弈竞争分析

博弈论与社会学研究交叉进行。传统社会学中的互动理论、冲突理论及理性选择理论为人们分析人类行为与社会现象提供了基本的框架，而博弈论可以看作对上述三种理论的整合。博弈论对农村治理困境的分析与建构成为当前学术研究的重要方向。德国生物学家恩斯特•海克尔于 1866 年将生态学（ecology）定义为研究生物体与其周围环境（包括非生物环境和生物环境）相互关系的科学。

学界关于生态治理问题主要立足于环境治理，如河道生态治理、水污染治理、生态文明治理等。生态治理是治理主体之间及治理主体与治理环境之间的相互关系和存在状态，其核心理念在于互构和共生性。生态治理并不以环境治理为囹圄，而是在多维关系的博弈下实现城乡融合、和谐共生，促进整个沿河生态系统（包含政治、经济、文化、社会、生态文明）的共生循环。

滩区与沿河城镇关系遵循了从博弈到重构再到共生的基本逻辑演化，而生态治理正是共生演绎的基本形态。事实上，生态治理并不是对“生态生活抑或生态生存”的治理，而是对整体性的人之生命生态精神及人化世界的改造与更新，生态治理所涉及的生态精神是一个内含着各种物质和精神存在形态的统一概念。生活与生存的物质形式并不能取代一直被视作人类社会发展理想状态的生态与文明，而共生演绎所表征的生态治理正重构着以精神、价值为内核的“山水林田湖草”生命共同体。

第一，因地制宜实现产业振兴。打破利益博弈桎梏需要因地制宜实现滩区与沿河城镇和谐发展，实现产业振兴。利益博弈成为推动滩区与沿河城镇和谐共存的经济发展的根本动力，但其不可避免地会陷入科技工具创新与环境污染治理的桎梏之中。滩区与沿河城镇发展生态化需要始终强化产业振兴为经济驱动的基本态势，但又区别于传统发展模式，以工具理性实现污染防御、治理和监管，以社会理性实现因地制宜、精准施策、治理有效的目标。无论是工具理性还是社会理性均以公民理性为基本设置条件。工具理性、公民理性和社会理性共同助推生态治理生态圈的稳定发展，由此，利益相关者之间的恶性利益竞争与博弈所带来的产业滞后、环境污染、生态破坏等问题将得到逐步解决。沿河城镇的农业现代化下技术革新与升级的生产型方式不仅能化解滩区工业化污染困境、提振滩区经济发展动力，还将有助于促进滩区从业人员的结构性调整，以滩区农民为代表的新型工作者将成为生态治理的实际操作主体。同时，生态宜居成为滩区生活型成本要素，保护人文生态环境、维护基本生活场域既是对滩区居民的情感补偿，又是对宜居环境的生态补偿，通过双重补偿机制进一步填补生态治理空白区，真正实现产业兴旺和生态宜居的良性循环。

第二，共享发展推进滩区与沿河城镇发展融合。激发滩区多维优势，才能进一步保持发展融合的地位对等性，维持滩区治理生态圈的动态平衡。滩区综合发展水平难以与城市比肩，在推进工业反哺农业、沿河城镇支持滩区的政策中要促进基本资源的合理分配，尤其是保障公共资源分配与服务均等化，保持滩区治理生态圈的安全。此外，政策支持并非建构滩区、沿河城镇融合发展的理想模式，借助城市资源供给的根本目的还是培育驱动滩区发展的内生动力，并在融合过程中建立滩区居民社会功能补偿机制，培育、健全、壮大生态治理的纵深功能，保持滩区治理生态圈的稳定。与此同时，在共享发展的基本框架下，滩区乡村通过模式借鉴、资源承接、政策推进、主体实施逐步完成演化。实现融合仍需要保持滩区区域协调性发展，维护滩区乡村治理现代化的良好态势，合理补充沿河城市治理能力的不足，进一步促进滩区乡村生态圈的成长。总而言之，建立沿河综合性共享机制是实现发展融合的必要条件，并在此基础上培育滩区乡村发展的优势和动能，实现沿河城镇治理生态圈的平衡、安全、协调、成长。

第三，人口流动增强阶层融入。逃离资源博弈囹圄需要通过人口流动来增强阶层融入。资源涉及的是参与者自身的方方面面，包括政治资源、经济资源、社会资源，既包含个人能力、水平、素质，又包括以参与者为中心形成的血缘、业缘、地缘关系等，正是此种复杂的资源占有、资源博弈演化为建立在一定经济和权能基础上的阶层分化。虽然阶层分化与阶级分化（对立）有本质区别，后者突出以政治对立为根本表现，但二者都会对乡村社会治理生态化产生消极影响，其中关键之处便是农村精英流失、乡贤离乡、能人离业的问题。这将使得“橄榄型”乡村阶层结构愈加明显，阶层固化趋势愈加严重，并将进一步拉大社会贫富差距。推进乡村治理生态化、遏制“橄榄型”阶层分化趋势需要增强阶层之间的有效融入，打破阶层固化的藩篱。基于此，一方面仍然要鼓励农民精英、乡贤等群体参与到社会资源的博弈之中，并给予必要的政策扶持，为其实现阶层流动创造条件；另一方面则要逐步改善资源型博弈带来的人口流动，促进资源合理分配，引导社会能人参与乡村治理，从横向和纵向拓宽阶层流动渠道，并推动具有资源优势的社会精英参与到乡村治理的代际化传承中。事实上，资源博弈与资源获取二者相互联系并日趋紧密，实现社会公平正义更要补齐滩区治理短板，如若无法实现社会精英的治理参与和资源支持，治理生态化将难有突破。

4.3.2　引黄灌区滩区农事活动生态发展调控

滩区作为黄河河道的重要组成部分，具有防洪、沉沙等功能。但是，目前黄河尚存在洪水风险、泥沙淤积、“二级悬河”等问题，而下游滩区的经济类型又是典型的农业经济，在上述问题的约束下，滩区经济发展受到很大程度的困扰。现阶段滩区居民的生活水平显著低于周边地区，尤其是山东、河南两省现象普遍较为严重。从我国实现社会主义现代化强国发展目标来看，黄河滩区的治理管理存在很大的挑战，人口密度大、面积广，且滩区人口很难搬出滩区。虽然有明确的法律条文规定，但是近几年来，防洪受阻、悬河情况严重导致滩区的治理与人民群众的利益产生了矛盾，急需寻找关键点来解决目前困境。

4.3.2.1　黄河下游滩区侧渗情况研究

从目前黄河下游水文水资源情况来看，在黄河以北部分地区，年降水量偏少，蒸发量偏高，导致黄河流域出现一条带状干旱地区。下游浅层地下水的补给多是依靠降雨，而在地下水的消耗方面，不仅有蒸发、深层越流等因素，灌区内的人工开采也是重要消耗方式之一，明确地下水的分布及流动方式，对黄河下游滩区农事活动的优化管理具有重要作用。

黄河流域的侧渗量与径流量有紧密的联系，当河道径流量增大时，其侧渗量也随之增大，也就是说，丰水年、水位高、年断流天数少等都会导致侧渗量增加。但当水位增高到一定上限时，侧渗量的变化将会趋于稳定。与此同时，河道地质条件的变化，也会导致侧渗量出现一定程度的改变。有研究表明，距离黄河近，则侧渗量会增加；粗砂的单位侧渗量要明显高于细砂。在人工层面，对流域沿岸的地下水进行开采一定程度上会影响浅层地下水的流动，大量的开采地下水会增加侧渗量。

为了了解黄河下游侧渗的情况，以达西定律为基础，诸多学者开展了研究。根据达西定律，黄河侧渗率可以表示为

$$Q_R = WLq_R = K_{等效}WL\frac{h_R - h_G}{\Delta L} = \frac{h_R - h_G}{s}$$

$$s = \frac{\Delta L}{K_{等效}WL}$$

式中，Q_R为黄河侧渗补给地下水的水量（m^3）；W为河段水面宽（m）；L为河段长度（m）；q_R为黄河河水下渗率，即单位面积单位时间黄河水补给地下水的水量（m/d）；$K_{等效}$为垂直于河床沉积物与含水层层面的等效侧渗系数（m/d）；h_R为黄河水位（m）；h_G为长观孔的地下水位（m）；ΔL为黄河侧渗补给地下水的路径长度，取黄河至长观孔的距离，即M_1+M_2（m）；s为侧渗阻力系数（d/m^2）。

图 4.3-1 中，K_1、K_2分别为河床沉积物、潜水含水层的垂向、水平侧渗系数；M_1为河床沉积物的平均厚度；M_2为透过河床沉积物的河水在潜水含水层中渗流至长观孔所经过的路径长度，取为河床沉积物底板至长观孔的距离。垂直于河床沉积物与含水层层面的等效侧渗系数$K_{等效}$则可采用如下公式计算得到：

$$K_{等效}=\frac{M_1+M_2}{\dfrac{M_1}{K_1}+\dfrac{M_2}{K_2}}$$

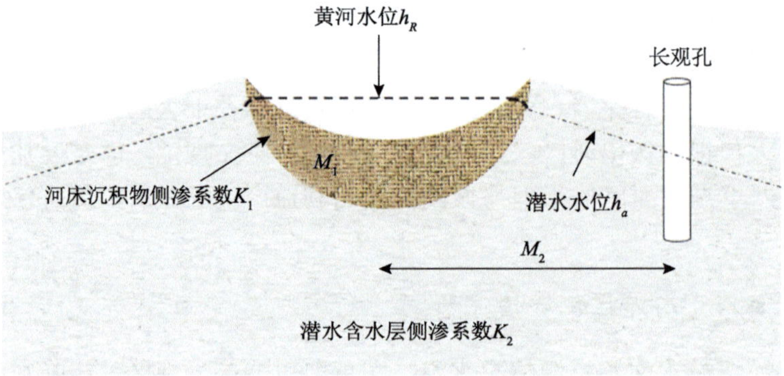

图 4.3-1　黄河河床结构图

根据达西定律计算出黄河下游的侧渗水量。在此之前，要了解清楚侧渗的影响范围，包括对地下水的影响带。侧渗影响带的范围一般是根据地下水流场特征和地下水动态特征来进行圈定的，同时也可以根据地下水化学、环境同位素等特征来进行确定。在对黄河下游的地质、水文水资源、地理条件进行分析之后，选取相应的数据和点位来进行整个下游河水侧渗量分析，最终得出了相应结论。

1）单宽侧渗流量随着黄河水位的增高而增大，同时侧渗补给量也会增大。当水位上升到一定程度时，侧渗流量趋于平缓。黄河水位与观测孔水位差距越大，侧渗补给量越大。

2）沿河进行大规模的地下水开采，将会显著增加黄河侧渗补给量，亦会影响黄河径流量。

3）全年断流时间长短影响黄河侧渗量。在明确黄河下游水文水资源的情况下，如何通过采取有效的方法与措施对水资源进行合理调配，来实现黄河下游灌区农事生态的协调发展是一大关键问题。

4.3.2.2　黄河下游风险防范管理研究

目前在黄河下游滩区农事活动中，尚存在一系列问题阻碍滩区农事发展，如洪水、土地盐渍化，这些情况的发生不仅给滩区的农业发展带来了负面影响，还会威胁滩区人民群众的生产生活安全及生态安全。因此，迫切需要明确滩区存在哪些风险，以及风险诱因、风险源、风险处置与预防措施。构建相应的贝叶斯网络，如图 4.3-2 所示，利用强降雨与洪水的关系及贝叶斯风险分析方法，构建滩区农事活动生态发展调控模型，量化评估农作物大面积淹没等在滩区从事农事活动的风险，再考虑水库和堤坝的作用，来明确风险发生传递机理，制订出合理的方案决策来应对滩区风险。同时结合已有数据与专家经验，参照表 4.3-1 的洪水风险分级，来对风险进行评估，获取了引黄灌区农业生产布局优化及种植结构调整方案。

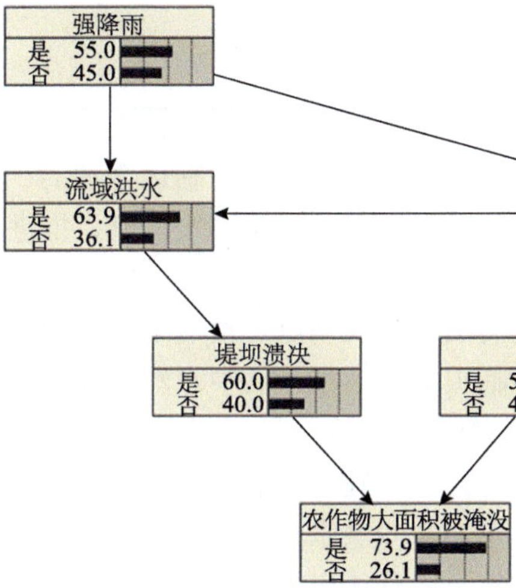

图 4.3-2　黄河流域洪水传递贝叶斯网络

表 4.3-1　洪水风险分级表

洪水等级	洪水规模	洪峰流量（m^3/s）
Ⅰ	常规洪水	4 000
Ⅱ	常规洪水	6 000
Ⅲ	常规洪水	8 000
Ⅳ	5 年一遇	10 000
Ⅴ	20 年一遇	12 370
Ⅵ	100 年一遇	15 700
Ⅶ	1000 年一遇	22 000

黄河下游滩区洪水来源分为干流和汇入下游河道的支流两部分，以干流洪水为主。干流洪水以中游来水为主，加之河道泥沙淤积、河床高等，极易形成洪水。

滩区经济发展较为缓慢，主要是因为其支柱产业多是农业，而工商业、服务业及其他第三产业数量偏少，同时滩区附近发达交通设施较少，或以高架形式跨越滩区，因此在发生洪水时，滩区多以农业方面及人民群众生命财产损失为主。目前，随着信息网络的飞速发展，在发生洪水时，滩区人民群众基本可以及时撤离，因此淹没对象多为耕地与房屋（表 4.3-2）。

表 4.3-2　滩区淹没损失统计表

洪水等级	群众房屋损失（万元）	淹没耕地面积（hm^2）	农业损失（万元）	受灾人口（万人）	损失 GDP（亿元）
Ⅰ～Ⅱ	7 542	38 584.8	17 363	3.84	2.06
Ⅲ	120 152	104 719.4	145 663	38.7	18.96
Ⅳ	370 083	155 625.5	510 290	92.4	65.75
Ⅴ	724 347	184 924.3	684 225	111.77	87.63
Ⅵ	1 111 527	213 676.1	784 123	129.79	106.14
Ⅶ	1 763 141	235 630.7	852 331	160.46	121.81

综合以上信息，黄河下游滩区部分要加强洪水分析，制订合理的、切实可行的防洪方案，根据洪水风险传递图制订相应的洪水预案与洪水调度策略，推进洪水风险图在滩区洪水风险管理中的发展应用。

与此同时，大洪水也是滩区面临的又一重大问题，黄河下游河道狭窄，加之滩区群众开发居住，导致下游滩区的防洪面临很大的挑战。其中水沙情况复杂，导致黄淮平原随时都有可能发生大洪水；而“二级悬河”的存在，导致黄河河道出现了更多的“斜河”等情况；加之滩唇高，导致漫滩洪水无法及时排泄，长时间淤积导致风险增大。同时，因为河道狭窄，泥沙淤积导致经常出现高含沙洪水。为了防范治理黄河下游大洪水和泥沙等问题，尽可能减少洪水和泥沙风险，只有加快水流流速将泥沙带走，才有可能维护河道安全稳定，提高应对洪水的能力。同时，黄河流域也是资源性缺水地区，伴随着经济的飞速发展，水资源供需不平衡这一矛盾愈发显著，一方面是流域可利用水资源匮乏，另一方面是泥沙含量高。如何利用有效的水资源来治理泥沙淤积问题，同时提高流域防洪能力是接下来黄河流域滩区治理的攻坚难点。

此外，黄河下游漫滩洪水可以对河道及滩地进行重塑，当发生漫滩洪水时，滩地不仅面临着淹没的风险，洪水挟带的泥沙还会淤积在滩地，造成农作物及耕地的大面积破坏。历史数据显示，漫滩洪水在进入滩区的时候，往往挟带大量泥沙，而且淹没滩地范围较大，农作物、房屋建筑、水利设施、道路均会遭受严重的损毁。此外，洪水挟带的泥沙在滩区的淤积程度也不一，多是嫩滩淤积情况严重，二滩则相对较缓，这在一定程度上增加了“二级悬河”的风险程度，使得中常洪水发生漫滩的风险大大增加。虽然大洪水有负面作用，但是其对于河道内泥沙淤积情况有良好的缓解作用，因此针对黄河大洪水的防范不是一刀切，而是尽可能降低洪水含沙量，完善水利调度设施，提高泄洪能力。

近几年来，黄河流域滩区土地盐渍化情况越发严重，其变化原因多样复杂。随着经济的发展和农业活动及土地开垦的扩大，部分区域已经采取适当措施来尽可能减轻土地盐渍化，如通过秸秆还田增加土地固碳数量、合理施用肥料、大面积种植水稻等一系列措施来应对这一风险。在黄河下游滩区，距离渤海入海口越近，土地盐渍化情况会越发严重，土壤中含盐量越高。目前，经过一系列补救措施，土地盐渍化情况已经有所缓解，因此需要根据土壤的水淹状况来调整土地的耕种方式，更加合理地利用盐渍化土地，提高土地利用率。

4.3.2.3 黄河下游产业种植结构调整

面对黄河下游存在的一系列风险问题，提高黄河下游滩区风险防范处理能力，保证农事活动稳定且高产、人民群众生产生活安全、社会经济稳定发展是重中之重。面对土地盐渍化等问题，已在部分灌区率先开展作物种植结构优化试点。面对黄河下游水资源紧张、灌溉蓄水量大、土地盐渍化等情况，调整农作物的种植结构，如表 4.3-3 和表 4.3-4 所示，适当减少依靠地下水的小麦、水果等作物种植面积，扩大玉米、蔬菜等作物的种植面积，同时保证让土壤得到充分休息。结果显示，改变种植结构后，农作物产量相比普通灌区提高了 17%，结合表 4.3-5，农作物的利润也得到了提升。

表 4.3-3 黄河下游灌区农作物种植面积及比例

作物种类	小麦	玉米	花生	棉花	蔬菜	水果
现状年种植面积 A_{0i}（万亩）	4669	4164.45	999.6	1361.51	1938.84	1013.82
现状年种植比例 a_{0i}（%）	85.54	76.30	18.31	24.94	35.52	18.57

表 4.3-4 优化后黄河下游滩区农作物种植面积及比例

作物种类	小麦	玉米	花生	棉花	蔬菜	水果
现状年种植面积 A_{0i}（万亩）	4650	4200	800	1200	2000	1000
现状年种植比例 a_{0i}（%）	85.2	76.95	14.66	22	36.64	18.32

表 4.3-5 黄河下游引黄灌区主要作物单产、单价及单位面积成本和利润

作物种类	小麦	玉米	花生	棉花	蔬菜	水果
单产（kg/亩）	428.6	698.0	395.0	98.7	3683.1	398.7
单价（元/kg）	1.6	1.5	5.2	16.68	1.3	1.7
单位面积成本（元/亩）	457.3	519.2	1095.0	819.3	2080.0	367.8
单位面积利润（元/亩）	228.46	527.8	959.0	827.0	2708.0	310.0

相关政策措施的落实，可使滩区人民成为用水受益者，并在一定程度上缓解用水紧张的情况。在整个滩区水量逐渐减少的情况下，加强风险防范，合理规划配置种植、灌溉面积，使滩区群众的人均收入进一步提高。与此同时，滩区人民群众的法律意识得到加强，在用水的同时也能做到节水、惜水。通过一系列措施的改进，还可以有效地减少侧渗损失，提高水资源的调配控制能力，有效降低灌区渠道两侧水位，缓解土地次生盐渍化风险的加剧。对渠道进行修砌，增加水流速度，减少了河道内泥沙淤积量。利用大量泥沙田地，增加土地肥力，在种植果树的基础之上达到防风固沙的效果，既可以使滩

区人民群众增加收入，又可以有效地保护滩区生态环境，为黄河下游滩区的可持续协调发展打下了坚实的基础。

4.3.3 滩区产业与沿河城镇融合发展最佳模式

滩区土地的开发和定位要以方便黄河防洪及行洪为第一要义，任何与此原则相抵触的方案都是应当摒弃的。同时，由于交通、水电、经济等条件的差异以及滩区与主要城市市场远近的不同，滩区的功能定位应当在不破坏滩区植被、有益于土壤改良的基础上。

要获得滩区产业与沿河城镇融合发展最佳模式，首先要探明滩区产业与沿河城镇群经济、社会等诸方面的联系。产业集群对城市化的助推作用主要体现在：引导要素集聚，拓展城市地理空间，降低城市化成本，增强城市功能，提供物质支撑等。产业集群对城市化的作用具体体现在：集群的发展使要素集中，吸引大量的企业和高素质人才，促进第二、三产业的发展。在城市化进程中，城市经济社会化、现代化、集约化程度提高，物质条件得到不断改善，大量有消费需求的人口的集中，为群内各个企业提供了广阔的销售市场。大量公共服务设施的兴建、居住生活条件的改善，更能吸引科技人才。科教文卫事业得到发展使劳动者的素质得到不断提高，政府也会引导、组织甚至直接投资兴建工业园、道路、桥梁等设施，并扶植瓶颈产业，改善投资环境。相关产业及学校、科研机构、服务机构不断向城市集中，便于各经济主体间形成良好的合作关系。此外，城市系统日益开放、协调，使生产要素流动更加自由，利于集群的发育和成长。区域内城市体系及其未来发展战略同产业集群的发展相适应，可以有层次地实现集群化与城市化的互动局面。

在城市化进程中，城市产业与城市空间之间是互动的；城市产业结构的优化升级导致城市土地利用和城市空间形态的变化，城市土地利用结构的优化和城市空间的重组又反过来为城市产业结构的优化升级提供载体。产业空间物化成相应的城市空间，并最终推动城市空间拓展，城市产业结构优化升级不断推动城市空间结构更新与重组。

黄河下游滩区的建设又因为其空间构成的特殊性，导致城市化进程及产业发展的特殊性。在城市空间形态的演变与重组过程中，产业的动力实际是市场的、经济的动力，而政治的、行政的及利益集团的力量也在处处发挥作用，只有当这两种力量博弈时才能最大限度地考虑公共空间利益，并且不越界行动，才能培育出可持续的、和谐的、环境友好型的产业空间和城市空间。在黄河下游生态廊道构建的过程中，其产业发展与城镇经济、社会发展必须相辅相成。政府部门的制度创新、政策调控、价值引导和配套支持，对构建城镇的新产业价值链显得尤为重要。

黄河下游滩区产业与沿河城镇群经济、社会关系拓扑分析如图 4.3-3 所示。运用系统动力学（SD）工具构建服务于河流生态带产业健康发展的“产业链-供应链-价值链-区块链”。首先将黄河下游滩区生态产业模型分成若干个子系统和子模块；然后选用一定数量的决策变量，通过设定各种方案，综合考虑各子系统之间的相互联系；再通过 SD 模型模拟不同发展方案，得出产业链、供应链、价值链与区块链之间的变化趋势，预测最优发展模式。黄河下游滩区生态产业模型系统动力学模型建模分析的流程如图 4.3-4 所示。

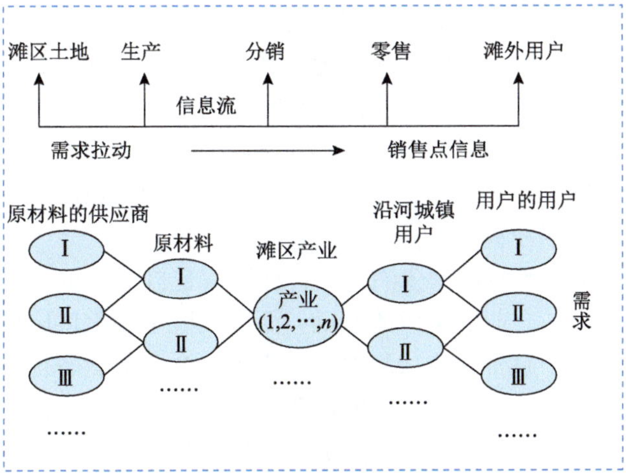

图 4.3-3　黄河下游滩区产业与沿河城镇群经济、社会关系拓扑分析

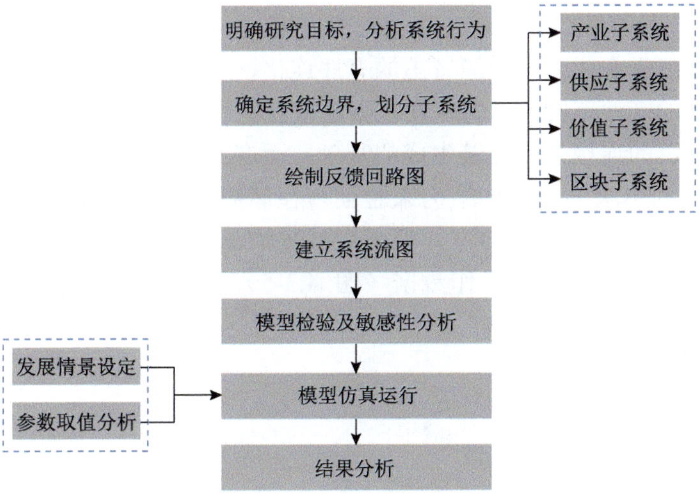

图 4.3-4　黄河下游滩区生态产业模型系统动力学模型建模分析的流程图

产业链是一个相对宏观的概念，它的本质是描述一个具有某种内在联系的企业群结构，存在两维属性：结构属性和价值属性。而价值链是互不相同但相互关联的生产经营活动，构成一个创造价值的动态过程，分为基本增值活动和辅助性增值活动两大部分。供应链是来自物流范畴，对供应链的管理指的是跨企业的物流管理。

价值链是针对企业经营状况开展的价值分析，它的目的是弄清楚企业的价值生成机制，剖析企业的价值链条的构成并尽可能加以优化，从而促进企业竞争优势的形成，所以价值链主要是对于一个企业而言的。企业具有的不同价值生成机制也不同，在这些企业的价值链条构成中各有它们价值生成的重要节点，如生产、研发、营销或管理等。如果企业在某一节点上的价值创造能力远远超过同行，那么这个企业在这方面就具有了核心竞争能力。而供应链是企业之间的连接链条，它是对多个企业而言的，一些大型的企业集团可能会构建自身的供应链，但中小型企业一般很难构建自身的供应链。但是，随着现代电子商务的发展，许多企业在完成自身流程的变革后实现了同其他企业的连接，已不仅仅局限于物流管理上，这使供应链管理又增加了商流的内容。计算机网络技术的发展推动着供应链管理的发展，供应链管理的发展也是企业实施战略联盟和虚拟经营的结果。企业实施供应链管理的目的有两个，一是降低成本，二是提高反应速度，它的本质目的是构筑企业的核心竞争能力。产业链是相对于不同企业的，甚至是相对于不同国家和地区的。可以说，产业链是企业社会分工的有序结合。

总体来说，对于黄河下游滩区生态建设，分辨清楚自身的价值链是实施供应链管理的前提，供应链的连接是产业链生成的基础，而产业链是多重供应链的复合体。价值链理论的应用有助于人们了解价值生成机制，它既是一个分析竞争优势的工具，又是建立和增强竞争优势的系统方法。但是，价值链并不是单独存在于内部，而是可以进行外向的延伸或者连接。如果下游滩区企业间形成了供应链并实现了同步流程管理，那么可以认为下游滩区企业间的价值链已经形成了一体化连接。但是这样的价值链已经不是单纯的价值链，而是变成了价值选择，因此，可以说企业分辨清楚自身的价值链是实施供应链管理的前提。产业链虽然是宏观经济管理的理论，但在运作上企业却是其构筑的载体，产业链的构筑依赖于企业之间在经营上的有序连接，但是供应链连接可能是多向的，也可能发生在有限的产业范围内，而产业链则是垂直的和广范围的或者是多环节的，所以可以认为，供应链的连接是产业链生成的基础，而产业链是多重供应链条的复合体。

区块链技术利用块链式数据结构来验证与存储数据、利用分布式节点共识算法来生成和更新数据、利用密码学的方式保证数据传输和访问的安全、利用由自动化脚本代码组成的智能合约来编程和操作数据（图 4.3-5），是一种全新的分布式基础架构与计算方式。

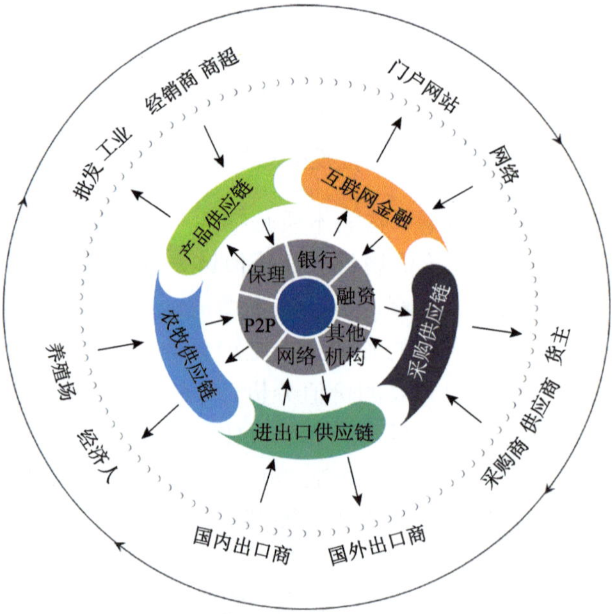

图 4.3-5　基于区块链的滩区产业融合要素分析与规划指标计算

对于黄河下游滩区来说，要保持加强生态文明建设的战略定力，探索以生态优先、绿色发展为导向的高质量发展新路子。以生态优先、绿色发展为导向，就是要贯彻新发展理念，统筹好经济发展和生态环境保护的关系。我们要坚决守住发展和生态两条底线，实施“全链条”绿色转型工程，让绿色成为高质量发展的最鲜明底色，实现美丽与发展双赢。推进绿色转型，就要坚持生态一产、绿色二产、低碳三产，严格在资源环境约束下布局产业，以技术创新和“造链、补链、延链、强链”推动产业结构转型升级、产品结构终端调整，最终找到滩区产业与沿河城镇融合发展的最佳模式。

第 5 章　黄河下游生态廊道可持续发展保障制度研究

黄河下游生态廊道不仅是黄河宣泄、滞蓄洪水的通道，还是滩区群众生产生活的重要场所，同时也是黄河下游生态安全屏障，连通文化长廊，是居民、水、沙共享的一个复杂庞大的系统空间。黄河下游河道岸线区域是生态廊道核心区域，开展河道岸线保护与利用研究，是保障生态廊道可持续发展的需要，也是涉河有关部门依法管理的基础。随着沿黄经济社会的快速发展，沿黄地方政府对滩区土地开发利用项目极为关注，在河道岸线管理研究的基础上，强化河道岸线管理范围内建设项目管理对策研究，对保障生态廊道防洪减淤、经济社会发展及生态景观文化功能发挥具有重要作用。在全面依法治国、推进国家治理体系和治理能力现代化的大背景下，结合黄河下游河道滩区特点，在法律层面开展河道滩区管理制度研究，保障黄河下游生态廊道健康发展。本章从岸线管理、岸线内建设项目管理及构建完善的黄河水法规体系出发，开展生态廊道可持续发展保障制度研究。

5.1　黄河下游生态廊道现状管理及制度建设存在问题

（1）黄河下游生态廊道岸线资源开发利用及布局不甚合理，岸线保护有待加强

近年来，随着经济社会的发展，涉水建筑物逐渐增多，黄河下游的岸线开发利用程度也逐步提高，岸线资源开发利用及布局不甚合理。河道范围内围垦河道，非法侵占水域、滩地，种植阻碍行洪的林木及高秆作物，部分涉河建筑物阻碍行洪等问题比较突出。一些城市河段修建的跨河管线、取水口、排水口等设施无相关许可，部分河段滩区内修建有工厂、大棚、养殖场等阻碍行洪的设施，有的浮桥附属建筑物影响河流行洪。岸线资源开发利用的上下游、左右岸未经过统一、系统的规划，仍会对防洪、河势、供水和生态安全等造成不利影响。岸线资源的开发利用长期以来存在重开发、轻保护的问题，各河段的河湖岸线范围模糊，功能分区和定位没有界定，在行政许可审批等岸线管理中缺乏技术依据，给河湖管理和科学决策带来了一定的困难。

（2）地方政府利用滩区愿望强烈，滩区开发建设项目与河道治理存在矛盾

滩区位于黄河河道之内，洪涝灾害频繁，安全设施严重不足，基础设施薄弱，群众生产生活条件差，滩区经济发展严重滞后。随着经济社会的快速发展，滩区群众致富的愿望越来越强烈，地方政府加大了滩区扶持的力度，希望引进项目，如生态旅游项目、风电及光伏发电等项目，进一步开发滩区土地资源。这些开发项目对河道行洪、滩区沉沙有一定影响，一些项目既阻碍河道行洪，影响黄河防洪安全，又难以保全项目自身安全，与河道治理存在矛盾，加大了黄河滩区建设项目管理的难度。

（3）黄河下游生态廊道管理涉及多方主体，事权划分不明确，管理体制不完善

《中华人民共和国水法》第十二条规定："国家对水资源实行流域管理与行政区域管理相结合的管理体制。"但是从实际进程和效果来看，事权关系没能理顺，地方保护意识和认识的滞后性等致使流域管理相对薄弱，对流域统一管理的重要事项还不能落实。例如，防汛工作不能完全规范有序开展，主要表现在群防队伍建设与管理上，群众防汛队伍难组织，培训难度大，抢险知识不足，群防队伍组织标准与工程状况不适应。此外，联防联控机制不健全，水行政执法难度大。黄河河道管理联防联控机制虽已初步建立，但制度落实还不到位，还存在相关配套实施方案过于笼统、执行标准不够明确、监督机制不完善等问题。随着沿黄地区经济社会的发展，涉河事务逐年增多，各类水事违法行为呈高发态势。滩区部分群众受经济利益的驱使，置法律法规于不顾，擅自在河道滩区内进行开发建设活动。由于缺乏沟通和协调，流域机构在监督和执法过程中常出现手段无力、工作被动的情况，流域管理与区域管理相结合体制有待进一步完善。

（4）黄河下游生态廊道管理制度建设薄弱环节问题突出

《中华人民共和国水法》《中华人民共和国防洪法》等现有法规条例强调的是行政区域内各级人民政府和水行政主管部门，在水资源开发、管理及防洪工作安排层面的职责，规定显得过于笼统。黄河河道的特殊性导致黄河河道滩区重大功能地位等定位不明确。此外，生态廊道管理涉及防洪安全、国土空间、湿地保护等多部门，部门间相互制约影响，管理矛盾日益凸显。生态廊道管理制度建设存在以下薄弱环节：一是当前流域内涉河自然保护区范围划定时通常涵盖了整个河道，河道防洪工程建设与生态敏感区保护矛盾突出，部分河防工程建设无法安排实施，对防洪工程体系构成威胁，缺乏有效的法律协调机制；二是现有水法律法规对非法采砂的行政处罚措施有限，对违法行为人难以起到应有的威慑作用，环境敏感区采砂管理相关法律法规不明确；三是新一轮基本农田划定工作中，较大部分滩区耕地已被划为基本农田，洪水威胁大，产量低。黄河下游控导工程、险工、堤防工程等防洪工程建设涉及基本农田的，由于基本农田保护要求，制约了防洪工程建设，不利于黄河防洪工程体系的完善及确保黄河长治久安。

5.2　黄河下游河道岸线保护与利用研究

5.2.1　岸线边界线和功能区的定义

岸线边界线是指沿河流走向或在湖泊沿岸周边划定的用于界定各类岸线功能区垂向带区范围的边界线，分为临水边界线和外缘边界线。

临水边界线是河湖沿岸周边临水一侧的岸线带区内边界线，外缘边界线是河湖沿岸周边陆域一侧的岸线带区外边界线。外缘边界线和临水边界线之间的带状区域即为岸线。岸线既具有行洪、调节水流和维护河流（湖泊）健康的自然生态功能属性，同时在一定情况下，又具有可开发利用的资源功能属性。临水边界线之间的区域为河流行洪通道，两岸外缘边界线之间的区域为河流的管理范围，详见图 5.2-1。

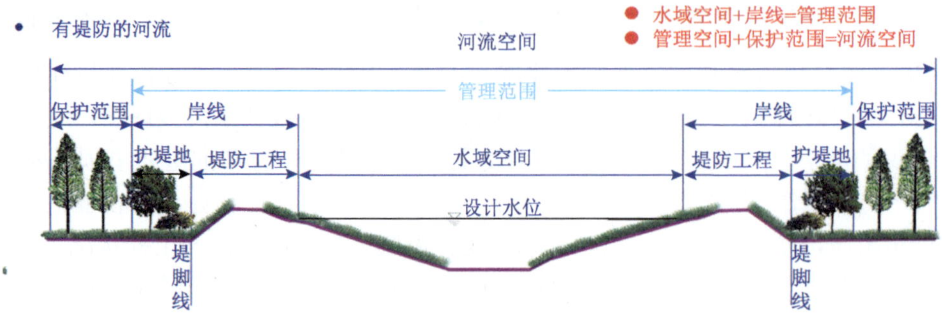

图 5.2-1　河流岸线示意图

岸线功能区是根据河湖岸线的自然属性、经济社会功能属性及保护和利用要求划定的不同功能定位的区段，分为岸线保护区、岸线保留区、岸线控制利用区和岸线开发利用区。

岸线保护区是指岸线开发利用可能对防洪安全、河势稳定、供水安全、生态环境、重要枢纽和涉水工程安全等有明显不利影响的岸段；岸线保留区是指规划期内暂时不宜开发利用或者尚不具备开发利用条件、为生态保护预留的岸段；岸线控制利用区是指岸线开发利用程度较高或开发利用对防洪安全、河势稳定、供水安全、生态环境可能造成一定影响，需要控制其开发利用强度、调整开发利用方式或开发利用用途的岸段；岸线开发利用区是指河势基本稳定、岸线利用条件较好，岸线开发利用对防洪安全、河势稳定、供水安全及生态环境影响较小的岸段。

5.2.2　岸线边界线的划定研究

5.2.2.1　边界线划定原则

1）根据岸线利用与保护的总体目标和要求，结合各河段的河势状况、岸线自然特点、岸线资源状况，在保障防洪安全、维持河势稳定和维护河流健康的前提下，充分考虑水资源利用与保护的要求，按照合理利用与有效保护相结合的原则划定岸线边界线。

2）根据流域综合规划、防洪规划、水功能区划、河道整治规划、航道整治规划，统筹协调近远期防洪工程建设、河流生态功能保护、滩地合理利用、土地利用等国民经济各部门对岸线利用的需求，结合岸线保护的要求划定岸线边界线。

3）应充分考虑河流左右岸的地形地貌条件、河势演变趋势，以及开发利用与治理的相互影响，综合考虑河流两岸经济社会发展、防洪保安和生态环境保护对岸线利用与保护的要求等因素，合理划定河道左右岸的岸线边界线。

4）城市段的岸线边界线应充分考虑城市防洪安全与生态环境保护的要求，结合城市发展总体规划、岸线开发利用与保护现状、城市景观建设等因素。

5）岸线边界线的划定应保持连续性和一致性，特别是各行政区域交界处，应依据河流特性、综合考虑各行业需求，在统筹岸线资源和区域经济发展的前提下，科学合理进行划定，避免地区间社会经济发展要求的差异，导致岸线边界线划分不合理。

5.2.2.2　临水边界线划定

黄河下游河道属于典型的平原型河道。根据《河湖岸线保护与利用规划编制指南（试行）》（以下简称《指南》），在已有明确治导线或整治方案线（一般为中水整治线）的河段，以治导线或整治方案线作为临水边界线；平原型河道以造床流量或平滩流量对应的水位与陆域的交线或滩槽分界线作为临水边界线。黄河经过多年系统的整治，目前，陶城铺以下弯曲型河段，河势已得到控制；高村至陶城铺过渡型河段，河势得到基本控制；高村以上游荡型河段，河势尚未得到控制。黄河下游“十四五”防洪工程实施完成后，陶城铺以上河段，河势将得到初步控制。因此，黄河下游的临水边界线划定方法需论证后确定。

本次提出治导线、排洪河槽线和控导工程连线等三种方案进行比选。

（1）治导线方案

治导线方案是指以治导线作为临水边界线。治导线是指河道整治规划拟定的满足设计流量要求尺度和控制河势的平面轮廓线。黄河流域平原型河道一般采用中水整治方案，其治导线一般为中水治导线。

两条治导线之间的区域即为划定的河道行洪区，也是设计的、理想状态下的主槽。治导线是河道整治工程建设的依据，多年来黄河流域的河道整治工程一直按制定好的规划治导线确定工程位置线，它也是河道整治工程的坝头连线。目前，黄河下游白鹤镇至陶城铺的宽河段和过渡型河段、渔洼以下的河口段有治导线，陶城铺至渔洼的窄河段则没有治导线。

黄河流域治导线的确定除了要分析以往的河势观测资料，还需考虑整治河宽、排洪河槽宽度、现有工程布局、两岸工农业发展状况等社会和自然因素，并结合以往的治河经验及物理模型、数学模型实验结论等综合确定。随着来水来沙条件发生变化，以及河道整治方案的不断完善，治导线会有一定程度的调整，详见图 5.2-2。

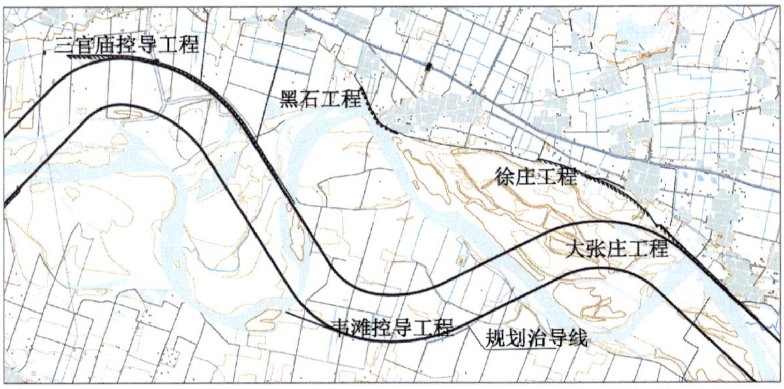

图 5.2-2　治导线方案示意图

在河势尚未得到完全控制的河段，若以治导线作为临水边界线，则临水边界线划定的河道行洪区不仅小于实际中常洪水下的主槽范围，还与实际的河道主槽并不重合。按该方案划定临水边界线，不能兼顾部分河段的主流摆动、河槽变化及畸形河势等情况，更不能有效保障河道行洪安全。因此，在河势尚未得到控制的河段采用治导线作为临水边界线是不合适的。

（2）排洪河槽线方案

黄河下游河道是按中水河槽进行整治，但防洪仍是其主要任务，临水边界线的划定首先应满足防洪要求。修建的河道整治工程除了能控导中常洪水和一般流量下的河势，同时有利于堤防等防洪工程安全外，还需要满足大洪水及超标准洪水下河道排洪的要求。

以防洪为主要目的的河道整治，在确定新建工程位置时，左右岸工程之间的最小垂直距离必须满足排洪的要求，这个宽度称为排洪河槽宽度（B_f），详见图 5.2-3。排洪河槽宽度应满足两个基本条件，一是大洪水时河槽具有宣泄洪水的能力；二是洪水过后河势流路不发生大的变化。黄河下游的河道主槽是洪水的主要通道，洪水期主槽的过流量一般可达全断面的 80%左右。目前，黄河下游整治河宽为 600～1000m。黄河下游宽河段的排洪河槽宽度目前为 2.0～2.5km，详见表 5.2-1。

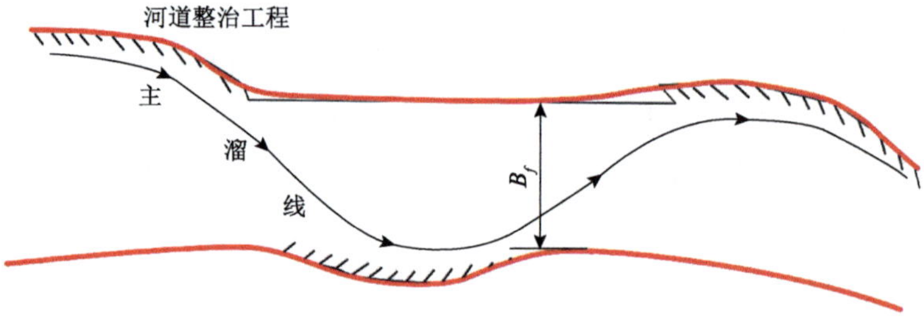

图 5.2-3　排洪河槽线方案示意图

表 5.2-1　黄河下游各河段河道整治参数表

河段	整治河宽（m）	排洪河槽宽度（km）
白鹤镇—花园镇	800	2.0～2.5
花园镇—黄河铁桥	1000	2.0～2.5
黄河铁桥—东坝头	1000	2.0～2.5
东坝头—高村	1000	2.0～2.5
高村—孙口	800	1.6～2.0
孙口—陶城铺	600	1.2～1.5
陶城铺—西河口	—	0.8～1.0

排洪河槽线方案是指在有控导工程的河段，以控导工程连坝临水侧坝肩为临水边界线；在无控导工程的河段，以上个弯道整治工程末端与下个弯道整治工程首端连线为临水边界线。但该方案存在以下问题。

1）河道整治工程是逐年修建的，一些工程为了满足不同流量级洪水冲刷要求，工程藏头段过于后败，与同岸上、下湾整治工程连线后河槽宽度太大，有可能将一部分村庄和高滩划入河槽范围内。

2）在过渡型和弯曲型河段，河道的弯曲率较大，同岸上、下弯道整治工程连线可能划到河道管理范围以外。

综上，排洪河槽线方案虽能满足河道排洪的要求，但是临水边界线划定的河道行洪区过大，对一些过渡型、弯曲型河道不适应，需要通过治导线、整治流量下水位与岸边交线及地形地貌等因素进行修正。

（3）控导工程连线方案

控导工程连线方案是以治导线为基础，以已建控导工程为节点，将上下游河道整治工程进行连线，并结合排洪河槽宽度、河势演变情况等做修正。修正后的河槽宽度不小于该河段排洪河槽宽度，同时也满足该河段的河势游荡摆动，详见图 5.2-4。

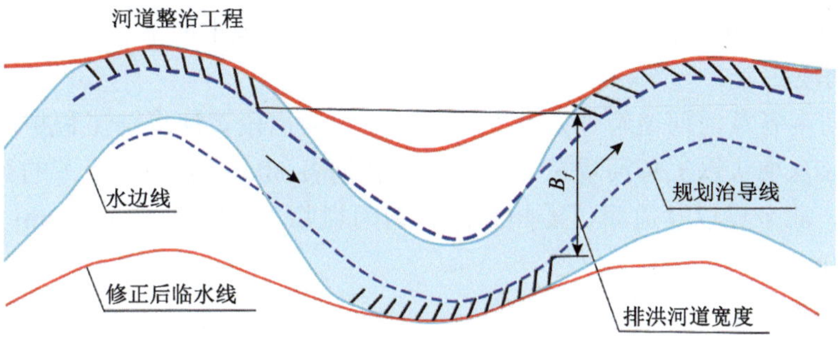

图 5.2-4　控导工程连线方案示意图

控导工程连线方案具体如下。

1）在有控导工程的河段，以控导工程连坝临水侧坝肩作为临水边界线。

2）在无控导工程的河段，以上、下游控导工程连坝端点之间的连线作为临水边界线。

3）对于河势尚未得到控制的河段，考虑到控导工程的上、下首易发生后败，起始端点可上提或后退 2 道坝确定，并通过治导线、排洪河槽宽度、整治流量水位与岸边交线、河势演变情况、地形（滩地高程）、地貌（其他工程、渠堤、村台、生产堤等）等因素进行修正。

4）对于河势已得到控制的弯曲型河段，通过排洪河槽宽度、整治流量水位与岸边交线、河势变化情况及地形、地貌进行修正，同时主槽宽度原则上必须留足 800m。

5）对于河口段，近期仍按照清水沟流路行河，临水边界线的划定参考弯曲型河段，同时保证主槽宽度不小于 800m。

黄河流域的平原型河道内仍有大面积的耕地和村庄，特别是在黄河下游，两岸堤防之间的滩区占下游河道总面积的 65%，滩区内仍有上百万群众。控导工程连线方案不仅考虑了河道排洪的要求，还能满足群众在滩地内生产和生活的需要，不会使划定的临水边界线过于保守，因此，该方案优于治导线方案和排洪河槽线方案，适用于黄河下游的平原型河道。

5.2.2.3 外缘边界线划定

外缘边界线的划定与河道有、无堤防的关系很重要。根据《指南》，对于有堤防的河段，外缘边界线可按已划定的堤防工程管理范围的外缘边界线确定；对于无堤防的河湖，外缘边界线可按已核定的历史最高洪水位或设计洪水位与岸边的交界线确定。目前，黄河下游白鹤镇至渔洼河段共修建堤防 1371.23km，河口段堤防 77.47km，因此，黄河下游外缘边界线划定原则如下。

（1）有堤防的河段

1）在有堤防的河段，外缘边界线采用堤防工程背水侧管理范围的外缘边界线。

2）在河口河段，外缘边界线采用清水沟流路管理范围线，即北大堤和防洪堤的背水侧管理范围线。

黄河下游开展了标准化堤防建设，对于修建淤背的河段，堤防工程管理范围应从淤背的背河侧坡脚开始算起。各河段堤防工程的管理范围规定如下。

Ⅰ. 河南段

根据《河南省黄河河道管理办法》第十九条，河南段黄河堤防工程护堤地（即管理范围）兰考县东坝头以上黄河堤左右岸临河、背河各 30m；东坝头以下的黄河堤，贯孟堤、太行堤、北金堤以及孟津、孟州和温县黄河堤临河 30m，背河 10m；沁河堤临河 10m，背河 5m。

Ⅱ. 山东段

根据《山东省黄河工程管理办法》第十五条，堤防工程护堤地的划定从堤（坡）脚算起，其宽度为：东明县高村断面以上黄河大堤为临河 50m，背河 10m；高村断面至利津县南岭子和垦利县纪冯为临河 30m，背河 10m；利津县南岭子和垦利县纪冯险工以下，临、背河均为 50m；展宽区堤和旧金堤为临河 7m，背河 10m；北金堤为临河 7m，背河 5m；大清河堤为临河 15m，背河 5m；东平湖围坝为临湖 15m，背湖 5～7m；二级湖堤为临湖 5m，背湖 5～10m。

Ⅲ. 河口段

根据水利部《黄河河口管理办法》第十二条，清水沟河道管理范围为：清水沟河道左岸自北大堤末端至清水沟北股河口（37°57′02″N，119°00′10″E），右岸自防洪堤末端至宋春荣沟河口（37°35′39″N，118°57′14″E）之间的容沙区。

（2）无堤防的河段

根据《指南》，对于无堤防的河湖，外缘边界线可采用已核定的历史最高洪水位或设计洪水位与岸边的交界线。历史最高洪水位的核定工作需要开展现场调研，工作量大、历时长，因此，本次对于无堤防的河段，外缘边界线采用设计洪水位与岸边的交界线。

黄河下游的无堤防河段主要位于：左岸的吉利河段、孟州河段、温县河段，右岸的孟津河段、巩义河段、荥阳河段、惠金河段、东平湖段、平阴河段、长清河段。其外缘边界线可采用黄河下游设计洪水位（花园口 22 000m³/s、艾山 11 000m³/s，近千年一遇）与岸边的交线。

根据《水利部关于开展河湖管理范围和水利工程管理与保护范围划定工作的通知》（水建管〔2014〕285 号）和《水利部关于加快推进河湖管理范围划定工作的通知》（水河湖〔2018〕314 号）的要求，目前黄河下游划界工作已取得初步成果，因此，本次黄河下游（含河口）的外缘边界线可采用划界成果。

5.2.2.4　边界线划定成果

根据上述划分原则和划分方法，黄河下游临水边界线长 1677.96km，外缘边界线长 1867.84km，详见表 5.2-2。

表 5.2-2　黄河下游各河段岸线边界线成果表　（单位：km）

序号	河段	河长	临水边界线			外缘边界线		
			左岸	右岸	小计	左岸	右岸	小计
1	白鹤镇—高村	299.0	280.01	298.43	578.44	298.80	323.30	622.09
2	高村—陶城铺	165.0	146.07	144.25	290.32	145.33	151.58	296.91
3	陶城铺—渔洼	349.0	340.99	341.10	682.09	378.61	469.95	848.56
4	渔洼以下	65.0	62.49	64.63	127.11	48.48	51.79	100.27
	合计	878.0	829.56	848.40	1677.96	871.22	996.62	1867.84

5.2.3　岸线功能区的划分研究

5.2.3.1　功能区划分原则

1）岸线功能区划分须服从流域综合规划、防洪规划、水资源规划对河流开发利用与保护的总体安排，并与防洪分区、水功能分区、自然生态分区、农业分区和三条控制线等区划相协调，正确处理近期与远期、保护与开发之间的关系，做到近远期相结合，突出强调保护，注重控制开发利用强度。

2）根据岸线保护与利用的总体目标，按照保护优先、节约集约利用原则，充分考虑河流自然属性、岸线的生态功能和服务功能，统筹协调近远期防洪工程建设、河流生态保护、河道整治、航道整治与港口建设、城市建设与发展、国土空间等规划，保障岸线的可持续利用。

3）根据河流水文情势、水沙状况、地形地质、河势变化等条件和情况，充分考虑上下游、左右岸区域经济社会发展的需求，协调好各方面的关系，明确岸线保护利用要求。

5.2.3.2　功能区划分方法

岸线功能区划分突出强调保护与管控，尽可能提高岸线保护区、岸线保留区在河流、湖泊岸线功能区中的比例，从严控制岸线开发利用区，尽可能减小岸线开发利用区所占比例。岸线功能区划分标准见表 5.2-3。

表 5.2-3 岸线功能区划分标准表

项目	岸线保护区	岸线保留区	岸线控制利用区	岸线开发利用区
河势情况	重要河势敏感区	河势变化剧烈，暂不具备开发利用条件的岸段	重要险工险段、重要涉水工程及设施、河势变化敏感区等	河势基本稳定、岸线利用条件较好，开发利用影响较小岸段
环境敏感因素	省级集中式饮用水水源一级保护区；列入《全国重要饮用水水源地名录》的地区；国家级、省级自然保护区核心区和缓冲区；风景名胜区核心区	国家级、省级自然保护区实验区；水产种质资源保护区；省级以上重要湿地和国家湿地公园；森林公园保育区和核心景区；地质公园地质遗迹保护区；世界自然遗产核心区和缓冲区等	饮用水水源二级保护区、准保护区；风景名胜区一般景区；地方重要湿地、一般湿地和湿地公园	不涉及环境敏感因素，岸线开发利用对生态环境影响较小
生态保护红线	生态保护红线内的自然保护地核心保护区	生态保护红线内的自然保护地一般控制区	生态保护红线内的其他区域	生态保护红线范围以外
经济社会		具备开发条件，经济社会发展水平相对较低，规划期内暂无开发利用需求的岸段	开发利用程度较高，需要控制或降低开发强度	经济社会发展对岸线有开发利用需求
规划项目		列入国家或省级规划，尚未实施的防洪保留区、水资源保护区、供水水源地的岸段		

5.2.3.3 功能区的划分

黄河干流在河南省洛阳市孟津区白鹤镇由山区进入平原，经华北平原，于山东省东营市垦利区注入渤海，河长 878km，主要涉及河南省洛阳市、焦作市、郑州市、新乡市、开封市、濮阳市及山东省菏泽市、聊城市、济宁市、泰安市、德州市、济南市、淄博市、滨州市、东营市等 2 省 15 市 46 县（市、区）。

（1）河势情况

黄河下游上段河南段，河道宽阔，堤距一般为 10km 左右，河道槽蓄作用较大；下段山东段，河道狭窄，堤距为 1～3km。两岸堤防之间，有 120 多个大小不等的滩地，滩区总面积达 4000km^2 以上（含封丘倒灌区）。

1）铁谢至京广铁路桥河段：该河段河势已被较好地控制在控导工程范围之内，主流摆动幅度减小，但铁谢至伊洛河口河段出现了一些小的河湾，伊洛河口至京广铁路桥河段局部河流走势还存在弯曲摆动、不平顺的情况。

2）京广铁路桥至东坝头河段：整体的河势向着有利的方向发展，但局部河段的河势还不受控制。

3）东坝头以下河段：河势变化不大，仅局部河势有所上提下挫。

（2）水功能区划

该河段涉及黄河河南开发利用区、黄河豫鲁开发利用区、黄河山东开发利用区、黄河河口保留区 4 个一级水功能区；黄河焦作饮用、农业用水区，黄河郑州、新乡饮用、工业用水区，黄河开封饮用、工业用水区，黄河濮阳饮用、工业用水区，黄河菏泽工业、农业用水区，黄河聊城、德州饮用、工业用水区，黄河淄博、滨州饮用、工业用水区，黄河东营饮用、工业用水区，黄河滨州饮用、工业用水区，共 9 个二级水功能区，水质目标为III类。

（3）环境敏感因素

该河段共涉及自然保护区、水产种质资源保护区、风景名胜区、地质公园、重要湿地、湿地公园、饮用水水源保护区和重要水源地等各类环境敏感因素 34 个，详见表 5.2-4。

表 5.2-4　黄河下游环境敏感因素统计表

序号	类型	名称	数量
1	自然保护区	郑州黄河湿地省级自然保护区 开封柳园口湿地省级自然保护区 河南新乡黄河湿地鸟类国家级自然保护区 濮阳县黄河湿地省级自然保护区 山东黄河三角洲国家级自然保护区	5
2	水产种质资源保护区	黄河郑州段黄河鲤国家级水产种质资源保护区 黄河鲁豫交界段国家级水产种质资源保护区 黄河口半滑舌鳎国家级水产种质资源保护区 黄河口文蛤国家级水产种质资源保护区	4
3	风景名胜区	郑州黄河国家级风景名胜区	1
4	地质公园	河南郑州黄河国家地质公园 河南兰考黄河湾省级地质公园 山东东阿鱼山省级地质公园 山东济南华山省级地质公园 山东东营黄河三角洲国家地质公园	5
5	重要湿地	郑州黄河湿地 新乡黄河湿地 开封柳园口湿地 河口三角洲湿地（中国国际重要湿地）	4
6	湿地公园	河南武陟嘉应观黄河省级湿地公园	1
7	饮用水水源保护区	南水北调中线一期工程总干渠饮用水水源保护区（穿黄工程局部段） 荥阳黄河王村地表水饮用水水源保护区 黄河邙山地表水饮用水水源保护区 郑州九五滩地下水饮用水水源保护区 黄河花园口地表水饮用水水源保护区 黄河黑岗口地表水饮用水水源保护区 长垣市黄河周营饮用水水源保护区 濮阳西水坡地表水饮用水水源保护区 中原油田彭楼地表水饮用水水源保护区 台前马楼地下水饮用水水源保护区 聊城市东郊水厂东阿牛角店饮用水水源保护区	11

续表

序号	类型	名称	数量
8	重要水源地	郑州市黄河水源地 开封市黄河水源地 濮阳市黄河水源地	3
	小计		34

（4）生态保护红线

考虑到现在各省正在调整红线保护范围，待范围确定后重新调整功能区划。

（5）开发利用需求

1）河段治理开发与保护的主要任务。桃花峪以下河段应以防洪、处理泥沙、供水为主，要进一步完善河防工程体系，加强滩区综合治理和蓄滞洪区安全建设，保障两岸防洪保护区的防洪、防凌安全，向两岸地区供水。加强河口综合治理，为黄河三角洲高效生态经济区发展创造条件。

2）岸线开发利用需求。黄河下游岸线开发利用形式主要有滩区内居民生产生活占用岸线、供水工程（城市、工农业用水）、城市建设（交通、景观）、跨河建筑物（桥梁、管线）及油井、输油（或气、水）管道等。下游河段黄河穿过郑州、开封、济南等城市，相对来说岸线利用程度较高。根据黄河下游河段经济发展及城市发展需求，黄河下游滩区居民在很长一段时间内依然生活在滩区，岸线利用仍以以上岸线利用形式为主。

5.2.3.4 功能区划分成果

黄河下游河段属于典型的平原游荡型河段，经过多年来系列治理，除局部河段外河势基本稳定，涉及自然保护及其他环境敏感点较多，结合行政区划该河段共划分为 70 个岸线功能区，总长 1664.99km，其中 20 个保护区，19 个保留区，31 个控制利用区，详见表 5.2-5 和表 5.2-6。

表 5.2-5 黄河下游岸线功能区划统计表

行政区划	功能区个数（个）				功能区长度（km）			
	保护区	保留区	控制利用区	小计	保护区	保留区	控制利用区	小计
河南省	15	12	4	31	273.42	263.53	122.27	659.22
山东省	5	7	27	39	42.48	192.92	770.37	1005.77
合计	20	19	31	70	315.90	456.45	892.64	1664.99

表 5.2-6　黄河下游岸线功能区划表

行政区划		岸别	起止位置	河长（km）	河势稳定性分析	开发利用情况	敏感因素	水功能区划	功能区划	长度（km）
市	县（市、区）									
洛阳市	孟津区	右岸	白鹤镇—孟津巩义界	26.70	河势稳定	岸线利用形式主要有取水口、排水口、跨河桥梁、村庄，开发利用程度一般	河南黄河湿地国家级自然保护区核心区、缓冲区、实验区	黄河焦作饮用、农业用水区	保护区	25.50
焦作市	孟州市	左岸	吉利孟州界—北开仪	16.52	河势稳定	岸线利用形式主要为取水口、村庄、跨河建筑物，开发利用程度一般	河南黄河湿地国家级自然保护区核心区、缓冲区、实验区	黄河焦作饮用、农业用水区	保护区	16.87
焦作市	孟州市	左岸	北开仪—孟州温县界	12.09	河势稳定	岸线利用形式主要为取水口、村庄、跨河建筑物，开发利用程度一般	无敏感因素	黄河焦作饮用、农业用水区	控制利用区	12.22
焦作市	温县	左岸	孟州温县界—温县武陟界	35.38	河势稳定	岸线利用项目主要有南水北调中线穿黄工程，开发利用程度较低	河南郑州黄河湿地省级自然保护区实验区	黄河焦作饮用、农业用水区	保留区	30.91
焦作市	武陟县	左岸	温县武陟界—武陟平原新区界	46.71	河势稳定	岸线利用形式主要有跨河管线、引黄闸门、村庄、跨河桥梁和光缆，开发利用程度较高	河南武陟嘉应观黄河省级湿地公园，沁河入黄口	黄河焦作饮用、农业用水区	保护区	30.76
郑州市	巩义市	右岸	孟津巩义界—巩义荥阳界	40.26	河势稳定	岸线利用形式主要有提灌（水）站、跨河桥梁和管线，开发利用程度较高	河南郑州黄河湿地省级自然保护区实验区、防洪保护区，黄河郑州段黄河鲤国家级水产种质资源保护区实验区，伊洛河入黄口	黄河郑州、新乡饮用、工业用水区	保护区	33.88
郑州市	荥阳市	右岸	巩义荥阳界—王沟	42.43	河势稳定	岸线利用形式主要有提灌（水）站、跨河桥梁和管线，开发利用程度较高	河南郑州黄河湿地省级自然保护区实验区、防洪保护区，黄河郑州段黄河鲤国家级水产种质资源保护区实验区，河南郑州黄河国家地质公园	黄河郑州、新乡饮用、工业用水区	保留区	31.87
郑州市	荥阳市	右岸	王沟—荥阳惠济界	6.42	河势稳定	岸线利用形式主要有提灌（水）站、跨河桥梁和管线，开发利用程度较高	郑州黄河国家级风景名胜区核心景区，河南郑州黄河湿地省级自然保护区实验区、防洪保护区，黄河郑州段黄河鲤国家级水产种质资源保护区实验区，河南郑州黄河国家地质公园，黄河邙山地表水饮用水水源保护区一级保护区、二级保护区，郑州九五滩地下水饮用水水源保护区二级保护区	黄河郑州、新乡饮用、工业用水区	保护区	6.74

续表

行政区划		岸别	起止位置	河长（km）	河势稳定性分析	开发利用情况	敏感因素	水功能区划	功能区划	长度（km）
市	县（市、区）									
郑州市	惠济区	右岸	荥阳惠济界—惠济金水界	30.74	河势不稳定	岸线利用形式主要有跨河桥梁、光缆、村庄，开发利用程度较高	河南郑州黄河湿地省级自然保护区实验区，黄河郑州段黄河鲤国家级水产种质资源保护区核心区，河南郑州黄河国家湿地公园，郑州市黄河水源地，河南郑州黄河国家地质公园，黄河邙山地表水饮用水水源保护区一级保护区、二级保护区，郑州九五滩地下水饮用水水源保护区一级保护区、二级保护区，黄河花园口地表水饮用水水源保护区一级保护区、二级保护区	黄河郑州、新乡饮用、工业用水区	保护区	29.22
	金水区	右岸	惠济金水界—金水中牟界	6.40	河势不稳定		河南郑州黄河湿地省级自然保护区实验区，黄河郑州段黄河鲤国家级水产种质资源保护区实验区，河南郑州黄河国家湿地公园	黄河郑州、新乡饮用、工业用水区	保留区	5.81
	中牟县	右岸	金水中牟界—中牟龙亭界	49.08	河势不稳定	岸线利用形式多是旅游、休闲、农业开发、引黄口门、跨河建筑物和村庄，开发利用程度较高	河南郑州黄河湿地省级自然保护区核心区、缓冲区、实验区，黄河郑州段黄河鲤国家级水产种质资源保护区实验区	黄河郑州、新乡饮用、工业用水区	保护区	36.52
新乡市	平原新区	左岸	武陟平原新区界—平原新区原阳界	11.14	河势不稳定	岸线利用形式主要有引黄闸门、提灌站、跨河桥梁、村庄，开发利用程度较高	黄河郑州段黄河鲤国家级水产种质资源保护区核心区	黄河郑州、新乡饮用、工业用水区	保留区	10.43
	原阳县	左岸	平原新区原阳界—安南	47.15	河势不稳定		黄河郑州段黄河鲤国家级水产种质资源保护区核心区	黄河郑州、新乡饮用、工业用水区	保留区	31.22
	原阳县	左岸	安南—原阳封丘界	23.57	河势游荡散乱		河南郑州黄河湿地省级自然保护区核心区、缓冲区、实验区	黄河郑州、新乡饮用、工业用水区	保护区	26.16
	封丘县	左岸	原阳封丘界—陈桥镇	28.71	河势游荡散乱	岸线利用形式主要有引黄闸门、引黄口、跨河桥梁、光缆和村庄，开发利用程度较高	河南新乡黄河湿地鸟类国家级自然保护区缓冲区、实验区	黄河郑州、新乡饮用、工业用水区	保护区	21.78
	封丘县	左岸	陈桥镇—清河集	13.40	河势游荡散乱		河南新乡黄河湿地鸟类国家级自然保护区实验区	黄河郑州、新乡饮用、工业用水区	保留区	12.38

续表

行政区划		岸别	起止位置	河长（km）	河势稳定性分析	开发利用情况	敏感因素	水功能区划	功能区划	长度（km）
市	县（市、区）									
新乡市	封丘县	左岸	清河集—辛庄闸	9.25	河势游荡散乱	岸线利用形式主要有引黄闸门、引黄口、跨河桥梁、光缆和村庄，开发利用程度较高	河南新乡黄河湿地鸟类国家级自然保护区缓冲区	黄河郑州、新乡饮用、工业用水区	保护区	8.36
	封丘县	左岸	辛庄闸—封丘长垣界	23.48	河势游荡散乱		河南新乡黄河湿地鸟类国家级自然保护区核心区、缓冲区	黄河郑州、新乡饮用、工业用水区	保护区	12.42
	长垣市	左岸	封丘长垣界—恼里镇	10.38	河势游荡散乱	岸线利用形式主要有引水闸门、跨河桥梁和村庄，开发利用程度较高	河南新乡黄河湿地鸟类国家级自然保护区核心区、缓冲区、实验区	黄河郑州、新乡饮用、工业用水区	保护区	8.41
	长垣市	左岸	恼里镇—长垣濮阳界	45.17	河势归顺单一		河南新乡黄河湿地鸟类国家级自然保护区实验区，黄河鲁豫交界段国家级水产种质资源保护区核心区，濮阳西水坡地表水饮用水水源保护区准保护区、二级保护区	黄河郑州、新乡饮用、工业用水区	保留区	37.43
开封市	龙亭区	右岸	中牟龙亭界—龙亭祥符界	25.17	河势游荡散乱	岸线利用形式主要有引黄闸门、跨河桥梁、村庄，开发利用程度一般	开封柳园口湿地省级自然保护区实验区，开封市黄河水源地，黄河黑岗口地表水饮用水水源保护区二级保护区	黄河开封饮用、工业用水区	保留区	26.10
	祥符区	右岸	龙亭祥符界—祥符兰考界	30.49	河势游荡散乱		开封柳园口湿地省级自然保护区实验区	黄河开封饮用、工业用水区	保留区	24.66
	兰考县	右岸	祥符兰考界—兰考东明界	27.16	河势游荡散乱		河南兰考黄河湾省级地质公园，开封柳园口湿地省级自然保护区实验区	黄河开封饮用、工业用水区	保留区	23.95
濮阳市	濮阳县	左岸	长垣濮阳界—高村	11.43	河势归顺单一	岸线利用形式主要有引水闸门、跨河桥梁、光缆、村庄，开发利用程度较高	黄河鲁豫交界段国家级水产种质资源保护区核心区、实验区，濮阳西水坡地表水饮用水水源保护区一级保护区、二级保护区、准保护区	黄河濮阳饮用、工业用水区	保护区	10.36
	濮阳县	左岸	高村—黄寨	2.30	河势归顺单一		濮阳县黄河湿地省级自然保护区核心区、缓冲区、实验区，黄河鲁豫交界段国家级水产种质资源保护区实验区	黄河濮阳饮用、工业用水区	保护区	2.27
	濮阳县	左岸	黄寨—濮阳范县界	50.67	河势归顺单一		黄河鲁豫交界段国家级水产种质资源保护区，中原油田彭楼地表水饮用水水源保护区准保护区、二级保护区	黄河濮阳饮用、工业用水区	控制利用区	44.98

续表

行政区划		岸别	起止位置	河长（km）	河势稳定性分析	开发利用情况	敏感因素	水功能区划	功能区划	长度（km）
市	县（市、区）									
濮阳市	范县	左岸	濮阳范县界—河湾村	3.20	河势归顺单一	岸线利用形式主要有引水闸门、跨河桥梁、光缆、村庄，开发利用程度较高	黄河鲁豫交界段国家级水产种质资源保护区核心区、实验区，中原油田彭楼地表水饮用水水源保护区一级保护区、二级保护区、准保护区	黄河濮阳饮用、工业用水区	保护区	4.19
	范县	左岸	河湾村—孙楼	25.81	河势归顺单一		黄河鲁豫交界段国家级水产种质资源保护区核心区	黄河濮阳饮用、工业用水区	保留区	26.68
	范县	左岸	孙楼—范县台前界	16.09	河势归顺单一		黄河鲁豫交界段国家级水产种质资源保护区实验区	黄河濮阳饮用、工业用水区	控制利用区	10.47
	台前县	左岸	范县台前界—徐堌堆	64.28	河势归顺单一		黄河鲁豫交界段国家级水产种质资源保护区，台前马楼地下水饮用水水源保护区二级保护区、一级保护区	黄河濮阳饮用、工业用水区	控制利用区	54.61
	台前县	左岸	徐堌堆—台前阳谷界	2.00	河势归顺单一		黄河鲁豫交界段国家级水产种质资源保护区，台前马楼地下水饮用水水源保护区二级保护区、一级保护区	黄河濮阳饮用、工业用水区	保留区	2.06
菏泽市	东明县	右岸	兰考东明界—高村	64.01	河势归顺单一	岸线利用形式多为农业开发、道路、引黄渠道、闸门等，开发利用程度较高	黄河鲁豫交界段国家级水产种质资源保护区核心区、实验区（不在功能区内）	黄河菏泽工业、农业用水区	保留区	51.50
	东明县	右岸	高村—东明牡丹界	9.86	河势归顺单一	岸线利用形式多为农业开发、道路、引黄渠道、闸门等，开发利用程度较高	黄河鲁豫交界段国家级水产种质资源保护区实验区	黄河菏泽工业、农业用水区	控制利用区	10.04
	牡丹区	右岸	东明牡丹界—牡丹鄄城界	15.44	河势归顺单一	岸线利用形式主要为引水口门、跨河桥梁、村庄，开发利用程度较高	黄河鲁豫交界段国家级水产种质资源保护区实验区	黄河菏泽工业、农业用水区	控制利用区	15.65
	鄄城县	右岸	牡丹鄄城界—张村	10.50	河势归顺单一		黄河鲁豫交界段国家级水产种质资源保护区实验区	黄河菏泽工业、农业用水区	控制利用区	11.28
	鄄城县	右岸	张村—鄄城郓城界	46.00	河势归顺单一，变化不大		黄河鲁豫交界段国家级水产种质资源保护区核心区	黄河菏泽工业、农业用水区	保留区	37.32
	郓城县	右岸	鄄城郓城界—郓城梁山界	32.97	河势归顺单一		黄河鲁豫交界段国家级水产种质资源保护区实验区，台前马楼地下水饮用水水源保护区二级保护区	黄河菏泽工业、农业用水区	控制利用区	26.56

续表

行政区划		岸别	起止位置	河长（km）	河势稳定性分析	开发利用情况	敏感因素	水功能区划	功能区划	长度（km）
市	县（市、区）									
济宁市	梁山县	右岸	郓城梁山界—红庙	27.64	河势归顺单一	岸线利用形式主要为引水口门、跨河桥梁、农业开发和村庄，开发利用程度较高	无敏感因素	黄河聊城、德州饮用、工业用水区	控制利用区	24.48
济宁市	梁山县	右岸	红庙—梁山东平界	2.00	河势归顺单一		无敏感因素	黄河聊城、德州饮用、工业用水区	保护区	1.87
泰安市	东平县	右岸	梁山东平界—十里堡	3.20	河势归顺单一	岸线利用形式主要为扬水站、排污口、跨河浮桥和村庄，开发利用程度较高	无敏感因素	黄河聊城、德州饮用、工业用水区	保护区	2.98
	东平县	右岸	十里堡—陶城铺	15.31	河势归顺单一		无敏感因素	黄河聊城、德州饮用、工业用水区	控制利用区	14.07
	东平县	右岸	陶城铺—东平平阴界	14.95	河势归顺单一		无敏感因素	黄河聊城、德州饮用、工业用水区	保护区	15.69
聊城市	阳谷县	左岸	台前阳谷界—陶城铺	0.60	河势归顺单一	岸线利用形式主要有引黄闸门、扬水站、跨河桥梁，开发利用程度较高	无敏感因素	黄河聊城、德州饮用、工业用水区	保留区	0.82
	阳谷县	左岸	陶城铺—阳谷东阿界	1.97	河势归顺单一		无敏感因素	黄河聊城、德州饮用、工业用水区	保留区	1.78
	东阿县	左岸	阳谷东阿界—东阿齐河界	57.29	河势归顺单一		聊城市东郊水厂东阿牛角店饮用水水源保护区	黄河聊城、德州饮用、工业用水区	控制利用区	56.60
济南市	平阴县	右岸	东平平阴界—平阴长清界	39.86	河势归顺单一	岸线利用形式主要有扬水站、排污口、跨河桥梁和村庄，开发利用程度较高	无敏感因素	黄河聊城、德州饮用、工业用水区	控制利用区	39.13
	长清区	右岸	平阴长清界—长清槐荫界	56.75	河势归顺单一	岸线利用形式主要有扬水站、排污口、跨河浮桥、输油管道、电缆和村庄，开发利用程度较高	无敏感因素	黄河聊城、德州饮用、工业用水区	控制利用区	53.29
	槐荫区	右岸	长清槐荫界—槐荫天桥界	14.47	河势归顺单一	岸线利用形式主要有引黄口门、跨河大桥、光缆、输气（灰）管道，开发利用程度较高	无敏感因素	黄河聊城、德州饮用、工业用水区	控制利用区	14.12
	天桥区	左岸	齐河天桥区界—天桥济阳区界	24.09	河势归顺单一		无敏感因素	黄河聊城、德州饮用、工业用水区	控制利用区	21.94

续表

行政区划		岸别	起止位置	河长（km）	河势稳定性分析	开发利用情况	敏感因素	水功能区划	功能区划	长度（km）
市	县（市、区）									
济南市	天桥区	右岸	槐荫天桥界—天桥历城界	10.00	河势归顺单一	岸线利用形式主要有引黄口门、跨河大桥、光缆、输气（灰）管道，开发利用程度较高	无敏感因素	黄河聊城、德州饮用、工业用水区	控制利用区	9.08
	历城区	右岸	天桥历城界—霍家溜	13.00	河势归顺单一	岸线利用形式主要有引黄闸门、扬水站、跨河桥梁、通信光缆、输气（灰）管道和村庄，开发利用程度较高	山东济南华山省级地质公园	黄河聊城、德州饮用、工业用水区	保留区	12.99
	历城区	右岸	霍家溜—历城章丘界	11.10	河势归顺单一		无敏感因素	黄河聊城、德州饮用、工业用水区	控制利用区	13.78
	章丘区	右岸	历城章丘界—章丘邹平界	28.38	河势归顺单一		无敏感因素	黄河聊城、德州饮用、工业用水区	控制利用区	27.03
	济阳区	左岸	天桥济阳界—济阳惠民界	57.87	河势归顺单一	岸线利用形式主要有引黄闸门、扬水站、跨河浮桥、通信光缆，开发利用程度较高	无敏感因素	黄河聊城、德州饮用、工业用水区	控制利用区	56.65
德州市	齐河县	左岸	东阿齐河界—齐河天桥区界	63.90	河势归顺单一	岸线利用形式主要有引黄口门、跨河桥梁、输油管道和电缆，开发利用程度较高	无敏感因素	黄河聊城、德州饮用、工业用水区	控制利用区	59.63
滨州市	邹平市	右岸	章丘邹平界—邹平高青界	22.00	河势归顺单一	岸线利用形式主要有引黄闸门、灌区扬水站、跨河浮桥和耕地，开发利用程度较低	无敏感因素	黄河淄博、滨州饮用、工业用水区	控制利用区	21.23
	惠民县	左岸	济阳惠民界—惠民滨城界	45.11	河势归顺单一	岸线利用形式主要有引黄闸门、灌区扬水站、跨河桥梁、穿堤输气（灰、油、水）管道和村庄，开发利用程度较高	无敏感因素	黄河淄博、滨州饮用、工业用水区	控制利用区	44.28
	滨城区	左岸	惠民滨城界—滨城利津界	35.49	河势归顺单一		无敏感因素	黄河淄博、滨州饮用、工业用水区	控制利用区	34.43
	滨城区	右岸	高青滨城界—滨城博兴界	19.39	河势归顺单一	岸线利用形式主要有引黄闸门、跨河桥梁、电缆、输气（灰、油、水）管道和村庄，开发利用程度较高	无敏感因素	黄河淄博、滨州饮用、工业用水区	控制利用区	17.55
	博兴县	右岸	滨城博兴界—博兴东营区界	10.46	河势归顺单一		无敏感因素	黄河淄博、滨州饮用、工业用水区	控制利用区	11.24

续表

行政区划		岸别	起止位置	河长（km）	河势稳定性分析	开发利用情况	敏感因素	水功能区划	功能区划	长度（km）
市	县（市、区）									
淄博市	高青县	右岸	邹平高青界—高青滨城界	47.73	河势归顺单一	岸线利用形式主要有引黄闸门、灌区扬水站、跨河浮桥、输气管道和村庄，开发利用程度较高	无敏感因素	黄河淄博、滨州饮用、工业用水区	控制利用区	46.20
东营市	利津县	左岸	滨城利津界—鱼洼	65.62	河势归顺单一	岸线利用形式主要有引黄闸门、扬水站、跨河桥梁、输气（油）管道和村庄，开发利用程度较高	无敏感因素	黄河东营饮用、工业用水区	控制利用区	65.70
	利津县	左岸	鱼洼—利津河口区界	8.03	河势归顺单一	岸线利用形式主要有引黄闸门、扬水站、跨河桥梁、输气（油）管道和村庄，开发利用程度较高	无敏感因素	黄河东营饮用、工业用水区	控制利用区	8.05
	河口区	左岸	利津河口区界—黄河三角洲自然保护区实验区缓冲区界	43.45	河势归顺单一	岸线利用形式主要有取水工程、跨河桥梁、输气（油、水）管道和、污水管道，开发利用程度较高	山东黄河三角洲国家级自然保护区实验区，山东东营黄河三角洲国家地质公园	黄河东营饮用、工业用水区	保留区	41.88
	河口区	左岸	黄河三角洲自然保护区实验区缓冲区界—入海口	13.00	河势归顺单一		山东黄河三角洲国家级自然保护区核心区、缓冲区，山东东营黄河三角洲国家地质公园	黄河东营饮用、工业用水区	保护区	12.55
	东营区	右岸	博兴东营区界—东营区垦利界	10.04	河势归顺单一	岸线利用形式主要有引黄闸门、扬水站、跨河桥梁、输气（油）管道，开发利用程度较高	无敏感因素	黄河东营饮用、工业用水区	控制利用区	10.35
	垦利区	右岸	东营垦利界—鱼洼	51.04	河势归顺单一		无敏感因素	黄河东营饮用、工业用水区	控制利用区	49.44
	垦利区	右岸	鱼洼—黄河三角洲自然保护区边界	8.03	河势归顺单一		无敏感因素	黄河东营饮用、工业用水区	控制利用区	8.59
	垦利区	右岸	三角洲实验区界	46.60	河势归顺单一	岸线利用形式主要有取水工程、黄河浮桥、输油（水）管道，开发利用程度较高	山东黄河三角洲国家级自然保护区实验区，山东东营黄河三角洲国家地质公园	黄河东营饮用、工业用水区	保留区	46.64
	垦利区	右岸	实验区界—入海口	8.93	河势归顺单一		山东黄河三角洲国家级自然保护区核心区、缓冲区，山东东营黄河三角洲国家地质公园	黄河东营饮用、工业用水区	保护区	9.39
		小计		1839.66						1664.99

5.2.4 岸线利用与保护管控要求

5.2.4.1 保护区管控要求

岸线保护区应根据保护目标有针对性地进行管理，严格按照相关法律法规的规定，规划期内禁止建设可能影响保护目标实现的建设项目。按照保护目标和相关规划在岸线保护区内必须实施的防洪、河道治理、供水、航运、文物保护、重要基础设施建设等事关公共安全及公众利益的建设项目，须经充分论证并严格按照法律法规要求履行相关审批程序。

（1）为防洪安全和河势稳定划定的保护区

为防洪和河势而划定的岸线保护区，除依据防洪规划和河道治理规划建设必要的防洪、河道治理等工程外，禁止建设影响防洪安全、重要支流入汇口河势稳定和蓄滞洪区正常分滞洪运用的项目。

（2）为生态环境保护划定的保护区

涉及自然保护区的岸线保护区，应严格遵守《中华人民共和国自然保护区条例》等相关法律法规要求，涉及自然保护区核心区的岸线保护区，严禁任何生产活动；涉及缓冲区的岸线保护区只允许开展必要的科学实验活动；在保护区核心区和缓冲区内，不得建设任何生产设施。

岸线保护区内经科学规划确需建设的生态修复工程、防洪工程、供水工程以及重要基础设施，工程建设范围尽量避让自然保护区核心区和缓冲区，项目实施方案应会同相关主管部门及专家论证。具体建设项目，在可行性研究阶段必须严格按照环境影响评价法和建设项目保护管理的规定，进行各单项建设项目的环境影响评价，提出项目实施具有可操作性的环境保护措施，将项目实施产生的不利影响降到最低。

（3）为饮用水水源保护区划定的保护区

涉及饮用水水源的岸线保护区，应严格遵守《饮用水水源保护区污染防治管理规定》相关要求。在饮用水水源一级保护区内，禁止设置排污口；禁止新建、改建、扩建与供水设施和保护水源无关的建设项目；禁止堆置和存放工业废渣、城市垃圾、粪便和其他废弃物；禁止设置油库；禁止从事种植、网箱养殖、旅游、游泳、垂钓或者其他可能污染饮用水水体的活动。

（4）为风景名胜区划定的保护区

涉及风景名胜区核心景区的岸线保护区，应严格遵守《风景名胜区管理条例》的相关要求，禁止建设违反风景名胜区规划以及与风景名胜资源保护无关的项目；已经建设的，应当按照风景名胜区规划，逐步迁出。

（5）生态保护红线

生态保护红线类岸线保护区，按照《生态保护红线管理办法（试行）》及《关于在国土空间规划中统筹划定落实三条控制线的指导意见》的有关要求，对岸线的开发利用活动进行管控。生态红线内自然保护地核心保护区原则上按禁止人类活动的要求进行管理。

5.2.4.2　保留区管控要求

岸线保留区规划期内原则上暂不开发，因防洪安全、河势稳定、供水安全、航道稳定及经济社会发展需要必须建设的防洪、河道治理、供水、航道整治、生态环境治理、重要基础设施等工程，须经科学论证并严格按照法律法规要求履行相关审批程序。

（1）为防洪安全和河势稳定划定的保留区

为防洪安全和河势稳定划分的岸线保留区，须待河道治理方案确定或河势趋于稳定，具备岸线开发利用条件后，在不影响后续防洪（包括险工险段）治理、河道治理及航道整治的前提下，方可开发利用。

（2）为生态环境保护划定的保留区

涉及各类自然保护区实验区、国家水产种质资源保护区核心区等生态敏感区的岸线保留区，除了进行必要的河道整治、堤防等防洪保安工程建设，以及引排水口等设施建设以外，一般禁止其他岸线开发活动。

涉及国家湿地公园的岸线保留区，要严格遵守《国家湿地公园管理办法》的要求，保护岸线的稳定，不得随意占用、破坏湿地公园范围。岸线范围内允许开展河道工程建设、生态建设及跨河桥梁设施的建设，禁止其他岸线开发活动。

涉及国家地质公园等地质遗迹保护区的岸线保留区，应遵守《地质遗迹保护管理规定》，岸线禁止从事采石、取土、垦荒等活动，禁止与地质遗迹保护无关的建筑设施建设及生产经营活动。

涉及风景名胜区的岸线保留区，要严格遵循《风景名胜区管理条例》等国家和地方的法律、法规，风景名胜区内禁止开山、采石、开矿、开荒、修坟立碑等破坏景观、植被和地形地貌的活动，修建储存爆炸性、放射性等物品的设施，禁止设立各类开发区、宾馆、疗养院等与风景名胜区无关的其他建筑物。

（3）涉及生态保护红线的保留区

生态保护红线类岸线保留区，按照《生态保护红线管理办法（试行）》及《关于在国土空间规划中统筹划定落实三条控制线的指导意见》的有关要求，对岸线的开发利用活动进行管控。原则上严格禁止开发性、生产性建设活动，在符合现行法律法规前提下，除国家重大战略项目外，仅允许对生态功能不造成破坏的有限人为活动。

5.2.4.3　控制利用区管控要求

岸线控制利用区管理重点是严格限制建设项目类型和控制其开发利用强度。涉及防洪安全、河势稳定、供水安全、航道稳定及经济社会发展需要的岸线利用建设项目，须经科学论证，合理开发利用，并按照法律法规要求履行相关审批程序。在岸线区进行岸线利用的活动，除了要遵照《中华人民共和国河道管理条例》《中华人民共和国水法》等国家和地方的法律、法规，还要按照该河段的自然特点和河道特性，厘清开发与保护的关系。

（1）控制开发利用方式的控制利用区

对需控制开发利用方式划定的岸线控制利用区，除进行必要的防洪、河道治理、生态农业开发、供水、生态修复、文物保护、航运、跨河桥梁及管线等重要基础设施建设以外，一般禁止其他岸线开发活动。跨河桥梁的跨度、桥墩规模等不应对该区段的河势有较大的影响。在支流和干沟等入黄口要保持排水顺畅，为支流洪水顺利入黄保留空间。

河势变化敏感岸段（河势变化剧烈、河流弯道或险工险段所在河段）、重要涉水工程及设施、地质灾害易发区、水土流失严重区所在岸段，应禁止建设可能影响防洪安全、河势稳定、涉水设施安全、岸坡稳定以及加重水土流失的项目；对水产种质资源保护区等生态敏感区及水源地所在岸段的岸线控制利用区，要严格按照保护要求，严禁建设可能对生态敏感区及水源地有明显不利影响的危化品码头、排污口、电厂排水口等建设项目，饮用水水源二级保护区内的岸线禁止建设排放污染物的建设项目，饮用水水源准保护区内的岸线禁止新建和扩建对水体污染严重的建设项目，改建项目不得增加排污量。

（2）控制开发利用强度的控制利用区

对需控制开发利用强度划定的岸线控制利用区，应按照生态、水利、自然资源、城市、交通等相关规划，合理控制整体开发规模和强度，新建和改扩建项目必须严格论证，不得加大对防洪安全、河势稳定、供水安全、航道稳定的不利影响；城区段城市设施建设应给洪水以足够的通道。严格控制城市生活、生产排污口建设。跨河桥梁的跨度、桥墩规模等不应对该区段的河势有较大影响；矿区及砂场段要规范开采行为，避免采砂采矿对防洪安全、河势稳定造成不利影响；需要控制农业开发行为，严格限制新开荒地，取水泵站应符合流域水资源统一管理和调度，禁止移动式泵站取水。

5.3 黄河下游生态廊道建设项目管理对策研究

本节主要对黄河下游生态廊道内风电、光电、现代农业开发、生态旅游开发等建设项目的规模、影响及管理对策进行分析。

5.3.1 建设项目规模分析

5.3.1.1 风电项目

风电项目开发场区一般要集中连片建设，单个滩区面积或者相邻滩区面积宜达到 $30km^2$。结合滩区风电场工程项目建设特点，从黄河河势变化、行洪要求、滩区未来可能治理方向及风电场工程自身安全的角度分析风电项目建设规模。

（1）白鹤镇至陶城铺河段

陶城铺以上滩区面积较大且集中连片，满足风电场场区建设面积的要求，可为风电项目利用，但还要考虑河势变化、行洪要求和滩区未来治理的可能要求。

Ⅰ. 河势变化范围

受来水来沙条件和河床边界条件等多种因素影响，黄河下游河势演变极其复杂，虽然几十年来不断开展河道整治，但仍有部分河段河势至今尚未得到有效控制。2000 年以来，白鹤镇至神堤河段最大主流摆幅在裴峪工程处，为 1500m，神堤至京广铁路桥河段最大主流摆幅在沙鱼沟工程处，达 3500m，京广铁路桥至武庄河段最大主流摆幅在保合寨工程处，达 3000m，武庄至柳园口河段三官庙与黑石之间最大主流摆幅接近 5000m；柳园口至东坝头河段最大主流摆幅在王庵工程处，达 4500m、常堤与贯台两工程之间达 3500m，东坝头以下主流摆动较小，最大主流摆幅约 1000m。

Ⅱ. 排洪河槽宽度

关于排洪河槽宽度，以往开展了大量研究工作。根据花园口、夹河滩、高村三个水文站的实测主槽平均单宽流量分析河槽排洪宽度，花园口、夹河滩、高村实测大于 10 000m^3/s 流量的主槽平均单宽流量分别为 9.21m^2/s、9.40m^2/s、11.57m^2/s，见表 5.3-1。目前，黄河下游游荡型河段主要水文站的防洪标准为：花园口 22 000m^3/s、夹河滩 21 500m^3/s、高村 20 000m^3/s。根据单宽流量计算排洪河槽宽度，分别为花园口站 2390m、夹河滩站 2290m、高村站 1730m。近年来，黄河下游高村以上河段采用 2500m 作为河道整治工程建设的依据。

表 5.3-1　洪水期主槽平均单宽流量统计表

断面名称	年份	全断面过流量（m^3/s）	主槽平均单宽流量（m^2/s）
花园口	1956、1957、1958、1982	4 570～9 350	5.25
	1949、1953、1958、1982	11 301～17 200	9.21
夹河滩	1957、1958、1959、1965、1982	6 000～9 850	6.10
	1954、1958、1982	10 100～16 500	9.40
高村	1956、1957、1958、1959、1982	6 000～9 420	6.85
	1954、1958、1982	10 400～17 400	11.57

Ⅲ. 滩区未来治理方向

针对下游河道与滩区治理，国内专家近年来提出了较多有益的意见，也开展了多项研究工作。2006 年 6 月钱正英院士考察黄河下游时，针对下游窄河治理，建议下游窄河的堤距为 3～6km。2005 年完成的《黄河下游滩区治理模式和安全建设研究》提出，下游窄河的堤距桃花峪至夹河滩为 9km 左右，夹河滩至高村为 2～4km。2007 年完成的《黄河下游滩槽划分方案研究》提出，高村以上河段槽宽为 2.5～7km。2009 年完成的《黄河下游河道治理战略研究报告》提出，陶城铺以上宽河段的平均堤距在 4km 左右。《黄河下游河道改造与滩区治理研究》提出，京广铁路桥以上、京广铁路桥至东坝头、东坝头至高村、高村至陶城铺堤距分别为 4.9km、4.4km、4.2km、2.5km。2012 年 6 月国务院南水北调工程建设委员会办公室原副主任宁远率队对黄河下游调研时，提出对下游河道进行改造，建设的两道新防洪堤堤距为 3～5km。

综合以上分析，推荐陶城铺以上河段滩区风电项目控制利用范围要预留3～5km的空间，满足河势变化、行洪和未来滩区可能建设防护堤等要求，按此要求分析，控制利用面积为2123.9km^2。

（2）陶城铺至渔洼河段

陶城铺至渔洼河段为山东窄河段，除济南市长清区、平阴县的滩区为连片的大滩地外，其余全部是小片滩地，因此，从减少对山东窄河段的行洪、防洪影响角度，考虑场区建设要求，陶城铺至渔洼河段除长平滩区外暂不纳入风电项目控制利用范围（长平滩区河段河势变化小，主要考虑预留2.0km排洪河槽宽度），面积为287.0km^2。

（3）渔洼以下河段

渔洼以下河口地区，西河口以上河段河道较窄，堤距一般为1～4km，最宽处达6km，最窄处不足1km，河道特性与其以上的艾山以下河段相似。西河口以下河道较宽，但受黄河和潮汐影响较大，滩岸不稳定，因此，渔洼以下河段暂不纳入风电项目控制利用范围。

综上分析，确定黄河下游滩区风电项目控制利用面积为2411.0km^2，各大小滩区详细控制利用面积见表5.3-2。

表5.3-2　风电场建设可选择范围（大小滩区合计）

河段	滩区面积（km^2）	控制利用面积（km^2）	装机规模（MW）
京广铁路桥以上	445.2	391.4	78.3
京广铁路桥—东坝头	702.5	547.7	109.5
东坝头—高村	949.6	765.6	153.1
高村—陶城铺	527.6	419.2	83.8
陶城铺—渔洼	529.1	287.0	57.4
合计	3154.0	2411.0	482.2

5.3.1.2　光电项目

光电项目不同于风电项目，由于光伏组件及支架密集布置、相对低矮，其阻水作用相对较大，而且自身建筑物结构强度也不如风电项目（光伏支架桩基础埋置深度一般较浅，温县光伏电场占地面积922亩，场区内有55 440个角钢支架，桩基埋深1m；兰考光伏电场占地面积约7612.7亩，场区内有153 600根钢筋混凝土基础桩，桩直径为30cm，桩顶高程超出滩面0.5～1.5m，桩基埋深多为2～3m），遭遇漫滩大洪水时出现损毁的可能性大，自身安全难以保障，也可能影响黄河防洪安全。

因此，光电项目控制利用范围受严格限制。充分考虑洪水风险，以滩区千年一遇洪水不淹没的区域为光电项目控制利用范围，同时考虑滩区新形势变化，防洪标准较高且经过批准建设的安全区也纳入控制利用范围。

结合黄河流域洪水风险图编制项目（2014年）成果分析，下游滩区温县、原阳县滩区部分区域不受千年一遇洪水淹没影响，面积分别约为 45km^2 和 20km^2，可作为光电项目利用范围。目前，长平滩区安全区、封丘倒灌区安全区正在开展前期工作，工程实施后，安全区内可以开发光电项目。参考已经建成投产光电项目情况，以每平方千米建成光伏电场容量 3.3 万 kW 考虑，黄河下游滩区控制利用范围内（暂不含封丘倒灌区），温县、原阳县黄河滩光伏电场工程装机规模分别约为 148.5 万 kW、65 万 kW。

5.3.1.3　现代农业与生态旅游开发项目

黄河滩区以农业为主，滩区现有的农业种植范围几乎覆盖了主槽以外的土地，同时农业种植项目对防洪要求一般不高，因此，现代农业开发项目的控制利用范围原则上是主槽以外的土地范围，但现代农业开发项目建设的配套设施和附属设施要考虑洪水淹没风险进行合理布设。

生态旅游开发项目多数是利用现有湿地、水面等自然资源，对该类项目控制利用范围也不做特别限制，与现代农业开发项目一样，建设的配套设施和附属设施应考虑洪水淹没风险进行合理布设。

5.3.2　建设项目影响分析

5.3.2.1　风电项目

（1）对河道防洪的影响

现有滩区条件下，受洪水淹没风险较小的滩区主要是在温县、原阳县、郑州市、开封市等高滩区，可能的风电开发面积约为 773.9km^2，装机规模约为 154.8 万 kW。以长垣恼里风电场设计采用风机和塔筒（45 台 2000kW 的风机，9 万 kW 装机规模）为参考分析风电开发方案壅水影响，同时考虑两个以上风电场距离较近，可能产生的壅水叠加影响。壅水叠加影响的大小与实际风电场的布设方式有关，本次以桥群的壅水叠加影响进行类比，类比黄委会已批复的《新建铁路大同至西安客运专线渭河特大桥防洪评价》和《G342 线孙口黄河公路大桥防洪评价报告》中的壅水计算成果，两个报告中桥群考虑壅水叠加后的最大壅水高度为单个桥梁最大壅水高度的 2.0 倍左右。

高滩区可能的开发面积建设的风机和塔筒为 774 座（1km^2 内约 1 座塔筒），在同样河道条件、同样工程布局和设计情况下，按照不利情况考虑壅水叠加影响，壅水高度为 0.03m，壅水影响长度为 34km。

（2）对农业开发的影响

风电场工程建设对农业开发的直接影响是占地影响，风电场永久征地少，以滩区建设 10 万 kW 装机规模为例，风电场工程永久占地总面积约为 76 750m^2（约 115 亩）。风电场运行后，风机电机运行高度一般在 120m 左右，相当于约 40 层楼高，风轮叶片与地面距离也在 60m 左右，不会影响场区内正常农业生产。另外，根据调查了解和已建风电场运行实际情况，风机运行对农作物生长也基本没有影响，还可结合农业开发采取风农互补模式，见图 5.3-1。

图 5.3-1 内蒙古兴安盟公主岭风农互补项目

(3) 对生态环境的影响

风电场的建设运营将对附近生态环境造成一定的不利影响。

Ⅰ. 施工期生态环境影响

风电场的施工过程中产生的施工扬尘将对环境空气造成影响；施工过程中的施工机械噪声等将会对场址周边声环境造成一定影响；施工过程中产生的固体废弃物，如建筑垃圾和生活垃圾等，可能会污染附近环境；施工过程中产生的生产、生活废水和污水排放对黄河水质会有一定的影响；施工挖方填方导致地表植被被破坏、地表结皮被破坏，可能造成水土流失。

Ⅱ. 运营期生态环境影响

风电场运营期间，风力发电系统和光伏发电系统本身不产生废气污染物，不会对周围大气环境造成污染；风力发电机运转、升压站主变压器运行时产生的噪声可能会对附近声环境造成一定影响；运营期间场区工作人员产生的生活废水、垃圾及光伏组件清洗废水可能会污染水土环境；阳光投射在风机转动的叶片上带来光影晃动，可能会对居民生产、生活及心理产生影响。

因此，风电场工程建设，一定要结合滩区实际情况，按照有关要求进行工程设计、施工、运营和管理，尽量避免对生态环境、人居环境等造成影响，要列专题研究水土保持方案，进行环境影响评价。

(4) 洪水对项目的影响

风电项目在滩区内布置的主要是风机，风机及塔筒自身很重，2000kW 的风机及塔筒质量可达 420t 左右，因此塔筒基础设计时要充分考虑受力及洪水冲刷等方面的要求，埋置深度可达 30m 甚至更多，可以像桥梁一样比较好地防御洪水；风机配置的箱式变压器，可以悬空挂置在塔筒上或者依附塔筒建设简易平台搁置（甚至可以放置在塔筒内），能够避免洪水淹没影响；场区集电线缆埋深设计考虑不足，可能造成滩地上水集中行洪冲刷时破坏集电线缆。

5.3.2.2 光电项目

(1) 对河道防洪的影响

光电开发方案，可开发面积为 65km^2，总装机规模为 213.5 万 kW。按照兰考光伏电场工程洪水影响分析成果，装机规模 200MW 的光电项目，建设 153 600 根钢筋混凝土基础桩（1km^2 内约 50 000 根基础桩），产生的最大壅水高度达 0.29m，壅水影响长度为 7km。以此为参考类比分析光电开发方案的总体影响，在同样河道条件、同样工程布局和设计情况下，按照不利情况考虑壅水叠加影响较大。

上述只是理想状态下的分析，实际上大面积开发光电项目，太阳能板、支架及其桩基础过于密集，可能会导致大量漂浮物聚集在项目区，产生累积效应，严重阻碍河道行洪，给防洪带来较大不确定性。

（2）对农业开发的影响

光伏电场开发占地面积大，影响农业生产。兰考光伏电场总装机 200MW（20 万 kW），占地规模为 7612.7 亩。可以采用光农互补模式（图 5.3-2），尽量减少对农业用地的影响。

图 5.3-2　光农互补项目示意图

（3）洪水对项目的影响

光电项目在进行结构设计时，从经济上考虑，很难按照风电项目工程设计要求，将桩基础埋置很深，一般桩基础埋置较浅，如兰考光伏电场桩基础埋置深度多在 2～3m，这种情况下，遭遇大洪水集中行洪时可能会被冲刷倒塌；为了方便清洗太阳能光伏板，支架不能太高，则大洪水上滩时可能淹没太阳能光伏板。

（4）项目建设考虑

光伏电场工程建设影响尤其是对防洪的影响较大，213.5 万 kW 装机规模可造成 187km 的壅水影响。同时，光伏电场工程由于在建筑物结构设计方面，抗御洪水的能力较弱，容易在大洪水中遭到破坏，自身防洪安全难以得到有效保障，同时由于建筑物密集，杂草可能聚集，产生累积效应，严重阻水，给防洪带来较大的不确定性，因此，建议严格限制黄河下游生态廊道内光伏电场建设。

5.3.2.3　现代农业和生态旅游开发项目

现代农业开发项目的控制利用范围原则上是主槽以外的土地范围，其农作物（高秆作物、林木开发除外）种植区阻水能力一般较小，生态旅游开发项目控制利用范围内多数是湿地、水面等，此两类项目的主体区域对河道行洪影响不大，可能阻水的主要是其建设的配套设施和附属设施。应按照相关政策，严格控制附属设施和配套设施用地规模，合理布局，同时优化结构设计，避免对河道行洪造成大的影响。

现代农业开发，可能需要采取措施如喷洒农药消灭虫害，大面积的农药喷洒可能形成面源污染，影响黄河水质。另外，畜牧养殖项目和旅游休闲类项目可能会因为粪便、生活垃圾、废水等处置不当，形成点源污染，影响黄河水质。

5.3.2.4 其他项目

滩区开发项目除风电、光电、现代农业开发、生态旅游开发等几大类项目外，还有部分滩区规划建设产业园集聚区、通用飞机场、调蓄水库、盐矿场及安全区等项目。

这些建设项目的组成、内容不具备共通性。产业园集聚区、物流园区建设将在滩区内引入大量密集型企业，影响防洪安全，如果滩区人口增加，防洪隐患就会增加；盐矿开采可能造成地面塌陷而对工程造成灾难性后果，具有安全隐患；孟州通用机场、调蓄水库、长垣汽车拉力赛场等建设项目对防洪有一定影响。

5.3.3 建设项目管理对策研究

5.3.3.1 风光电项目

根据风光电项目建设影响初步分析，光电项目对防洪影响较大且自身防御洪水的能力较弱，风电项目对防洪影响较小且自身防御洪水的能力较强，考虑到新形势下黄河滩区经济社会发展现状及地方政府和群众对滩区新能源开发的迫切需求，适度准予风电开发，严格限制光电开发。

考虑黄河河道行洪、防洪和河道管理要求，风电项目控制利用范围主要在黄河下游陶城铺以上滩区和长平滩区、河口备用流路，但要预留一定空间满足河势变化、河道排洪及未来滩区防护堤建设需求，陶城铺以上为 3～5km、长平滩区为 2.0km，河口备用流路为 1.5km。近期风电开发建设宜控制在陶城铺以上且洪水风险较低的大滩区、高滩区，包括温孟滩、原阳滩、郑州滩、开封滩等，建议选择河势相对稳定、对防洪影响较小且工程自身安全有一定保障的地方先开展试点工程建设，通过试点工程建设总结经验，探索滩区风电开发模式和管理对策。

考虑到光电项目自身防洪安全及减少对黄河防洪的影响，建议光电项目控制利用范围选择洪水风险较小且千年一遇洪水不淹没的温孟滩、原阳滩等滩区区域；考虑滩区新形势变化，可在防洪标准较高且经过批准建设的安全区控制利用。

风光电项目管理除了要参照一般非防洪工程项目的管理模式，还要考虑其项目的特殊性，要求电站在管理系统设计上做到实现应急断电功能，在管理规章制度上落实责任，防汛紧急期和其他必要时期服从河务部门的管理，与河务部门做好配合工作，建议由运营管理单位联合当地河务部门每年编制度汛方案，纳入当地防汛抗旱指挥部防汛整体预案体系，将风光电项目地区作为重要险点落实防守责任和应对措施。

5.3.3.2　现代农业和生态旅游开发项目

1）《黄河流域综合规划（2012—2030 年）》提出滩区发展定位是：以农业为主，农、牧结合，同时发展生态旅游，构建黄河滩区生态涵养带。通过发展生态农业、绿色养殖业及生态旅游业，全面提高农、牧产品的质量和技术含量，提升优化黄河下游滩区产业结构，从根本上促进滩区农业增效、农民增收、农村发展。生态廊道内现代农业开发项目和生态旅游开发项目基本符合《黄河流域综合规划（2012—2030 年）》滩区发展定位。在国家生态文明建设、滩区大规模外迁、旧房拆迁复耕背景下，支持生态廊道内进行现代农业开发（禁止种植阻碍行洪的林木和高秆作物）和生态旅游开发，有条件地建设确需的附属设施和配套设施，控制适当的规模。

2）生态廊道内开发现代农业和生态旅游项目，要充分考虑洪水淹没影响，同时应考虑开发项目对洪水的影响。涉及在滩区进行固定建筑物、道路等设施建设的，应尽量减少设施规模和优化布置，同时应进行洪水影响评价，按照《黄河水利委员会简化整合投资项目涉水行政审批实施细则（试行）》（黄规计〔2016〕297 号）等有关要求，办理“洪水影响评价类审批”手续；涉及取用水的，还要办理“取水许可审批”手续。项目建设造成影响的应按洪水影响评价提出的补救措施予以补救，补救工程要与项目同步实施，补救措施的费用全部由建设单位承担。

3）现代农业和生态旅游开发项目应采取措施对生产、生活等活动过程中可能造成的污染进行处置，不得对黄河水质造成污染。

5.3.3.3　其他项目

在生态廊道内进行其他项目开发，应根据具体情况进行研究。温孟滩区、封丘倒灌区、长平滩区等安全区建设影响涉及范围广，一事一议，专门论证；孟州通用机场、调蓄水库、长垣汽车拉力赛场等建设项目对防洪有一定影响，应按照有关要求，办理“洪水影响评价类审批”手续；涉及取用水的，还要办理“取水许可审批”手续。盐矿开采工程可能造成地面塌陷而对工程造成灾难性后果，具有安全隐患，禁止建设。

5.4　黄河下游生态廊道建设法律制度保障研究

黄河下游生态廊道在处理黄河洪水、泥沙问题上具有重要的战略地位，具有确保黄淮海平原防洪安全的防洪减淤功能；是广大滩区群众赖以生存的家园，是黄河中下游地区经济社会良性健康发展的重要组成部分，具有经济社会发展功能；同时也是黄河中下游重要的生态安全屏障，具有生态环境、景观文化等功能。现有法律法规对黄河下游生态廊道重大功能地位定位不明确，对生态廊道存在的“二级悬河”、居民安全建设、滩区群众经济社会发展、滩区土地利用等问题的法律规定还不够完善，为保障黄河下游生态廊道可持续发展，坚持管理立法先行，本节从法律层面开展生态廊道建设法律制度保障研究。

5.4.1 立法需求

5.4.1.1 下游河道治理管理立法需求

针对黄河下游生态廊道河道治理管理存在的问题，提出如下立法需求。

1）进一步强化黄河防汛抗旱总指挥部对流域各省（区）防汛抗旱工作的组织、指导、协调和监督，加强防汛与抗旱统筹协调，落实各级政府、各部门以行政首长负责制为核心的各项责任制度；健全防汛抗旱统一指挥、分级负责、部门协作、反应迅速、协调有序、运转高效的应急管理机制；加强各级防汛抗旱部门的能力建设，建立专业化与社会化相结合的应急抢险救援队伍，健全防汛应急抢险和抗旱物资储备体系，完善防汛抗旱应急预案，提高防汛抗旱现代化管理水平。

2）健全完善流域管理与行政区域管理相结合的管理体制，明确流域管理机构、地方人民政府及水行政主管部门的责任，强化二者在水行政管理过程中的协同配合，建立权责明确、职责清晰、监督有效、保障有力的水行政管理体制。

首先是事权划分要明确。流域与行政区域的不同属性特征，决定了水利工作必须事权划分，要紧密结合各流域的实际，按照分工合作、权责一致、公平发展、高效低耗和依法行政的原则，科学、合理地划分流域与行政区域的事权。

其次是要建立良好的管理机制。实现流域与区域关系的协调发展，需建立流域协商机制。科学高效的协商机制是沟通流域与行政区域及部门间水管理工作的桥梁，是保证事权划分有效执行、促进流域综合管理的重要手段。

3）建立行为规范、运转协调、公正透明、廉洁高效的流域与区域相结合的水行政执法体制。按照流域管理机构直管河段、省际边界河段的特点，确定相应的管理方式。进一步强化流域管理机构的水行政管理职能和执法权限，建立并完善黄河水利公安队伍和水政执法队伍联合执法体系，巩固水政公安联合执法机制。

4）针对河道管理范围内自然保护地与现有防洪工程的矛盾，急需从生态保护和防洪安全并重角度出发，建立防洪工程建设与自然保护地管理的统筹协调制度，明确“保护黄河防洪安全就是保护我国黄淮海平原生态安全，黄河防洪安全就是最大的生态安全”这一基本认识，明确“黄河河防工程是当前保障黄河湿地规模、稳定黄河湿地结构的有效条件，黄河河道治理工程同时也是湿地生态保护工程”这一基本认识。

5.4.1.2 下游滩区治理管理立法需求

针对黄河下游生态廊道嫩滩区存在的问题，提出如下立法需求。

1）关于滩区功能定位，黄河下游滩区三大功能均是客观存在的，各项功能短时期内不可被替代、不可偏废。对于滩区行洪滞洪沉沙的防洪功能，在“保障黄河长治久安”的要求下，现有防洪工程体系坚持“宽河固堤”的总体格局，短期内不会变化。对于防洪工程体系补短板的“游荡性河势整治”“二级悬河”治理均涉及滩区，并且很大程度上需要发挥滩区行洪滞洪沉沙功能。对于滩区的百万群众赖以生存的家园的经济社会发展功能，短期内也不能被完全替代、削弱和偏废。到 2020 年底，在鼓励滩区居民外迁的情况下，山东省黄河滩区仍有近 30 万人采取就近建村台集聚，河南省黄河滩区仍有 100 多万群众处于不足 20 年一遇标准洪水威胁中，全部外迁资金、土地指标需求大，群众外迁后续生活生产安置难度大。滩区在短时期内仍然是百万群众赖以生存的家园。对于滩区的生态功能，不仅要长期保留，还要持续加强，更好地发挥黄淮海平原生命线、生态廊道的核心功能，因此，建议从法理上明确滩区功能定位。

2）《中华人民共和国防洪法》第二十四条提出："对居住在行洪河道内的居民，当地人民政府应当有计划地组织外迁。"滩区群众全部外迁与滩区现状安全建设实施情况及有关规划不相符。《中华人民共和国河道管理条例》明确规定："城镇建设和发展不得占用河道滩地。"但随着在黄河下游滩区世代生活的群众百姓迁建集聚到村台建镇，城镇建设和发展事实上占用了河道滩地。结合滩区安全建设及外迁安置群众措施实施情况，考虑到黄河滩区人口外迁及安全建设问题制约因素较多，迁建措施实施难度越来越大，建议法律法规明确滩区居民安全建设措施。

3）黄河下游"二级悬河"问题突出，严重威胁黄河下游防洪安全，同时也给滩区群众生活生产带来严重威胁，建议法律法规明确"二级悬河"治理有关措施。

4）黄河下游滩区既是滞洪沉沙的场所，又是滩区群众赖以生存的家园。滩区群众在洪水风险中求生存、谋发展，由于滩区属于河道范围，基础设施项目及有关投资一般不在滩区安排，滩区经济发展滞后，国务院 1974 年颁布了滩区优惠政策，滩区群众实行"一水一麦"免交农业税政策，很大程度上缓解了滩区群众贫困状况。但随着全国取消农业税和农村改革的深入推进，计划经济时代的相关扶助政策失效。目前实施的《黄河下游滩区运用财政补偿资金管理办法》，对滩区居民遭受的洪水淹没所造成的农作物和房屋损失给予一定补偿，但对于滩区由于行洪滞洪沉沙，经济社会发展受限，相关优惠补偿政策仍然缺失，建议法律法规明确滩区经济社会可持续发展优惠补偿政策。

5）黄河水害隐患像一把利剑悬在头上，丝毫不能放松警惕。洪水风险依然是流域的最大威胁，以黄河下游为例，河道是举世闻名的地上悬河，而且是槽高、滩低、堤根洼的"二级悬河"，加之横比降大，加大了水流流速，一旦发生较大漫滩洪水，就可能形成主流顶冲堤防、顺堤行洪、淘刷堤坡等险情，严重威胁滩区百万群众的生存发展和防洪保护区 1.2 亿人口的生命财产安全。为确保黄河下游长治久安，建议明确规范滩区土地开发利用，加强滩区土地利用管理，调整滩区基本农田属性，完善滩区基本农田的保护应服从黄河防洪保安要求等方面的制度。

5.4.2　制度创新

5.4.2.1　河道治理管理法律制度建议

第一条：健全黄河河道管理体制。黄河河道管理实行按流域统一管理和按行政区域分级管理相结合的管理体制。流域机构及其所属各级河务局、县级以上地方人民政府水行政主管部门，按照规定的权限和授权，负责所辖黄河河段的河道管理和监督工作。县级以上地方人民政府负责河湖管理与保护具体工作；流域机构监督、指导、协调各省（区）开展河湖管理与保护工作；各省（区）生态环境、自然资源、住房和城乡建设、发展改革、农业农村、财政等主管部门依据职责做好河湖管理与保护工作；流域机构、地方人民政府及水行政主管部门要加强河道管理中的沟通协作，建立权责明确、职责清晰、监督有效、保障有力的水行政管理体制。

第二条：黄河防汛工作实行各级人民政府行政首长负责制。实行统一指挥，分级、分部门负责。有黄河防汛任务的县级以上人民政府设立防汛指挥机构，由有关部门、当地驻军、人民武装部和黄河河务部门负责人组成，人民政府行政首长担任指挥长。各级防汛指挥机构在上级防汛指挥机构和本级人民政府的领导下，执行上级防汛指令，制订各项防汛措施，统一指挥本行政区域防汛工作。黄河防汛抗旱总指挥部对流域各省（区）的防汛抗旱工作进行组织、指导、协调和监督，统筹协调防汛和抗旱工作。建立专业化与社会化相结合的应急抢险救援队伍，健全防汛应急抢险和抗旱物资储备体系，完善防汛抗旱应急预案，提高防汛抗旱现代化管理水平。

第三条：建立行为规范、运转协调、公正透明、廉洁高效的流域与区域相结合的河湖水行政执法体制。强化流域管理机构的水行政管理职能和执法权限，建立并完善黄河水利公安队伍和水政执法队伍联合执法体系，建立黄河河务、公安、法院、检察院、环保等部门共同参与的执法工作机制，为黄河流域生态保护和高质量发展提供法治保障。

各省（区）人民政府水行政主管部门应当建立河湖日常监督管理巡查制度，对河湖实行动态监管。河湖跨行政区域的，黄委会应当明确日常监督管理巡查的界线，确保河湖相邻水域的管理与保护相互衔接。

各省（区）人民政府确定的河湖管理与保护监管机构应当履行河湖日常监管巡查职责，定期向本级人民政府和黄委会报告动态监管情况。河湖管理与保护监管机构应当及时将污染河湖的违法行为传达给同级生态环境行政主管部门。

为做好黄河河道水行政管理及执法工作，黄委会、地方水行政主管部门应设立专职水政监察队伍。省（区、市）人民政府水行政主管部门设置专职水政监察总队；市（地、州、盟）人民政府水行政主管部门设置专职水政监察支队；县（市、区、旗）人民政府水行政主管部门设置专职水政监察大队。黄委会根据实际情况设置专职水政监察总队、水政监察支队、水政监察大队。各专职水政监察队伍应与水行政主管部门相分离，可以独立、自主地开展水行政执法工作。

地方各级水政监察队伍由同级人民政府水行政主管部门报同级编制主管部门批准成立。黄委会水政监察队伍由水利部批准成立；所属的管理单位水政监察队伍由黄委会批准成立。

第四条：黄河干流禹门口至潼关河道、黄河下游河南山东河道、沁河紫柏滩以下河道、大汶河戴村坝以下河道、北金堤滞洪区、东平湖滞洪区、故县水库库区等河道、滞洪区、库区的管理由流域机构及所属管理机构直接管理。

第五条：黄河入海河道的容沙区，由黄河河道主管机关和海洋与渔业行政主管部门按照各自的职责依法实施管理，容沙区的范围由省（区）海洋与渔业行政主管部门和省（区）黄河河道主管机关按照有关规定划定，并报省（区）人民政府批准。

第六条：黄河口的治理与开发，应当遵循统一规划、除害与兴利相结合、开发服从治理、治理服务开发的原则，保持黄河入海河道畅通，改善生态环境。

黄河口综合治理规划或者黄河入海流路规划确定的其他以备复用的黄河故道，应当保持原状，不得擅自开发利用。确需开发利用的，应当报经黄委会所属的黄河口管理机构批准。开发利用活动造成黄河故道损坏或淤积的，由责任者负责修复、清淤，并承担费用。

第七条：推进黄河流域水利建设管理体制改革，发挥政府在水利建设中的主导作用，同时向社会开放水利工程及生态环境保护工程投融资和建设管理领域，建立多种投融资渠道，鼓励引导民间资本参与水利工程及生态环境保护工程的建设与管理。鼓励支持企业事业单位、社会团体、基层自治组织、志愿者等社会力量，参与黄河流域治理、生态建设和保护。

第八条：黄河河道管理范围内浮桥的建设与经营，不得缩窄河道、设立永久性桥头建筑物或者构筑物、危害河道工程、影响水文测验和河道观测。

因防洪、防凌、调水调沙及河道治理和管理确需拆除浮桥的，浮桥经营单位应当执行黄河河道主管机关的拆除指令。对拒不拆除的，由当地人民政府组织有关部门强制拆除，所需费用由浮桥经营单位承担。

第九条：黄河河道岸线的利用和建设应当服从河道整治规划，服从黄河流域河道岸线利用和保护规划。在审批利用河道岸线的建设项目时，发展改革部门应当事先征求黄河河道主管机关的意见，严格控制岸线开发，促进岸线高效利用。

第十条：建立河道管理的问责、追责制度。流域机构、县级以上地方人民政府及有关部门严格履行河道治理管理和监督职责，对未履行监督管理职责或者玩忽职守、滥用职权、徇私舞弊、收受贿赂的，对负有责任的主管人员和其他直接责任人员依法给予行政处分；构成犯罪的，依法追究刑事责任。

5.4.2.2　自然保护区

第一条：进一步明确黄河防汛优先原则，理顺防洪工程与自然保护区的关系。国务院水行政主管部门会同黄河流域内相关部门依法明确防洪工程安全区（保留区），统筹协调河道范围内防洪工程建设与自然保护地管理范围。

第二条：建立维持黄河河流生态系统良性循环的保障、管理、评估制度。国务院水行政主管部门会同国务院其他有关部门提出黄河干流、重要支流、跨省界河流、重要湖泊控制断面的生态流量水量、水位管控指标。其他河湖生态流量水量、水位管控指标由黄河流域县级以上地方人民政府水行政主管部门会同同级其他有关部门确定。

黄河流域生态用水实行适应性管理制度。国务院水行政主管部门或黄河流域县级以上地方人民政府水行政主管部门会同同级其他有关部门对生态流量水量、水位管控指标进行适应性调整。

加强对黄河流域生态用水保障和监管。国务院水行政主管部门应当将生态水量纳入全河水量统一调度，开展生态调度，保证河湖基本生态用水需求，保障枯水期生态基流、鱼类产卵期生态流量、重要湖泊的水量和水位，保障黄河口咸淡水平衡的河口流量。国务院水行政主管部门和黄河流域县级以上人民政府水行政主管部门在水资源配置与调度过程中，应当充分协调生活、生态、生产用水需要，采取必要措施保障江河、湖泊、水库的生态流量和地下水体的合理水位，维持基本生态用水需求。黄河干流和重要支流的水利水电工程应当保证河湖生态流量水量，其下泄流量不符合生态流量水量泄放要求的，由水行政主管部门提出整改措施并监督实施。

第三条：统筹黄河流域自然保护地体系建设。国务院和省级人民政府可以在黄河流域重要典型生态系统的完整分布区、生态与环境敏感区及珍稀野生动植物天然集中分布区和重要栖息地、重要自然遗迹分布区，依法设立国家公园、自然保护区、自然公园等自然保护地。

各类自然保护地在编制规划、调整边界、制订管理与保护措施时，应当通过座谈、论证、听证或者其他公开形式，征求当地居民、有关部门和社会公众的意见与建议。

各类自然保护地管理机构应当会同有关部门建立信息资源共享和会商分析机制，实行年度评估综合报告制度、重大事项及时报告制度和管理协调制度，提高生态环境监测、预警和评估能力，统筹协调、协商自然保护地主管部门与黄河流域内其他县级以上相关部门之间的管理工作。

各类自然保护地管理机构应当会同有关部门建立科研合作参与机制，共同组建专家库，为国家公园保护、建设和管理提供智力支持。

各类自然保护地管理机构会同所在地人民政府发展改革、经济和信息化、教育、财政、民政、国土资源、环境保护、住房和城乡建设、交通运输、水利、农牧、文化新闻出版、林业、商务、科技、旅游、扶贫开发等主管部门及流域管理部门按照职责做好相关工作。

各类自然保护地原核心区和原缓冲区有以下情况的，可调整为一般控制区：自然保护区设立之前就存在的合法水利水电等设施；历史文化名村、少数民族特色村寨和重要人文景观合法建筑，包括有历史文化价值的遗址遗迹、寺庙、名人故居、纪念馆等有纪念意义的场所。

第四条：由流域管理机构组织，相关部门共同参与，建立流域生态环境监测体系，定期开展流域生态环境状况监测评估。

5.4.2.3 清“四乱”及规范采砂

第一条：“四乱”是指在河道内乱占、乱采、乱堆和乱建的行为。

乱占指围垦湖泊；未依法经省级以上人民政府批准围垦河道；非法侵占水域、滩地；种植阻碍行洪的林木及高秆作物。

乱采指未经许可在河道管理范围内采砂，不按许可要求采砂，在禁采区、禁采期采砂；未经批准在河道管理范围内取土。

乱堆指在河湖管理范围内乱扔、乱堆垃圾；倾倒、填埋、贮存、堆放固体废物；弃置、堆放阻碍行洪的物体。

乱建指对水域岸线长期占而不用、多占少用、滥占滥用；未经许可和不按许可要求建设涉河项目；在河道管理范围内修建阻碍行洪的建筑物、构筑物。

针对黄河下游特殊的河道及滩区，不影响河道行洪、不污染河道水质、不破坏生态安全的设施不属于“四乱”问题。

第二条：建立黄河下游河道及滩区管控制度。在黄河河道管理范围内禁止建设妨碍行洪的建筑物、构筑物，禁止围垦河道，禁止倾倒垃圾等废弃物，保障防洪、行洪安全。县级以上人民政府水行政主管部门按照“谁设障、谁清除”的原则，负责对“四乱”行为进行监督检查并依法进行查处，责令停止违法行为，限期拆除违法建筑物、构筑物，恢复原状；逾期不拆除、不恢复原状的，强行拆除，所需费用由违法单位或者个人负担，并处相应罚款。

第三条：黄委会及所属管理机构、县级以上水行政主管部门在所管辖的范围内负责河道采砂管理和监督工作。县级以上地方人民政府公安、交通运输、自然资源、生态环境、农业农村、工业和信息化、市场监管等主管部门根据有关河道采砂管理条例中的规定履行相应职责。

第四条：黄河河道采砂管理实行地方人民政府行政首长负责制。县级以上地方人民政府负责本行政区域内河道采砂管理、执法检查及整治工作。逐级逐段落实采砂管理 4 个责任人，即河长责任人、行政主管部门责任人、现场监管责任人和行政执法责任人。

第五条：工程性采砂管理，从事河道整治、航道整治和清淤疏浚等活动涉及采砂的，所采砂石应当交由县级以上地方人民政府统一处置，不得自行销售。具体处置办法由县级以上地方人民政府制定。

第六条：制定黄河河道及滩区采砂控制规划。黄委会会同有关省（区、市）人民政府水行政主管部门及有关部门编制采砂规划，报请水利部批准，水利部在批准前征求自然资源、生态环境、交通运输等部门的意见。河道采砂规划一经批准，必须严格执行。需要修改的，应当按照规划编制程序经原批准机关批准。

第七条：县级以上人民政府水行政主管部门和流域管理机构应当对禁采区和禁采期予以公告。禁止在禁采区、禁采期从事采砂活动。

禁止在基本农田、自然保护区、风景名胜区、饮用水水源地、国家级湿地公园、国家级地质公园、国家级水产种质资源保护区核心区和涉水工程保护范围进行采砂，对于其他环境敏感区，充分论证并征求相关管理部门意见后，可适度规划为可采区。

第八条：黄河河道采砂实行许可制度。河道采砂许可由流域管理机构及所属管理机构或县级以上地方人民政府水行政主管部门依照管理权限审批。未经许可，禁止从事河道采砂活动。

第九条：县级以上地方人民政府水行政、公安、交通运输、自然资源、市场监管等相关部门应当对河道采砂中的开采、运输、销售等活动进行联合执法检查。发现河道采砂行为影响河势稳定或者有安全隐患的，应当责令停止河道采砂作业。

第十条：违反法律规定的采砂行为，按照有关河道采砂管理条例中的相关规定进行惩罚。违反治安管理处罚规定的，由公安机关依法予以治安管理处罚；构成犯罪的，依法追究刑事责任。

5.4.2.4　河湖长制

第一条：建立健全高效运转的河湖长制组织体系。完善流域省级河长办联席会议制度，充分发挥流域机构协调、指导、监督、监测作用，统筹流域省（区）间的有效协商沟通，理顺流域机构直管河段和监管河段的管理事权关系。建立跨省（区）协调联动机制。强化河湖管理责任体系和协同联动机制，在国家层面用好部级联席会议机制；在流域省（区）地方层面，明确各级政府和相关部门在河湖长制工作中的职责任务，促进部门联动。建立中央对流域省（区）河湖长制工作考核的激励机制。

5.4.2.5 滩区治理管理法律制度建议

第一条：黄河下游滩区是黄河行洪滞洪沉沙重要区域，是黄河下游防洪减淤体系的重要组成部分，在处理黄河洪水、泥沙问题上具有重要的战略地位，同时也是广大滩区群众赖以生存的家园，是黄淮海平原重要的生态安全屏障。

第二条：健全滩区分区管理治理制度。建立流域机构与地方政府及相关部门相配合的滩区管理机制。划定河槽、滩区界限，明确滩槽利用原则和标准。制定滩区岸线管理利用规划，将滩区分为保护区、保留区、控制利用区和可开发利用区，实行分区管理，加强滩区内防洪安全建设，岸线规划应由水利部审批，并征求发展改革委、生态环境部、农业农村部等相关部委的意见。

第三条：制定滩区农业扶持制度。安排专项资金支持滩区绿色生态农业种植及有关基础设施项目建设，同时实行减免税收、减免配套资金等优惠政策，促进滩区经济社会可持续发展。

第四条：制定滩区人口与土地管理制度。滩区土地开发利用要与滩区治理相结合，以保障防洪安全为前提，满足防洪要求和河道管理要求，并统筹考虑项目自身防洪安全。建立滩区基本农田退出机制，将黄河滩区基本农田调整为一般农用地，禁止进一步划定基本农田。

第五条：在《黄河流域综合规划（2012—2030 年）》《黄河流域防洪规划》等相关规划指导下，编制黄河下游综合治理和滩地开发利用规划，规划应由水利部审批并征求发展改革委、生态环境部、农业农村部等相关部委的意见。

第六条：综合考虑滩区群众意愿、河道外安置容量要求，在尽量少影响黄河河道防洪及滩区滞洪沉沙功能发挥的前提下，对黄河下游滩区剩余人口应采取滩内安置与滩外迁建相结合的措施开展滩区群众安全建设。滩内安置村台用地与地方国土部门衔接后，保留原有建设用地性质。

禁止向黄河滩区迁移常住人口，黄河滩区安全建设应当符合黄河治理开发规划，必须符合国家规定的防洪标准和有关技术要求。

滩区所在地人民政府负责本辖区内的黄河滩区居民安全建设工作，按照有关规划要求，制订主要配套政策和措施，落实政府主体责任。

第七条：滩区群众有关生产活动、土地利用方式，不能加重滩区“二级悬河”形势，不能妨碍减轻“二级悬河”形势的有关治理工程实施。

第八条：鼓励滩区结合土地流转开展集约利用、结合水资源节约集约利用要求改造现状灌溉渠系，推动其他基础设施建设，促进滩区经济社会可持续发展。

县级以上人民政府制定的滩区利用规划，应含有帮助群众发展经济、提高生活水平的措施；规划应符合《黄河流域综合规划（2012—2030 年）》等相关规划，并报黄委会进行技术审核。

第九条：滩区土地开发利用要严格履行相关行政审批手续，严禁违规建设，必须服从河道主管部门及涉河机关的监管。要把保护和改善滩区生态环境摆在重要位置，严禁高污染、高耗水的项目建设，以严格的管理措施促进滩区资源节约集约利用，促进滩区生态环境改善和绿色发展。

滩区土地开发利用应办理洪水影响评价等审批手续；对黄河行洪、河势稳定、防汛抢险、工程管理及河防工程和其他水利工程与设施等方面造成影响的，应按项目洪水影响评价提出的补救措施开展补救工作，补救措施应与滩区土地开发利用同步实施。

第十条：允许滩区开展生态农业、旅游观光农业项目建设，以低秆类作物种植为宜，必须做好环境保护工作，采用有效措施减免对黄河河道和水环境的影响，有关配套设施应尽量减少对防洪的影响。

第十一条：为确保黄河大堤安澜和黄河防洪保护区防洪生态安全而开展的黄河堤防、河道整治、分滞洪工程等防洪工程体系建设涉及尚未退出的基本农田保护区域的，滩区基本农田的保护应服从黄河防洪保安要求。

第十二条：在黄河河道管理范围内进行下列活动，必须报经黄河河道主管机关批准；涉及其他部门的，由黄河河道主管机关会同有关部门批准。

（一）采砂、取土。

（二）爆破、钻探、挖筑鱼塘。

（三）在河道滩地存放物料、修建厂房或者其他建筑设施。

（四）在河道滩地开采地下资源及进行考古发掘。

第十三条：沿黄河的城镇、乡村的建设和发展，不得占用黄河河道滩地和各类堤防工程。城镇规划、乡村规划的临堤界限由黄河河道主管机关会同城乡规划等部门按照国家有关规定确定。

沿黄河的市、县、乡（镇）人民政府在组织编制城镇规划、乡村规划时，应当事先征求黄河河道主管机关的意见。

第6章　黄河下游生态廊道试点规划实践

黄河在京广铁路桥以下至东明高村河段周边为广阔的大平原，两岸均修有堤防。该河段滩地广、河宽水散，冲淤幅度大，主流摆动频繁，为典型的游荡型河段，两岸大堤堤距一般为5～10km，最宽处达20km以上。滩区的落淤沉沙作用，是黄河下游滩区有别于其他河流滩区的重要功能。当洪水漫滩时，泥沙进入滩区沉淀，清水退入主槽，产生滩槽水沙交换，使滩区落淤沉沙。黄河下游滩区发挥了重要的蓄洪削峰作用，是下游防洪工程体系中不可缺少的组成部分。东坝头以下河段“二级悬河”态势加剧，滩区群众长期处于洪水威胁中，且滩区内分布有大量耕地，是黄河滩区人民群众赖以生存的家园，因此必须为解决该区域人水矛盾寻找出路。

黄河下游宽河段除了承担着行洪输沙的功能之外，同时还是众多生态要素的载体，沿途分布有大量的国家级、省级保护区，在区域中有十分重要的生态功能地位。由于滩区社会经济发展滞后，滩区群众对生态保护认识不足，在谋求生自身生存发展空间的过程中，挤压众多生态空间，导致滩区生活、生产、生态空间之间的矛盾十分尖锐，因此必须为协调“三生”空间的发展提供有效途径。

黄河为中华民族的母亲河，几千年来哺育和滋养了沿岸的亿万民众，是华夏文明发展的摇篮。黄河下游宽河段及沿线区域分布有丰富的历史文化资源及自然景观资源，由于长期以来滩区发展受制于洪水威胁，滩区群众疲于奔命，难以抽出精力对沿线历史文化景观资源进行有效的保护与传承，滩区众多特有的文化元素几近消亡，历史文脉处于断裂的边缘。新时期，滩区人民群众对美好生活的向往十分迫切，对区域文化精神的追求愈发强烈，因此有必要为该区域历史文化景观资源传承与保护探索新模式。

通过以上分析，在黄河下游宽河段地区开展生态廊道建设既能为解决人水矛盾寻找出路，又能为“三生”空间协调发展提供有效途径，还能为历史文化景观资源传承与保护探索新模式。我们依据以下原则筛选黄河下游生态廊道具体试点城市。

1）需求旺盛，政府积极推动——当地有相关发展规划或者意向，距离城市较近、旅游开发市场较大，自然、文化资源丰富的滩区。

2）规模适中，便于实施——有利于高滩、二滩、嫩滩的空间布局，有利于项目融资。

3）结合黄河下游滩区迁建规划。

4）统筹兼顾，结合“二级悬河”治理。对于“二级悬河”发育严重的河段，试点滩区选择应与黄河治理相结合，考虑选择“二级悬河”问题突出的滩区。

河南对黄河滩区开发较为积极，《河南省国民经济和社会发展第十三个五年规划纲要》提出，加快黄河中下游沿线综合开发示范区建设，加强沿线防护林带、自然保护区建设，打造集生态涵养、水资源综合利用、文化旅游、滩区土地开发于一体的复合功能带。沿黄的洛阳、焦作、郑州、开封、新乡、濮阳等各地区也都积极响应，对滩区开发利用提出了要求，其中郑州还专门编制完成了《郑州·沿黄文化旅游生态产业带概念规划》，由省发展改革委组织，郑州市规划局牵头编制了《沿黄河南岸生态带空间规划初步方案》。从地方积极性及政策支持的角度，郑州、开封工作基础较好。

从地理位置看，距离黄河下游滩区最近的为开封和郑州两个城市，均紧邻黄河。从文化、湿地等旅游资源的角度分析，黄河滩区分布有河南黄河湿地国家级自然保护区、郑州黄河湿地省级自然保护区、开封柳园口湿地省级自然保护区、河南新乡黄河湿地鸟类国家级自然保护区等湿地资源，开封还是我国热点旅游城市。综合分析，同郑州、新乡相比，开封资源相对丰富。

从滩区规模看，河南段属于宽滩区，各地区黄河滩区都有足够的空间进行高滩、二滩和嫩滩再造。从滩区移民安置难易程度看，2017 年河南省实施《河南省黄河滩区居民迁建规划》，计划用 3 年时间外迁安置滩区居民 24.32 万人，黄河滩区居民迁建涉及郑州市、开封市、新乡市和濮阳市的长垣县、中牟县、祥符区、龙亭区、封丘县、原阳县、濮阳县、范县、台前县等 9 个县（区），重点是距离黄河大堤较近、淹没风险较大的村庄。在这些滩区开展试点，将有助于减少移民阻力。从投资的角度看，开封相对属于高滩区，滩区再造需要的工程量相对较少。

综合以上分析，选取新乡平原新区、长垣滩、开封滩优先作为黄河下游生态廊道建设试点。

6.1　平原新区黄河滩区试点规划实践

6.1.1　基地概况

6.1.1.1　区位交通

平原新区位于黄河北岸，东与原阳县接壤，西与武陟县交界，南起黄河，北临新乡县，位于郑州、新乡、焦作三市交会中心，总面积为 353km^2。平原新区交通条件优越，由原焦高速、京港澳高速、新晋高速南延线组成“一横两纵”的高速公路网络，由原 G107、G107 复线、平新快速路、郑新大道、G327、231 省道、229 省道、西环路、北环路、东环路、南环路组成“四纵三横一环”的干线公路网。

平原新区滩区位于平原新区黄河大堤以南区域，与郑州市花园口隔黄河相望，主要为桥北乡和韩董庄镇两个乡（镇），东西长约 16km，南北宽约 8km，总面积为 126.89km^2。滩区内现状分布“三横三纵”的骨干路网，其中“三横”从北到南依次为黄河大堤堤顶路、005 乡道、穿滩公路；“三纵”从东到西依次为 G107 复线、原 G107 及桃园路。

平原新区在现状路网的基础上，新规划了四条进滩公路，分别为阿尔泰山路南延、祁连山路南延、峨眉山路南延及太行山大道南延，形成“三横七纵”的路网（图 6.1-1）。目前，规划的四条进滩公路已经开始施工。

6.1.1.2　社会经济概况

平原新区黄河滩区主要涉及桥北乡和韩董庄镇，2017 年有行政村 49 个，人口约 7.28 万人。2017 年桥北乡、韩董庄镇人口统计及分布情况分别见表 6.1-1 和图 6.1-2。

图 6.1-1　平原新区黄河滩区规划路网示意图

表 6.1-1　2017 年桥北乡、韩董庄镇人口统计表

	户籍户数（户）	户籍人口（人）	常住人口（人）	耕地面积（亩）	户均人口（人）	人均耕地面积（亩）
桥北乡	8 576	34 238	47 225	37 256.43	3.99	1.09
韩董庄镇	8 510	38 588	52 890	52 274.09	4.53	1.35
合计	17 086	72 826	100 115	89 530.52	4.26	1.23

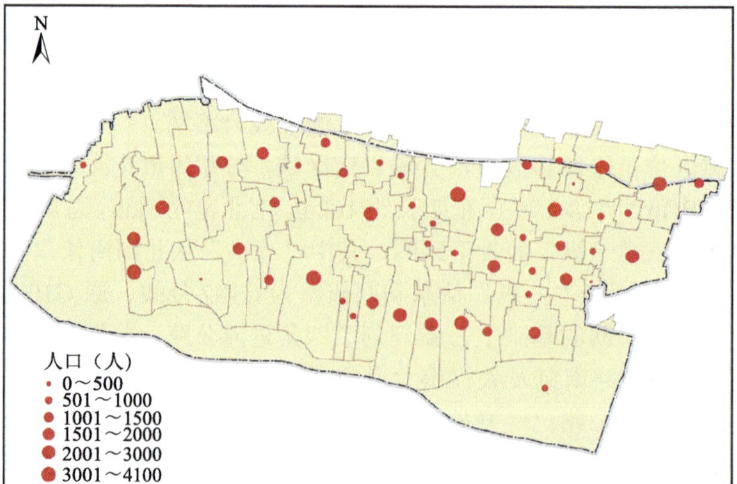

图 6.1-2　2017 年平原新区黄河滩区人口分布图

2017 年桥北乡区域面积为 68.71km^2，辖 21 个行政村。近年来，桥北乡大力推进农业结构调整，在传统农业的基础上，发展了养殖、旅游观光、农产品加工等产业。

2017 年韩董庄镇面积为 58.18km^2，辖 28 个行政村，以传统的种植业为主，属典型的滩区农业乡（镇）。农业基础设施完善，综合服务体系健全，初步形成“田成方、林成网、路相通、沟相连、旱能浇、涝能排”的现代化农业格局。该镇在“企业抓重点、私营促发展”的方针指导下，逐步发展木材加工、面粉加工等产业，企业发展势头强劲。

6.1.1.3　土地利用情况

根据第三次全国国土调查成果，规划区土地面积为 126.89km^2。其中，耕地面积约为 59.69km^2，占土地面积的 47.04%；园地面积约为 14.42km^2，占土地面积的 11.36%；林地面积约为 12.94km^2，占土地面积的 10.20%；草地面积约为 0.95km^2，占土地面积的 0.74%；住宅用地面积约为 12.15km^2，占土地面积的 9.57%；工矿仓储用地面积约为 4.65km^2，占土地面积的 3.67%；水域及水利设施用地面积约为 16.25km^2，占土地面积的 12.80%。规划区土地利用详细情况见表 6.1-2 和图 6.1-3。

表 6.1-2　规划区土地利用面积表

规划区	耕地	园地	林地	草地	住宅用地	商业服务业设施用地	工矿仓储用地	公共管理与公共服务用地	特殊用地	交通运输用地	水域及水利设施用地	其他土地	合计
面积（hm^2）	5968.76	1441.83	1294.03	94.50	1214.69	109.40	465.26	64.03	14.10	289.83	1624.75	108.05	12689.22
比例（%）	47.04	11.36	10.20	0.74	9.57	0.86	3.67	0.50	0.11	2.28	12.80	0.85	100

数据来源：第三次全国国土调查成果

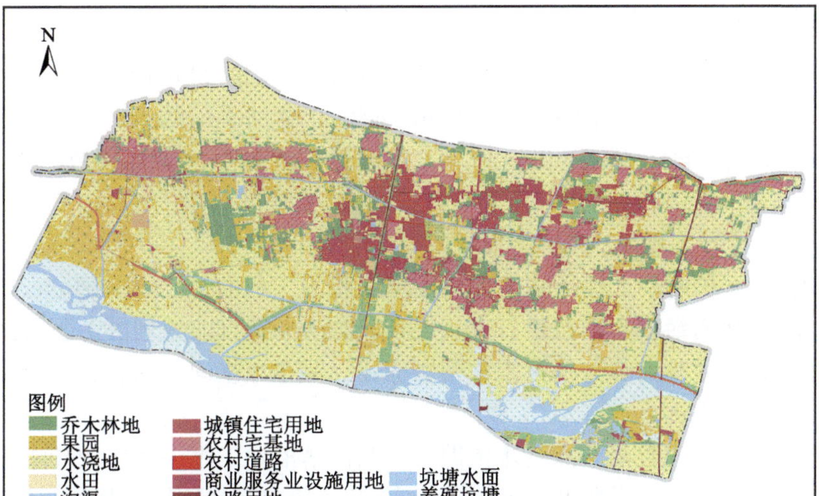

图 6.1-3　平原新区黄河滩区土地利用情况

数据来源：第三次全国国土调查成果

6.1.1.4 河道及水利工程情况

（1）河段概况

规划区范围内河段上端位于京广铁路桥下游 5.7km，下端位于京广铁路桥下游 23.5km，属于京广铁路桥至东坝头河段的上端。

黄河下游桃花峪至东坝头河段为明清故道。南临黄堤保合寨至东坝头是明清黄河旧堤。北临黄堤自沁河口至鹅湾是明清黄河旧堤，其中原阳封丘一段是明弘治三年至七年（1490～1494 年）由白昂、刘大夏创筑的。规划区范围内河段堤距宽达 5.5～12.7km，河槽宽 1.5～7.2km，滩地宽 0.3～7.1km，河道纵比降一般为 1.75‱～2.1‱。该段河道微弯或比较顺直，其平面外形一般是宽窄相间，平均曲折系数为 1.1 左右。平槽流量下的河相关系 $\sqrt{B}/H$ 为 20～40，河流综合稳定性指标（该指标小于 5 属于游荡型；大于 15 为弯曲型；分汊型介于 5～15）约为 1.4，属于典型的游荡型河道。河段左岸有明显的老滩，总体上“二级悬河”发育轻微，并不严重。

该河段属于黄河下游宽河段，洪水期水流漫滩后，滩地过水不均，滩面冲刷形成许多串沟，堤根低洼常形成堤河，串沟过流集中，引流至堤河，造成顺堤行洪和滩内改道等河势的巨大变化，严重威胁堤身安全。1986 年以来，下游河道内逐渐出现了自 1855 年铜瓦厢决口后河床下切形成的高滩不高的现象。1996 年 8 月花园口站洪峰流量达 7860m^3/s，从未上过水的原阳高滩也大部分漫滩过流，100 多年来不靠水的左岸大堤大部分堤段偎水，堤根水深 1～3m。居住在左岸滩区的群众生命财产和生产生活受漫滩洪水和河势变化的威胁最为严重。

（2）防洪工程

Ⅰ. 堤防工程

平原新区辖区内黄河左岸大堤桩号（90+423）～（109+000），堤防 18.577km，由原阳黄河河务局管理。防洪标准为防御花园口站洪峰流量 22 000m^3/s 的洪水，堤防级别为 1 级。堤顶高出背河地面 10.5～12.5m，临河、背河悬差达 5m 左右，堤顶宽度为 9.0～12.5m，堤顶超设防水位 3.0m。临河、背河边坡均为 1∶3。堤顶道路为沥青路面，路面宽 6m。

Ⅱ. 险工、控导工程

险工和控导（护滩）工程是游荡型河段河道整治工程的重要组成部分，初期以护滩工程为主，1974 年对游荡型河段进行有计划的河段整治，目前规划区上下游河段已基本完成工程布点，在限制河势游荡范围、归顺流路、减少“横河”“斜河”、减轻防洪压力等方面发挥了重要作用。

规划区河段的河道整治节点基本流路为：保合寨控导工程→马庄控导工程→花园口险工（东大坝下延）→双井控导工程→马渡险工（马渡下延控导工程）。该河段的整治河宽为 1000m。

本次规划范围内的控导工程有：马庄控导工程和双井控导工程。《黄河下游“十四五”防洪工程可行性研究报告》（2019 年 11 月水规总院复审）安排对两处控导工程进行加固。

（3）水文站及河道断面

花园口水文站位于规划区对岸，紧邻郑州黄河公路大桥上游侧，设立于 1938 年，是黄河下游最为重要的水文站，距规划区上游边界 8.6km、下游边界 9.7km。

规划区内布设的河道统测大断面主要有：东风渠断面、岗李断面、李庄断面、花园口断面、破车庄断面、赵兰庄断面、东大坝断面、七堡断面、双井断面、八堡断面。

（4）灌区工程

本次规划范围内的桥北乡和韩董庄镇属于堤南引黄灌区。

Ⅰ. 灌区基本情况

堤南引黄灌区西起焦作市武陟县老田庵控导工程，东至原阳、封丘两县交界，北依大堤，南濒黄河。灌区东西长 66km，南北宽 1.5～9km，控制面积为 473km^2，开灌时设计灌溉面积 19 万亩，现规划灌溉面积 25.7 万亩，有效灌溉面积 13.4 万亩，目前实灌面积 4.71 万亩。

开灌 50 多年来，灌区累计引水超过 40 亿 m^3，年均灌溉面积 12 万亩。通过引黄灌溉，粮食亩产从开灌前的几十千克增长到 500kg 以上，居民生活水平也不断提高。通过地下水补源，保障了滩区生态平衡，满足了群众生产生活用水需求。

Ⅱ. 灌区渠系工程

堤南引黄灌区原有幸福渠闸、北裹头闸 2 个引水口，灌区内有 1 条堤南干渠，沿堤南高滩区中部自西向东至封丘县，全长 62km，渠底比降 1/6500～1/5500，支渠 22 条，斗渠 234 条，农渠 335 条，退水渠 2 条，干、支渠各类构筑物共计 787 座，包括桥梁 143 座、水闸 639 座、涵洞 2 座、渡槽 3 座。

Ⅲ. 灌区水源改造项目

随着黄河上游来水的逐年减少和调水调沙的实施，黄河河床不断下切，同等流量条件下水位相应降低，堤南引黄灌区面临停灌的危机。

为改善堤南引黄灌区的引水条件，2014 年堤南引黄灌区管理局规划实施了堤南引黄灌区水源工程改造项目，工程计划安排为：恢复北裹头引水渠，新建北裹头闸、北裹头移动泵站、马庄固定泵站、柳园固定泵站、祥符朱固定泵站等，其中马庄固定泵站、柳园固定泵站、祥符朱固定泵站采取分段供水的原则，分别从马庄引水渠、柳园引水渠、三官庙引水渠提水补给堤南干渠。

目前已实施并投入运行的工程有新建北裹头移动泵站、恢复北裹头引水渠、新建北裹头闸和柳园固定泵站。本次规划区范围内涉及的工程有新建北裹头移动泵站（流量 18m^3/s）、恢复北裹头引水渠、新建北裹头闸，工程现场见图 6.1-4。

图 6.1-4　新建北裹头工程现场

（5）引供水工程

在规划区范围内，除有向堤南引黄灌区供水的北裹头移动泵站、北裹头闸、幸福渠闸、北裹头引水渠和堤南干渠等工程以外，还有马庄闸（渠首闸）、马庄引渠、韩董庄闸（穿堤闸）等韩董庄渠引黄灌区引水工程，向韩董庄渠引黄灌区供水；双井闸（渠首闸）及柳园引水渠的柳园灌区引供水工程，经柳园闸（规划范围外）后向柳园灌区和新乡市自来水厂供水。规划范围内引供水工程位置平面示意图见图 6.1-5。

图 6.1-5　规划范围内引供水工程位置平面示意图

6.1.1.5　产业现状

桥北乡与韩董庄镇滩区内耕地面积比重约为 50%，现状产业以传统种植业为主，工业基础薄弱，第三产业发展滞后。其中，部分土地已经流转，并承包给个人，发展生态农业、果蔬种植和加工业、休闲旅游业、生物科技等产业。实地重点调查 10 处产业（企业），其中桥北乡 7 处，韩董庄镇 3 处，现状产业主要分布在幸福渠、马庄渠附近或者紧邻原 G107 和穿滩公路的区域，距离水系较近，交通便捷（图 6.1-6，表 6.1-3）。

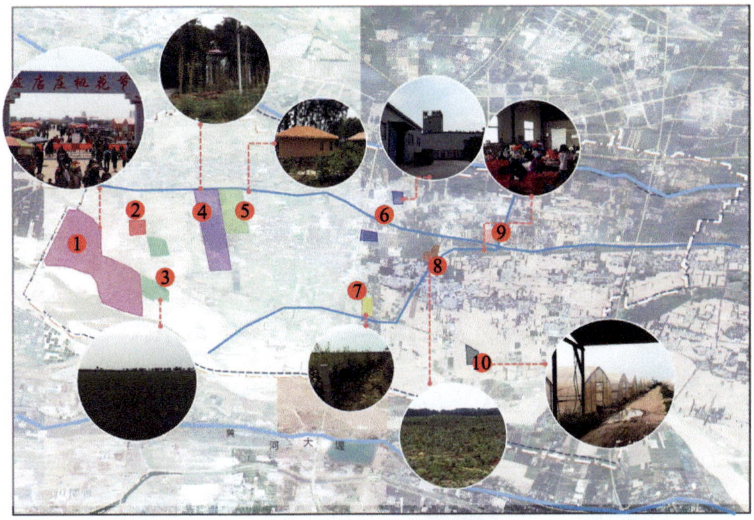

❶万亩桃园　❷畜牧养殖　❸豫康草坪花木基地　❹美景生态园　❺大展生态农业　❻春秋生物　❼利奇种子　❽龙嘉湾文化旅游　❾由甲田农业　❿绿蔬农业

图 6.1-6　平原新区黄河滩区产业分布图

表 6.1-3　实地重点调查产业（企业）情况统计表

位置	企业名称	产业类型	占地规模（亩）	建设年份	带动就业（人）	工人月均收入（元）	主要经营类型	土地租金[元/（年·亩）]	备注
桥北乡	盐店庄万亩桃园	生态农业、旅游业	8600	2008	1000	2500	桃树种植、桃花节旅游、林下经济（花生、药材、红薯等）		土地经营方式：村集体经营
	尤拐村畜牧养殖	养殖业	300	2013	20	1800	肉牛养殖	1800	
	中牟县豫康草坪花木基地	种植业	1000	2016	60	3000	草种种植	1100	
	美景生态园	生态观光农业	2500	2015	80	2000	葡萄、桃、猕猴桃、樱桃等种植，园林绿化树种种植及观光旅游业	1800	
	河南大展生态农业科技有限公司	生态观光农业	866	2017	35	1500	香果采摘与苗木种植	2300	
	河南春秋生物科技有限公司	饲料加工业	310	2008	300	2500	饲料加工	2000	
	河南省利奇种子有限公司	种子加工业、生态农业	317	2010	50	3000	育种、果树种植	1800	

续表

位置	企业名称	产业类型	占地规模（亩）	建设年份	带动就业（人）	工人月均收入（元）	主要经营类型	土地租金[元/（年·亩）]	备注
韩董庄镇	新乡市龙嘉湾文化旅游开发有限公司（一期）	田园综合体度假旅游产业	420	2016	30	2500		1780	目前只完成土地流转、树木砍伐、垃圾清理、土地平整
	河南由甲田农业科技有限公司	蔬菜种植、加工业	300	2018	160	3500	蔬菜种植、加工	2300	
	新乡平原示范区绿蔬农业科技开发有限公司	大棚蔬菜种植业	230	2015	60	3500	蔬菜（香葱、茼蒿等）种植、销售	1200	

6.1.2 现状问题

6.1.2.1 防洪保安问题突出

（1）游荡性河势及堤根河威胁黄河下游整体防洪安全

由于近年来黄河上游来水较少，老田庵—马庄—花园口河段近期河势较为散乱，工程靠河情况不理想。东大坝下延工程至马渡险工段，堤根处低洼，堤根河问题突出，滩面横比降已达到1‰左右，河势游荡多变和堤根河对防洪安全威胁极大，一旦发生漫滩洪水，就极易形成“横河”“滚河”等不利河势，严重威胁黄河下游防洪保护区防洪安全，详见图6.1-7。

（2）滩区群众安全建设防洪标准不满足要求

平原新区有约7.28万群众生活在黄河滩区，防洪标准不足20年一遇，洪水风险大，生产生活建设受到洪水威胁。根据水规总院审查通过的《黄河下游滩区安全建设规划》，黄河下游发生20年一遇洪水，流量为12 370m^3/s，平原新区黄河滩区范围内全部上水。其中，水深在2m以下的区域占70%，属于相对较高的滩，绝大部分村庄及公共设施都集中在此区域；水深2～3m的区域主要分布在大堤临河侧，易形成堤根河，对黄河大堤形成重大威胁；局部低洼区域水深可达3～5m，面积较小（图6.1-8）。

6.1.2.2 生态退化、环境污染风险大

（1）湿地不湿，湿地萎缩

郑州黄河湿地省级自然保护区的保护对象为黄河中下游湿地生态系统及珍稀鸟类。下游生态流量较小，保护区内黄河水位年变幅变小，两侧河滩湿地萎缩，部分沼泽演替为荒草地或草甸，原来的草地逐渐退化成为沙地，野生动物的适宜栖息地也随之缩小，保护区的生境质量不断下降。

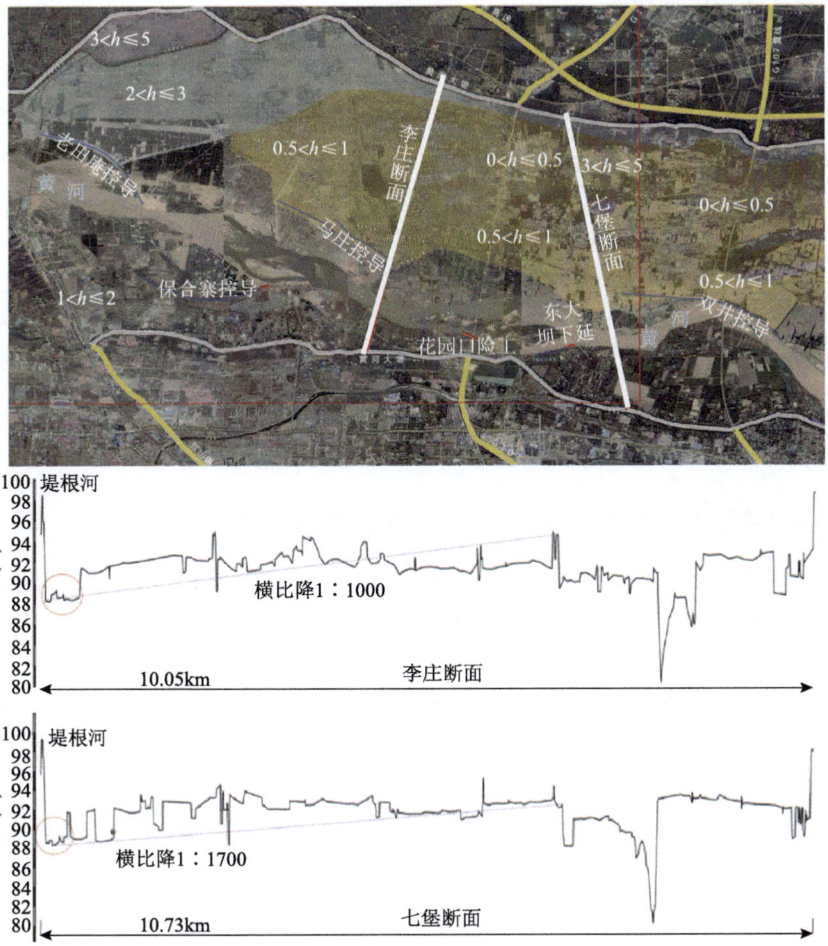

图 6.1-7　李庄、七堡断面“二级悬河”及堤根河示意图

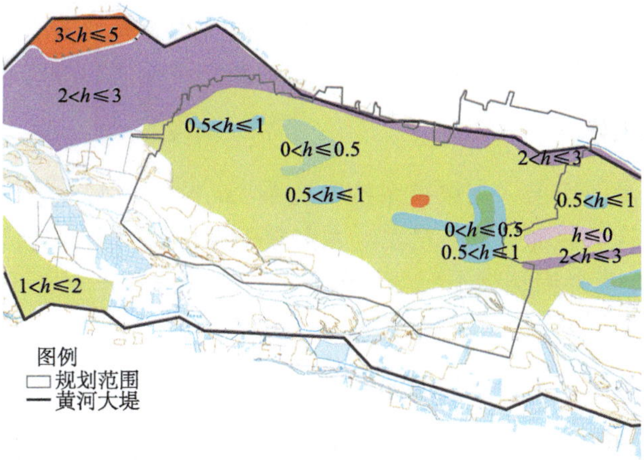

图 6.1-8　平原新区黄河滩区 20 年一遇洪水淹没水深分布示意图

（2）水环境污染风险大

滩区村庄乡镇供排水系统基础设施滞后，污水排放无集中收集与处理，雨季、灌溉季及洪水期污水汇集形成水污染风险。堤南干渠沿岸共有 18 个排水口，且无雨污水处理设施，群众生产生活污水或小型工矿企业生产污水直接排入渠道，最后由堤南干渠末端的退水渠，汇入黄河。渠道也需定期冲洗，才能保障水质。

（3）自然保护区受人为活动影响大

自然保护区内分布有大量的基本农田，其中大部分是核心区。水源保护区涉及大量生活、生产区域，生态保护难度大。不当农业生产和非法捕猎捕捞等人为因素仍有较大影响。

6.1.2.3　水资源保障能力不足

（1）幸福渠引水能力无法保障，地下水出现超采现象

堤南引黄灌区的渠首闸位于武陟县的老田庵控导工程 17～18 坝，设计引水流量 $40m^3/s$，与老田庵控导工程连坝高程一致，相应黄河流量为 $600m^3/s$。由于近年来引水条件日益恶化，饮水能力远远不能满足正常引水灌溉需求，与原设计标准相差甚远。幸福渠干渠上游大部分原来可以自流灌溉的地区已经失灌，灌溉周期大大延长，相当部分群众等不到河水，不惜高价井灌，不仅增加了生产成本，大面积提灌还导致地下水超量开采，水位严重下降，威胁生态平衡。

堤南引黄灌区现状实灌面积 4.71 万亩，仅占设计灌溉面积的 24.8%，且 80%以上只灌了一水。从近几年的情况来看，泵站运行情况尚可，但北裹头移动泵站附近河势不稳定，脱河概率较大。老田庵闸位于老田庵控导工程上，靠溜概率较大，长远来看仍是较为稳定的取水口。

目前，老田庵渠首闸改扩建工程已纳入黄河下游引黄涵闸改扩建工程，可研报告通过了评估。老田庵闸闸底板拟降 4.5m，闸后的渠系改建需要当地政府配套，否则仍无法正常引水，但整个灌区的渠道改建，工程投资巨大，移民征迁难度高。

（2）渠道老旧失修

由于堤南引黄灌区干渠、支渠渠系构筑物系 20 世纪六七十年代群众集资修建的，多是砖渣混凝土结构，标准低，质量差。大多数干渠构筑物老化失修、压水阻水、漏水严重，见图 6.1-9；支渠构筑物不配套，欠账多，老化失修严重。干渠、支渠构筑物完好率仅 2%。工程超期服役，效益衰减突出。

（3）农业灌溉效率低下、水资源浪费严重

农业灌溉普遍存在效率低下、水资源浪费严重等问题，缺少如低压管灌、喷灌、微灌等高效节水灌溉等技术应用。

图 6.1-9　渠道老化失修、引水能力无法保障

6.1.2.4　滩区人水矛盾突出，高质量发展动力不足

（1）滩区内经济发展受限，经济滞后

滩区受到洪水威胁，且由于河道管理、生态红线、土地利用等限制，经济发展滞后。滩区基础设施建设滞后，项目不进滩，滩区内外发展差别大。平原新区黄河滩区农业大部分以传统农作物小麦、玉米为主，第一产业基础薄弱，工业基础严重落后，第三产业配套较差，集聚带动作用不强。

（2）滩区内部发展不平衡

桥北乡与韩董庄镇存在发展不平衡的问题。桥北乡由于区位优势相对明显，土地流转率更高，生态农业、果蔬种植和加工业、休闲旅游业、生物科技等产业发展情况相对较好。韩董庄镇仍以传统种植业为主，经济发展较慢。

（3）高质量发展动力不足

近年来，近郊生态旅游、滨水生态空间等需求成为人民对美好生活向往的重要部分，但黄河滩区以耕地为主的土地利用现状及“大棚房”等低端供给远远不能满足需求。地方政府在滩区的基础建设投入越来越大，一方面增大了阻水效应，另一方面如果发生洪灾，损失也将倍增。近几年，人们对近郊生态空间的需求强烈，其与滩区现状无序开发、低端供给之间矛盾突出。

（4）“四乱”项目对生态环境及国土资源造成严重破坏

水利部部署自 2018 年 7 月 20 日起，用 1 年时间，在全国范围内针对乱占、乱采、乱堆、乱建等河湖管理与保护突出问题开展专项清理整治行动。在黄河流域清“四乱”专项行动中，平原新区黄河滩区许多“四乱”项目被依法拆除。

6.1.2.5　历史文化资源发掘不够充分

（1）历史文化资源分布散乱，与堤外缺乏整体联动

平原新区黄河滩区历史悠久、人杰地灵，周边分布有丰富的历史人文资源和民俗文化资源，如辉县文昌阁、原武镇玲珑塔、原武城隍庙及以民间书画艺术为特色的草坡村。作为兵家必争之地，这里发生过众多著名战役，如牧野之战、邲之战、官渡之战等。但是，这些资源目前处于相对散乱的分布状态，没有明确地方文化定位，缺乏整体的点、线、面规划布局和文旅基础设施支撑，无法形成系统化的区域文化产业。

（2）历史资源亟待保护，文化资源有待进一步挖掘

由于年代久远，目前堤内的历史遗迹存在一定程度的破坏现象，如清朝古民居、光绪年间修建的文昌阁等，采用的材料多为木头砖瓦，由于年久失修而破败。部分文化资源不太受关注，需要进一步挖掘，如以"中国民间文化艺术之乡"著称的草坡村。

6.1.3 总体构思

6.1.3.1 规划范围及水平年

（1）规划范围

规划区域为平原新区黄河滩区，总面积为 126.89km^2，主要涉及桥北乡和韩董庄镇两个乡（镇），现有行政村 49 个，人口约 7.28 万人。其中，桥北乡的老庄村，韩董庄镇的荒庄、孔庄、老孟庄、大董庄、车庄等村庄的部分区域位于大堤以外；祝楼乡的姚村，龙源街道的刘庄村有部分区域位于大堤以内的滩区。

（2）规划水平年

现状基准年采用 2017 年，对于部分缺少近期数据的指标，则尽量采用最新资料。本次规划作为黄河下游滩区生态保护和高质量发展规划的先行试点，考虑到先试先行及工程体量、分期实施等因素，规划水平年采用 2030 年。

6.1.3.2 规划任务

在国家已经颁发的《中华人民共和国水法》《中华人民共和国防洪法》《中华人民共和国河道管理条例》等有关法规的基础上，根据滩区实际情况，编制《黄河下游滩区生态保护和高质量发展——新乡平原新区试验区规划》，为滩区建设和管理提供依据及保障。在不影响防洪安全的前提下，对桥北乡和韩董庄镇黄河滩区内的 49 个行政村约 7.28 万人进行安置，解决滩区人民群众生活、生产安全问题；提出滩区产业发展建议及开发运营策略，推动滩区经济发展；重塑滩区地貌，恢复自然河流健康的断面形态，为平原新区乃至郑州大都市区建设提供生态安全保障。

6.1.3.3 规划定位

针对平原新区黄河滩区的具体情况，提出"大河文明新典范，人水共生新模式"的目标愿景，打造与之相适应的黄河特色生态文明先行示范区，具体可分为生态保护示范区、韧性发展示范区和沿黄经济示范区等三个特色示范区（图 6.1-10）。

图 6.1-10　平原新区黄河滩区规划目标愿景及发展定位图

6.1.3.4　规划策略

依照新时期治水方针，结合乡村振兴战略，按照“洪水分级设防、泥沙分区落淤、三滩分区治理”的黄河下游滩区综合治理思路，采用生态疏浚、泥沙淤筑的方式塑造滩区，形成高滩、二滩及嫩滩的空间格局，通过科学布局处理洪水、泥沙、人和生态的关系，打造高效行洪输沙廊道，再塑“三生”融合廊道和生态景观文化廊道，形成多功能融合的宽滩河流生态廊道。

针对黄河滩区这一特殊的国土空间，提出韧性发展的理念——在灾害来临的时候，能够通过科学的设计保护滩区群众的家园；在灾害过去以后，能够通过科学的设计快速恢复美丽的家园；以洪水和生态为底线制定格局，打造韧性的基础设施，优化洪水管理体系，采用创新技术应对设计，实现能够适应洪水风险的滩区高质量发展目标。韧性发展策略示意图见图 6.1-11。

图 6.1-11　韧性发展策略示意图

（1）紧凑布局，底线约束，韧性发展

在保护生态和保障群众安全的基础上，制定环境保护策略构建生态安全格局；科学规划建立基础设施良性保障体系，构建紧凑完善的布局体系，减少洪水可能造成的损失；因地制宜确定产业发展方向，营造宜居宜业宜游的复合“三生”空间。

高滩，为产城融合综服组团，营造城镇生活生产功能。发展策略为“集约高效，创建核心”，充分利用高滩土地，重点布局安居和产业功能，通过紧凑的城市设计创建活力高效的组团。

二滩，为生科中试休旅组团，文旅和产业功能兼容，可以有条件地进行建设，依托滩区土地及复垦耕地等条件，整合农业中试上下游产业功能，延展农业、文旅复合发展布局。

嫩滩，为生态保育科研组团，是滩区生态的缓冲屏障，发展策略为“严守生态，固土复原”，禁止开发建设，明确划定生态保护区范围，修复生态湿地，成为洪水的第一道防线。在最低程度干扰的原则下，可以适当布局观测平台、探索步道等设施。

（2）预先规划，搭建高效路网体系

在遵循上位规划的基础上，因地制宜，充分考虑用地条件与功能布局，依托基地现状路网走向形成“三横七纵”的主要路网骨架，串联整个基地。

高滩区域道路密度高，便于城区交通与出行；二滩、嫩滩道路密度低，形成了环境友好、尺度宜人的景观道路。

道路断面设计时考虑韧性功能，增加兼具微型“雨水花园”功能的绿化带，一是作为道路景观具有美化的功能，二是融入城市生态海绵系统，成为韧性城市的功能构成，三是可保留一定的设计弹性，有利于将来根据交通需求进行路幅改造。

（3）完善水网体系，构建绿色生态格局

以滩区现状水系网络为基础，适当增加部分水系，完善水系功能，构建出一个完善的绿色生态格局，建设六大层级的韧性绿色基础设施。

（4）因地制宜，产业复合，三滩联动

因地制宜确定产业发展方向，规划完善的绿色公交线路、慢行系统及水上游览游线，利用内部合理的游线，把滩区内的大功能活动节点都串联起来，三滩联动，营造宜居宜业宜游的复合“三生”空间。韧性绿色基础设施示意图见图 6.1-12。

6.1.4 高滩居民迁建实施策略

高滩是滩区居民安置区，沿大堤临河侧依附大堤带状布置，设防标准不低于 20 年一遇洪水。建设生态特色小镇，作为移民安置区，引导当前滩区居民就近集聚迁建，解决滩区居民生命财产安全和乡镇企业基础设施安全问题，以乡村振兴战略为指引，建设美丽乡村。高滩建设用地面积为 7.06km^2，加上安全建设边坡等共占地约 8.68km^2。平原新区黄河滩区高滩范围图见图 6.1-13。

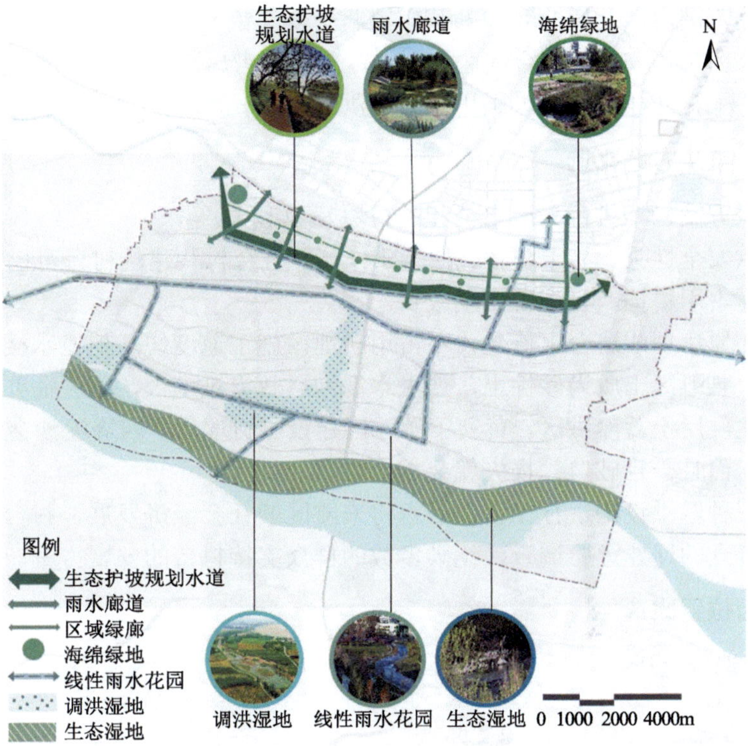

图 6.1-12　韧性绿色基础设施示意图

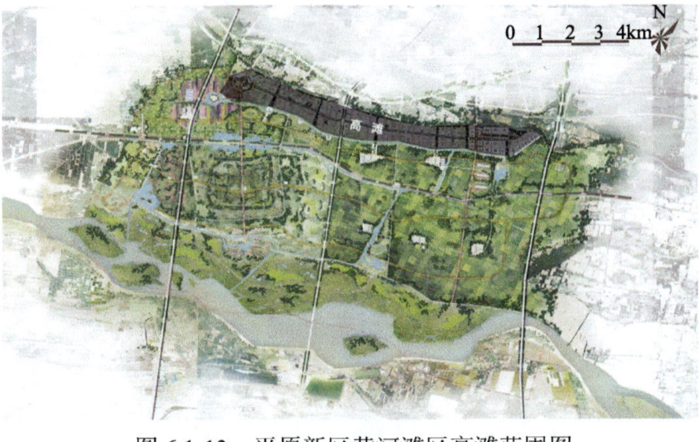

图 6.1-13　平原新区黄河滩区高滩范围图

6.1.4.1　安置方案比选

（1）安全建设方案比选

《黄河流域综合规划（2012—2030 年）》提到，黄河下游滩区安全建设采取外迁、就地就近避洪、临时撤离三种安置方式。根据洪水纵向传播时间的长短、滩区横向漫滩概率的大小、村庄距离大堤的远近、漫滩洪水的深浅及滩区群众的安全建设意愿等因素，黄河滩区安全建设方案可分为永久避洪与临时撤退两种。

本次规划范围内涉及桥北乡和韩董庄镇两个乡（镇），户籍人口约 7.28 万人。根据平原新区管委会工作安排，结合滩区实际，本次规划考虑部分外迁方案，安排滩外安置约 1.4 万人，剩余的约 5.88 万人采用永久避洪方案。

（2）永久避洪方案比选

永久避洪方案包括村台、避水楼和围村堰三种形式。

村台抗洪安全性强、易于防守、便于耕作，并且合村共建的村台可以建镇。但村台工程量大，需占用耕地，且施工工期较长。

避水楼在原房址或房台上修建，不占用耕地，施工速度快。但避水楼由各家修建，整体性不强，且滩区土质为砂性土，遇洪水浸泡后救灾难度大，往往需要二次转移。

围村堰主要用于蓄滞洪区，黄河下游滩区建设围村堰后，四周泥沙会淤积升高，平常排水困难，而且一旦破口，损失就会相当惨重。

对上述三种避洪设施进行比较，考虑将来滩区的社会经济发展，村台方案为首选。根据对滩区群众的迁建意愿调查，绝大多数的群众支持村台的安置方案。

（3）村台位置比选

Ⅰ. 村台选址分析

i. 地形分析

运用 ArcMap 对规划区进行地形分析（图 6.1-14），确定本次规划采用淤筑高台的形式，把建设用地高程提高到黄河下游滩区防洪安全建设标准以上，以保障城镇居民生命及财产安全。

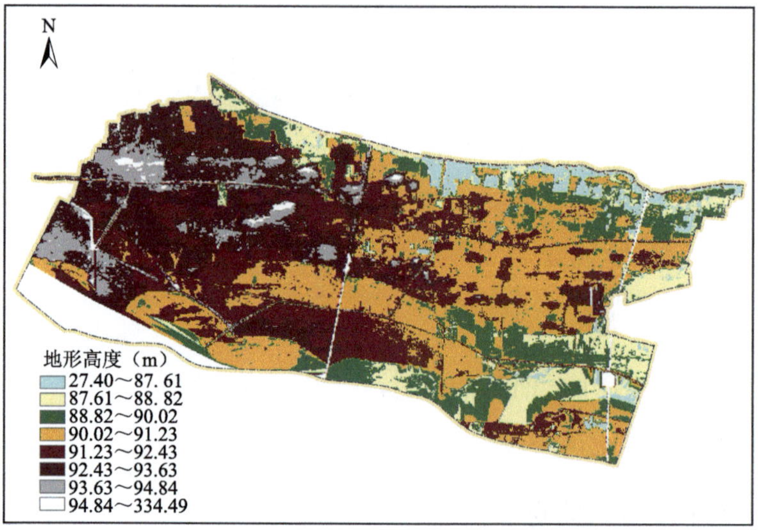

图 6.1-14　平原新区黄河滩区地形分析图

ii. 区位优势分析

运用 ArcMap 对规划区进行区位优势评价，综合计算得到区位条件评价值。运用 ArcMap 对规划区进行基础地理处理，选择 5 个空间影响因子，运用 Spatial Analyst 工具计算各空间影响因子的欧氏距离，将数值标准化为 0～1。

结合规划区社会、经济等方面的现状情况和发展需求，采用层次分析法确定各空间影响因子的权重值，然后运用 ArcMap 的 Raster Calculator 工具进行规划区地理空间叠加分析，计算规划区每个地块（30m×30m）的区位优势综合评价值，得到规划区的城镇建设区位优势分析图（图 6.1-15），可以看到，靠近大堤内侧及原 G107 与幸福渠交叉处的城镇建设区位优势明显，适宜进行城镇开发建设。

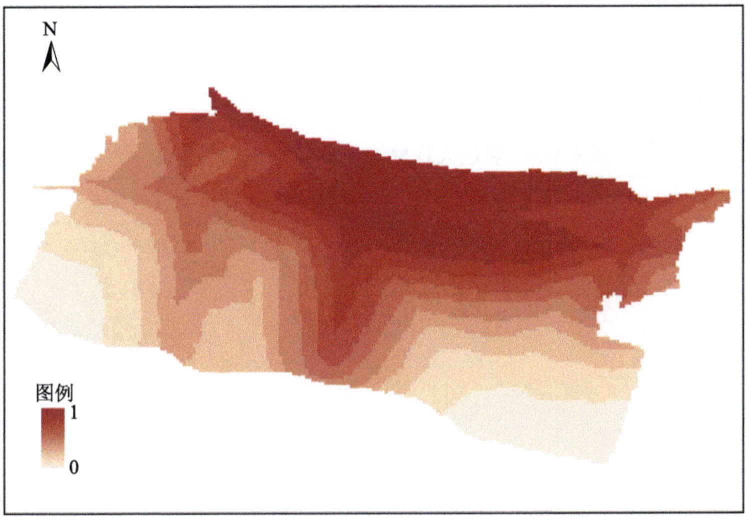

图 6.1-15　城镇建设区位优势分析图

II. 村台位置确定

经综合分析，规划在大堤内侧以淤筑高台的形式建设村台，呈条带状。通过淤筑村台形成高滩，不仅可以大大降低洪水威胁，保障居民生命财产安全；还能够发挥区位优势，拉近与平原新区行政中心的距离，促进区域协同发展；同时，居民出行更加便利，产业发展运输成本降低，能够更便利地享受外部公共服务资源，增加就业机会。

6.1.4.2　高滩建设规模论证

（1）高滩安置人口

根据 2017 年桥北乡和韩董庄镇的人口统计数据，扣除规划外迁的约 1.4 万人，安置人口约 5.88 万人。根据相关法律法规，滩区实行严格的人口控制政策，因此采用现状人口进行规划。

（2）人均建设面积标准

参考《镇规划标准》（GB 50188—2007）的要求，结合地方相关规划的建设用地标准和规划区实际建设用地需求，新建镇的人均建设用地指标宜按第二级确定（表 6.1-4）。规划区现状人均建设用地面积为 284m^2，规划人均建设用地标准应减少到 140m^2 以内（表 6.1-5）。但是规划区距离郑州较近，交通便利，地方产业发展情况较好，能够吸引丰富的外来社会资本，建设用地需求较大。另外，如果按照人均建设用地指标第二级的 80～100m^2，与现状人均 284m^2 差距过大，规划具体实施的时候难度高，故参照规划人均建设用地指标第三级确定，推荐人均 120m^2。经综合考虑，确定规划区的人均建设面积为 120m^2。

表 6.1-4 规划人均建设用地指标分级 （单位：m^2）

级别	一	二	三	四
人均建设用地指标	>60 ≤80	>80 ≤100	>100 ≤120	>120 ≤140

数据来源：《镇规划标准》（GB 50188—2007）

表 6.1-5 规划人均建设用地标准的调整幅度 （单位：m^2）

现状人均用地水平	允许调整幅度
≤60	增 0～15
60～80（含）	增 0～10
80～100（含）	增、减 0～10
100～120（含）	减 0～10
120～140（含）	减 0～15
>140	应减至 140 以内

数据来源：《镇规划标准》（GB 50188—2007）

（3）高滩建设规模

高滩生态开发的核心是人水共荣，构筑千里黄河滩上的生态家园。高滩建设规模为安置人口约 5.88 万人与人均建设用地面积 120m^2 的乘积。因此，高滩建设规模约为 7.06km^2。

参考《镇规划标准》（GB 50188—2007）和《城市用地分类与规划建设用地标准》（GB 50137—2011）（表 6.1-6，表 6.1-7）中用地类型的占地比例，结合规划区用地需求，综合确定高滩建设用地的结构比例为：居住用地 30%，公共设施用地 20%，生产设施用地 20%，商业用地 10%，道路广场用地 12%，公共绿地 8%。

表 6.1-6 规划人均单项建设用地指标 （单位：%）

类别代号	类别名称	占建设用地的比例	
		中心镇镇区	一般镇镇区
R	居住用地	28～38	33～43
C	公共设施用地	12～20	10～18
S	道路广场用地	11～19	10～17
G1	公共绿地	8～12	6～10
四类用地之和		64～84	65～85

数据来源：《镇规划标准》（GB 50188—2007）

表 6.1-7　规划人均单项建设用地指标

类别名称	用地标准（m^2/人）	占建设用地的比例（%）
居住用地	18.0～28.0	20～32
工业用地	10.0～25.0	15～25
道路广场用地	7.0～15.0	8～15
绿地	≥9.0	8～15
其中：公共绿地	≥7.5	

数据来源：《城市用地分类与规划建设用地标准》（GB 50137—2011）

6.1.4.3　高滩顶高程比选

（1）高滩防洪标准

根据《防洪标准》（GB 50201—2014）的要求，高滩的防洪标准需结合高滩移民迁建后形成居民聚集区的经济、社会、政治等指标进行综合论证。

现状规划范围内的桥北乡和韩董庄镇为乡（镇），而根据《平原示范区城乡总体规划（2018—2035 年）》，高滩建成以后，迁建人口在高滩聚集，这里将是郑州向北发展的核心区域，有可能纳入平原新区中心城区发展范畴。

综上，结合《防洪标准》（GB 50201—2014），高滩的防护标准可分为两种情况：①现状条件下，高滩迁建区的桥北乡和韩董庄镇仍按乡村属性，以乡村防护区确定高滩的防洪标准；②考虑未来社会经济发展，桥北乡和韩董庄镇纳入平原新区中心城区发展范畴，按照城市防护区确定高滩的防洪标准。以下对两种情况下高滩的防洪标准分别进行分析。

Ⅰ. 按乡村防护区确定

《防洪标准》（GB 50201—2014）中乡村防护区的防护等级和防洪标准见表 6.1-8。高滩的防洪标准按人口数量确定，防护等级为Ⅳ级，防洪标准为 10～20 年一遇。鉴于高滩位于黄河大堤的临河侧，洪水风险概率较大，且迁建后高滩上居民、财产分布相对集中，确定高滩的防洪标准为 20 年一遇。

表 6.1-8　乡村防护区的防护等级和防洪标准

防护等级	人口（万人）	耕地面积（万亩）	防洪标准［重现期（年）］
Ⅰ	≥150	≥300	50～100
Ⅱ	50（含）～150	100（含）～300	30～50
Ⅲ	20（含）～50	30（含）～100	20～30
Ⅳ	＜20	＜30	10～20

数据来源：《防洪标准》（GB 50201—2014）

Ⅱ. 按城市防护区确定

《防洪标准》（GB 50201—2014）中城市防护区的防护等级和防洪标准见表 6.1-9。

高滩迁建区纳入平原新区中心城区发展范畴，按重要性确定高滩的防护等级为III级，防洪标准为50～100年一遇。结合高滩迁建区在平原新区位置的重要性，按城市防护区确定防洪标准时，高滩的防护等级为III级，防护标准取100年一遇。

表 6.1-9　城市防护区的防护等级和防洪标准

防护等级	重要性	常住人口（万人）	当量经济规模（万人）	防洪标准［重现期（年）］
Ⅰ	特别重要	≥150	≥300	≥200
Ⅱ	重要	50（含）～150	100（含）～300	100～200
Ⅲ	比较重要	20（含）～50	40（含）～100	50～100
Ⅳ	一般	<20	<40	20～50

数据来源：《防洪标准》（GB 50201—2014）

（2）高滩顶高程方案论证

Ⅰ．方案拟定

高滩工程沿大堤轴线方向长度为13 823m，工程起止桩号为（0+000）～（10+823），相应黄河左岸大堤桩号为（90+423）～（101+246）［平原新区段黄河大堤桩号为（90+423）～（109+000），总长18 557m］。

根据《黄河流域综合规划（2012—2030年）》和《黄河下游滩区安全建设规划》（2011年），避水村台的顶高程采用花园口20年一遇流量（12 370m^3/s）相应设计水位加1.0m超高。

本次规划高滩的安全超高按两种方法确定：①与《黄河流域综合规划（2012—2030年）》和滩区安全建设保持一致，安全超高取1.0m；②参照《堤防工程设计规范》（GB 50286—2013）重新计算高滩安全超高。

综上，根据高滩防洪标准和安全加高计算方法不同，拟定以下五种方案。

方案一：根据乡村防护区防护等级Ⅳ级，防洪标准20年一遇，安全超高与滩区安全建设中村台的超高保持一致，取1.0m。该方案为高滩建设的最低标准。

方案二：根据乡村防护区防护等级Ⅳ级，防洪标准20年一遇，按20年一遇洪水加安全超高，确定高滩顶高程。

方案三：根据城市防护区防护等级III级，防洪标准100年一遇，按100年一遇洪水加安全超高，确定高滩顶高程。

方案四：不考虑安全加高，高滩顶高程与黄河大堤的设防水位保持一致。

方案五：考虑有效利用土地、居民出入安全和便利性，高滩顶高程与现状大堤顶高程保持一致。

Ⅱ．设计水位

高滩规划范围内的黄河河道各个断面在不同洪水标准下的水位见表6.1-10。根据高滩工程断面与河道大断面的相对位置关系，通过内插求得各个工程断面的设计水位，计算结果见表6.1-11。

表 6.1-10　高滩规划范围内的黄河河道各个断面在不同洪水标准下的水位（单位：m）

断面名称	20 年一遇水位	100 年一遇水位	设防水位
东风渠	95.10	95.31	95.84
岗李	94.68	94.87	95.37
李庄	94.41	94.59	95.06
花园口	94.12	94.29	94.74
破车庄	93.12	93.29	93.71
赵兰庄	93.66	93.81	94.23
东大坝	93.48	93.64	94.06
七堡	92.74	92.91	93.34
双井	92.48	92.66	93.09
八堡	92.40	92.58	93.01

表 6.1-11　高滩工程断面在不同洪水标准下的设计水位　（单位：m）

新桩号	20 年一遇水位	100 年一遇水位	设防水位
0+000	94.54	94.73	95.21
0+856	94.38	94.56	95.04
1+458	94.26	94.44	94.92
2+156	94.12	94.30	94.77
2+746	94.00	94.19	94.65
3+546	93.84	94.03	94.49
4+166	93.72	93.91	94.37
5+406	93.47	93.65	94.11
6+99	93.34	93.52	93.97
7+108	93.14	93.32	93.77
7+731	93.01	93.20	93.64
8+361	92.89	93.08	93.51
9+111	92.74	92.93	93.36
9+865	92.59	92.78	93.21
10+543	92.46	92.64	93.07
10+823	92.40	92.58	93.01

III. 高滩顶高程

高滩设计顶高程的计算，参照《堤防工程设计规范》（GB 50286—2013）。设计顶高程为设计洪水位加超高，堤顶超高为波浪爬高、风壅增高及安全加高三者之和。

经计算，20 年一遇堤顶超高取 2.2m，100 年一遇堤顶超高取 2.7m。由此可得，各方案高滩工程断面的设计顶高程，见表 6.1-12。

表 6.1-12　各方案高滩工程断面的设计顶高程

桩号	方案一（20 年一遇水位+1.0m）	方案二（20 年一遇水位+2.2m）	方案三（100 年一遇水位+2.7m）	方案四（设防水位）	方案五（现状大堤顶高程）
0+000	95.54	96.74	97.43	95.21	99.60
0+856	95.38	96.58	97.26	95.04	99.50
1+458	95.26	96.46	97.14	94.92	99.40
2+156	95.12	96.32	97.00	94.77	99.09
2+746	95.00	96.20	96.89	94.65	99.03
3+546	94.84	96.04	96.73	94.49	98.87
4+166	94.72	95.92	96.61	94.37	98.46
5+406	94.47	95.67	96.35	94.11	98.41
6+99	94.34	95.54	96.22	93.97	97.89
7+108	94.14	95.34	96.02	93.77	97.68
7+731	94.01	95.21	95.90	93.64	97.13
8+361	93.89	95.09	95.78	93.51	96.90
9+111	93.74	94.94	95.63	93.36	97.37
9+865	93.59	94.79	95.48	93.21	97.39
10+543	93.46	94.66	95.34	93.07	97.36
10+823	93.40	94.60	95.28	93.01	97.38

Ⅳ. 高滩方案比选

高滩面积约为 8.68km^2，高滩顶宽 550～800m，顺堤方向长 13 823m，结合方案一至方案五高滩顶高程，确定高滩的工程规模，高滩典型断面见图 6.1-16～图 6.1-20，计算得到的各方案的工程量见表 6.1-13，各方案的工程投资估算见表 6.1-14。

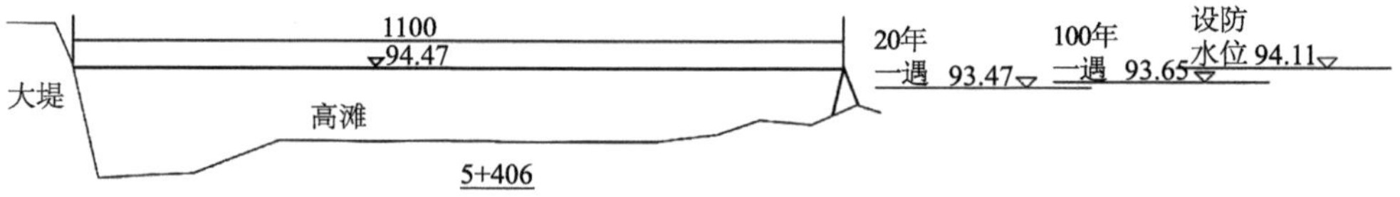

图 6.1-16　方案一（20 年一遇水位+1.0m 超高）高滩断面图（单位：m）

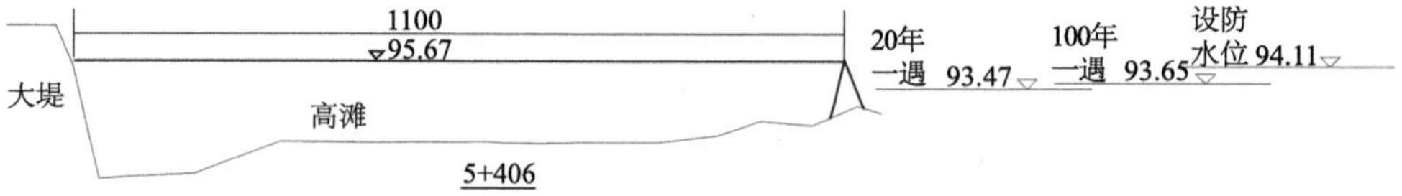

图 6.1-17　方案二（20 年一遇水位+2.2m 超高）高滩断面图（单位：m）

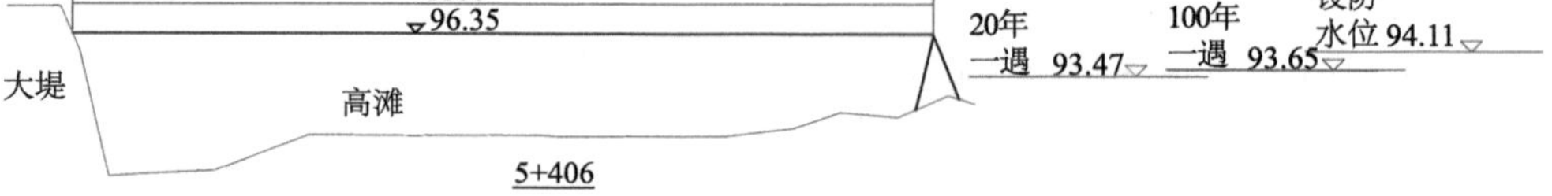

图 6.1-18　方案三（100 年一遇水位+2.7m 超高）高滩断面图（单位：m）

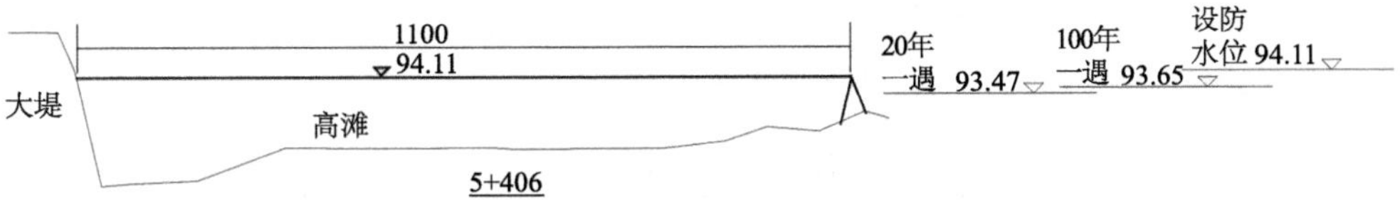

图 6.1-19　方案四（设防水位）高滩断面图（单位：m）

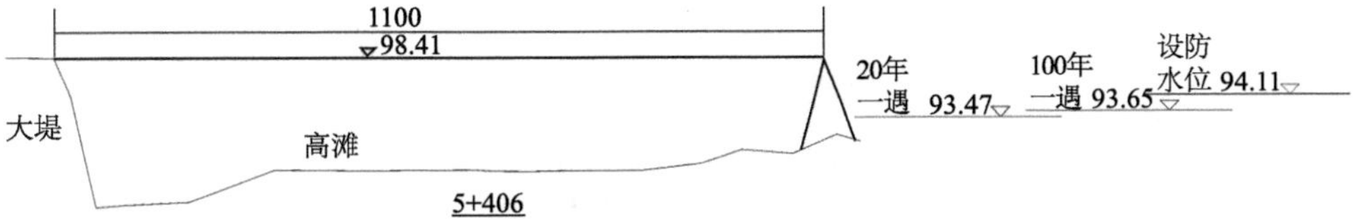

图 6.1-20　方案五（现状大堤顶高程）高滩断面图（单位：m）

表 6.1-13　高滩各方案工程量表　（单位：万 m^3）

方案	清基清坡量	围堤量	隔堤量	盖顶土方量	黏土量	淤筑土方量
方案一（20 年一遇水位+1.0m）	364.40	93.33	116.11	2384.95	21.59	1982.00
方案二（20 年一遇水位+2.2m）	365.85	139.81	160.29	2377.71	28.12	3238.41
方案三（100 年一遇水位+2.7m）	366.66	170.79	188.74	2374.76	31.77	3944.66
方案四（设防水位）	363.97	81.26	103.72	2387.39	19.71	1592.13
方案五（现状大堤顶高程）	369.26	271.82	300.67	2384.64	42.01	5903.66

注：高滩工程建设可分为高滩淤筑和高滩填筑，考虑到高滩填筑量较大，滩内禁止外来土方进入，本次仍推荐从主槽抽沙淤筑高滩，方案比选也以高滩淤筑计算工程投资

表 6.1-14　高滩各方案工程投资估算表　（单位：亿元）

方案	清基清坡量	围堤	隔堤	盖顶土方量	黏土	淤筑土方量	合计
方案一（20 年一遇水位+1.0m）	1.46	0.42	0.52	10.73	0.11	7.28	20.52
方案二（20 年一遇水位+2.2m）	1.46	0.63	0.72	10.70	0.14	11.90	25.56
方案三（100 年一遇水位+2.7m）	1.47	0.77	0.85	10.69	0.16	14.50	28.43
方案四（设防水位）	1.46	0.37	0.47	10.74	0.10	5.85	18.98
方案五（现状大堤顶高程）	1.48	1.22	1.35	10.73	0.21	21.70	36.69

结合高滩工程投资、洪水淹没程度、安全性及交通便利性等，对高滩建设的五个方案进行比选论证，高滩建设方案对比见表 6.1-15。

表 6.1-15　高滩建设方案对比表

对比项	方案一	方案二	方案三	方案四	方案五
工程投资（亿元）	20.52	25.56	28.43	18.98	36.69
洪水淹没程度	位于设防水位及以上				最大程度摆脱洪水威胁
安全性及交通便利性	高滩设计顶高程与现状大堤顶高程仍存在 2～4m 的高差，高滩群众与外界的交通只能先通过上堤道路至大堤堤顶，再由堤顶道路接入附近的乡镇公路 堤顶转弯半径较小，车辆提速上坡后，容易直冲背河侧堤坡，发生交通事故 根据居民区分布需设置多个上堤道路，占用高滩土地，造成土地浪费				高滩顶高程与现状大堤顶高程保持一致，既保障了高滩居民出入的安全性及便利性，又提升了堤防的抗洪能力

综合以上分析，结合当前黄河下游滩区高质量发展的新精神、新时期滩区居民对美好生活的需求日益增加、群众对于未来广阔的生存发展空间的迫切需要，本次规划推荐方案五，即高滩顶高程与现状大堤顶高程相平的高滩建设方案。

6.1.4.4　高滩边界确定

（1）高滩平面布置

综合考虑规划区现状和各行政区发展需求，结合桥北乡和韩董庄镇界限、主要公路、主要桥梁、现状地类和地形坡度等情况，将高滩分为三部分，分别为原 G107 以西、原 G107 以东至 G107 复线、G107 复线以东。

（2）占地类型分析

运用 ArcMap 将高滩范围图与规划区土地利用现状图进行空间叠加，统计分析得到高滩占地情况，结果见图 6.1-21 和表 6.1-16、表 6.1-17。

6.1.4.5　高滩生态小镇规划

十八大以来，党和国家相继提出“美丽乡村”“生态小镇”建设，实施乡村振兴战略，实现乡村“产业兴旺、生态宜居、乡风文明、治理有效、生活富裕”，为高滩实施生态建镇提供了政策支持和保证。

根据平原新区黄河滩区实际情况，结合滩区居民需求和地方社会经济发展需要，将滩地散乱的居民迁移至高滩合适位置，科学规划高滩的生产、生活、生态空间，配置道路交通等公共基础设施，打造美丽乡村和特色小镇，构建宜居的绿色优美生活环境，塑造高品质村镇空间，构筑千里黄河滩上的生态家园，高滩总体布局见图 6.1-22。

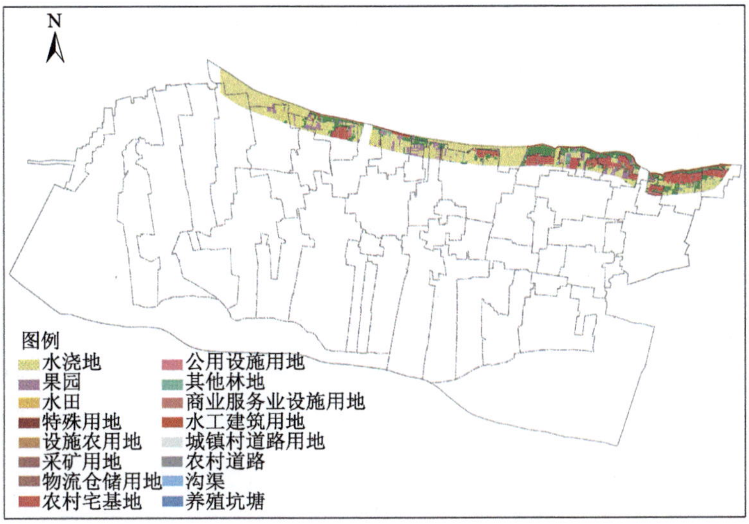

图 6.1-21　高滩占地类型分布图

表 6.1-16　高滩占地类型面积汇总表

土地类型	占地面积（hm^2）	占地比例（%）
耕地	462.65	53.30
林地	59.91	6.90
园地	143.49	16.53
草地	1.42	0.16
建设用地	159.97	18.43
水域	37.25	4.29
其他	3.33	0.38
合计	868.02	100

表 6.1-17　各村庄高滩占地面积汇总表

行政村	面积（hm^2）	比例（%）
杨厂村	134.27	15.47
老孟庄	100.73	11.60
大董庄	80.34	9.26
老庄村	74.86	8.62
葛韩庄村	74.41	8.57
荒庄	61.37	7.07
季庄村	56.66	6.53
小张庄村	50.26	5.79

续表

行政村	面积（hm²）	比例（%）
车庄	44.16	5.09
刘合庄村	43.13	4.97
孔庄	38.27	4.41
司庄村	26.44	3.05
大张庄村	23.66	2.73
司窑村	23.47	2.70
李屋	18.64	2.15
王合	16.89	1.95
裴屋	0.28	0.03
马井村	0.17	0.02
合计	868.02	100

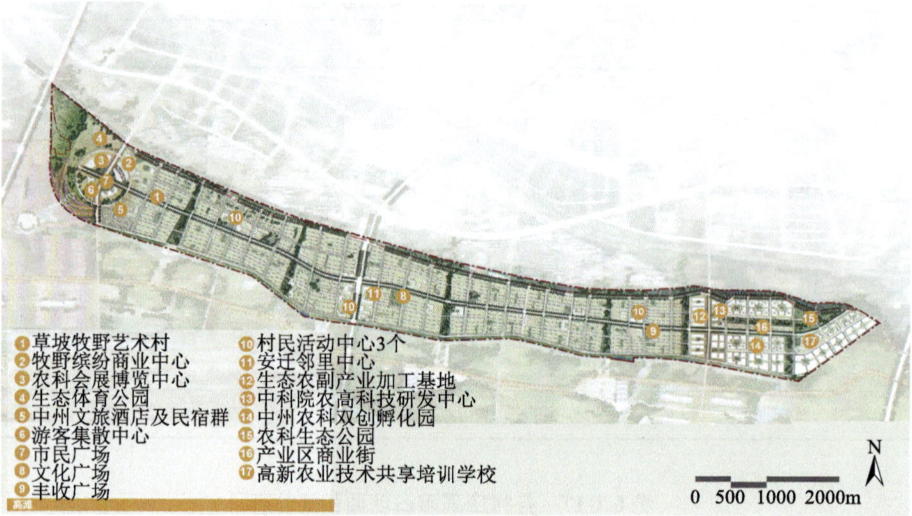

图 6.1-22　高滩总体布局图

（1）高滩空间结构

综合考虑高滩区位条件和社会经济发展需求，确定高滩规划结构为“两核、三片、四轴”，见图 6.1-23。“两核”为高滩最西边的商贸文旅核心和最东边的农科产业核心，发展牧野商都配套区和农科孵化办公区，支撑滩区经济发展和产业发展需求；“三片”为和谐安迁宜居区、牧野商都配套区和农科孵化办公区，解决滩区居民安置问题，完善配套基础设施和产业发展设施；“四轴”为沿黄河大堤横向发展的高滩城镇发展轴、南北连接郑州和新乡纵向发展的郑新城市联动轴、依托商贸文旅核心纵向发展的文旅体验轴和依托农科产业核心纵向发展的农业活力轴。

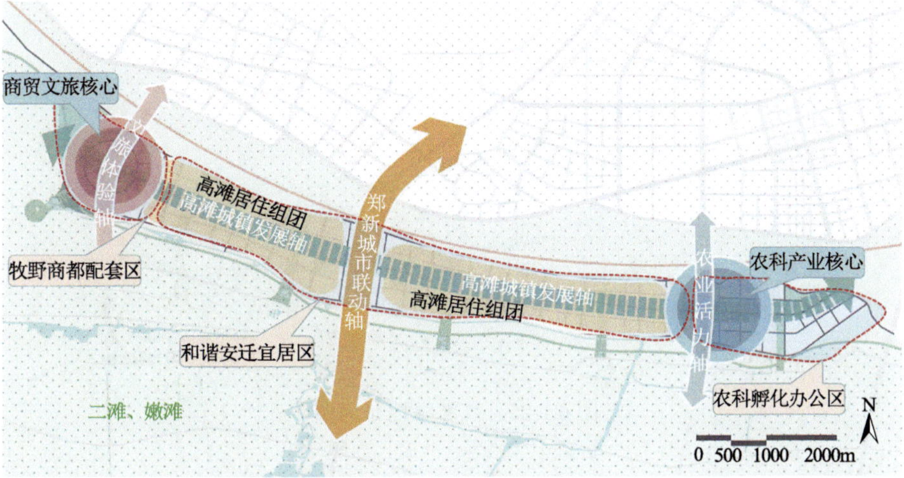

图 6.1-23　高滩规划结构图

结合滩区原有交通条件，考虑滩区居民生产、生活对外交通需求，因地制宜，规划高滩交通布局，见图 6.1-24。对外交通以“五纵”衔接，功能组团之间通过“三横”联系，城区内部通过次干道和支路形成环境友好、尺度宜人的路网结构。

图 6.1-24　高滩交通布局图

为满足滩区居民生态空间需求，规划高滩绿地布局，见图 6.1-25。以楔形绿地联系南侧的二滩生态绿化区和北侧的沿堤绿化带，构建生态绿地休闲通廊；以横向绿化主轴串联东西两端的生态公园绿地。另外，在高滩内部设多处社区生态公园绿地，并与楔形绿地形成等级化网络联系。

（2）高滩分区布局

从滩区生活居住、产业发展、配套基础设施等需求出发，高滩可以分为和谐安迁宜居区、牧野商都配套区和农科孵化办公区，见图 6.1-26。

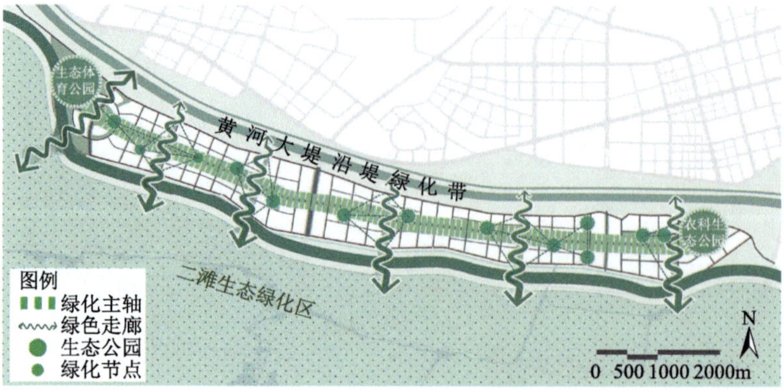

图 6.1-25　高滩绿地布局图

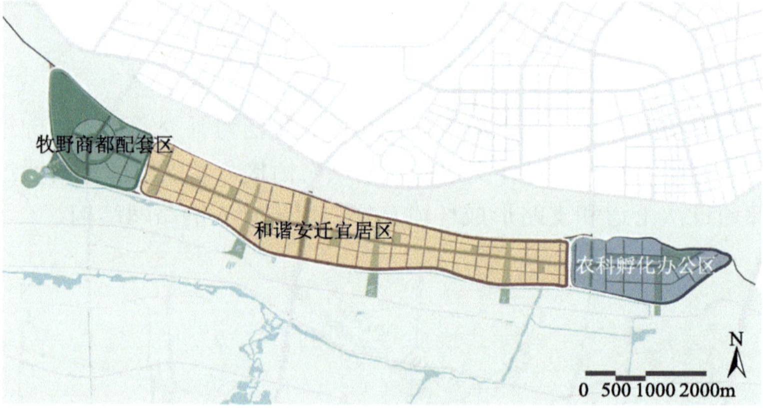

图 6.1-26　高滩功能分区布局图

Ⅰ. 和谐安迁宜居区

和谐安迁宜居区，需要重点解决居民的安置问题，给群众生产生活提供更好的保障。考虑滩区安全建设要求，居住区建设建议以中、低层建筑为主，建筑风貌结合区域特点和特色文化，构建一批各具特色的现代化居民区。结合国家乡村振兴战略，开展规划区行政机关、学校、医院、体育活动中心等公共服务设施的建设，给规划区居民提供优质的公共服务资源。公共绿地主要提供绿色、开放空间，供高滩居民休憩、健身、游玩等（图 6.1-27）。

Ⅱ. 牧野商都配套区

牧野商都配套区主要提供餐饮、零售、商务金融、娱乐、服务等功能（图 6.1-28）。在深度挖掘当地历史文化资源的基础上，打造特色鲜明、内涵突出的带有典型文化标识的商业区。结合地方特点，精准定位服务客群，从地产、特色医疗、商业会馆、高端疗养、休闲养老、运动健身等角度入手打造，吸引更多更好的企业共同发展商业经济。对于规划区居民，通过基础设施建设和商业、产业发展，提供更多的就业机会，使其享受更加完善的公共服务，分享城镇发展的红利。

安迁邻里中心

安迁社区集体行政便民数字化服务中心

社区开放绿地口袋公园群

生态农副产业加工集散基地

其他社区公共服务及配套设施

图 6.1-27　和谐安迁宜居区建设意向图

图 6.1-28　牧野商都配套区建设意向图

III. 农科孵化办公区

农科孵化办公区主要用于工业生产、产品加工制造、生物研发等产业发展（图 6.1-29）。在乡村振兴战略指引下，以产业发展为核心，依靠地域特色、生态特色、文化特色等环境因素，打造具有明确产业定位、文化内涵、旅游特征和一定社区功能的新型城镇，实现滩区居民富裕发展。

图 6.1-29　农科孵化办公区建设意向图

6.1.5　二滩生态治理实施策略

6.1.5.1　规模及功能定位

（1）规模

二滩为高滩至控导工程之间的滩区，面积约为 85.78km^2。平原新区黄河滩区临河分布有马庄、双井等控导工程，对于有控导工程的河段，二滩边界以控导工程为界；对于无控导工程的河段，结合 2011 年完成的《黄河下游滩区综合治理规划》中黄河下游滩槽界限划分，以及河南河务局 2019 年组织编制完成的《河南省黄河岸线利用管理规划》中临水边界线、岸线控制利用区域划定的成果，对该河段滩槽分界线进行复核分析。平原新区黄河滩区二滩范围见图 6.1-30。

图 6.1-30　平原新区黄河滩区二滩范围图

运用 ArcMap 将二滩范围图与规划区土地利用现状图进行空间叠加，统计分析得到二滩占地情况，结果见图 6.1-31 和表 6.1-18、表 6.1-19。

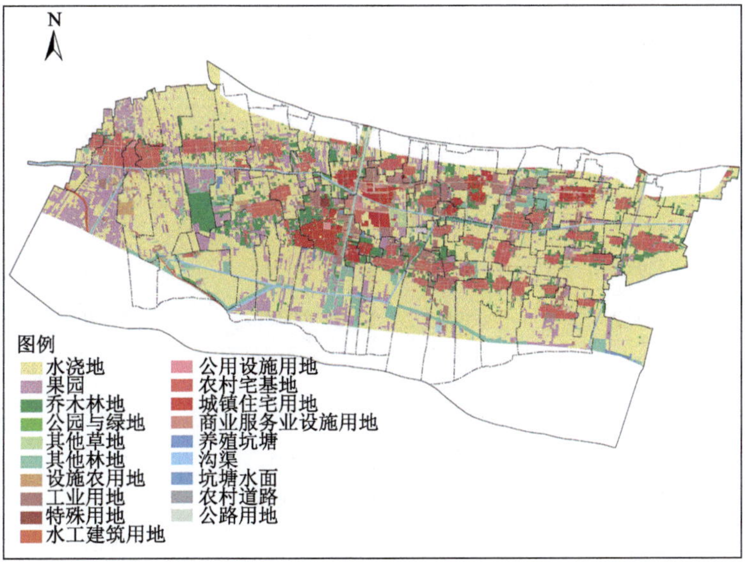

图 6.1-31　二滩占地类型分布图

表 6.1-18　二滩占地类型面积汇总表

土地类型	占地面积（hm^2）	占地比例（%）
耕地	4200.20	48.97
建设用地	1921.74	22.40
园地	1059.72	12.35
林地	1012.61	11.81
水域	212.43	2.48
草地	70.08	0.82
其他	100.71	1.17
合计	8577.50	100

表 6.1-19　各村庄二滩占地面积汇总表

行政区	面积（hm^2）	比例（%）	行政区	面积（hm^2）	比例（%）
马庄村	570.75	6.65	司庄村	118.88	1.39
盐店庄村	555.32	6.47	杨庄村	110.57	1.29
范庄村	521.97	6.09	小刘庄村	105.88	1.23
李涛庄村	463.63	5.41	韩屋	104.64	1.22
洪庄村	359.57	4.19	三仙屋	100.86	1.18
孟庄	339.72	3.96	小辛庄村	94.51	1.10

续表

行政区	面积（hm^2）	比例（%）	行政区	面积（hm^2）	比例（%）
葛韩庄村	303.18	3.53	刘庵村	84.85	0.99
马井村	287.84	3.36	里河沿	77.02	0.90
南胡庄村	269.81	3.15	姬屋	75.96	0.89
张双井	267.85	3.12	裴屋	70.93	0.83
焦庵	265.47	3.09	南窑	58.87	0.69
杨厂	264.94	3.09	大董庄	53.03	0.62
焦双井	239.69	2.79	老庄村	52.78	0.62
韩董庄	226.70	2.64	苏双井	50.90	0.59
吴厂	218.19	2.54	小张庄村	49.69	0.58
原阳县农牧场	215.05	2.51	荒庄	48.32	0.56
尤拐村	209.83	2.45	李屋	47.77	0.56
破车庄村	203.12	2.37	赵美屋	47.06	0.55
官地	200.22	2.33	任庄	38.07	0.44
季庄村	186.84	2.18	司窑村	36.68	0.43
府庄	167.01	1.95	车庄	34.21	0.40
朱贵庄	160.74	1.87	老孟庄	33.64	0.39
草坡	145.93	1.70	韩董庄镇林场	26.69	0.31
大张庄村	145.06	1.69	王合	9.62	0.11
刘合庄村	128.72	1.50	孔庄	5.65	0.07
拾区	123.27	1.44	总计	8577.50	100.00

（2）功能定位

在符合相关法律、法规、规章的要求下，结合平原新区黄河滩区的特点，将二滩打造为生产性的绿色空间。

根据《2019 年黄河下游河道排洪能力分析》，黄河下游花园口附近河段平滩过流能力为 7200m^3/s，无法适应花园口断面洪峰流量 8000m^3/s 的现状，二滩基本被淹没。按照本次规划，拟对工程区域河段河槽进行疏浚，可以在二滩进行相关产业的发展。

6.1.5.2 村庄拆除及利用

根据国务院批复的《黄河流域综合规划（2012—2030 年）》对黄河下游滩区的发展定位及《河南省黄河河道管理办法》对滩区居民迁建的规定，为了有效支撑滩区发展生态农业、绿色养殖业及生态旅游业等，建议部分保留村民搬迁后的房屋并进行改造，作为支撑生态农业的生产用房及支撑生态旅游业的配套设置用房，探索在保障黄河防洪安全的前提下，先行先试支撑地方经济发展的新模式。

（1）建议保留村庄面积

Ⅰ. 配套设施用地规模

保留管理设施主要用来支撑生态旅游业的发展。一般情况下，游客量约等于旅游收入/人均消费额。

根据《2018 年新乡市国民经济和社会发展统计公报》《2018 年原阳县人民政府工作报告》《2018 年河南省春节假日旅游大数据解读》，景区的理想环境容量约为 500 人/km^2，滩区面积约 126.89km^2，则游客容量超过 60 000 人/日。

参考《风景名胜区详细规划标准》（GB/T 51294—2018）对旅游服务设施和管理服务设施两部分的要求，确定平原新区二滩的厕所、游客中心、餐饮、住宿、农村市集等配套设施用地规模共 0.59km^2。

综合参考《风景名胜区详细规划标准》（GB/T 51294—2018）及《公园设计规范》（GB 51192—2016），配套设施用地规模约为 0.60km^2。

Ⅱ. 建议保留村庄面积

根据第三次全国国土调查成果，平原新区黄河滩区现状建设用地（建制镇、村庄用地、特殊用地、采矿用地、独立工业仓储用地）共计 2008hm^2，其中有 160hm^2 位于规划高滩范围内，按照《黄河下游滩区安全建设规划》的内容，原则上规划在高滩范围外的 1848hm^2 建设用地的房屋都需要拆除复垦。初步分析，本次规划保留的建设用地面积为 56hm^2，拆除的面积为 1792hm^2；保留的建设用地约占现状建设用地总面积的 3%。

具体操作时，需统筹考虑对黄河下游防洪安全的影响和地方经济发展、滩区群众“乐业”及周边城市、居民生态空间问题，进一步提升深化。

（2）村庄保留利用原则

①保留房屋的占地面积不超过 56hm^2（840 亩）；②要顺水流方向分散布置，不能整村保留；③需按照防洪要求采用架空等措施进行合理布局和优化，改建、修缮时不得增加高度；④只能供游人休憩停留，滩区安置村民不得继续居住；⑤接到洪水预警后，只能值班人员留守，其他人员迅速撤离。在实施过程中，应先拆迁后保留，在确定具体保留管理设施的时候需提前与河务部门进行沟通，必要时出具承诺函，一事一议。

（3）土地复垦

拆除后的村庄需要进行土地复垦，根据待复垦的土地资源现状特征及规划区宅基地的拆除情况，结合滩区的国民经济、社会发展的长远规划及土地利用总体规划，土地复垦规划依据技术经济合理的原则，兼顾自然条件与土地类型，明确土地复垦后的用途，因地制宜，综合治理。宜农则农、宜林则林、宜牧则牧，宜水则水，科学安排以农业为主的各项用地。发展高效农业，提高土地的利用效益，实现土地资源的可持续利用，促进滩区经济的持续、稳定、健康发展。

6.1.5.3　生态水系规划

由于基本农田保护及相关规划总体定位等因素，二滩开展土地整理工作以后，仍需以农业为主。农业用水是黄河水资源的利用大户，农业用水占黄河用水总量的80%左右，灌溉水利用系数为0.53左右，低于全国平均水平，更低于世界先进水平，农业节水潜力巨大。针对黄河滩区的实际情况，应大力推进农业节水和灌区现代化改造，规模化推进喷灌、微灌、滴灌等精准高效灌溉技术，提高农业灌溉效益。

（1）滩区水系现状

本次规划区内的二滩，属于堤南引黄灌区范围，灌区内有一条堤南干渠，从老田庵防沙闸引水，由西向东至封丘县。堤南引黄灌区内水网交织、密集分布，有支渠22条，长89.06km；干加斗渠286条，长200.19km；斗渠234条，长108.32km；农渠335条，长57.6km；退水渠4条，长13.3km。

（2）灌溉需水量预测

滩区以小麦、玉米、花生、谷子、豆类等作物种植为主，灌溉方式为引黄渠灌和井灌相结合。现状产业低效、种植作物低效、灌溉方式低效。规划的滩区产业定位为科技农业与文旅农业，按照以水定产的原则，调整滩区的农业种植结构和农业灌溉方式。

滩区要高质量发展，农业应逐步转向高产优质高效作物。滩区作物的种植结构调整为农作物、水果、花卉、牧草、葡萄等，保留现状的桃林和槐林（图6.1-32）。

图6.1-32 规划种植结构调整图

为推动水资源节约集约利用和发展高效产业，依据规划项目区种植作物的不同，田间高效节水灌溉以喷灌和滴灌为代表。根据不同作物的种植结构和灌溉方式，参考《河南省地方标准 农业用水定额》（DB41/T 958—2014）的相关规定，预测规划水平年田间高效节水灌溉制度，详见表6.1-20。本次根据堤南引黄灌区原设计灌溉面积及各行政分区内设计灌溉面积对取水指标按比例进行折算，规划水平年项目区农业灌溉斗口以下总需水量约1500万m^3。

表 6.1-20　项目区内 2030 年田间高效节水灌溉制度

作物名称	种植比例（%）	灌水次数	灌水定额（m^3/亩）	灌水时间		灌水持续时间（d）	灌水率[m^3/（s·万亩）]	灌溉定额（m^3/亩）
				始	终			
小麦	15.0	1	24	12 月 11 日	12 月 17 日	7	0.060	104
小麦		2	16	3 月 15 日	3 月 19 日	5	0.056	
小麦		3	16	4 月 4 日	4 月 8 日	5	0.056	
小麦		4	16	4 月 13 日	4 月 17 日	5	0.056	
小麦		5	16	4 月 23 日	4 月 27 日	5	0.056	
小麦		6	16	5 月 13 日	5 月 17 日	5	0.056	
西瓜	20.0	1	15	4 月 4 日	4 月 8 日	5	0.069	62
西瓜		2	15	4 月 23 日	4 月 27 日	5	0.069	
西瓜		3	15	6 月 1 日	6 月 5 日	5	0.069	
西瓜		4	17	7 月 12 日	7 月 16 日	5	0.079	
紫花苜蓿	10.0	1	19	3 月 25 日	3 月 29 日	5	0.044	152
紫花苜蓿		2	19	4 月 18 日	4 月 22 日	5	0.044	
紫花苜蓿		3	19	5 月 13 日	5 月 17 日	5	0.044	
紫花苜蓿		4	19	6 月 1 日	6 月 5 日	5	0.044	
紫花苜蓿		5	19	6 月 21 日	6 月 25 日	5	0.044	
紫花苜蓿		6	19	7 月 7 日	7 月 11 日	5	0.044	
紫花苜蓿		7	19	7 月 22 日	7 月 26 日	5	0.044	
紫花苜蓿		8	19	9 月 10 日	9 月 14 日	5	0.044	
花卉	20.0	1	22	3 月 25 日	3 月 29 日	5	0.102	132
花卉		2	22	4 月 18 日	4 月 22 日	5	0.102	
花卉		3	22	5 月 13 日	5 月 17 日	5	0.102	
花卉		4	22	6 月 1 日	6 月 5 日	5	0.102	
花卉		5	22	6 月 21 日	6 月 25 日	5	0.102	
花卉		6	22	7 月 7 日	7 月 11 日	5	0.102	
低矮经果林	25.0	1	20	12 月 1 日	12 月 5 日	5	0.116	100
低矮经果林		2	20	3 月 15 日	3 月 19 日	5	0.116	
低矮经果林		3	20	4 月 28 日	5 月 2 日	5	0.116	
低矮经果林		4	20	7 月 22 日	7 月 26 日	5	0.116	
低矮经果林		5	20	8 月 31 日	9 月 4 日	5	0.116	
花生	10.0	1	18	7 月 12 日	7 月 16 日	5	0.042	72
花生		2	18	7 月 22 日	7 月 26 日	5	0.042	
花生		3	18	8 月 31 日	9 月 4 日	5	0.042	
花生		4	18	9 月 10 日	9 月 14 日	5	0.042	

注：定额参考《河南省地方标准 农业用水定额》（DB41/T 958—2014），农作物定额已充分考虑斗口以下输水和田间损失

（3）规划原则

1）尊重自然、顺应自然，坚持节约优先、保护优先、自然恢复为主。

2）通过灌区水系连通工程的实施，恢复灌区引黄灌溉功能，改变仅靠地下水灌溉的局面，减少对地下水的开采，提高滩区水源涵养的能力。

3）设置沉沙池和调蓄池，调整灌区种植结构和实现高效节水灌溉，提高灌溉保证率。

4）本次灌区水系连通工程以干支渠的清淤疏浚、老旧渠道的恢复为主，同时兼顾灌片划分和调蓄池布置，尽量少开挖新渠道，减少占地。

5）对水系的岸边进行防护时，采用有利于植物生长、防止河岸塌方、增强河道自净能力的生态护岸。

6）清理现状水渠的底泥、河岸垃圾、弃渣等堆积物，废除现状排水口，严控生产、生活污水排入水系。

（4）水系总体布局

在规划区域内，以堤南干渠和马庄引水渠为基础，结合现状地形和现有水利设施，从推动水资源节约集约利用的角度对滩区现状灌溉渠系进行改造，打造灌溉水系连通工程，主要包括沉沙池工程、原有支渠恢复工程、新建支渠工程、调蓄池工程、调控水工建筑物工程等，在大力改善滩区水利基础设施的同时，还可为滩区生态、生产空间的环境品质提升提供一定的基础支撑。规划水系总体布局见图 6.1-33。

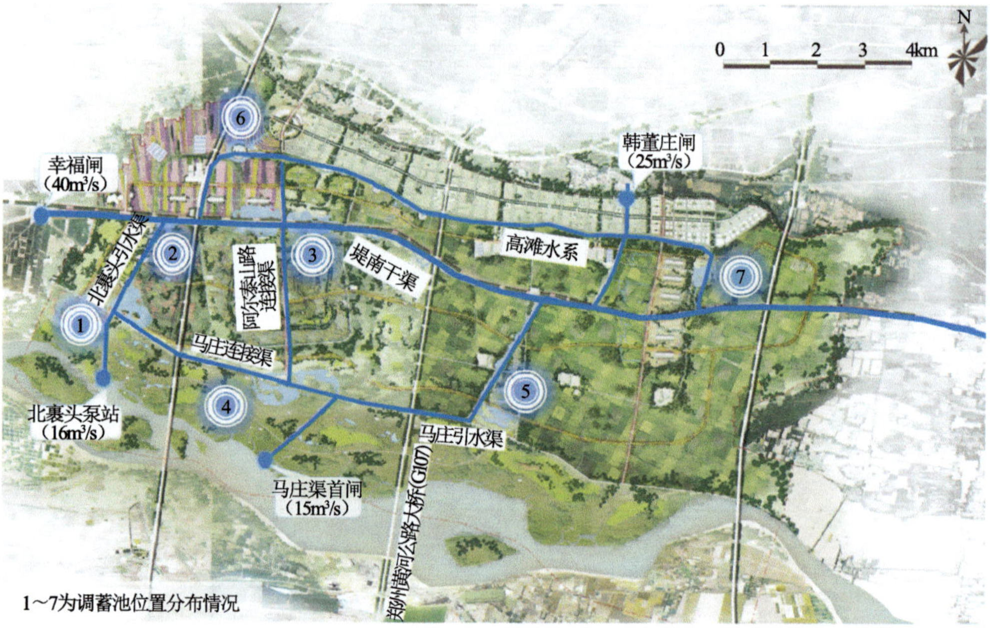

图 6.1-33 规划水系总体布局图

（5）水系功能

1）灌溉功能。规划区域主要以黄河水作为引水来源。由于该区域水环境要求高，传统农村农业易产生污染，因此在水系规划中首要任务是使得引黄水系的灌溉功能得到充分发挥。

2）调蓄功能。在多雨和涨水的季节，过量的水将被水系存储起来，减轻下游的洪水压力。在数天、数周甚至数月慢慢释放出来，补充渠道或下渗补充地下水，有效缓解枯水期灌区引水困境。

（6）水系工程布置及运行

Ⅰ. 水系工程布置

水系工程是指为二滩水系提供有效水源及退水工程，目的在于保障二滩水系与黄河联通，实现水体的循环，有利于二滩生态环境的自然修复、水源涵养等。

i. 取水口工程

考虑到马庄闸、柳园闸主要向堤外韩董庄灌区供水，且设计水位较低，本次规划水系的水源仍以北裹头泵站为主。

ii. 水系工程布置

建设沉沙池对引黄水进行初步沉淀；以现状灌溉渠道为基础，结合地形及水利设施，连通恢复灌区干支渠、建设调蓄池，对灌溉体系进行整治提升；建设生态湿地，解决高滩排水的水环境问题。通过对现状情况分析研究，结合实际需求，本次规划修建沉沙池规模约为 $0.82km^2$，调蓄池总面积约为 $2.03km^2$，支渠恢复及新建支渠的水面面积约为 $0.27km^2$。

Ⅱ. 水系工程运行

规划水系运行首先需满足堤南引黄灌区的基本引水需求，再兼顾生态修复、水源涵养功能。北裹头泵站处的设计流量是 $16m^3/s$，设计水位为 92.34m，基本可以满足滩区水系的自流。

堤南引黄灌区属旱作区，引黄灌溉多集中在每年的 2～4 月、5～7 月，主要灌溉时间为 50d 左右。在灌溉期，从北裹头泵站提水至堤南干渠，此时通过节制闸控制其他水系，不与堤南干渠连通，堤南干渠仅作为灌溉渠道向灌区内供水。

（7）水环境保护

Ⅰ. 污染源分析

本规划生态水系最终退水进入黄河，水质标准执行黄河水功能区划标准。根据《全国重要江河湖泊水功能区划（2011—2030 年）》，本次生态水系建设区域位于黄河二级水功能区——黄河郑州、新乡饮用、工业用水区，该区域执行《地表水环境质量标准》（GB 3838—2002）Ⅲ类水标准。

经分析，水系建成后污染物来源主要有高滩坡面汇流、农田肥料和农药、滩区内人类活动等。为了防止水体污染，需在水系布置水质观测点，对水体的水质进行常态化观测，及时采取措施改善水质。

Ⅱ. 水环境保护措施

水环境保护措施分为两个层次，一方面利用滨湖植被带过滤作用减少周边面源污染入湖，另一方面通过提高湖体自净能力来维持水质良好。

i. 建设滨湖植被过滤带

本次结合生态景观建设，在滨湖区建设植被过滤带，立体配置乔、灌、草等，强化滨湖带绿化和环境净化功能，防止高滩水土流失、阻滤净化地表径流，减少污染物入湖（图 6.1-34）。植被过滤带需与景观工程相结合，在湖区周边选择合适位置。

图 6.1-34 滨湖植被过滤带净化功能示意图

ii. 提高湖泊自净能力

1）构建湖泊水生态系统。在合适水深处构建“控藻浮游动物—沉水植物—水生动物—微生物群落”共生系统，通过人工干预，加快湖泊水生态系统的形成并维持稳定，增强湖泊抵御外来污染的能力。清水型生态系统构建过程见图 6.1-35。

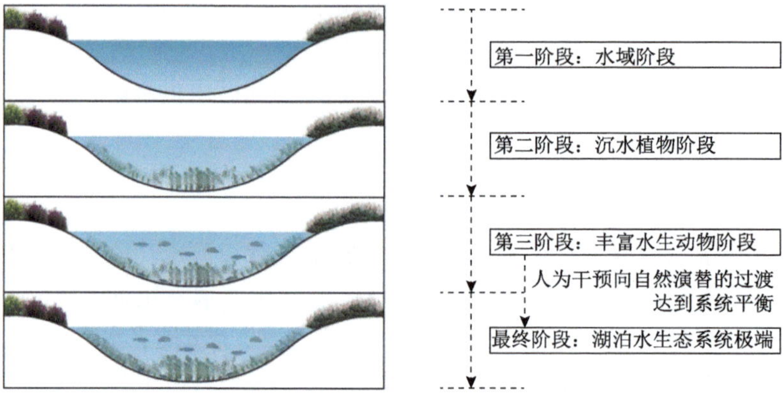

图 6.1-35 清水型生态系统构建过程

2）改善湖区水动力，增强水体循环富氧能力。在水体流动性不太好的死水区，氮、磷等营养盐易积累、难扩散，水体富营养化风险较大。为改善区域水动力条件，在死水区安置太阳能循环增氧设备（图 6.1-36）。

图 6.1-36　四周型太阳能循环增氧设备

6.1.6　嫩滩保护及主槽治理实施策略

（1）嫩滩保护

嫩滩位于控导工程与黄河主槽之间，范围随河势变化而发生改变，非汛期面积约为 15.58km^2。平原新区黄河滩区嫩滩范围见图 6.1-37。嫩滩与主槽共同构成行洪排沙通道，洪水漫滩时发挥滞洪沉沙的主要功能。平原新区黄河滩区临河分布有马庄、双井等控导工程，对于有控导工程的河段，嫩滩边界以控导工程为界。平原新区黄河滩区嫩滩界线见图 6.1-38。

图 6.1-37　平原新区黄河滩区嫩滩范围图

图 6.1-38　平原新区黄河滩区嫩滩界线

嫩滩区域承担黄河行水输沙的基本功能，周期性的洪水漫滩带来了物质流、能量流、信息流的充分交换，为湿地的塑造提供了良好的条件。应充分发挥嫩滩靠近郑州城区的区位优势，结合已有的自然保护区范围重构黄河湿地生态系统，进入生态敏感区的单位或个人应服从自然保护区管理机构的管理。

黄河下游滩区减灾的首要目标是确保人员安全，尽全力减少财产损失。从长远看，实现这一目标的根本措施是将人员逐步迁出滩区，并调整滩区生产结构，以适应滩区行洪的特点。因此，参照国家有关办法和规定，制定补偿政策实施方案，鼓励人员外迁。

（2）主槽治理

主槽治理继续以稳定河槽、控制河势为主，完善建设控导工程，塑造对不同量级洪水泥沙具有高适应性的过流通道，增强防护安全保障。《黄河下游“十四五”防洪工程可行性研究报告》（2019 年 11 月水规总院复审）规划对马庄控导工程的–4～–3 垛、–1 垛、1～27 垛、1～8 坝，双井控导工程的 5～33 坝进行根石加固（表 6.1-21）。工程的实施有利于该段的河势稳定。

表 6.1-21　平原新区黄河滩区河道治理工程建设内容

市局	县局	岸别	工程名称	建设内容	规模（道）
新乡	原阳	左岸	马庄控导工程	–4～–3 垛、–1 垛、1～27 垛、1～8 坝	38
			双井控导工程	5～33 坝	29

6.1.7　建设特色优势现代产业体系发展规划

6.1.7.1　产业发展态势分析

按照“三滩分区治理”的整体思路，为平原新区黄河滩区打造一个新的空间格局，在此基础上，综合考虑区位优势和发展本底，结合上位规划，抓住“中原城市群”“郑新一体化”等契机，积极融入郑新发展格局，聚焦科技农业与休闲文旅产业，以产兴城，以旅促产。

利用 SWOT 分析法对滩区产业发展态势进行分析，得出较客观而准确的新乡市乃至滩区产业的发展趋势。

（1）滩区产业发展优势

1）区位优势。平原新区黄河滩区位于郑州和新乡之间的中原经济区京广发展带上，区位上处在中原经济区“米字型”发展轴的交汇处，属于中原城市群核心层与紧密层的过渡区，是扼守黄河北部的据点。区域交通条件优越，有京港澳高速、焦原高速、原 G107 等多条交通要道衔接郑州和新乡，位于郑州新郑国际机场、郑州东站和新乡东站等区域交通枢纽的一小时交通范围内。滩区是郑州北拓新乡的桥头堡，也是区域跨黄河发展的着力点。

2）滩区优良自然禀赋。平原新区黄河滩区耕地广袤，土地平整，地理条件和环境位置独特，水系资源丰富，良好的自然条件有利于黄河滩区生态保护和高质量发展；同时滩内没有工业生产企业，无工业废水废气污染，有利于培育和发展无公害农业示范基地，实现农业现代化、标准化和产业化。

3）滩区补偿政策。根据《黄河下游滩区运用财政补偿资金管理办法》的财政补偿要求，对居民遭受洪水淹没所造成的农作物（不含影响防洪的水果林及其他林木）和房屋（不含搭建的附属建筑物）损失，在淹没范围内给予一定补偿。滩区规划调整农业产业结构，大力推进附加值高的农业产业发展，灵活运用滩区补偿政策。

（2）滩区产业发展劣势

1）滩区存在洪水威胁。桥北乡和韩董庄镇共计约 7.28 万人生活在黄河滩区，滩区防洪标准不足 20 年一遇，洪水风险大，生产生活建设受到洪水威胁。

2）滩区发展审批管理严。平原新区黄河滩区处于黄河河道内，洪水漫滩概率较高。在滩区基础设施建设上，各类国家政策项目落地困难，按照《中华人民共和国水法》《中华人民共和国防洪法》《中华人民共和国河道管理条例》等法律法规，黄河滩区作为黄河下游河道的一部分，在河道管理范围内的建设开发行为受到严格的限制，同时项目建设还要受行政许可审批手续的制约，审批受限已成为滩区全面发展的一块政策短板。

3）滩区产业配套差。长期以来，滩区内的经济发展滞后，群众增收困难，农作物单一，种植方式方法落后，农产品深加工产业链条不完整，经济效益低。滩区乡（镇）政府财力萎缩，投入不足，滩内道路、生活基础配套设施严重缺乏，在经济和社会事业发展上的历史欠账太多，与一堤之隔的周边区域差距在逐渐拉大。

（3）滩区产业发展机遇

黄河流域生态保护和高质量发展上升为国家战略是平原新区发展难得的机遇，也是平原新区转型升级发展的重要机会。

黄河下游滩区已成为黄河流域人水关系矛盾的焦点，滩区治理成为黄河下游水利工程建设的短板。迫切需要调整黄河下游滩区的功能定位及治理思路，构建黄河下游生态廊道，探索滩区综合治理新模式，运用“三滩分区治理”的发展理念和韧性发展理念破解黄河下游人水矛盾，实现防洪安全、生态保护、高质量发展、经济社会统筹协调发展。

（4）滩区产业发展挑战

黄河滩区作为一般意义上的河道管理，没有防洪行洪调节运用补偿机制。黄河中下游滩区无条件接受上游洪水，为黄河行洪调节做贡献，不仅没有经济补偿，也没有相应的政策保障。群众生产完全靠生产自救，借力发展受限。农业产业是弱势产业，见效慢，回报周期长；生态产业是新型产业，投资大，可供借鉴的经验不多。平原新区黄河滩区内的现代农业和生态休闲农业刚刚起步，需要面对周边地区同质化竞争的挑战。

6.1.7.2　滩区产业定位

通过对平原新区黄河滩区外部产业发展环境进行深入分析，得出新乡市乃至滩区产业呈现“退二还三精一”的发展趋势，即缩小第二产业，发展第三产业，精进第一产业。本次规划区域目标愿景是“大河文明新典范，人水共生新模式”；发展定位是把平原新区黄河滩区建设成为黄河特色生态文明先行示范区，同时兼具生态保护、韧性发展和沿黄经济三种示范作用。

进一步分析平原新区产业发展情况，归纳总结出平原新区产业以先进制造、高端服务、文旅康养和都市农业四大板块联动发展，其中先进制造业和高端服务业主要集中在城市中心，已明确落位；都市农业主要集中在“农业硅谷”祝楼乡，部分明确落位，而文旅康养板块目前没有明确落位。科技农业创新与休闲文旅融合的双轮产业体系将成为平原新区沿黄区域的主要产业发展突破口。

通过一系列科学论证，平原新区黄河滩区应立足科技农业发展诉求，特色化发展中试产业环节，并以此为核心，因地制宜，选择相应的中试品类，从而发挥出项目最大的社会及经济效益。依托当地文化资源与基地现状基底，在中试农业基础上，延伸发展以牧野文化为主题的乡村休闲文旅产业，对接郑新旅游消费市场需求，以人气与消费反哺支撑中试农业发展。其中，生科中试产业链五大环节为研发孵化、产业配套、中试试验、成果推广和生产应用，乡村休闲文旅产业链四大环节为文化休闲、农旅体验、生态拓展和生态保育。如图 6.1-39 所示，根据三滩的用地与环境条件合理布局科技农业中试与乡村休闲文旅两大产业，将大牧野文化主题精神植入三滩布局中，打造大牧野文化主题 IP。

6.1.7.3　产业功能分区

结合两大核心产业在三滩上的布局，项目区打造“一环三轴三组团”的产业体系布局，“一环”是生态联系环线，以基地水系为生态本底，融合绿色资源和产业项目设置，构成联系环线（图 6.1-40）。“三轴”分别是文旅体验轴、郑新城市联动轴和农业活力轴，联动轴是基地内连接郑州和新乡的主要道路，活力轴、体验轴是基地内文旅活力和农业体验脉络，对接郑新城市发展方向，融入区域产业格局，形成城市联动、农业活力和文旅体验三大轴线。“三组团”是高滩产城融合综服组团、二滩生科中试休旅组团、嫩滩生态保育科研组团。

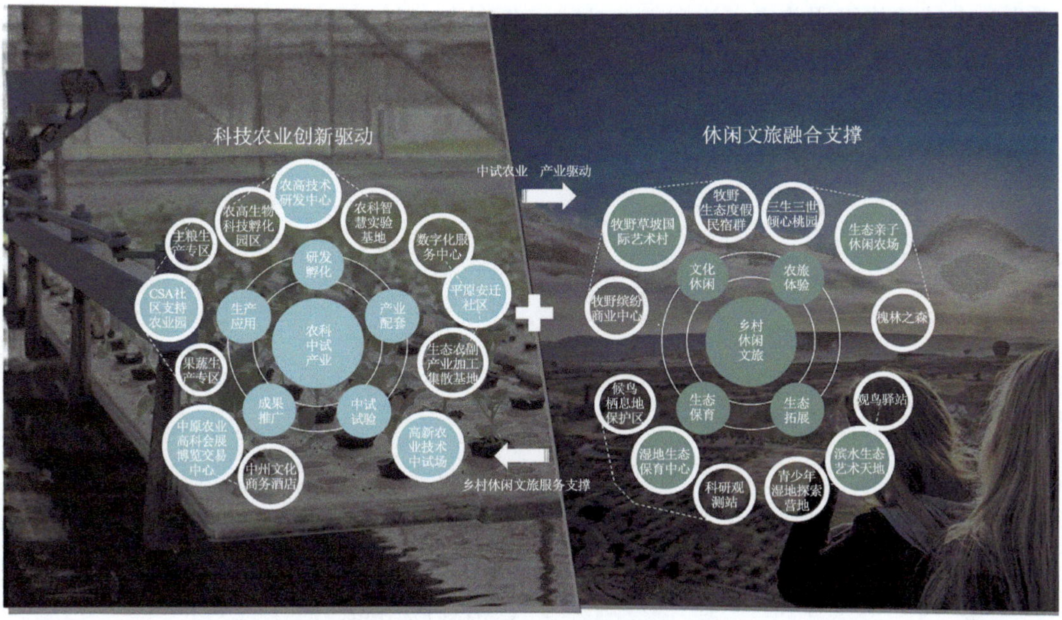

图 6.1-39　滩区两大核心产业门类

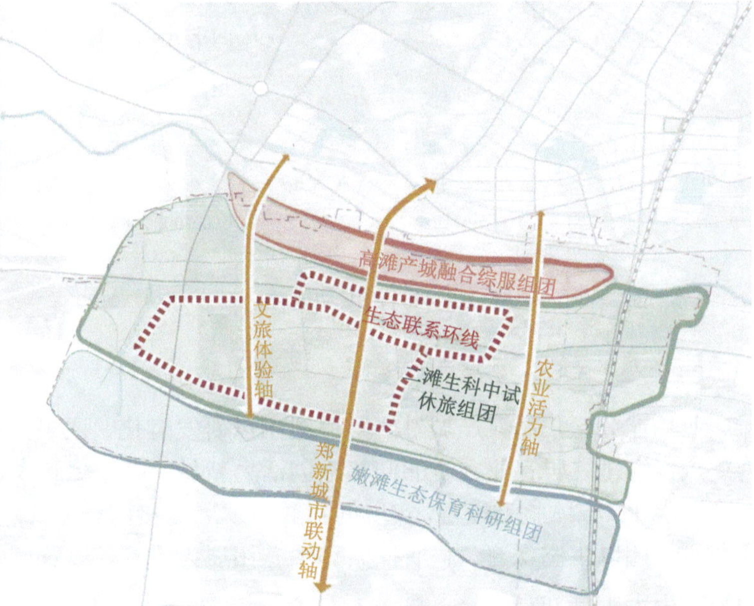

图 6.1-40　三滩产业体系布局

按照紧凑布局、底线约束、韧性发展的原则，高滩产城融合综服组团营造城镇生活生产功能，细分为和谐安全宜居区、牧野商都配套区和农科孵化办公区三大功能区。二滩生科中试休旅组团兼容文旅和产业功能，分为桃、槐、荷三大主题生态休闲区，万亩花田、田园牧场、葡萄庄园三大体验区，生态漂浮示范区、高效种植及中试实验区、CSA共享农业园区三大农科体验区。嫩滩生态保育科研组团是滩区生态缓冲屏障，分为滨水滩地拓展区、湿地科研探索区和湿地生态保育区三大功能区（图 6.1-41）。

图 6.1-41　三滩功能分区

6.1.7.4　产品体系

结合三滩产业功能分区，高滩产城融合综服组团以研发孵化、成果推广、文化体验和产业配套为重点，构建宜居宜业宜游的共享双创活力新城。二滩生科中试休旅组团以中试实验、生产应用和农旅体验为核心，实现创新融合发展对接国家中心城市消费市场。嫩滩生态保育科研组团以生态保育、科研探索和生态拓展为重点，以黄河行洪安全和滩区生态保育的基础示范工程先行。

（1）高滩产品体系

高滩产品体系包括农高技术研发中心（农高生物科技孵化园区+农科智慧实验基地）、中州农科双创孵化基地（农科技术培训学校+商业配套街区）、中原农业高科会展博览交易中心（中州文化商务酒店）、牧野草坡国际艺术村（牧野缤纷商业中心+牧野生态度假民宿群）和平原安迁社区（数字化服务中心+安迁邻里中心+生态农副产业加工集散基地）。

Ⅰ．核心项目一：农高技术研发中心

规划概念：结合基地自身农业高科技优势，引进布局农高技术研发中心（图 6.1-42），既具有农业科学实验与试验的功能，又兼具科研办公的功能，实现研发和办公一体化。这里将作为中试农业的核心技术载体，技术成果中试和孵化功能向二滩转移。建议规模：占地面积约 11hm^2，建筑面积 55 000m^2。核心功能：农科办公、技术研发、室内实验。目标客群：农科企业、科研机构、高校院校。运用亮点：农高科技和办公研发一体化。

图 6.1-42　农高技术研发中心

Ⅱ．核心项目二：中州农科双创孵化基地

规划概念：顺应大众创业、万众创新的宏观发展趋势，依托平原新区的双创基础，以农业科研为核心，打造农科双创孵化基地（图 6.1-43）。针对中小型双创企业和相关人群的生活及办公需求，布局配套设施，提供企业办公、生活服务等功能，助力其在农业科研领域展开大众创业、万众创新的积极动作，刺激整体经济活力。建议规模：占地面积约 11.75hm^2，建筑面积 82 250m^2。核心功能：企业办公、创业服务、生活服务、专业培训、会议交流。目标客群：农科中小型双创企业。运用亮点：中小企业、创新创业、合作桥梁、办公生活。

图 6.1-43　中州农科双创孵化基地

Ⅲ. 核心项目三：中原农业高科会展博览交易中心

规划概念：依托中原农业的深厚历史底蕴，以滩区农业优势为基底，结合农业中试成果的展示交易需求，完善农业科学高新技术成果转化、推广和交易的完整中试农业产业体系，打造具有成果展示及交流交易功能的农业高科会展博览交易中心（图 6.1-44），通过大型推广活动进一步提升农业科研成果的转化率。与区域牧野文化相融合，在建筑风格上与文化元素搭配，利用展馆举办以牧野文化 IP 为核心所衍生的文创+文博展会，与草坡艺术村联动，对文化艺术成果进行展示、推广和交易。建议规模：占地面积约 7.5hm^2，建筑面积 40 000m^2。核心功能：会展博览、成果推广（展示交易）、大中型会议交流、牧野文化展示、大型 IP 活动举办。目标客群：区域农科企业、科研机构、高等院校、都市居民。运用亮点：多型展会、主题鲜明、文化联动。

图 6.1-44　中原农业高科会展博览交易中心

Ⅳ. 核心项目四：牧野草坡国际艺术村

规划概念：借力基地现有书画文化底蕴，与牧野文化相交融，衍生牧野风格书画艺术商业、文创工作等相关产业，布局并完善相关配套设施，打造面向国际的书画艺术的圣地（图 6.1-45）。建议规模：占地面积约 6hm^2，建筑面积 20 000m^2。运用亮点：沉浸式体验、牧野风格、多元玩乐、网红效应、文艺氛围。核心功能：艺术商业、沉浸式体验、文创工作、网红打卡。目标客群：都市文艺爱好者、书画艺术家、文创创业者、文旅休闲客。

图 6.1-45　牧野草坡国际艺术村

Ⅴ．核心项目五：平原安迁社区

规划概念：以将平原安迁社区打造成居住安全、功能配套完善、环境优美的宜居家园为目标，建设并完善社区的道路，亮化、绿化、环境卫生等基础设施，生态农副产业加工集散基地，以及数字化行政便民服务中心，为安迁居民提供全方位的生产生活保障。建议规模：占地面积约 667.2hm^2，建筑面积 4 452 330m^2。核心功能：数字化行政便民服务，社区居民生产、生活、社交、休闲、文体等全方位服务配套。目标客群：滩区内安迁居民。运用亮点：生态宜居、智慧村务、智慧公服、全面保障。

（2）二滩产品体系

二滩产品体系包括生科技术中试场（农业循环科技中试场+智慧农业科技设备中试场+农业生化技术中试场+智慧数据化类中试场）、高新智慧农业中试场（景观农业专区+循环农业专区+设施农业专区）、CSA 社群支持共享农业园（CSA 果蔬共享农业园+CSA 主粮共享农业园）、万亩花田（苗圃种植基地+生态艺术拓展营地）、农文旅体验基地（倾心桃园+槐林静修+潺绿荷塘+爱心休闲农场）。

Ⅰ．核心项目一：生科技术中试场

规划概念：中试是转化科研成果的核心功能环节，中试场地是高滩甚至平原新区农业科研的技术载体。依托二滩的场地优势，布局承载各类科研技术的中试试验场地，为研发机构提供科研成果产业化中试研究、中试生产和公共管理等服务（图 6.1-46）。建议规模：占地面积约 240hm^2，建筑面积 27 000m^2。核心功能：科研中试场地（承载多项科研技术中试试验转化）。目标客群：生科研发企业、科研机构、高等院校。运用亮点：多元技术、智慧接入、循环利用、生态环保。洪汛防范：采用可移动式车间与设备，汛期暂停中试运营，撤离危险区。

图 6.1-46　生科技术中试场

Ⅱ. 核心项目二：高新智慧农业中试场

规划概念：顺应 5G 和物联网技术的发展及其已逐步运用在各行各业中的趋势，将 5G 技术运用至农业领域，带动智慧农业的迅速成长，用数据的力量替代人的体力和智力，打造数字化、精准化、标准化程度高，并且可持续发展的现代高效农业产业示范基地（图 6.1-47）。建议规模：占地面积约 177.5hm^2，建筑面积 19 000m^2。核心功能：高效设施农业、智能劳力管理、智能种植技术、智能农业管理、种植过程公开化。目标客群：农业生产企业。运用亮点：5G 技术、大数据、AI、物联网。

Ⅲ. 核心项目三：CSA 社群支持共享农业园

规划概念：依托滩区生态与农业优势，顺应共享经济发展趋势，借力互联网发展东风，创新农业产供销新模式——CSA 社群支持农业，鼓励社会资本方或广大消费者与农户或村集体直接对接合作，从而提升农业的附加值，丰富运作模式。面向高滩居民及产业人群布局 CSA 社群支持主粮/果蔬共享农业园，建筑主要含会员服务中心（图 6.1-48）。建议规模：占地面积约 2000hm^2，建筑面积 39 960m^2。核心功能：都市 CSA 共享农业服务（仓储物流、私人农园、托管代种、线上订单、线下物流）。目标客群：CSA 社群支持农业生产企业、亲子家庭客、高滩居民及产业人群。运用亮点：生态优势、共享经济、互联网。洪汛防范：洪汛期间提前收纳作物至高滩仓储，暂停运营至汛期结束。

图 6.1-47　高新智慧农业中试场

图 6.1-48　CSA 社群支持共享农业园

Ⅳ. 核心项目四：万亩花田

规划概念：依托当地生态资源优势，打造四季分时五彩花卉苗圃种植基地，在此基础上，结合艺术创意，延伸出拓展营地，丰富基地产品线（图 6.1-49）。建议规模：

占地面积约 502hm^2，建筑面积 10 036m^2。核心功能：牧草规模化种植、花卉苗圃种植、花卉艺术加工、生态摄影、低空飞行、生态休闲观光。目标客群：草牧业种养人/企业、花卉苗圃种养人/企业、花卉艺术拓展客、都市生态休闲客。运用亮点：生态环境、多元体验、艺术拓展、生态玩乐。洪汛防范：汛期提前撤离低空飞行游乐设施，暂停观光游乐活动。

图 6.1-49　万亩花田

V．核心项目五：农文旅体验基地

规划概念：依托当地生态资源优势，结合文化创意元素和丰富的农文旅配套功能，以及引入共享经济运营理念，提供大众休闲活动，让人（尤其是亲子）亲近大自然，享受自然之美，从而吸引家庭客群和休闲客群延长停留时间和提升消费附加值。建议规模：占地面积约 27.6hm^2，建筑面积 45 500m^2。核心功能：都市乡村休闲（含生态料理世界、亲子牧场、果蔬集市、面包工坊、啤酒工坊、新田园主义共享生态康养庄园）。目标客群：都市生态休闲客、亲子家庭客。运用亮点：多元体验、亲子互动、生态体验，同时搭配“倾心桃园、槐林静修、潺绿荷塘、爱心休闲农场”等“万亩”特色形成乡村文旅新亮点（图 6.1-50）。

（3）嫩滩产品体系

嫩滩产品体系包括湿地生态保育中心（候鸟栖息地保育区/湿地保育区+科研观测站）、青少年湿地生态探索营地（观鸟驿站+湿地科学站+青少年湿地生态探索营地）、滨水生态艺术天地（滨水生态艺术天地+房车营地+滩地户外运动公园+滨水生态景观步道）。

图 6.1-50　农文旅体验基地

Ⅰ. 核心项目一：湿地生态保育中心

规划概念：以不破坏湿地原生态环境、不干扰候鸟活动为原则，依托嫩滩湿地的原生态环境优势，布局科研观测站、候鸟栖息地保育区/湿地保育区等湿地生态保育的业态（图 6.1-51），吸引科研机构等客群。建议规模：占地面积约 1272hm^2，建筑面积 4800m^2。核心功能：生态监测、湿地保育、候鸟栖息地保护。目标客群：生态保育机构、科学家社团。运用亮点：原生态环境、科学研究。洪汛防范：采用漂浮屋形式防备洪汛，其间此区域观测保育活动暂停。

图 6.1-51　湿地生态保育中心

Ⅱ. 核心项目二：青少年湿地生态探索营地

规划概念：以不破坏湿地原生态环境为原则，依托嫩滩湿地的原生态环境优势，布局观鸟驿站、湿地科学站、青少年湿地生态探索营地等湿地科研探索的业态（图 6.1-52），打造湿地科研高地，同时提供与生命自然对话的场景体验，吸引科普爱好者、生态研究客等客群。建议规模：占地面积约 111hm^2，建筑面积 2800m^2。核心功能：生态观鸟、湿地科普、生态探索。目标客群：生态专业研究客、鸟类摄影客、青少年学农科普客、环境保护者。运用亮点：原生态环境、科研探索。洪汛防范：采用漂浮屋形式防备洪汛，其间此区域所有活动暂停。

图 6.1-52　青少年湿地生态探索营地

Ⅲ. 核心项目三：滨水生态艺术天地

规划概念：以濒临黄河的生态优势，布局滨水生态艺术天地、房车营地、滩地户外运动公园等近水休闲的业态，打造滨水玩乐基地（图 6.1-53），吸引以都市生态休闲客群为主的客群打卡体验。建议规模：占地面积约 193hm^2，建筑面积 11 000m^2。核心功能：近水休闲、生态观光、废料艺术。目标客群：大地（废料）艺术创意客、都市生态休闲客。运用亮点：户外运动体验、滨水玩乐、原生态场景、公共交流空间。洪汛防范：景观步道采用可渗水式材料，如塑料或陶瓷颗粒，防止洪汛破坏；采用可移动式游憩设备，洪汛期间撤离危险区，嫩滩范围内一切经营活动暂停。

6.1.7.5　产业总体布局

（1）产业总布局图

依据产业功能分区，结合三滩功能定位、产品体系及场地现有产业，确定产业总体布局，如图 6.1-54。高滩产业规划农高生物科技孵化园、农科智慧实验基地、农科技术培训学校、商业配套街区、中州文化商务酒店、牧野草坡国际艺术村、数字化服务中心、安迁邻里中心、生态农副产业加工集散基地。二滩产业包括农业循环科技中试场、智慧农业科技设备中试场、农业生化技术中试场、智慧数据化类中试场、高新智慧农业中试场、CSA 果蔬共享农业园、CSA 主粮共享农业园、万亩花田、倾心桃园、槐林静修、爱心休闲农场、草坡花园、蟠桃仙境（畜牧养殖）、潺绿荷塘、豫康草坪花木基地、大展生态农业、美景生态园、春秋生物、利奇种子、由甲田农业、龙嘉湾文化旅游、漂浮示范屋。嫩滩产业规划有绿蔬农业、湿地生态保育中心、青少年湿地探索营地和滨水生态艺术天地。

图 6.1-53　滨水生态艺术天地

（2）游线设计

1）绿色公交线路设计。设置一条全长 32.18km 的绿色公交线路，向北连接平原新区凤冠湖组团和中央创新活力区组团，在滩内以绿色公交线路串联文旅与科技农业区域，实现三滩游览无缝衔接，将滩区打造成为河南的“羊角村”，沿途设置 20 个站点，连接 12 个功能片区，布局 47 项体验项目。

2）慢行系统线路设计。在滩区设置自行车和电瓶车游览大环线、自行车和电瓶车游览小环线、步行游线和韧性示范游线，串联起草坡花街、CSA 共享农庄、桃花岛、雨水花园等项目。其中，自行车和电瓶车游览大环线适用于快速或个性化的游览体验；自行车和电瓶车游览小环线为游客提供了不同园区的深度体验；步行游线分布于主题性园区，带来趣味性的慢行休闲体验；根据韧性策略体验的项目分布，特别设计了韧性示范游线。

3）水上游览线路设计。水上游览主要分为桃花溯源、荷塘泛舟和浮棚摆渡三条线路（图 6.1-55）。桃花溯源是指沿桃花岛至桃花山庄打造水上游线，体验“春来遍是桃

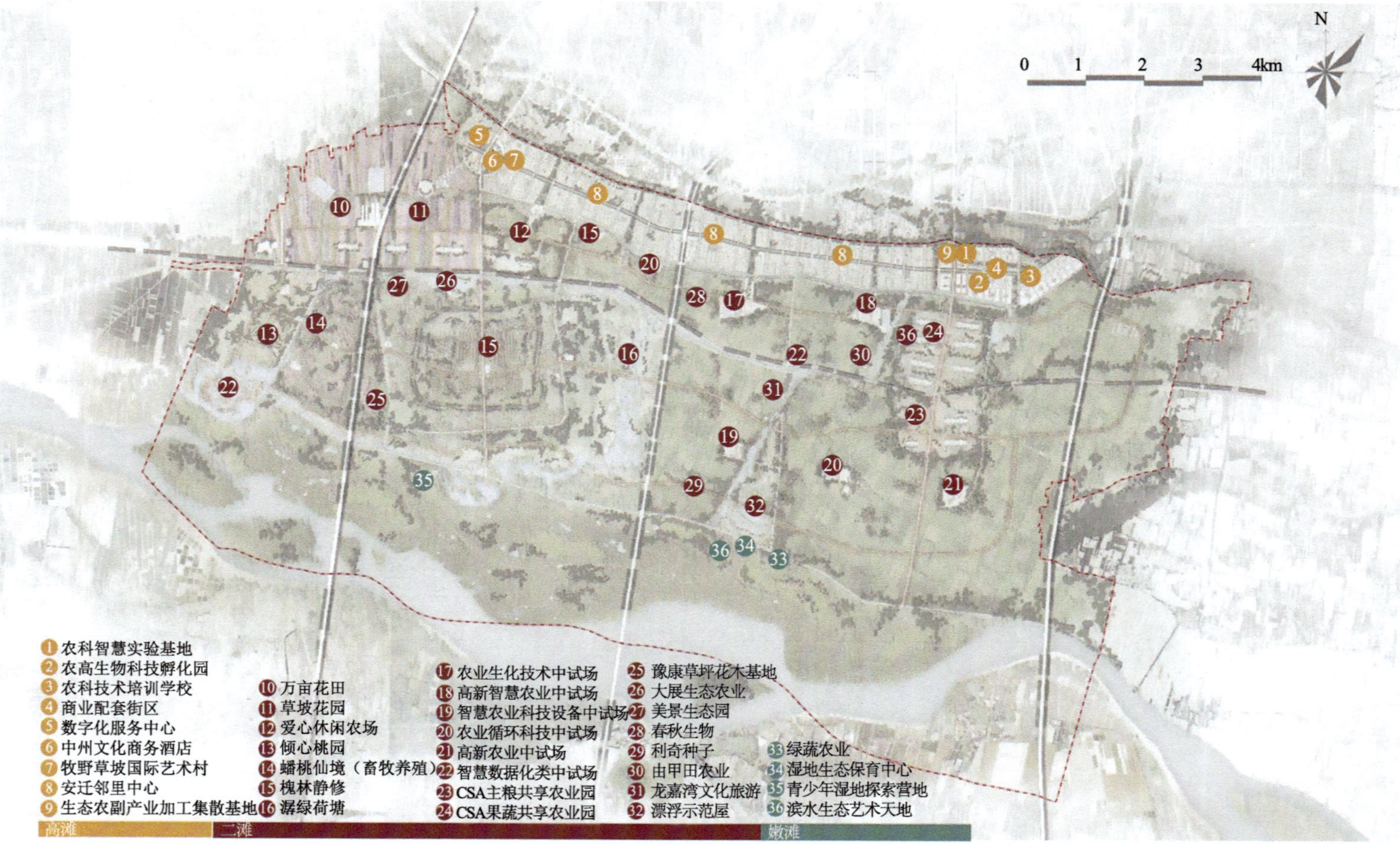

图6.1-54　产业总布局图

花水，不辨仙源何处寻”的意境，沿途可观看桃花低碳精工坊和桃花岛。荷塘泛舟是指依托荷塘生态水系，结合水上游览项目，形成多元特色的游览体验，沿途可游览荷塘景观摄影基地、生态循环度假屋和莲藕种植基地。浮棚摆渡是指结合生态漂浮屋和生态示范公园水体，迎流而上，连接至 CSA 共享农庄，沿途可游览果蔬交易市场、CSA 共享农庄和漂浮示范屋。

图 6.1-55　水上游览线路设计

6.1.7.6　重要节点设计

（1）万亩花田

春至黄河两岸，花艳神州大地。依托草坡文化基因，打造大型花卉种植区，形成区域家庭出游和乡村旅游的一大景点。打造花海低空飞行、园艺艺术展、草坡艺术花园、草坡花街四大特色项目（图 6.1-56）。

（2）CSA 共享农庄

CSA 共享农庄集田间采摘、果蔬集市于一身，以共享田园理念融合现代农旅体验。园区包含共享厨房与品酒屋、共享种植园、丰收体验、农夫市集和社区支持农业五大方面（图 6.1-57）。

图 6.1-56 万亩花田

图 6.1-57 CSA 共享农庄

（3）漂浮示范屋

非汛期游客可以在漂浮示范屋进行娱乐休闲，人类活动较为频繁。汛期积水时漂浮屋沿停泊杆升起，建筑安全得到保障，此时搭起临时浮桥，游人和财物可以安全撤离，同时汛期排水沟提供快速泄洪功能（图 6.1-58）。

（4）雨水花园

雨水花园通过土壤渗透引导径流，快速泄洪。非汛期，储水池可供水，满足浇灌用途。汛期雨水被多层砂土过滤，由蓄水池储存，植被和生态环境不会遭受破坏（图 6.1-59）。

（5）两棠湿地

夏季两棠湿地水满，荷花盛放，可供观赏，游客活动较多，可以进行摄影活动。冬季时，湿地水位较低，莲藕成熟，可进行采藕等农业活动，此时游客也可进行采藕体验。汛期游览观光暂停，两棠湿地可以作为整个基地的大型调洪湿地（图 6.1-60）。

图 6.1-58　漂浮示范屋

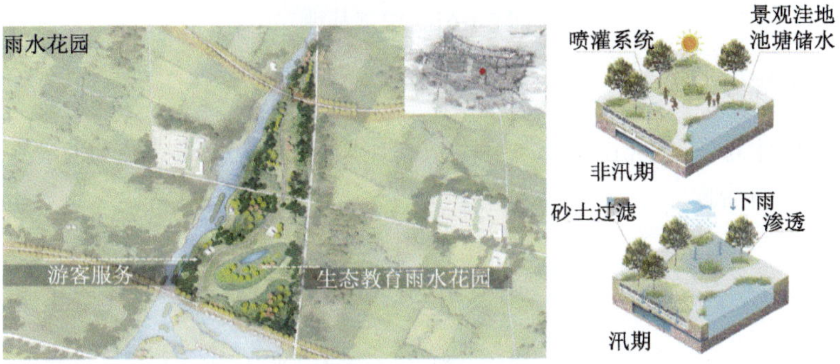

图 6.1-59　雨水花园

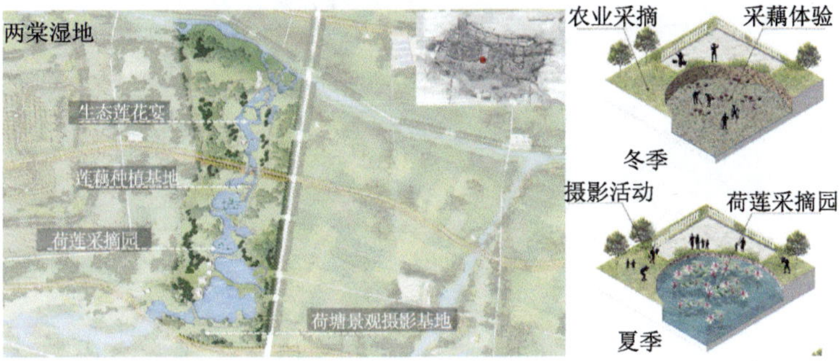

图 6.1-60　两棠湿地

（6）中试基地

中试基地分布在广袤的二滩中，主要形式为架空构筑物，水渠围绕场地一周。非汛期，水渠里的水可用于浇灌，场地周围可种植试验作物。汛期，场地内多余的雨水可排入水渠，避免形成内涝，构筑物也不会遭受损失（图 6.1-61）。

6.1.8　规划融合评估

6.1.8.1　洪水影响评价

规划区内黄河大堤长度约 21km，控导工程有马庄控导工程、双井控导工程，取水工程有马庄闸、幸福闸，渠系有幸福渠、马庄引水渠。

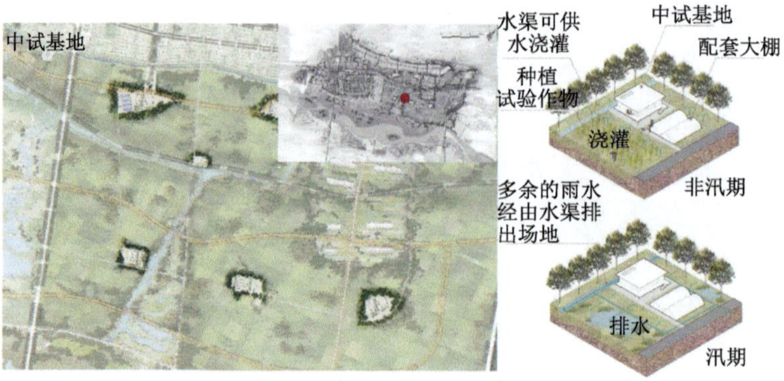

图 6.1-61　中试基地

（1）治理工程概况

规划方案总体布置见图 6.1-62，对洪水有影响的主要治理措施包括淤筑高滩、二滩整治、嫩滩及河槽治理。

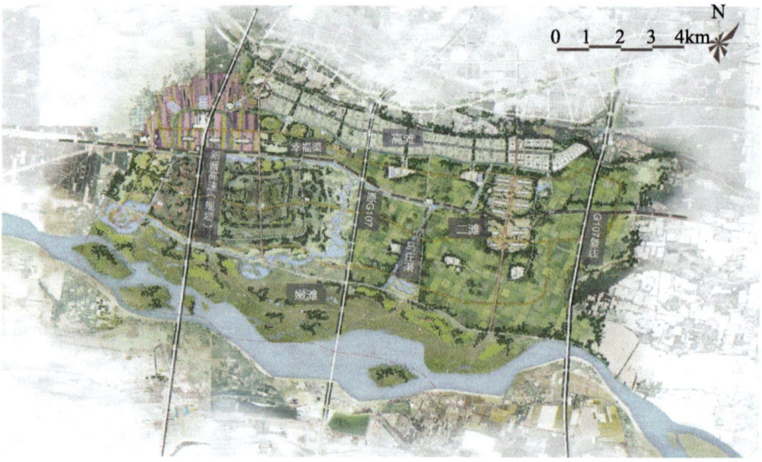

图 6.1-62　平原新区黄河滩区生态治理总体布置

1）高滩。高滩位于黄河大堤的临河侧，规模按照安置现状人口进行规划，高滩面积为 8.68km^2，顶部高程与现状大堤齐平。

2）二滩。二滩为高滩至黄河控导工程之间的区域，面积约为 85.78km^2。对搬迁后的村庄进行土地整治，本次规划对现有村庄进行部分保留，保留房屋占地面积不超过 56hm^2。由于对二滩进行了村庄拆除和土地平整，滩地行洪糙率降低，对行洪有利。

3）嫩滩与河槽。嫩滩位于控导工程与黄河主槽之间，面积约为 15.58km^2。该区域承担黄河行洪输沙的基本功能，本次规划对嫩滩进行一定程度的疏浚，扩大现有河槽的过流能力。当前河道疏浚，以主槽达到安全通过 5 年一遇及以上洪水为目标。平原新区黄河滩区典型断面疏浚见图 6.1-63。

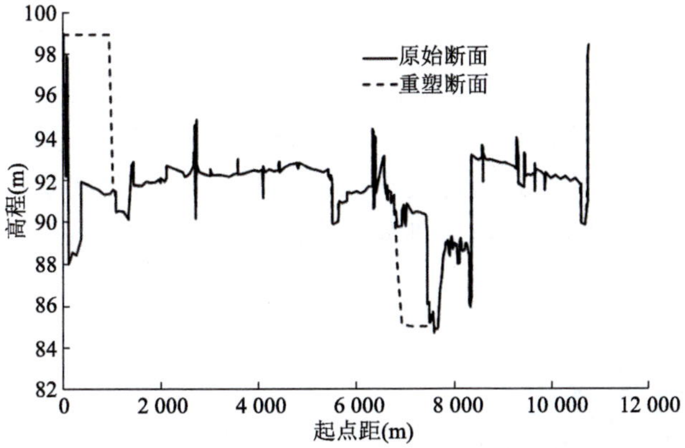

图 6.1-63　平原新区黄河滩区典型断面疏浚示意图

（2）模型与计算条件

RSS 河流数值模拟系统是黄河设计公司开发设计的，经黄委会评定为应用级模型，本次主要采用二维模型进行洪水影响分析的计算。

综合考虑平原新区黄河滩区所在河段的河势、工程修建后可能的影响范围等，选取西霞院至孙口河段作为本次二维模型的计算河段。

考虑下游大堤设防标准和滩区安全建设防洪标准，选用 1000 年一遇（“82.8”型洪水）洪水过程。

中游水库调度考虑三门峡、小浪底、陆浑、故县、河口村五座水库，其中，小浪底水库按进入正常运用期考虑。典型洪水经水库作用后的历时和进入下游的水量见表 6.1-22，流量过程见图 6.1-64。

表 6.1-22　典型洪水历时和进入下游的水量

典型洪水	历时（d）	设计水量（亿 m^3）				洪峰流量（m^3/s）			
		小浪底	小花干区间	黑石关	武陟	小浪底	小花干区间	黑石关	武陟
“82.8”型 1000 年一遇洪水	13	54.64	14.00	40.46	11.62	8 590	7 880	15 200	4 000

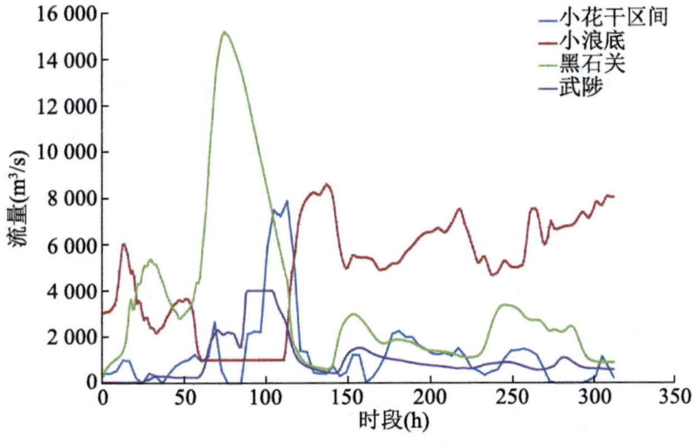

图 6.1-64　“82.8”型 1000 年一遇洪水的流量过程

（3）对河道洪水位的影响

对河道洪水位的影响，仅分析各断面最高洪水位的变化情况，图 6.1-65 给出了洪峰时刻规划区域所在河段的淹没水深分布，可以看到在“82.8”型 1000 年一遇洪水条件下，规划区域基本均被洪水淹没，最大淹没水深大多不大于 4m。图 6.1-66 给出了规划区域所在河段的流速分布图，可以看出大部分区域流速不超过 3.81m/s。

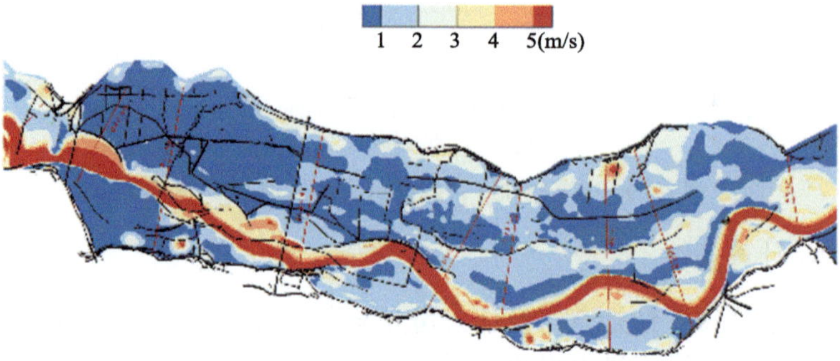

图 6.1-65 “82.8”型 1000 年一遇洪水洪峰时刻规划区域所在河段的淹没水深分布

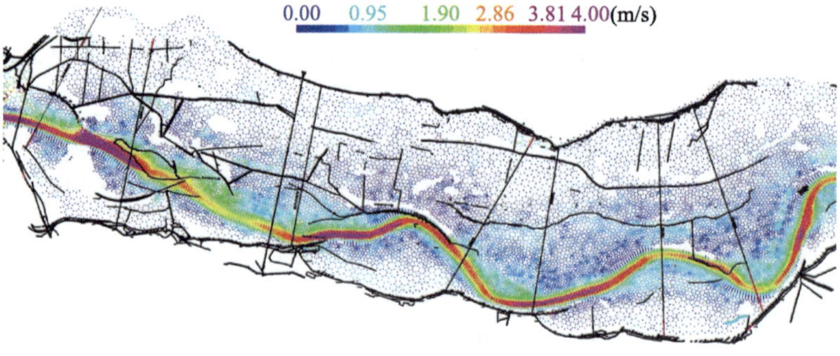

图 6.1-66 “82.8”型 1000 年一遇洪水规划区域所在河段的流速分布图（Q=22 000m^3/s）

本次规划中二滩进行了村庄拆除和土地平整，滩地糙率有所下降；河槽进行了疏浚，河槽过洪能力增强。根据二维模型计算结果，规划区所在河段最高洪水位下降 0.04～0.15m。进一步建立一维水动力学模型，对规划项目建设前后，上至桃花峪、下至夹河滩河段进行洪水水面线推求，统计分析各断面洪水位变化，最终成果见表 6.1-23，可以看到洪水位变化主要集中在规划区域附近河段，最高洪水位降幅为 0.03～0.14m，平均降幅在 0.08m 左右。

表 6.1-23 规划项目建设前后典型断面最高洪水位变化（“82.8”型 1000 年一遇洪水） （单位：m）

断面	老田庵	张菜园	西牛庄	李庄	花园口	赵兰庄	八堡
水位降幅	0.10	0.14	0.12	0.03	0.04	0.06	0.09

为了进一步论证计算成果的合理性，本次还统计分析了黄河下游河道近年来发生冲刷以来的实测水位变化。小浪底水库自 1999 年 10 月运用以来，黄河下游河道发生

了持续的冲刷，截至 2019 年 4 月河道累计冲刷 21.55 亿 m^3（主槽冲刷 21.76 亿 m^3，即 30.46 亿 t）。根据本次工程河段疏浚平均厚度，统计下游河道花园口附近河段实测水位变化。

根据实测资料，2012～2017 年花园口附近河段河床平均冲淤厚度与本次疏浚厚度基本相当，按照黄委会颁布的各主要控制断面水位-流量关系，得到花园口附近河段最高洪水位降低 0.05～0.10m。

从降低洪水位幅度的角度，统计河道冲淤调整的幅度，与工程措施类比，说明计算的合理性。根据历年洪水观测资料，1981 年 9 月 10 日花园口断面洪峰流量为 8050m^3/s，洪水位为 93.58m；1982 年 8 月 1 日花园口断面再次出现了 8050m^3/s 的洪水，洪水位为 93.45m，比 1981 年同流量水位降低了 0.13m。根据泥沙淤积测验资料，该时期花园口附近河段冲刷 1.38 亿 t，冲刷厚度与规划河段疏浚的平均厚度基本相当。

综合二维模型及一维模型计算结果，工程实施后河段最高洪水位降幅为 0.03～0.15m，计算结果基本合理。

（4）其他影响分析

Ⅰ. 嫩滩及主槽长期行洪影响分析

本次规划对工程河段进行了一定程度的疏浚，以扩大现状主槽过洪能力，达到 5 年一遇及以上标准，实现 5 年一遇洪水不上滩的治理目标，疏浚的部位主要位于现状主槽及嫩滩范围内。

当前，具有“拦沙”“调水调沙”能力的小浪底水库拦沙库容已淤积 32.10 亿 m^3，水库运用已处于拦沙后期，今后随着小浪底水库拦沙库容的逐步淤积损失，水库排沙的机遇将大大增加，进入下游洪水的含沙量将大幅提升。水库拦沙库容淤满后，仅靠 10 亿 m^3 调水调沙库容，协调下游水沙关系的能力减弱，下游河道又将会快速回淤，工程实施后主槽达到的 8000m^3/s 将难以维持。因此必须建设古贤水库集中拦减入黄泥沙，并与小浪底水库联合调水调沙，减少下游河道的泥沙量。古贤水库投入运用后，能够实现下游河道一定时间内过洪能力不降低。

同时，本次规划是黄河下游河道生态廊道建设规划的试点工程，未来黄河下游河道生态廊道规划实施后，黄河下游河道主槽过洪能力基本能达到 5 年一遇标准，加上古贤水库的作用，黄河下游河道基本能实现长期维持 5 年一遇行洪能力不降低。

Ⅱ. 洪水影响综合分析

本次规划范围内涉及的防洪工程主要有堤防工程、控导和险工工程。规划项目建设后，紧邻黄河大堤进行高滩淤筑以安置滩区居民，同时也消除了堤根河，从一定程度上相当于补强了黄河大堤；规划实施后，通过对现状村庄搬迁复垦并进一步集聚至高滩，优化行洪断面，最高洪水位降幅为 0.03～0.14m，有利于黄河下游总体行洪。

规划实施范围主要在左岸滩地，远离控导、险工工程的保护范围，对控导、险工的工程安全不会产生影响。根据数学模型计算结果，规划项目实施后，河段水流流向、流速和主流线变化很小，主要集中在规划项目周围的局部区域，对河势基本没有影响，河段的河势也不会因为规划的实施而发生调整。

本次工程规划区域主要有马庄控导工程、双井控导工程共两处，花园口水文站测验断面位于研究范围内，工程建设前应开展专题研究，并取得相关主管部门的审批。

6.1.8.2　土地利用评估

（1）土地利用空间变化

2018 年 9 月 26 日，中共中央、国务院印发的《乡村振兴战略规划（2018—2022 年）》提出“优化乡村发展布局”，打造集约高效生产空间，营造宜居适度生活空间，保护山清水秀生态空间。

一是统筹利用生产空间。科学合理划定粮食生产功能区，科学划分乡村经济发展片区，严格保护农业生产空间。二是合理布局生活空间。坚持节约集约用地，合理配置公共服务设施，引导生活空间尺度适宜、布局协调、功能齐全。三是严格保护生态空间。加强对自然生态空间的整体保护，修复和改善乡村生态环境，提升生态功能和服务价值。

规划区按照“三滩”分区规划的原则，高滩进行集中乡镇开发建设（住宅、行政、商业、基础设施、产业等），实现集约高效利用；二滩通过土地整理、复垦，拆除散乱无序的居民点，恢复耕地，促进农业现代化经营；嫩滩通过减少人类活动，保护生态功能重要区、敏感脆弱区，以恢复自然生态系统。将规划区土地利用现状图与规划平面布局图（图 6.1-67）进行对比可以看到，将原本散乱、无序、低效利用的土地空间变为合理、有序、高效的空间格局，构建以提供农产品为主体功能的生产空间，以居民点为主体、为居民提供生产生活服务的生活空间，以及具有自然属性、以提供生态产品或生态服务为主体功能的生态空间，完善了国土空间功能，提高了土地利用效率。

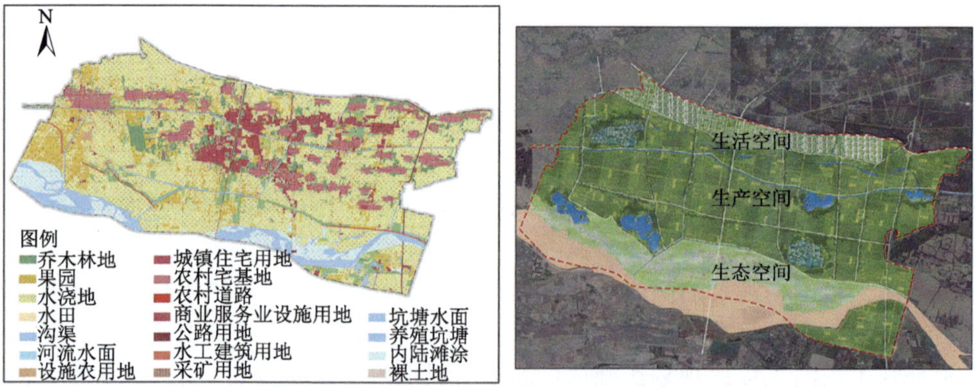

图 6.1-67　土地利用现状与规划平面布局对比图

（2）土地利用指标变化

“十分珍惜、合理利用土地和切实保护耕地”是我国的基本国策。2014 年 2 月 20

日，国土资源部下发《国土资源部关于强化管控落实最严格耕地保护制度的通知》，要求各地将保护耕地作为土地管理的首要任务，严守 18 亿亩耕地红线，确保耕地实有面积基本稳定、质量不下降。2017 年 2 月 7 日，中共中央办公厅、国务院办公厅印发《关于划定并严守生态保护红线的若干意见》，指出基本建立生态保护红线制度，国土生态空间得到优化和有效保护，生态功能保持稳定，国家生态安全格局更加完善。

土地利用指标变化情况重点分析规划区耕地、建设用地和水域面积三项指标，现状耕地面积为 5968hm^2，建设用地面积为 2008hm^2，水域面积为 1624hm^2。根据规划布局，高滩建设用地规模为 868hm^2，其中占用现状耕地 463hm^2，占用现状建设用地 160hm^2，占用现状水域 37hm^2；规划对现状 1792hm^2 的建设用地进行宅基地拆除、土地整理及复垦，其中 1438hm^2 复垦为耕地，312hm^2 复垦后用于水域建设，因此规划后的耕地面积为 6943hm^2，增加了 975hm^2，建设用地面积为 924hm^2，减少了 1084hm^2，水域面积为 1899hm^2，增加了 275hm^2，土地指标变化情况见表 6.1-24。

表 6.1-24　土地指标变化情况表　　（单位：hm^2）

地类	现状规模	高滩建设占地		宅基地拆除、土地整理及复垦		规划规模
		增加	减少	增加	减少	
耕地	5968		463	1438		6943
建设用地	2008	708			1792	924
水域	1624		37	312		1899

从表 6.1-24 可以看到，规划后耕地面积不减少，建设用地面积减少，建设空间更集约，生态面积增加，符合耕地保护、建设用地节约集约利用、生态环境保护等国家政策要求。

6.1.8.3　环境影响评价

《黄河下游滩区生态保护和高质量发展——新乡平原新区试验区规划》的实施可以有效缓解黄河下游滩区的防洪压力。高滩和二滩的建设使滩区生产集约高效，滩区群众的生产生活更有保障，符合该地区发展的要求。嫩滩及水系连通规划的实施将有利于黄河滩区生态环境持续向好。但规划的实施对区域环境也存在一定的不利影响。根据《规划环境影响评价技术导则总纲》（HJ 130—2019），分析和识别规划实施可能引起的环境影响，采取一系列措施尽量避免或减弱规划的不利影响，促进经济社会与环境协调发展。

（1）环境功能区划

Ⅰ. 主体功能区划

根据《全国主体功能区规划》《河南省主体功能区规划》，规划涉及的主体功能区见表 6.1-25。

表 6.1-25　规划涉及的主体功能区

主体功能区			涉及规划区域
国家级	国家重点开发区域	中原经济区	新乡市区（平原新区）
	国家农产品主产区	黄淮海平原主产区	河南沿黄地市
省级	禁止开发区	郑州黄河湿地省级自然保护区	郑州市
		黄河郑州段黄河鲤国家级水产种质资源保护区	郑州市

Ⅱ．水功能区

根据《全国重要江河湖泊水功能区划（2011—2030 年）》，规划涉及的黄河干流水功能区水质目标为Ⅲ类，见表 6.1-26。

表 6.1-26　规划涉及的黄河干流水功能区水质目标

一级水功能区	二级水功能区	范围		长度（km）	水质目标
		起始断面	终止断面		
黄河河南开发利用区	黄河郑州、新乡饮用、工业用水区	孤柏嘴	狼城岗	110	Ⅲ

（2）评价范围

环境影响评价范围除包括规划范围外，还包括郑州黄河湿地省级自然保护区、黄河郑州段黄河鲤国家级水产种质资源保护区等敏感区范围。各环境要素环境影响评价范围见表 6.1-27。

表 6.1-27　各环境要素环境影响评价范围一览表

环境要素		评价范围
水环境	地表水环境	花园口断面上游 5km 处至金水区姚桥乡马渡村京珠高速黄河公路大桥断面，总长度约为 25km。规划范围内的支汊及入黄排水沟渠等
生态环境	陆生生态环境	规划区域东西边界各外扩 2km，属于郑州黄河湿地省级自然保护区范围的部分则为规划的河道疏浚工程外扩 2km。陆生生态环境评价的总面积约为 $165km^2$
	水生生态环境	涵盖了黄河郑州段黄河鲤国家级水产种质资源保护区的花园口核心区及部分实验区

Ⅰ．水环境评价范围

花园口断面上游 5km 处至金水区姚桥乡马渡村京珠高速黄河公路大桥断面，总长度约为 25km。规划范围内的支汊及入黄排水沟渠等。

Ⅱ．生态环境评价范围

陆生生态环境：考虑区域生态系统的完整性，涵盖规划活动直接影响区域和间接影响区域，北边界为黄河大堤，南边界为黄河干流，东西边界在规划范围的基础上外扩 2km。郑州黄河湿地省级自然保护区内的评价范围为规划的河道疏浚工程外扩 2km，陆生生态环境评价的总面积约为 $165km^2$。重点评价范围为规划相关工程涉及或影响区域以及可能对植物多样性造成影响的区域，同时包括可能对陆生动物的栖息、觅食、繁殖造成影响的区域。

水生生态环境：涵盖了黄河郑州段黄河鲤国家级水产种质资源保护区的花园口核心区及部分实验区。

（3）环境保护

Ⅰ. 环境保护目标

根据《黄河下游滩区生态保护和高质量发展——新乡平原新区试验区规划》，确定“三滩”规划、高效行洪输沙廊道规划、生态规划等方面的规划目标，结合新乡平原新区试验区生态环境现状，确定环境保护目标，见表 6.1-28。

表 6.1-28　新乡平原新区试验区环境保护目标一览表

环境因素		环境保护目标
水环境	水质	确保规划范围内黄河下游滩区相关水域的水功能区水质不降低
生态环境	河流形态	保持河道形态的稳定性
	水生生态和陆生生态	保证生态格局的完整性和稳定性 保护黄河下游滩区的生物多样性 维持黄河下游滩区生态系统功能，维护生态平衡 保护珍稀、濒危、特有生物及栖息地
	水土流失	防治规划实施引起的黄河下游滩区水土流失
	环境敏感区	符合各相关环境敏感区（自然保护区、水产种质资源保护区等）的保护要求 保护水产种质资源保护区的功能结构 优化并保护自然保护区生态系统及其生物多样性
土地资源	开发利用	合理开发利用和保护土地资源 保护耕地、林地 防止土地退化
社会经济		促进黄河下游滩区经济、社会可持续发展 保障黄河下游防洪安全 改善黄河下游滩区人居环境 促进循环经济发展、节水型社会建设

Ⅱ. 环境敏感区

据初步调查，新乡平原新区试验区规划项目主要环境敏感保护目标见表 6.1-29，各保护区与规划范围的位置关系见图 6.1-68～图 6.1-70。

表 6.1-29　新乡平原新区试验区规划项目主要环境敏感保护目标

序号	保护目标	地理	级别	类别	保护对象	与规划方案的位置关系	影响性质
自然保护区							
1	郑州黄河湿地省级自然保护区	郑州市的巩义市、荥阳市、惠济区、金水区、中牟县共 5 个县（市、区）	省级	湿地	①黄河中下游湿地生态系统及其生物多样性；②国家和省重点保护鸟类及水禽、候鸟的繁殖地、停留地、迁徙地；③经济价值较高的水生动植物资源，如芦苇、黄河鲤、铜鱼、鳗鲡等；④列入我国和其他国家签订的候鸟保护协定的候鸟；⑤其他典型自然景观	规划的河道疏浚位于自然保护区的核心区、缓冲区和实验区内	直接影响

续表

序号	保护目标	地理	级别	类别	保护对象	与规划方案的位置关系	影响性质
水产种质资源保护区							
1	黄河郑州段黄河鲤国家级水产种质资源保护区	郑州市北部	国家级	水产种质资源	黄河鲤等	规划的河道疏浚位于水产种质资源保护区核心区	直接影响
饮用水水源保护区							
1	花园口地表水饮用水水源保护区	郑州市	/	集中式引用水源	水源	规划的河道疏浚位于饮用水水源一级、二级保护区	直接影响
2	黄河原阳中岳地表水饮用水源保护区	原阳县	/		水源	规划的河道疏浚位于饮用水水源一级、二级保护区	直接影响

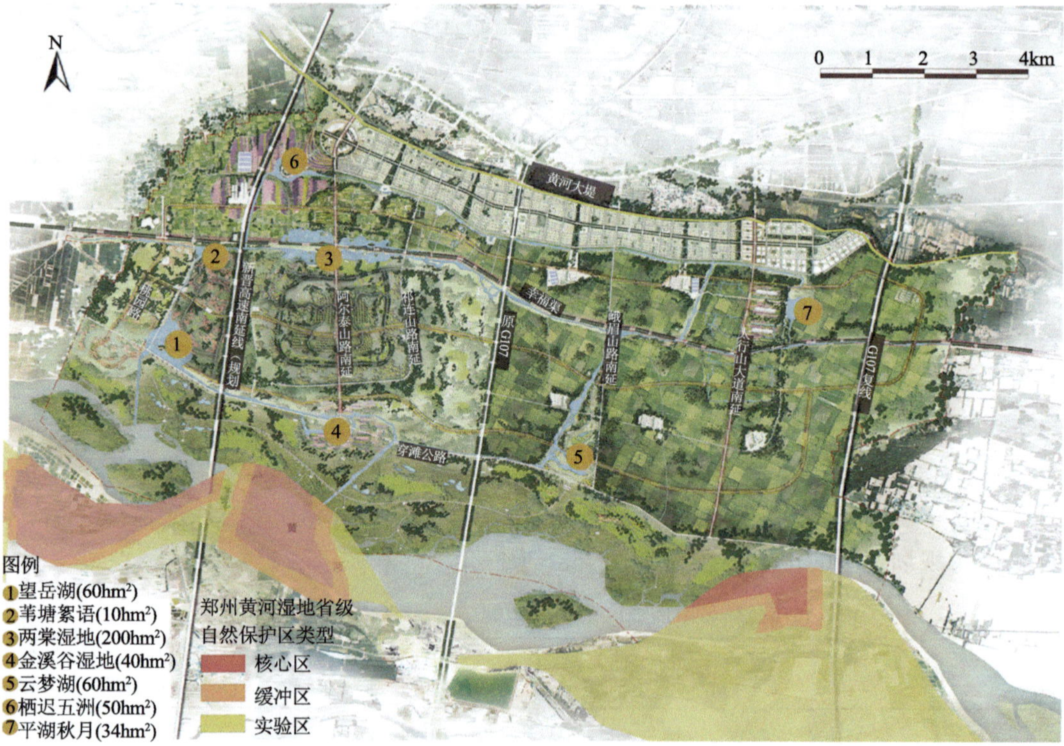

图 6.1-68 郑州黄河湿地省级自然保护区与规划范围的位置关系

图 6.1-69　黄河郑州段黄河鲤国家级水产种质资源保护区与规划范围的位置关系

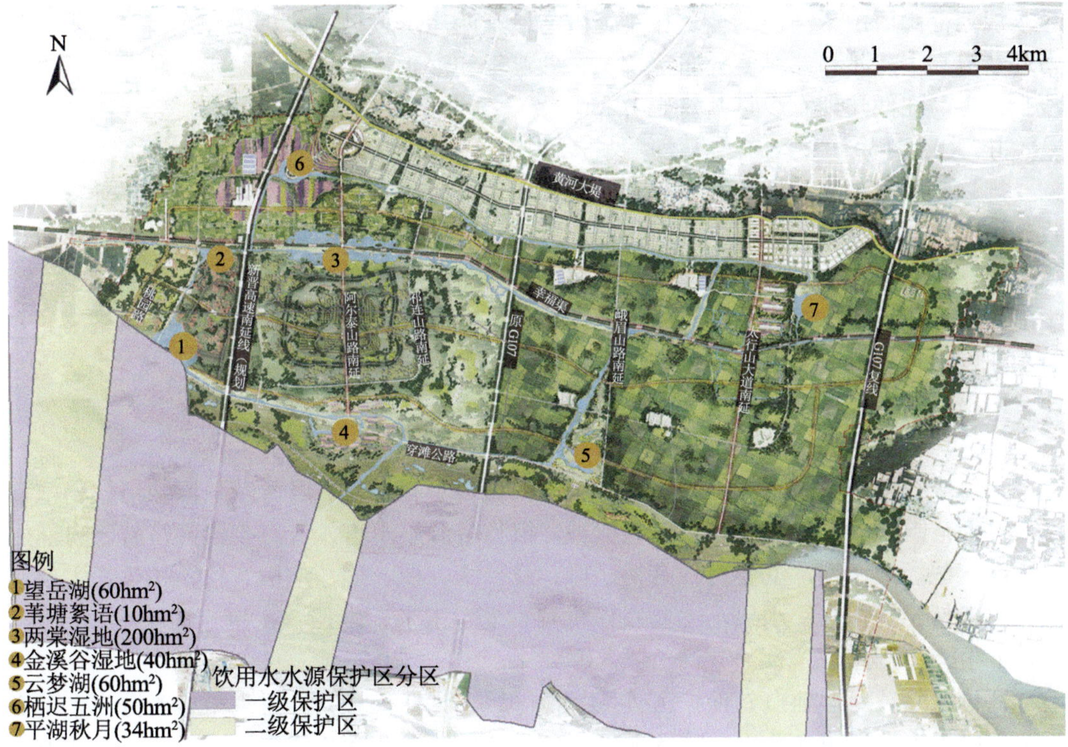

图 6.1-70　地表水饮用水水源保护区与规划范围的位置关系

（4）区域环境现状

Ⅰ. 自然环境

i. 地形地貌

规划范围内海拔为65～88m，主要涉及桥北乡和韩董庄镇。规划范围为黄河流域冲积平原的一部分，南邻黄河，境内无山，地势平坦低洼，为豫北平原地区。规划区域分为两部分：黄河滩区、黄河冲积平原区。地形地貌整体较为平缓。

ii. 气候气象

规划区域属暖温带大陆性季风气候。光、热、水资源比较丰富，气候温和，雨热同期，有利于多种植物生长。年平均气温14.2℃，年平均降水82.3d，多集中在6～9月，年平均自然降水量为616mm。在冬春季，东北风、西北风盛行。由于降水量年际变化大，季节分布不均，易发生水、旱、风、雹等灾害。

iii. 水文

黄河河床宽浅，沙洲密布，汊河较多，冲淤剧烈，主流摆动幅度很大，是洪水多发性地段。洪水周期是：较大洪水（相当于花园口1954年的15 000m^3/s）平均20年左右发生一次；大洪水（约相当于花园口1958年的22 300m^3/s）平均50年左右发生一次；特大洪水估计接近1000年一遇。最大洪峰流量为32 000m^3/s（1761年花园口）。洪水发生时间一般为七八月，其中特大洪水发生在7月中旬到8月中旬。连续洪水可达三四十天，最长达45d。黄河最高水位稳定在93～94m，最低水位在92～92.4m。

iv. 土壤

规划范围内由于河流的分选作用，由河槽至两岸土壤砂质化程度逐渐降低，土壤肥力逐渐提高。高滩和二滩多分布重壤土、砂壤土和沙土，亦有部分淤土，嫩滩以淤土和沙土为主，在低洼地有少量盐碱土分布。

Ⅱ. 社会环境

规划范围内主要为桥北乡和韩董庄镇，其中，桥北乡目前已基本形成了工业区、畜牧养殖区、三产服务区以及旅游观光区四大园区。韩董庄镇注重高效农业开发，形成了三个具有特色的农业区，经济林初具规模，农业基础设施完善，综合服务体系健全，初步形成“田成方、林成网、路相通、沟相连、旱能浇、涝能排”的现代化农业格局。乡镇企业以木材加工、面粉加工为主，发展势头强劲。

III. 一般区域生态环境现状

i. 区域植物资源

评价区在植物区系划分上属于暖温带落叶阔叶林植被型，属豫东平原栽培作物植被区。评价范围内主要为人工栽培景观植被，植物资源不丰富，只有少量经济林、自然生植物及一些经济作物，主要树种有杨、柳、悬铃木、槐、榆、泡桐、松、柏等，主要经济作物包括一些花卉、水果，主要农作物有小麦、玉米、水稻、花生、棉花等。

ii. 区域动物资源

评价区除黄河湿地自然保护区外，其他区域人为活动频繁，无大型兽类分布，仅有野兔、鼠类等小型哺乳动物，以及常见的鸟类、爬行类动物和昆虫等，无国家和地方重点保护的野生动物。

Ⅳ. 郑州黄河湿地省级自然保护区现状

i. 保护区概况

郑州黄河湿地省级自然保护区位于郑州市北部，北临焦作市的孟州市、温县、武陟县和新乡市的原阳县，西接洛阳市的偃师区，东靠开封市的金明区，南沿郑州市的巩义市、荥阳市、惠济区、金水区、中牟县，属黄河的中下游地区，其中巩义、荥阳段属黄河中游地区，惠济、金水、中牟段属黄河下游地区。保护区长 158.5km，跨度为 23km，总面积为 36 574.0hm^2。郑州黄河湿地省级自然保护区属于“自然生态系统类”中的“内陆湿地和水域生态系统类型”以及“野生生物类自然保护类”中的“野生动物、植物类自然保护区类型”。

ii. 生境类型

湿地：保护区湿地类型主要有河流湿地和沼泽湿地两大类。其中，河流湿地包括永久性河流（河床、低河漫滩）湿地、洪泛平原湿地（二滩）；沼泽湿地包括草本沼泽湿地和灌丛沼泽湿地。河床和低河漫滩主要分布在主河道及其附近。由于河水泥沙含量大，不断淤积，植被稀疏；洪泛平原分布在主河道和大堤之间，植被以农作物为主，在农田边、路边和未开垦滩地分布着自然植被。沼泽湿地散布在滩区和背河低洼地，植物群落丰富，生长的植物群落有芦苇群落、水烛（蒲草）群落、莲群落、藨草群落、莎草群落、眼子菜群落、浮萍群落、紫萍群落、黑藻群落、狐尾藻群落、小眼子菜群落、菹草群落、茨藻群落等。

森林：由于河流反复冲淤和人类的频繁活动，保护区天然森林早已荡然无存，绝大部分自然植被被农田、人工林及村落所取代。人工林包括防护林和果木林。防护林主要有旱柳林、杨树林、榆树林和刺槐林等，分布于沿黄大堤一带和地势较高滩区的沙土地、路边等；果木林主要树种有苹果、梨、桃、枣、银杏等，在村庄周围和平沙地常见栽培，是当地的重要经济林木。目前果树栽培面积有逐年扩大的趋势。

灌（草）丛：灌（草）丛主要为沙地灌（草）丛及盐生灌（草）丛，如沙蓬群落、虫实群落、白茅群落、砂引草群落、柽柳群落、西伯利亚蓼群落、隐花草群落、碱茅群落、盐地碱蓬群落等。

农田：保护区内大部分农田分布在二滩，非汛期也有较多分布在二滩。主要农作物有小麦、玉米、大豆、绿豆、花生、高粱、西瓜等，中牟县和金水区大堤外有水稻。

iii. 动物资源

该保护区在动物地理区划中属古北界—华北区—黄淮平原亚区。据历次有关调查和历史资料记载，郑州黄河湿地有陆生野生脊椎动物 218 种，其中鸟类 169 种、兽类 21 种、两栖类 11 种、爬行类 17 种。国家一级重点保护动物有黑鹳、白鹳、大鸨、白尾海雕、金雕、白肩雕、玉带海雕、白头鹤、丹顶鹤、白鹤、白鹈鹕、斑嘴鹈鹕、黄嘴白鹭、乌雕、秃鹫等 15 种，国家二级重点保护动物有大鲵、角鸊鷉、白琵鹭、白额雁、大天鹅、小天鹅、鸳鸯、黑翅鸢、苍鹰、雀鹰、松雀鹰、大𫛭、普通𫛭、白尾鹞、鹊鹞、白头鹞、鹗、游隼、红脚隼、红隼、灰鹤、蓑羽鹤、领角鸮、雕鸮、纵纹腹小鸮、长耳鸮、短耳鸮、水獭等 28 种；属中日候鸟保护协定保护的鸟类有 79 种；属中澳候鸟保护协定保护的鸟类有 23 种。

iv. 植物资源

该保护区内有维管植物 80 科 284 属 598 种（含 4 个变种），约占全省植物总种数的 14.6%，其中蕨类植物 8 科 9 属 14 种，占河南蕨类总科数的 27.6%、总属数的 11.4%、总种数的 6.8%；被子植物 70 科 273 属 582 种（含变种），占全省植物总科数的 35.3%、总属数的 23.5%、总种数的 14.7%。裸子植物仅 2 科 2 属 2 种。在 598 种植物中，木本植物有 38 种，草本植物有 560 种。

植被类型包括水生植被、沙生植被、盐生植被等。珍稀植物有国家二级重点保护野生植物野大豆，另有黄河区域特有种黄河虫实、荷花柳。

v. 现状评价

典型性和代表性：自然保护区应该是某一自然生态系统的典型代表，需要建立在一个具有代表性的典型区域。一是该保护区具有众多珍稀濒危野生动物资源，特别是珍稀濒危水鸟资源，保护和科研价值极大；二是保护区内具有典型的河流湿地特征。

区域位置的独特性：其独特性体现在三个方面，一是该区正好处于黄河中游和下游的过渡河段，区内的桃花峪是黄河中游和下游的分界线，地理位置十分独特；二是该区域位于我国一条候鸟迁徙路线上，每年都有数量众多的候鸟迁徙，良好的生态环境为候鸟的迁徙提供了良好的越冬地或繁殖地，区域位置非常重要；三是郑州黄河湿地将河南黄河湿地国家级自然保护区和开封柳园口湿地省级自然保护区连接起来，使三者成为一个整体，对于加大河南省黄河湿地管理力度、提高保护效果、扩大黄河湿地的知名度、加强国际和国内的相互交流、争取国际和国内资金的支持、进行社区保护生态环境的教育、河南省湿地研究与合理开发、实现河南省可持续发展目标都具有重要作用。

生态环境的脆弱性：生态系统的脆弱性表示该生态系统抗御外界干扰的能力。它反映了群落、生境和物种对环境改变的敏感程度，脆弱的生态系统具有很高的保护价值。经过多年的保护，保护区湿地和野生动植物遭受破坏的情况减少，但由于近年土地资源紧缺，尤其是靠近城市郊区的黄河滩区开发形式多样，湿地遭受了一定程度的破坏，如不及早予以保护，则典型黄河湿地植被及湿地野生动物栖息环境将遭到破坏，降低其应有的保护价值。同时，也会加重水土流失，减少水源涵养，威胁黄河中下游用水安全，造成生态环境脆弱，并对区域生态环境产生严重影响。

生态安全的重要性：黄河是华夏文明的发源地，从经济上讲，黄河是河南省重要的经济大动脉之一，对实施河南省经济发展战略具有举足轻重的作用。从保障生态安全上讲，保护区处于河南省中部生态脆弱地区，如果保护区生态遭到破坏，会影响全省的工农业生产和生活，从而威胁郑州市乃至河南省的生态安全。

保护区面积的有效性：保护区的面积有效程度，主要反映在保护区面积的大小、形状是否有利于管理和保护。郑州黄河湿地省级自然保护区面积为 38 007hm^2，形状是一个东西方向的长条形，黄河大堤至河道水流可达十余里，而且黄河大堤两侧有 100m 左右的防护林，对郑州黄河湿地有生物墙的作用，这些条件有利于保护和管理，能够满足生物物种的要求，特别是湿地鸟类迁徙、越冬和繁殖的需要。

面积与物种的相关性：主要由数量关系体现，物种的相对数量越高，说明保护区的“质量”越高，“价值”越大，保护面积越大，保护区面积越有效。郑州黄河湿地把河南黄河湿地国家级自然保护区和开封柳园口湿地省级自然保护区连接起来，使河南省郑州黄河湿地与之成为一个整体，扩大了有效保护面积。

生物多样性较丰富：主要表现在生境类型多样和野生动植物资源较丰富。黄河进入黄淮海平原后，形成了大面积的湿地，由于河水泥沙含量大，淤积、冲刷、决溢、改道不断发生。这些因素共同作用，形成了该区生境类型多样的特点。野生动植物资源较丰富，特别是湿地鸟类资源丰富。

vi. 规划范围与自然保护区的位置关系

规划范围包括自然保护区核心区、缓冲区及实验区，主要涉及的规划内容为河道疏浚清淤。

Ⅴ. 黄河郑州段黄河鲤国家级水产种质资源保护区现状

i. 保护区概况

黄河郑州段黄河鲤国家级水产种质资源保护区地处郑州市北部，北与原阳县、武陟县隔河相望，南接郑州市区；跨巩义市、荥阳市、惠济区、金水区和中牟县等 5 个县（市、区）。保护区东西长 128.8km，总面积为 246.51km^2，核心区面积为 72.49km^2，实验区面积为 174.02km^2。

ii. 保护对象

黄河郑州段黄河鲤国家级水产种质资源保护区的主要保护对象为黄河鲤。

iii. 种群分布特征

近年来，由于环境变化，黄河水资源量逐年减少，到 20 世纪 90 年代，黄河花园口以下年年断流，黄河渔业生态遭到了严重破坏。小浪底水库建成运行后，黄河不再断流，再加上国家对环境保护的重视，黄河渔业资源正逐步恢复。

黄河河道自桃花峪以下，河道变宽，河流变缓，河床抬高，河槽多变，在河道中心和两岸形成了一定面积的滩地和回水湾，这里水流几乎静止，泥沙含量小，为水生生物的生长、繁殖、栖息提供了天然的良好场所。秋冬季节河水水位相对较低，滩地露出水面；春夏季节河水水位较高，淹没滩地水草；冬春季节，河水流量相对稳定，适合黄河鲤等水生经济动物的越冬；夏秋季节，河水流量相对多变，营养丰富，适合黄河鲤等水生经济动物的生长。

iv. 保护区生态功能区划

核心区：保护区设 2 个核心区，花园口核心区位于惠济区，自黄河中下游分界碑（34°57′16″N，113°28′13″E）至金水区姚桥乡马渡村京珠高速黄河公路大桥（34°52′34″N，113°48′45″E），长度 36.26km，面积为 67.15km^2；伊洛河核心区位于巩义市，自伊洛河巩义市康店大桥（34°46′00″N，112°56′49″E）至伊洛河入黄河口处（34°50′22″N，113°03′40″E），长度 16km，总面积为 5.34km^2。保护区河道四周遍布挺水植物，水中沉水植物较多，能满足黄河鲤产卵的需要。

实验区：实验区主要分为西部和东部两个部分，总面积为 174.02km^2，占保护区总面积的 70.59%。东实验区，自京珠高速黄河公路大桥至中牟县万滩乡九堡村黄河控导工程 118 号坝，长度 23.82km，面积为 86.79km^2；西实验区，自南河渡黄河公路大桥至黄河中下游分界碑，长度 52.72km，面积为 87.23km^2。西实验区处于黄河由峡谷到平原的缓冲过渡带，河道临岸区多为丘陵地貌，滩区多为农业耕地，交通便利。东实验区为黄河下游冲积扇地形，河道宽广，泥沙淤积，湿地生态群落特征显著，黄河大堤以内滩区常住人口众多，农业种植面积较大。

v. “三场”分布情况

郑州伊洛河、花园口附近作为黄河鲤的主要产卵场和栖息地、索饵地被划为核心区保护，另外在邙山游览区、南裹头附近、马渡附近、万滩附近，也有较大范围的水草分布，适合黄河鲤等水生经济动物栖息、索饵和产卵。

vi. 规划范围与保护区的位置关系

本规划区位于花园口核心区保护范围内，区内分布有鱼类产卵场和栖息地、索饵地。涉及的主要规划内容为河道疏浚清淤，在规划实施阶段应加强施工管理与监理，合理安排施工时段、施工时序，采取繁殖期避让等措施，减少对水生生物生境的破坏；在工程施工期结束后，施工单位应及时对施工造成的河床、河滩破坏和扰动进行修复，在黄河干流上进行水生态环境修复。

Ⅵ. 饮用水水源保护区现状

i. 饮用水水源保护区概况

黄河花园口地表水饮用水水源保护区：一级保护区范围为原 G107 至花园口取水口下游 700m 的水域和黄河南岸大堤外 50m 的陆域，以及沉沙池和输水明渠的水域及其沿岸 50m 的陆域；二级保护区范围为一级保护区外，京珠高速公路桥至桃花峪的黄河水域和黄河南岸大堤以内、黄河北岸生产堤以内的滩区。

黄河原阳中岳地表水饮用水水源保护区：一级保护区范围为黄河干流原阳取水口（幸福闸、马庄闸、双井闸）上游 1000m、下游 100m 的水域；原阳新一干渠两侧 50m 及四水厂专用饮水渠道和牧野区平原乡三支渠两侧 30m 的陆域；原阳中岳蓄水池、沉沙池截渗沟外 10m 的区域；原阳中岳蓄水池至四水厂、五水厂之间的输水暗管两侧 10m 的陆域。

ii. 规划范围与饮用水水源保护区的位置关系

主槽治理涉及黄河花园口地表水饮用水水源一级、二级保护区，黄河原阳中岳地表水饮用水水源一级、二级保护区。部分生态水系规划涉及黄河花园口地表水饮用水水源保护区及黄河原阳中岳地表水饮用水水源二级保护区。

Ⅶ. 规划区域环境质量现状

i. 水环境质量现状

本次评价收集了 2016～2018 年生态环境部黄河监督管理局监测的黄河干流主要控制断面数据。涉及本规划区域的水质监测断面为花园口断面。主要监测因子为水温、pH、溶解氧、高锰酸盐指数、化学需氧量、五日生化需氧量、氨氮、铜、锌、氟化物、硒、砷、汞、镉、铬（六价）、铅、氰化物、挥发酚、石油类、阴离子表面活性剂、硫化物，2017 年起增加总磷。黄河干流花园口断面水质类别见表 6.1-30。

表 6.1-30　黄河干流花园口断面水质类别

河段	水期	2016 年	2017 年	2018 年
黄河干流	丰水期	II	III	III
	平水期	II	III	III
	枯水期	II	III	III

由表 6.1-30 可知，规划区域内黄河干流水质较好，水质各项指标均可以满足《地表水环境质量标准》（GB 3838—2002）中III类标准的要求。

ii. 环境空气质量现状

根据《2018 年新乡市国民经济和社会发展统计公报》，2018 年新乡市环境空气优、良天数 177d，优、良天数比例 51.8%；共有 26d 重度污染及以上天气。主要污染因子 PM_{10} 平均浓度为 105μg/m^3，超标 1.5 倍；$PM_{2.5}$ 平均浓度为 61μg/m^3，超标 1.74 倍；SO_2 平均浓度为 19μg/m^3，不超标；NO_2 平均浓度为 49μg/m^3，超标 1.2 倍。黄河滩区范围内的环境空气质量不满足《环境空气质量标准》（GB 3095—2012）中的二级标准要求。区域内环境空气主要超标原因为区域内化工企业废气排放、汽车尾气排放、建筑及市政施工扬尘和燃煤等，以及山东和河北等邻近重度污染区域的污染物持续向规划区域输送。

iii. 声环境质量

根据《2018 年新乡市国民经济和社会发展统计公报》，规划区域内昼间和夜间的环境噪声均符合《声环境质量标准》（GB 3096—2008）中 1 类区的标准要求。同时根据收集的郑州谱尼测试技术有限公司 2017 年在韩董庄引黄闸处噪声的监测值，昼间为 51.3～51.9dB（A），夜间为 41.9～44.7dB（A），满足 1 类区的标准要求。总体来说，区域内声环境现状良好。

iv. 土壤环境质量

本次收集到郑州谱尼测试技术有限公司 2019 年监测的马渡引黄闸处的土壤监测数据，马渡引黄闸处土地利用类型主要为草地及耕地，与本规划用地类型一致，距规划区最近距离约 5km，所收集资料具有一定的代表性。

由表 6.1-31 可知，土壤环境质量均满足《土壤环境质量 农用地土壤污染风险管控标准（试行）》（GB 15618—2018）中的农用地土壤污染风险筛选值标准要求，区域土壤环境质量良好。

表 6.1-31　土壤环境现状评价结果一览表

检测因子	监测值（mg/kg）	超标率（%）
pH	8.1	/
锌	44.9	0
铜	13.8	0
镍	22.4	0
镉	0.1	0
汞	0.01	0

续表

检测因子	监测值（mg/kg）	超标率（%）
砷	8.18	0
铅	13.8	0
铬（六价）	66	0
六六六	<0.000 18	0
滴滴涕	<0.004 87	0

Ⅷ. 规划区域环境现状特点

i. 生态环境现状特点

规划区域内天然植被较少，仅在嫩滩零星分布，植被类型以农作物为主。大堤两侧主要分布有华北平原最常见的人工林，嫩滩间断分布有湿生植被、草本植物等，二滩分布有农作物及村庄等建设用地。

人工林是构成区域森林生态系统的基本类型，面积较小，但分布广泛。主要以人工种植的杨树构成，少见其他种类，多数为乔木和草本类型，没有林下灌木。农作物主要为以小麦和玉米为主的旱作物和以水稻为主的水作物。小麦和玉米是规划范围内分布最广泛、面积最大的植物群落类型，也是构成农田生态系统的主要类型。

湿生植物群落属于沼泽植被型组中的寒温带、温带沼泽植被型，主要分布于各类水域周围及其相邻的湿地内，以芦苇与香蒲等组成的单纯性或混生性群落较为常见。

ii. 自然保护区环境特点

黄河湿地自然保护区内均分布有耕地以及人工林地，人与自然保护区共存是本规划区域自然保护区最明显的特点。

自然保护区的景观结构较为简单，优势度明显，而均匀度较低，环境异质性不高。农田是自然保护区的主要景观，自然植被较少，仅有面积较小的湿地植被。优势群落明显，农作物群落和杨树群落占90%以上，这些群落结构单一，生物多样性低，系统抗扰动能力差。而沼泽、池塘等水域生态系统生境变化较大，环境异质性较高，是物种复杂、生物多样性较高的地段，但面积不大。沿河有部分嫩滩和二滩的平地，以农田为主，湿地植被较少。

Ⅸ. 规划区域主要环境问题

i. 滩区内生活群众数量巨大，防洪安全亟待解决

滩区内生活群众数量较多，因洪水威胁，滩区群众生产条件受到较大限制，道路管网等公共基础设施严重缺乏，农业生产粗放低效。黄河下游是黄淮海平原的重要生态安全屏障，滩区为黄河下游防洪体系的短板。保障黄淮海平原防洪和生态安全，必须进一步加大下游防洪治理，提高下游防洪能力。

ii. 区域生态功能退化

区域内自然植被基本被人工植被取代。物种多样性显著低于同纬度气候带的河流生态系统，物种多度和物种相对丰度低，植被群落层次简单化、矮小化。生态系统类型少，以农田为主，其次为人工林地，湿生植被群落较少。此外，还有大面积的退化裸地和弃耕地。

“二级悬河”特征导致水陆交错带的自然形态几近丧失，水分和养分的横向传递受阻，河滩湿地植被带稀少，自然湿地生境受损，天然河流繁盛的边缘效应难以有效体现。滩地存在显著的土地退化特征，存在一定程度的土地沙化和盐渍化，退化土地几乎无植被覆盖，生境条件极差。碎片化和不连续的生态景观也降低了自然走廊的功能价值，外部输入主导的农业生产力尚可，但自然生态系统净初级生产力很低。

iii. 农业农村环境污染

由于滩区经济发展水平较低、生产力薄弱，滩区农村环境难以得到根本上的改善和提高，农业农村环境较差。滩区农村生活污水处理难的问题一直难以有效解决，生活污水集中收集和处理设施匮乏，生活污水以及池塘养殖废水沿村边沟道随意排放的现象比较普遍，排污沟水质较差，一般为Ⅴ类或劣Ⅴ类，直接排入黄河。

农村生活垃圾临时堆放、收集运输的体系并不完善，农田、村道常见白色垃圾、厨余垃圾等固体废弃物，影响人居环境。

iv. 湿地自然保护区存在的主要问题

生态系统稳定性不高：从植物区系成分的分析来看，植物区系地理成分以温带为主，同时与世界各地的植物均有联系，体现出南北过渡、东西兼有的区系特点。土地利用主要是农业耕地，优势群落是农作物，所以在人为的影响下，区内生物群落的生产力和生物量不高，群落组成和结构简单，生态系统抗干扰和改善环境的能力较弱。自然保护区所在的黄河河段自古就是洪涝灾害的高发区段，洪水灾害经常造成保护区的生态破坏。

保护区范围及面积划定不合适：自然保护区内包括众多的滩区村庄，将黄河下游防洪工程均划入了保护区范围。《黄河流域综合规划（2012—2030 年）》也提出：黄河中下游大部分属于国家农产品主产区和水土保持生态功能区，人口密集，防洪形势严峻，河道管理范围内分布有大面积洪漫湿地，湿地保护与农业生产、河道治理矛盾突出。水生态保护应与防洪、滩区群众生产生活之间的关系相协调，遵循《中华人民共和国防洪法》《中华人民共和国河道管理条例》，在确保黄河防洪安全前提下，调整湿地自然保护区功能区划分。

保护区生态功能退化：黄河湿地自然保护区内，植被退化严重，尤其是省级湿地自然保护区核心区内植被退化较为严重。此外，保护区管理混乱，保护区内烧烤、挖掘野生植物等行为屡禁不止，垃圾乱堆乱放，有些甚至在保护区缓冲区、核心区内（图 6.1-71）。

图 6.1-71 自然保护区环境现状图

（5）本规划与国家相关规划的协调性分析

Ⅰ. 与《黄河流域综合规划（2012—2030年）》的协调性分析

2013年3月国务院批复的《黄河流域综合规划（2012—2030年）》是黄河治理开发保护与管理的纲领性文件。该规划提出：为实现黄河治理开发与保护的总体目标，需构建完善的水沙调控体系、防洪减淤体系、水土流失综合防治体系、水资源合理配置和高效利用体系、水资源和水生态保护体系及流域综合管理体系等六大体系。

《黄河流域综合规划（2012—2030年）》中桃花峪以下河段的治理开发与保护的主要任务以防洪、处理泥沙、供水为主，要进一步完善河防工程体系，加强滩区综合治理和蓄滞洪区安全建设，保障两岸防洪保护区的防洪防凌安全，向两岸地区供水。《黄河流域综合规划（2012—2030年）》中总体布局内容为：在“二级悬河”严重或过流能力偏小的河段挖河疏浚，扩大河道行洪能力，淤背加固堤防，淤滩治理“二级悬河”和堤河串沟；下游滩区既是群众赖以生存的家园，又是滞洪沉沙的重要场所，加强滩区综合治理，实施滩区运用补偿政策，是实现滩区人水和谐、保障黄河防洪安全的重要措施。

本规划的总体目标为通过规划的实施，黄河下游主槽得以稳定，“二级悬河”的问题得以解决，滩区形成高滩、二滩、嫩滩合理分布的空间格局，把黄河下游滩区打造成分级行洪沉沙的场所，二滩治理标准达到5年一遇，高滩治理标准达到20～50年一遇，滩区群众搬迁至高滩居住，防洪安全水平达到应有的标准。通过生态治理形成黄河下游生态长廊，黄河下游滩区生态多样性得以保障，黄河下游蕴含的生态和历史文化价值得以充分挖潜。因此，本规划与《黄河流域综合规划（2012—2030年）》是协调的。

Ⅱ. 与《黄河流域防洪规划》的协调性分析

《黄河流域防洪规划》提出：黄河下游主要为完善河防工程体系、加强滩区综合治理。本规划主要对滩区进行综合治理，主要目标为稳定黄河下游主槽，滩区形成高滩、二滩、嫩滩合理分布的空间格局，有利于提高下游滩区的防洪安全。因此，本规划与《黄河流域防洪规划》是协调的。

Ⅲ. 与《全国主体功能区规划》的协调性分析

根据《全国主体功能区规划》，黄河下游两岸地区位于黄淮海平原主产区（限制开发区）和中原经济区（重点开发区）之内。

黄淮海平原主产区的主要功能定位为“保障农产品供给安全的重要区域，农村居民安居乐业的美好家园，社会主义新农村建设的示范区”，主要发展方向为“加强水利设施建设”等。中原经济区的功能地位为：全国重要的高新技术产业、先进制造业和现代服务业基地，能源原材料基地、综合交通枢纽和物流中心，区域性的科技创新中心，中部地区人口和经济密集区。

目前，黄河滩区内人水混居，滩区防洪与沿黄群众生存发展之间矛盾突出，具体体现在堤防建设、洪水调度、行洪滞洪沉沙等防洪空间需求与滩区群众防洪保安、生态空间等生存发展需求的矛盾。“二级悬河”态势未根本改变，游荡性河势未完全控制，防洪形势依然严峻；确保黄河不决口，保障黄淮海防洪和生态安全是新时期面临的重要任务。本规划通过疏浚河道，提高黄河下游河道的过洪能力，保障黄淮海平原的防洪安全，为黄淮海平原主产区以及中原经济区的发展提供安全保障。高滩的规划有利于保障滩区群众的生命财产安全，促进滩区经济发展。因此，本规划与《全国主体功能区规划》是协调的。

Ⅳ. 与《全国生态功能区划（修编版）》的协调性分析

根据《全国生态功能区划（修编版）》，本规划位于黄河下游河段，主要涉及黄淮海平原农产品提供功能区（Ⅱ-01-15）、中原城镇群人居保障功能区（Ⅲ-02-05）。

黄淮平原农产品提供功能区（Ⅱ-01-15）：该类生态功能区生态保护方向为“严格保护基本农田，培养土壤肥力”“加强农田基本建设，增强抗自然灾害的能力”“发展无公害农产品、绿色食品和有机食品，调整农业产业和农村经济结构，合理组织农业生产和农村经济活动”。中原城镇群人居保障功能区（Ⅲ-02-05）和鲁中城镇群人居保障功能区（Ⅲ-02-07）：该类生态功能区生态保护方向为“建设生态城市，优化产业结构，发展循环经济，提高资源利用效率；加快城镇环境保护基础设施建设，加强城乡环境综合整治”。

本规划的主要功能为滩区防洪及生态保护。规划的实施可提高区域防洪安全，保障黄淮平原农产品的供应。高滩的规划有利于提高滩区群众的生活水平，提高城镇环境保护基础设施的建设，加强城乡环境的综合整治。因此，本规划与《全国生态功能区划（修编版）》是相协调的。

Ⅴ. 与《河南省生态功能区划》的协调性分析

工程所在区域位于《河南省生态功能区划》中划分的黄淮海平原农业生态区，该区域主要的生态特征为平原农业生态系统，主要的生态环境问题是人口多、生活污染物排放量大、区域水质严重恶化；黄泛区为土壤沙化控制敏感区；湿地保护区土壤易沙化；主要的生态保护措施及目标为加强上游来水监测，主动做好本区水污染防治；严格保护现有防护林，控制土壤沙化；保护湿地生境，严禁建设污染和破坏生态环境的项目，发展生态农业，控制面源污染。

本规划为滩区综合治理规划，规划实施后可使破碎化的湿地形成连廊式的湿地公园，有利于改善区域生态环境。规划实施具有明显的社会效益，与《河南省生态功能区划》是协调的。

（6）环境影响

Ⅰ. 规划对区域景观格局的影响分析

规划黄河滩区范围以耕地景观为主，包括耕地、园林地、水域，其中耕地占 47%，为主要的景观类型，其次为园林地，占 21%，水域占 12%，建设用地占 9%。规划的高滩增加了城镇建设用地的面积。此外，二滩生态农业的发展，增加了耕地面积，原来二滩内的园林地面积持续减少。水系及嫩滩规划增加了区域内的水域面积。规划实施后，区域内景观类型还是以耕地为主，占 53%，其次为水域、建设用地等。

规划建设对区域景观格局的影响有限，城镇化的发展将占用流域一定量的园林地，从而造成人类活动对景观的干扰加剧，而嫩滩规划的实施将有利于生态恢复，一定程度上有利于区域生态环境的恢复。规划实施后土地类型总体变化不大，依然是耕地景观占主导，景观的质量和生态功能不会发生大的变化。

Ⅱ. 景观生态完整性分析

景观格局的完整性，包括景观生态过程与格局的连续性、绿色的生命廊道的连续性、景观整体结构的协调性等，斑块多样性和格局多样性是其组成的主要形式。

通常斑块面积越大，物种多样性越高，它们之间存在着正相关关系。大型斑块能提高碎裂种群的存活率，更有能力维持和保护基因的多样性，尤其有利于保护稀有种，小型斑块虽不利于内部物种的生存和生物多样性的保护，但占地少，可分布在人为景观中，提高景观多样性，起到临时栖息地的作用，可作为对大斑块的补充。最优景观是由几个大型自然植被斑块组成，并与众多分散在基质中的小斑块相连，形成一个有机的景观整体。规划的高滩、二滩、嫩滩，使区域生境斑块面积增大，这样使得生物的栖息环境得以恢复，使生物的栖息地面积有所增加，有利于区域内生物多样性的恢复和提高。

Ⅲ. 生态系统稳定性分析

生态系统稳定性包括两种特征，即阻抗和恢复。阻抗是生态系统在环境发生变化或存在潜在干扰时反抗或阻止变化的能力；而恢复是生态系统被改变后返回原来状态的能力。自然生态系统阻抗稳定性是通过植被异质性程度的改变来度量的，而生态系统恢复稳定性是以植被生物量来度量的。

平原新区黄河滩区属于受人工活动影响频繁的区域，自然生态系统基本消失，以人工生态系统为主。区域主要生态系统类型为农田生态系统，农田恢复力较差，且区域内黄河湿地退化严重，生态承载力脆弱。规划实施后，随着嫩滩生态恢复，区域内的自然生态系统有一定的恢复，阻抗及恢复能力有一定程度的增强，但区域内依然以农田生态系统等人工生态系统为主，自然恢复能力有限。规划的实施，可在一定程度上增强自然恢复力，但依然属于恢复力较差的人工生态系统。

Ⅳ. 生态环境影响

规划对生态环境的影响主要为陆生生态影响、水生生态影响。

i. 对陆生植被的影响

本规划对植物资源的影响主要包括高滩修筑以及生态水系规划对占地的影响。本规划影响植被类型主要为林地、园地和耕地。区域内植被群落结构相对简单，植物种类均为常见种，不会对当地生态环境造成明显的不利影响。

高滩於筑破坏的植被类型主要为耕地和林地，生态水系规划影响的土地类型主要为耕地。规划实施破坏植被为人工种植，在周围区域内广泛分布，因而只会减少工程区内的植物数量，不会造成植被类型和物种的消失，对植物物种多样性的影响很小，不会对植物多样性造成影响。

ii. 对陆生动物的影响

规划区域内除自然保护区外人为活动频繁，野生动物较少，无大型兽类分布，仅有野兔、鼠类等小型哺乳动物，以及鸟类、爬行类动物和昆虫等，无重点保护物种。人工饲养的家禽家畜多为家庭圈养，还有少量食草动物在田边、村头、河畔小范围放养。

规划对区域野生动物的不利影响主要是在规划实施过程中，主要体现在人为扰动改变了动物的栖息环境，野生动物因栖息环境改变而被迫迁移他处。但项目区附近均为同类生境，因此，规划项目实施阶段虽然对该区域的动物产生一定的干扰，但对野生动物种群、数量不会有明显影响。

规划实施后，人群集中居住在高滩，二滩内建设特色农业区，改变了目前耕地、人群分散布置的状况。人类干扰程度降低，有利于野生动物活动范围的增加。嫩滩重构的湿地生态系统改善了现状湿地退化的状态，提升了游禽和涉禽等水鸟的栖息生境，会使区域内的水鸟种类和数量增加。

iii. 对野大豆的影响

野大豆在黄河下游滩区分布广泛，评价范围内的野大豆主要分布在郑州黄河湿地省级自然保护区内，幸福渠及马庄引水渠等沿线也有分布。规划实施对野大豆有一定的影响。规划会对野大豆产生影响的主要为自然保护区内的河道疏浚，由于疏浚主要位于河道内，无野大豆分布。规划实施阶段应做好植被现状调查，布置疏浚工程临时施工场地时，避让野大豆分布区。采取以上措施后，规划对野大豆基本无影响。

iv. 对生态系统的影响

规划实施后土地利用格局依然是农田生态系统占主导。各种土地利用类型都有所变化，变化较大的为建设用地，由原来的 2008hm^2 减少至 924hm^2，减少了 1084hm^2。耕地及水域面积都相应增加，分别由原来的 5968hm^2、1624hm^2 增加至 6943hm^2、1899hm^2。

嫩滩形成生态廊道，湿地占地面积将有所增加；二滩的特色农业区连续分布。改变了耕地、建设用地及河滩湿地分散分布的现状，降低了土地利用格局的破碎度和分离度。规划实施有利于提升区域生态系统的恢复稳定性和阻抗稳定性，促进区域生态系统的良性发展。由此可见，规划实施对区域生态系统影响较小。

Ⅴ. 规划布局对敏感区的影响

i. 规划对郑州黄河湿地省级自然保护区的影响

本项目涉及黄河湿地自然保护区的主要规划内容：一是嫩滩内重构黄河湿地生态系统，并发展湿地旅游、科普教育、观光摄影等产业；二是河道疏浚规划。

根据相关法律条例，自然保护区核心区禁止任何单位和个人进入；缓冲区只准进入开展科学研究观测活动；实验区不得建设污染环境、破坏资源或者景观的生产设施，建设其他项目，其污染物排放不得超过国家和地方规定的污染物排放标准。

新乡平原新区试验区规划对黄河湿地自然保护区的不利影响主要在规划实施过程中的施工期，其影响主要为河道疏浚施工，涉及自然保护区核心区、缓冲区和实验区。规划实施后，破碎化的自然保护区连廊成块，重构生态格局，有利于湿地功能与结构的稳定。

高滩规划的影响。规划实施后，居民集中居住于大堤临河侧，人类居住地与自然保护区的距离增加，有利于降低人类活动对自然保护区的干扰。

嫩滩及主槽治理规划的影响。规划实施对自然保护区的影响存在不可避让性，由于自然保护区的规划范围均在河道管理范围内，规划的主槽治理无法避开自然保护区。规划对自然保护区的影响主要在主槽治理施工期，其主要影响为工程施工过程的噪声及灯光对鸟类产生影响，可采取避免夜间施工及施工期避开鸟类繁殖期的措施，减弱施工对自然保护区的影响。

规划实施阶段对保护区的不利影响。①对植被的影响：根据相关管理规定，规划实施过程中涉及的临时占地均不能布置在自然保护区内，并且要优化施工组织设计，严格控制施工范围，尽量减小施工活动区域；施工前进行植被状况调查，严格记录施工前的植被状况，施工完成后进行绿化，尽可能使生物量损失降到最低。②对动物和鸟类的影响：规划影响区内无大型野生动物，活动的野生动物主要是两栖类、爬行类及啮齿类。鸟类种类和数量均较多。受施工噪声和扬尘影响，鸟类将远离项目两侧一定范围活动，这将减少野生动物及鸟类栖息、觅食和活动的面积。施工结束后，影响随之结束。

规划实施后对保护区的有利影响。①规划实施后防洪标准的提高有利于自然保护区的生态保护：自然保护区所在的黄河河段自古就是洪涝灾害的高发区段，洪水灾害经常造成保护区的生态破坏，自然保护区内的功能和结构会受到较大影响。本规划实施后随着滩区防洪标准的提高，自然保护区不会再经常性受到洪水淹没的危害，有利于自然保护区的生态保护。②斑块状的嫩滩形成连廊型湿地：根据规划方案，生态保护廊道以黄河嫩滩的自然生态系统为主体，维持河流湿地生态系统的自然状态。规划实施后，现状斑块化的嫩滩形成湿地连廊，有利于滩区的水源涵养、土壤保持、生物多样性维护以及湿地生态系统功能与结构的稳定，有利于自然保护区的保护。

嫩滩区域结合已有的湿地自然保护区范围，重构黄河湿地生态系统，发展湿地旅游、科普教育、观光摄影等产业。旅游、科普教育、观光摄影等应在自然保护区内的实验区进行，进入的单位或个人应服从自然保护区管理机构的管理，其对自然保护区的影响不大。

ii. 规划对黄河郑州段黄河鲤国家级水产种质资源保护区的影响

本规划范围涉及黄河郑州段黄河鲤国家级水产种质资源保护区核心区。

a）规划对水产种质资源保护区影响的不可避让性

本规划主要规划内容为嫩滩及河道主槽治理。因水产种质资源保护区位于黄河下游滩区河道内，无法避让，涉及花园口核心区的鱼类越冬场和产卵场。规划对水产种质资源保护区的主要影响在规划实施过程中，工程施工扰动和噪声、水体悬浮物增加可能会对鱼类的越冬、产卵产生一定的不利影响。

b）规划实施阶段对水产种质资源保护区的不利影响

对鱼类生境的影响。河道疏浚占用部分河道，不可避免地对鱼类生境造成影响，但大多数鱼类在评价范围内外河段有很大的生境，可以迁至附近适宜的生境栖息、生存。施工活动将改变河床现状底质，从而影响浮游生物、底栖动物的种类和数量，进而对鱼类繁殖、觅食和栖息造成影响，施工对鱼类的影响是暂时的，随着施工活动的结束，不利影响将逐渐消失。

对鱼类觅食的影响。施工过程中机械噪声会对鱼类摄食产生惊扰影响，考虑到鱼类游动能力较强，可从一定程度上规避这些惊扰，因此施工过程中产生的惊扰对鱼类摄食影响有限。此外，浮游生物和底栖动物种类和数量的减少，将对以浮游生物和底栖动物为食的植食性鱼类及肉食性鱼类的摄食产生影响，由于施工对浮游生物和底栖动物的影响有限，且其种群可以在短期内得以恢复。因此，总的来讲，河道疏浚规划对鱼类摄食的影响是暂时的、可逆的且在空间上具有区域性。

对鱼类产卵场的影响。规划涉及河段分布有黄河鲤产卵场。此段鱼类产卵场呈连续性分布，主要为产沉性、黏性卵鱼类的产卵场。产卵季节多为春夏间。河道疏浚实施时在水域活动或繁殖的鱼类，将受施工机械的惊扰。产黏性卵的鱼类多以洲滩近岸草基、石基作介质产卵，河道疏浚过程中产生的泥沙会影响鱼卵、鱼苗的正常发育和生长，泥沙导致黏性卵无法黏附在基质上，降低鱼苗的成活率。此外，河道疏浚过程导致流速改变使得鱼类在原产卵场区域无法过多停留，减少了精卵结合的机会。总体来说，规划实施阶段对水产种质资源保护区鱼类繁殖产生一定程度的影响。

对鱼类索饵场的影响。鱼卵孵化后多在河滩附近饵料资源丰富的浅滩觅食、索饵，因此河滩附近也是鱼类主要的索饵场，河道疏浚主要表现在对施工河道底质、鱼类生境的改变，从而在一定程度上减少鱼类的栖息地，并导致鱼类底栖性饵料生物的减少。

对越冬场的影响。鱼类越冬场主要集中在干流河床或坑穴中，河道疏浚会改变河床以及坑穴的现状，由于鱼类具有规避的本能，其可在远离疏浚区域的其他越冬场进行越冬，总体上，越冬场处于较深水域或向阳暖水处，冬季河道疏浚时可选在靠近岸边的浅水、静水或缓水区域，以减弱规划实施对鱼类越冬场及越冬行为的影响。

黄河郑州段黄河鲤国家级水产种质资源保护区核心区为黄河鲤的主要产卵场、栖息地、索饵地，河道主槽治理若布置在核心区内对黄河鲤的繁殖、索饵等影响较大，将会对水产种质资源保护区的结构和功能完整性产生不良影响。由于本次规划的不可避让性，规划实施对水产种质资源保护区的影响程度需要在规划实施阶段进一步论证。

c）嫩滩及主槽治理规划对水产种质资源保护区的有利影响

规划的实施增加了区域水域面积，且有利于恢复河流水分和养分的横向传递，河滩湿地生物多样性得以恢复。黄河沿岸带浮游动植物、底栖动物将有所增加，鱼类饵料将更加丰富。同时黄河滨河带形成连廊湿地，水生植被多样性以及生物量将增加，形成适宜黄河鲤产卵的浅水河湾水草丛生地带。规划实施后更有利于鱼类产卵、栖息及觅食，水产种质资源保护区鱼类适宜产卵地、栖息地将有所增加。

iii. 规划对地表水饮用水水源保护区的影响

本规划范围涉及饮用水水源一级、二级保护区，一级保护区涉及的规划内容为嫩滩及河道主槽治理，二级保护区涉及的规划内容为河道主槽治理和生态水系规划，影响阶段主要在规划实施过程中。规划实施后有利于区域水环境的改善，对饮用水水源保护有利。

a）规划对地表水饮用水水源保护区影响的不可避让性

本规划涉及地表水饮用水水源保护区的主要规划内容为嫩滩及河道主槽治理、二滩的生态水系规划。以区域防洪安全为主要任务的主槽治理位于黄河干流河道内，无法避让饮用水水源保护区。生态水系规划的主要任务为连通二滩引水渠，实现水体的循环，改善二滩生态环境。而黄河北岸引水渠穿越饮用水水源保护区，生态水系规划无法避让。

b）规划对地表水饮用水水源保护区的影响

嫩滩及河道主槽治理规划对饮用水水源保护区的影响。由于近年来河道摆动、地上悬河等问题越来越突出，黄河防洪问题严峻。为彻底解决地上悬河问题，势必要进行以黄河干流清淤为主的主槽治理。主槽治理规划的实施提高了区域防洪标准，保障了区域供水安全。规划对饮用水水源保护区的影响主要为工程施工对水源地水环境的影响，如上游机械施工、清淤、车辆油污泄漏等对水质的影响，可通过优化施工方案、施工过程中严格遵守《中华人民共和国水法》以及《中华人民共和国水污染防治法》等的相关规定，减弱施工活动对地表水饮用水水源保护区的影响。

二滩生态水系规划对饮用水水源保护区的影响。生态水系规划的主要任务为二滩水系与黄河联通，实现水体的循环，改善二滩生态环境。生态水系规划的实施有利于饮用水水源二级保护区内生态环境的改善，增强区域水环境保护，有利于饮用水水源保护区水质保护。

高滩规划对饮用水水源保护区的影响。①污水集中处理：高滩集中安置滩区内的居民，规划采用“双排双供”水系统，居民洗浴等废水进入高滩内的污水集中处理设施，处理后达标排放，厕所等废水经污水集中处理后回用于二滩特色农业区进行农田灌溉，对区域水环境影响较小。②固体废弃物处理：在高滩居民区设置生活垃圾中转站，将高滩居民产生的生活垃圾等固体废弃物统一运送至城市生活垃圾填埋场统一处理，对区域环境影响较小。

Ⅵ. 规划对水环境的影响

滩区农村生活污水处理难的问题一直难以有效解决，生活污水沿村边沟道随意排放的现象比较普遍，生活污水集中收集和处理设施匮乏。本规划实施后，黄河下游滩区内形成高滩居民区、二滩农业区、嫩滩生态保护区的新格局。在高滩居民区建设污水集中收集和处理设施，城镇生活污水经水处理设施处理后由管道排入二滩特色农业区，不排入黄河内，在滩区水环境得到提升的同时，也保障了黄河水质。

Ⅶ. 规划对土壤环境的影响

规划实施后，防洪标准的提升以及生态保护规划的实施有利于区域土壤环境的保护。黄河嫩滩保护规划的实施，有利于减缓滨河带土地沙化、盐碱化的趋势，因此，规划的实施不会引起土壤的盐化、酸化、碱化，对土壤环境影响较小。

（7）规划“三线一单”的要求和优化调整建议

Ⅰ. 生态保护红线

根据 2016 年《河南省生态保护红线划定方案》（征求意见稿），规划区范围涉及的生态保护红线类型区为沿黄生态涵养带。沿黄生态涵养带的生态保护红线主要位于河南省黄河沿线一带，总面积为 1810.74km^2。区内共划定生态保护红线区 2 个，其中水源涵养生态保护红线类型区 1 个，生物多样性维护生态保护红线类型区 1 个。

一类管控区包括水源涵养生态保护红线区中的饮用水水源一级保护区和生物多样性维护生态保护红线区中的自然保护区的核心区和缓冲区，其他区域为二类管控区。本规划涉及生态红线的主要规划内容为黄河主槽治理涉及沿黄生态涵养带中的黄河干流水源涵养生态保护红线类型区。

根据管控要求，一类管控区为禁建区，实行最严格的管控措施，除必要的科学实验、教学研究以及供水、防洪等民生工程外，禁止任何形式与生态保护无关的开发建设活动。二类管控区为限建区，禁止对主导生态功能产生破坏的开发建设活动。二类管控区内，实行负面清单管理制度，根据红线区主导生态功能维护需求，制定禁止性和限制性开发建设活动清单，确保二类管控区保护性质不转换、生态功能不降低、空间范围不减少。黄河干流主槽治理规划涉及生态保护红线的一类、二类管控区，黄河干流清淤的主要目的为提高防洪标准、增加平滩流量，以防洪为主要任务，符合生态保护红线一类、二类管控区的管控要求。生态水系规划涉及二类管控区，主要任务为调蓄、灌溉以及水环境保护等，不属于二类管控区的禁止性和限制性开发建设活动，生态水系规划符合生态保护红线管控要求。

Ⅱ. 环境质量底线

根据《全国重要江河湖泊水功能区划（2011—2030 年）》确定的规划目标，黄河干流及支流主要控制断面水质达到其相应的水功能区水质目标要求。

Ⅲ. 资源开发利用上限

按照可供水量对河道外用水实施总量控制，按照节水型社会建设要求进行用水定额控制，提出黄河下游滩区内地表水用水量和消耗量，要求灌溉水利用系数达到 0.54。

Ⅳ. 环境准入负面清单

根据黄河下游滩区划定的区域并结合行政边界，划定黄河下游滩区相关管控单元，基于不同河段的生态空间定位，考虑河段面临的主要生态环境问题，提出黄河下游滩区不同河段的环境准入负面清单建议。规划实施后区域内禁止建设工业企业，禁止修建阻水道路，禁止种植高秆农作物等《中华人民共和国河道管理条例》明令禁止的行为，详见表 6.1-32。

表 6.1-32　平原新区黄河滩区环境准入负面清单

主要环境问题	环境准入负面清单			
	空间布局约束	污染物排放管控	环境风险防控	资源开发利用约束
自然保护区生态退化；人水混居防洪形势严峻	● 黄河郑州段黄河鲤国家级水产种质资源保护区内禁止从事采砂等影响水生生态的活动 ● 郑州黄河省级自然保护区内的核心区和缓冲区禁止任何开发建设活动；自然保护区的实验区内，不得建设污染环境、破坏资源或者景观的生产设施；在自然保护区的实验区内已经建成的设施，其污染物排放超过国家和地方规定的排放标准的，应当限期治理	● 禁止高污染工业项目建设 ● 暂停审批排放 COD/氨氮的建设项目	● 饮用水水源一级保护区内，禁止新建、改建、扩建与供水设施和保护水源无关的建设项目；禁止在饮用水水源二级保护区内新建、改建、扩建排放污染物的建设项目 ● 禁止种植高秆农作物 ● 二滩、嫩滩禁止种植乔木等	● 禁止高耗水产业进入 ● 灌区灌溉水利用系数应达到 0.54 ● 一般工业万元增加值用水量控制在 25m^3 以下

Ⅴ. 规划方案优化调整

本次规划环评工作遵从早期介入的原则，与规划工作同步开展，将对生态环境影响的考虑充分融入规划中。

在高滩规划方案中未考虑规划实施后高滩居民生活污水集中处理设施的二滩农田灌溉退水量、控制用水总量、提高用水效率、处理率。在方案编制过程中环评人员提出应考虑规划实施后高滩的水处理率问题，其后在规划编制过程中增加高滩居民生活污水集中处理设施的处理率等要求。

（8）环境保护措施

本规划的主要是任务是改善黄河不利的河道形态，完善河道整治工程，稳定河槽、控制河势，提高黄河的过洪能力，属国家重大工程。

根据国家相关的保护条例，规划布置应避开郑州黄河湿地省级自然保护区核心区和缓冲区，避开黄河郑州段黄河鲤国家级水产种质资源保护区核心区。但由于本规划属下游滩区治理新思路的规划方案，通过河道疏浚重塑河道、稳定河槽、控制河势，缓解“地上悬河”的发展形势，本规划主要规划范围为黄河滩区河道管理范围，因水产种质资源保护区、黄河湿地省级自然保护区均位于河道管理范围内，本规划无法避让黄河郑州段黄河鲤国家级水产种质资源保护区核心区、郑州黄河湿地省级自然保护区核心区和缓冲区。

Ⅰ. 生态环境保护措施

陆生生态环境保护措施：在规划区域内加强生态保护宣传工作，提高全民的生态保护意识。强化预防监督管理，加强保护，预防人为破坏植被，保护生态环境；加强生态环境监测，掌握区域生态环境指标，预测区域内生态环境变化趋势，为更好地开展保护提供科学依据；规划实施后，建设国家湿地公园，加强嫩滩区域生态环境保护。

水生生态环境保护措施：加强水生生物保护管理，开展宣传教育，提高社会各界保护野生水生动物特别是保护鱼类的自觉性；加强水生生态环境监测，掌握水生生态环境指标，预测区域内水域生态环境变化趋势，为更好地开展保护提供科学依据；建议联合水生生态保护研究等部门，在调查研究水生生物习性的基础上根据水生态生物需求规律，结合规划实施过程对水生生物的影响，开展水生生态保护措施研究，更加有力地促进水生态保护工作；在黄河干流开展增殖放流等水生态保护活动。

Ⅱ. 自然保护区保护措施

避让措施。根据《中华人民共和国自然保护区条例》等的相关规定，在规划实施阶段编制自然保护区影响专题报告，优化方案；合理安排施工期，自然保护区冬候鸟的越冬期为 11 月至次年 3 月，施工活动应错开冬候鸟的越冬期；施工期间，加强项目区周边鸟类活动监测，如发现重点保护鸟类在施工区成群出现，则临时停止施工；施工区周边需设置全范围隔声屏障围挡，选用低噪声设备施工等。

减缓措施。植被影响减缓措施：加强管理，预防人为破坏植被；加强生态保护宣传工作，提高区域内人民的生态保护意识；强化预防监督管理，加强自然植被保护；优化施工；严禁随意砍伐、破坏区域的各种野生植被；加强环境保护力度；选取当地的优势植物群落进行绿化；加强生态监测工作。动物影响减缓措施：加强生态保护的宣传教育，印发重点保护野生动物的图册给施工人员，学习识别保护动物，严禁非法猎捕野生动物；规划区域内设置野生动物保护警示牌。

生态恢复措施。人工种植林草，应选择适应当地环境的物种，以利于植被的存活；采取植被恢复措施，复耕农田。

III. 水产种质资源保护区的保护措施

i. 避让措施

根据《水产种质资源保护区管理暂行办法》第十六条，“在水产种质资源保护区内从事修建水利工程、疏浚航道、建闸筑坝、勘探和开采矿产资源、港口建设等工程建设的，或者在水产种质资源保护区外从事可能损害保护区功能的工程建设活动的，应当按照国家有关规定编制建设项目对水产种质资源保护区的影响专题论证报告，并将其纳入环境影响评价报告书。”

ii. 减缓措施

由于河道疏浚在鱼类繁殖期间（4～6 月）进行施工时产生的噪声对鱼类有一定的干扰，因此繁殖季节应减低设备运行噪声，严禁使用高噪声设备；规划实施过程中，施工作业必须严格按照批准后设计中的有关规定执行，确保环保措施的贯彻落实。

iii. 生态修复措施

鱼类增殖放流：规划实施对黄河下游鱼类沿岸生境、栖息和摄食等活动会产生一定的影响，采用增殖放流措施，修复受损渔业资源，以补充鱼类群体。增殖放流按照先易后难的原则进行。根据规划影响区域渔业群落组成特点及前文所述的工程对鱼类的影响，鉴于不同鱼类的生物学研究和人工繁殖研究进展不同，拟对不同的鱼类制订不同的增殖放流计划。

人工生境修复：规划的实施会使黄河下游主河道水域环境发生改变，包括河床底质改变、沿岸植被破坏和底栖生物的损失等，因此规划实施后应尽快对水域生态环境开展修复工作。人工植被恢复可采用当地植被、草种，如种植芦苇、香蒲等。改善沿岸水域生态环境，在岸边进行底栖生物移植，使之在浅水或洪水淹没区域能形成新的鱼类索饵场与产卵场。生态修复包括沿岸带植被和底栖动物增殖，选择在涉及的水生生物保护区内进行生境修复。

Ⅳ. 水环境保护措施

水环境保护措施有：①强化节水措施，积极推进规划区域内农业、城镇节水；②减少二滩农业化肥施用量，进而减少面源污染，保护饮用水水源地水质不受污染；③高滩新建污水处理厂，工艺选择应充分考虑区域废水特点，合理确定处理工艺、技术参数等，污水处理厂出水水质执行一级 A 标准，污水处理厂应全部实现在线监测，严禁超标排放污水；④制定中水利用优惠政策，鼓励高滩绿化用水、二滩农业用水尽量使用污水处理厂中水。

（9）评价结论

该规划的实施，可以有效缓解黄河下游滩区的防洪压力，高滩和二滩的建设使滩区生产集约高效，滩区群众的生产生活更有保障，符合该地区发展的要求。本规划主要的制约因素为郑州黄河湿地省级自然保护区、黄河郑州段黄河鲤国家级水产种质资源保护区，主要影响阶段为规划实施过程中的施工期。由于本规划的河道疏浚工程无法避让郑州黄河湿地省级自然保护区缓冲区、核心区，在规划实施过程中可采取避免夜间施工以及施工期避开鸟类繁殖期的措施，减弱施工对自然保护区的影响。本规划的河道疏浚工程无法避让黄河郑州段黄河鲤国家级水产种质资源保护区核心区，应加强施工管理与监理，并在下一阶段进一步论证相关内容对环境敏感区的影响。

在采取以上措施后，规划实施对环境的不利影响，可以得到减弱或消除。从环境保护角度分析，只要各项环保措施得到认真落实与实施，本规划是可行的。

6.1.9 实施效益评价

平原新区黄河河道与滩区综合提升治理工程的实施，将进一步完善该河段黄河下游防洪减淤体系，充分发挥滩区行洪滞洪沉沙作用，保障滩区群众生命财产安全，为黄河下游两岸和滩区经济社会可持续发展提供防洪安全保障，经济效益、社会效益、生态效益等十分显著。

规划实施后，可彻底改善滩区群众安居乐业与洪水拉锯的不利局面。通过高滩淤筑，达到 20 年一遇以上的防洪标准，为滩区群众提供安居场所，减缓滩外安置建设用地压力，最大程度减少滩区社会关系冲击，生产生活承继性强，使滩区群众迁建更有获得感和幸福感。可进一步夯实黄河标准化堤防防线，改变堤沟河顺堤行洪，增强黄河堤防防洪安全保障能力。通过在二滩发展高效生态农业、生态旅游观光产业，结合提升水资源保障能力的滩内水系打造，可实现农业增产、旅游发展、带动人口就业、土地流转等综合效益，使黄河滩区由平原新区发展的短板成为新的经济增长极，成为人水和谐共生的新典范。

6.1.9.1 防洪效益评价

（1）该河段堤防防洪安全进一步得到保障

对“堤河”“串沟”的淤填，大大降低顺堤行洪的可能，堤防工程的安全得到进一步保障；依托黄河大堤淤筑高滩，一定程度上加宽培厚了黄河大堤，使黄河防洪安全进一步得到保障；滩区淹没补偿政策落实，加强对各级政府和公众的宣传，提高公众的洪水风险意识，滩区的社会管理将逐步规范，人口发展和土地利用将得到有效控制，为下游河道治理与滩区安全发展共赢创造了条件。因此，规划实施后，滩区的滞洪沉沙功能得以充分发挥，下游防洪工程体系更加完善，整体防洪安全进一步得到保障。

（2）滩区内群众面临的洪水风险大大降低

规划的安全设施和公共设施建设后，可以大大降低群众面临的洪水风险，其中靠大堤附近修建高滩安置约 5.88 万人，使安置后的群众面临的洪水风险达到 20 年一遇以上（平大堤堤顶标准更高，洪水风险更小），使其生命及主要财产安全得到更有效的保障，从而为滩区群众的生产发展提供了保障，为乡村振兴和高质量发展创造了条件。

6.1.9.2 经济效益评价

规划实施后产生的经济效益主要包括防洪、土地增值及旅游等综合效益，其中防洪效益分为河段防洪效益和下游滩区防洪效益。

（1）黄河下游京广铁路桥至花园口河段防洪效益

参考以往项目对黄河下游决堤位置的分析，京广铁路桥至花园口河段左岸发生决堤洪水的位置为新乡市。考虑该河段堤防决口影响范围内的社会经济状况，将洪灾损失分为四部分进行分析计算，一是淹没区面积综合损失（包括县城、集镇、村庄的房产，农业、工业、副业和一般工程设施等公私财产及救灾费用）；二是沙压耕地损失；三是铁路、高速公路中断损失；四是城市受灾损失等。以 2017 年价格水平，推求分河段黄河大堤一次决口洪灾经济损失。

本次计算参考黄河下游防洪工程体系减灾效益分析计算结果得出的各类财产损失指标，再结合黄河下游滩区洪灾损失调查地区的实际情况，综合分析推求出黄河大堤新乡段一次决口洪灾经济损失为 6060 亿元。

依据水文泥沙计算及河防现状分析，结合实地调查并借助经验确定发生不同量级洪水黄河下游有无本次工程情况下的堤防决口概率，按照频率法计算工程的多年平均防洪效益，经计算，多年平均防洪效益为 25.33 亿元。考虑高滩修建对堤防的补强作用占发挥效益的一部分，效益分摊系数按 0.1 考虑，规划实施产生的多年平均减免防洪损失约为 2.5 亿元。

（2）下游滩区防洪效益

安全建设的防洪经济效益是工程建成后可减免的洪灾经济损失。共需安置的人口约为 5.88 万人。本次主要对村庄外迁和就地避洪两种工程措施的防洪效益进行定量计算，暂不计入临时撤离措施的防洪效益。

黄河下游滩区洪水淹没损失估算主要依据不同量级洪水的受灾人口和人均财产综合损失两个指标。本次工程建设的重点是河南滩区工程，涉及新乡市，根据调查资料并结合统计分析结果，按照 2017 年价格水平，滩区人均家庭综合财产价值 46 510 元。参考黄河下游防洪保护区的洪灾损失率研究成果，结合滩区财产结构、财产抗灾特性，拟定滩区不同淹没水深等级的各类财产洪灾损失率，详见表 6.1-33。

表 6.1-33　黄河下游滩区洪灾损失率分析表

项目	水深（m）				
	0～0.5	0.5～1	1～2	2～3	>3
房屋	0.10	0.17	0.30	0.35	0.40
生产交通工具	0.08	0.15	0.25	0.35	0.45
其他	0.15	0.30	0.40	0.55	0.70

分析不同频率洪水情况下各村庄工程实施前后的洪水淹没水深，按照不同淹没水深的洪灾损失率，计算发生不同频率洪水时各村庄的洪灾损失。依据不同频率洪水的洪灾损失，采用频率法计算多年平均防洪效益。综合分析工程受益区财产结构及经济发展趋势等因素，拟定受益区洪灾损失增长率为 4%。

经分析计算，平原新区黄河滩区高滩安全建设多年平均防洪效益合计为 7150 万元。

（3）土地增值效益及产业发展效益

2016 年 12 月，河南省建立了宅基地复垦券制度。复垦券是指贫困县和纳入黄河滩区居民迁建规划地区腾退的宅基地及其他农村集体建设用地扣除自身安置用地后节余的农村建设用地指标，其实质仍是增减挂钩节余指标。按照规划方案，规划后可通过土地复垦节余出 753hm^2 的宅基地复垦券指标，参照实际宅基地“复垦券”的市场交易情况，按照一亩地 30 万元的交易价格初步估算，通过宅基地“复垦券”交易可产生约 34 亿元的经济价值。

2019 年 8 月 26 日，第十三届全国人民代表大会常务委员会第十二次会议表决通过了关于修改《中华人民共和国土地管理法》的决定，明确了集体经营性建设用地可以入市。农村集体建设用地在符合规划、依法登记，并经三分之二以上集体经济组织成员同意的情况下，可以通过出让、出租等方式交由农村集体经济组织以外的单位或个人直接使用，同时使用者在取得农村集体建设用地使用权之后还可以转让、互换、出资、赠予或者抵押。高滩规划建设用地中工矿仓储、商业服务业等经营性用地的土地面积为 296hm^2，参考国内集体经营性建设用地入市的实践经验，按照一亩地 100 万元初步估算，可产生约 44 亿元的经济价值。

生态农业、旅游业等产业的发展，也会带来巨大的经济效益。经估算，滩区稳定发展后可每年可新增各类休闲旅游接待人次约 110 万人次，可增加年旅游收入 3.48 亿元。另外，通过构建完整的滩区农业产业体系，涵盖农林牧副渔的全产业门类，并通过科技成果转化应用的方式结合当地条件，提取单位亩产并将作物单位价值最大化，经估算农业产业发展可助力当地 GDP 年增长 63.6 亿元，贡献税收 3.8 亿元。

防洪效益为公共效益，“复垦券”交易效益为平原新区获取土地指标盈余效益，可用作滚动投资。仅考虑旅游及有关产业发展等效益，匡算人均可增收 5000 元/年。若考虑国内集体经营性建设用地入市，可进一步提高滩区群众收入。

6.1.9.3 社会效益评价

规划项目实施后不仅具有减免洪水灾害的直接经济效益，还对保障黄河下游两岸社会持续发展、改善生态环境以及提高滩区经济发展水平与社会稳定性具有巨大作用。

通过对规划区进行合理规划，盘活了土地资源，能够产生良好的经济效益、社会效益和生态效益。一方面较好地解决了土地增值和农民受益的问题；另一方面也搭建了城市反哺农村的平台，解决了城市建设用地指标紧张难题，把贫困地区“沉睡”的土地资源转换为资本，构建起了以城带乡、以工补农、城乡统筹的区域补偿机制。

经过合理规划，能够在规划区产生良好的社会效益。一是推动农业规模化经营，提高土地利用效率。经过农用地整理、土地复垦及高标准基本农田建设，结合农用地土地经营权流转，实现当地农业规模化、集约化、机械化经营，提高土地利用效率。二是建设空间布局更合理，配套设施更完善。通过对高滩进行合理规划，科学布置居住、商业、产业、公共服务等空间，优化建设用地空间布局，完善基础配套设施，方便居民生产、生活。三是农民收入来源增加，生活质量提高。通过农村土地流转和地方产业发展，为农民增加收入来源，提供多样的就业岗位，提高农民生活水平。四是农村产业科学规划，激发土地更多价值。通过对地方产业进行科学、合理的规划，结合地方的优势产业、特色文化，因地制宜，发展生态农业、生态旅游等产业，创造更多土地价值。

6.1.9.4　生态效益评价

经过合理规划，能够在规划区产生良好的生态效益。一是生态农业绿色发展，减少土地污染。通过高标准基本农田建设，完善农业基础配套设施，发展生态农业、绿色农业，减少甚至避免化肥、农药的使用，打造有机、生态农业产品，改良土壤质量，减少对土地资源的污染。二是水系面积增加，改善区域小气候。规划拆除大部分现状宅基地，然后进行土地复垦、整理，其中一部分土地指标用于生态水系的建设，通过构建系统、合理的生态水系，增加了水域面积，一定程度上能够推进区域气候的良性循环，更适宜居民的生产和健康生活。三是重塑滩区地貌，恢复自然河流健康的断面形态。规划区现状河道存在不少防洪隐患，不利于滩区安全建设，通过“三滩”分区规划治理，优化规划区生态格局，重塑滩区地貌，从生态学角度有利于恢复自然河流健康的断面形态。

6.2　长垣黄河滩区试点规划实践

6.2.1　长垣黄河滩区概况

（1）长垣黄河滩区特点

长垣市地处黄河下游，处于郑州、新乡、安阳、开封、菏泽等城市群的中心地带，因“县有防垣”而得名，与兰考县、东明县隔黄河。

黄河长垣段地处黄河由西向东北的转弯处，总长 56km，占全省河道总长度的 12%；滩区面积为 339km^2，占全省滩区面积的 16%，占长垣市总面积的 32%，是典型的宽河道、浅河床、主流游荡型河段。

长垣黄河滩区是黄河下游最宽最大的低滩区。长期以来，受黄河水患影响，滩区的产业发展受限，基础设施建设薄弱，滩区的社会经济发展严重滞后。黄河流域生态保护和高质量发展上升为国家重大战略以来，黄河滩区的发展潜力和地位日益凸显，在落实黄河流域生态保护和高质量发展国家战略方面最具有代表性。

（2）滩区经济社会现状

滩区内有武丘乡、苗寨镇、芦岗乡、魏庄街道和恼里镇 5 个乡（镇、街道），共计 190 个行政村，总人口约 36 万人。

武丘乡总面积为 86km^2，2019 年辖 36 个行政村，乡域人口为 5.79 万人。基础设施日益完善，以林业、畜牧业、生态业为主要发展方向，经济状况良好。

苗寨镇全镇总面积为 54km^2，截至 2019 年底，全镇辖 37 个行政村，有 42 个自然村，总人口为 5.8 万人。苗寨镇地处黄河滩区，人多地少，主要靠外出务工收入，从 20 世纪 70 年代兴起的防腐业，成为该镇的支柱产业，农业以小麦、玉米、大豆、红薯等绿色种植为主。

芦岗乡总面积为 71km^2，耕地 9 万亩。2019 年辖 41 个行政村，有 64 个自然村，乡域人口为 7.3 万人，有 308 省道东延线、纬七路东延线、长石路等数条公路。

魏庄街道面积为 100km^2，耕地 9 万余亩。2019 年辖 46 个行政村，乡域人口为 10.2

万人。其作为起重机之乡，是河南省百强乡镇。

恼里镇总面积为 90.8 km^2，耕地 12.5 万亩。2019 年辖恼里、碱场、龙相、东辛庄、西辛庄等 30 个行政村，总人口为近 7 万人。2019 年恼里镇生产总值为 37.6 亿元，公共财政收入为 5000 万元，居民人均可支配收入达到 2.04 万元。

（3）滩区产业发展现状

长垣黄河滩区受《中华人民共和国水法》和《中华人民共和国河道管理条例》等法律约束，是黄河滞洪沉沙场所，禁止修建永久性建筑物及一切阻碍洪水的设施，所以滩区内产业相对市区较为落后，经济增长能力不足，人民群众生活水平低。但滩区人民勤奋努力，开拓进取，近年来也陆续形成了一些起重制造、服装加工、畜牧养殖等规模产业。

长垣黄河滩区的恼里镇、魏庄街道、芦岗乡、苗寨镇和武丘乡现状产业发展参差不齐，各有特色，经济发展由南向北呈现下降趋势。恼里镇、魏庄街道以起重机生产为主，芦岗乡、苗寨镇以防腐建筑劳务输出为主，武丘乡还是以传统农业种植为主。滩区现状产业还是以传统种植为主，部分土地流转、承包给个人，发展起重制造、生态农业、果蔬种植、畜牧养殖、服装加工等产业。

（4）土地利用现状

根据第三次全国国土调查成果，长垣黄河滩区耕地面积最大，为 256.5km^2，占土地总面积的 67%；林地面积为 36.84km^2，占 10%；住宅用地面积为 35.15km^2，占 9%；水域及水利设施用地面积为 33.25km^2，占 9%。长垣黄河滩区第三次全国国土调查用地类型分布见图 6.2-1。

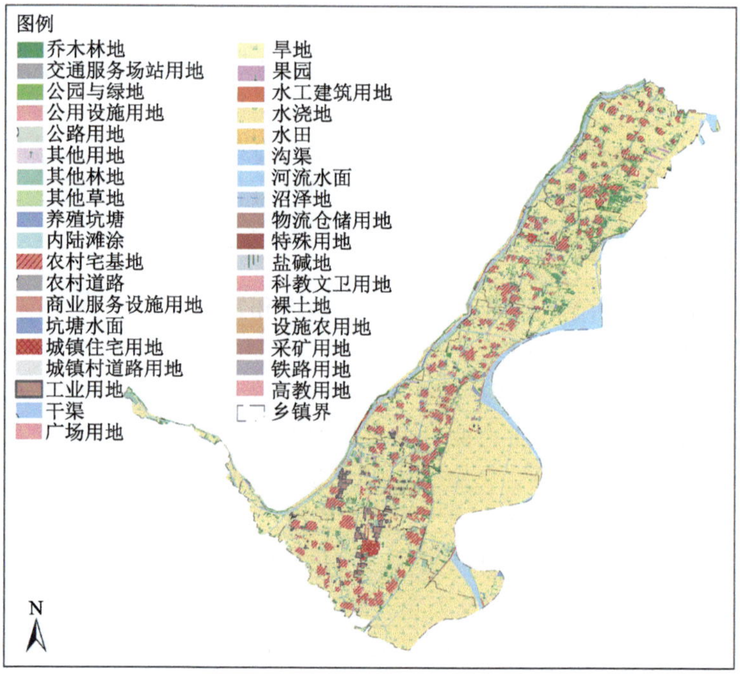

图 6.2-1 长垣黄河滩区第三次全国国土调查用地类型分布图

（5）道路交通现状

长垣市内的新菏铁路是国家一级复线，长 48.5km，长垣站为新菏线上的一个三等客货运中间站，可办理客货业务。长垣市内还有 1 座四等站，为满村站。

长垣市道路通车里程达到2068.196km，其中，高速公路 2 条 54.7km，省道 2 条 70.6km，农村公路总里程 1942.896km（县道 6 条 129.195km，乡道 19 条 304.796km，村道 1402.331km，专用公路 106.574km），公路密度为 1.97km/km^2，基本形成了以县城为中心点，以高速公路为纽带，以国省干道为骨架，以农村公路为连接点，以行政村为辐射点的公路交通服务网络化体系（图 6.2-2）。

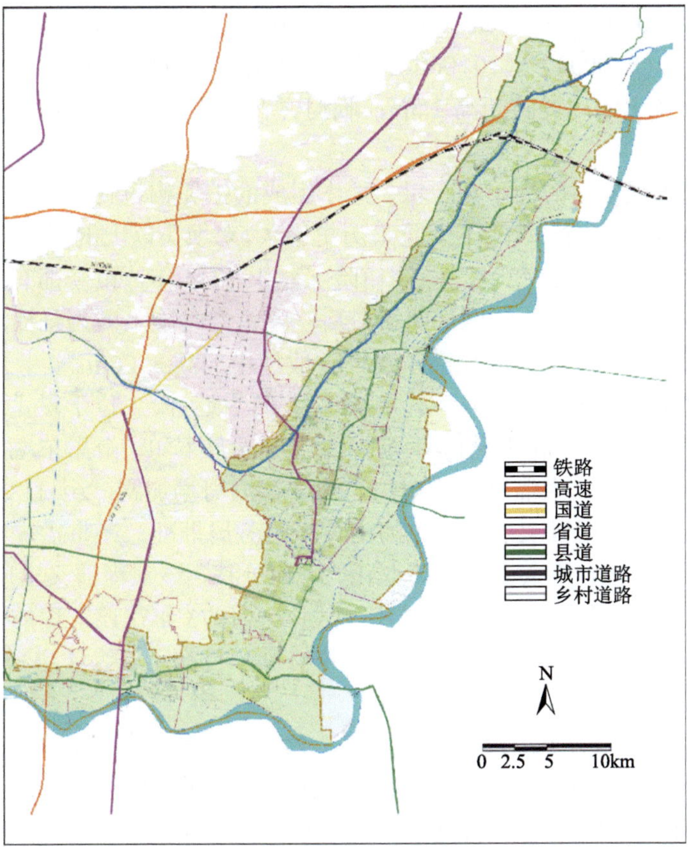

图 6.2-2　长垣黄河滩区现状路网状况

长垣黄河滩区的主要跨河通道长济高速在长垣市北部的赵堤镇东西向跨过，新菏铁路在赵堤镇东西向穿过。芦岗乡和恼里镇都有县道穿越，并跨过黄河（浮桥）通往山东省菏泽市。顺河方向交通主要有：临黄堤路、天然文岩渠右堤道路、马高线、控导工程连接线。

（6）水利设施情况

Ⅰ. 倒灌区内黄河堤防分布

左岸第一段（上段）红旗引黄闸至封丘鹅湾，桩号为（166+450）～（200+880），堤防长 34.430km，防洪标准为花园口 22 000m^3/s 流量，堤防级别为 1 级。堤防超高 3.0m，堤顶宽 12m，临河、背河边坡坡比均为 1∶3。

左岸第二段（中段）大车集至新乡市与长垣市界（王窑），桩号为（0+000）～（42+764），堤防长 42.764km，防洪标准为花园口 22 000m^3/s 流量，堤防级别为 1 级。堤防超高 3.0m，堤顶宽 12m，临河、背河边坡坡比均为 1∶3。

贯孟堤现状长 21.120km，桩号为（0+000）～（21+120），其中桩号（0+000）～（9+320）为封丘鹅湾至苏庄段（封丘县与长垣市界），堤防长 9.320km，防洪标准为花园口 22 000m^3/s 流量，堤防级别为 1 级；堤防超高 2.5m，堤顶宽 10m，临河、背河边坡坡比均为 1∶3。桩号（9+320）～（21+120），长 11.800km 的堤段未设堤防。

太行堤桩号（0+000）～（22+000），长 22.000km，防洪标准为花园口 22 000m^3/s 流量。太行堤下段（0+000）～（10+000），堤顶宽 12m，堤防超高 2.5m；上段（10+000）～（22+000），堤顶宽 10m，堤防超高 2.5m；临河、背河边坡坡比均为 1∶3。

Ⅱ. 险工

险工是紧邻大堤修建的由丁坝、垛、护岸组成的护堤构筑物，并和控导工程共同控制河势变化，保护堤防安全。黄河下游险工历史悠久，东坝头以上的黑岗口险工建于 1625 年，马渡和万滩险工建于 1722 年，花园口险工建于 1744 年，距今都有 250 年以上的历史。东坝头以下险工在 1855 年铜瓦厢决口后修建，当时险工多为秸埽和砖埽结构。人民治黄以来，对险工进行了三次加高改建，一般坝垛加高 3～6m。

倒灌区仅在贯孟堤上有 1 处险工，即禅房险工。该处险工位于贯孟堤上段，控制堤线长 500m，共有 4 道坝，始建于 1961 年。1961 年 6 月下旬，南岸东坝头险工上首桐树园着河，引起河势上提，大溜直冲禅房湾，致使该湾坍塌加剧，至 11 月中旬塌至距贯孟堤脚外 380m 处。根据以上情况，经河南黄河河务局批准，在贯孟堤上建设 4 道土坝基，并轮修了裹护工程，不久由于河势变化，大河外移，该工程前又出现了 2km 以上的大滩，4 道坝亦成旱地工程。根据河道整治规划，于 1973 年在该工程前安设了禅房控导工程，禅房险工因失去了防洪作用而没有再整修过，目前已成为 4 道旱地土坝基。

Ⅲ. 防护坝

防护坝工程是在堤防平工段有顺堤行洪、偎堤走溜可能的堤段修建丁坝抗溜防冲，以保护堤防安全。目前黄河下游顺堤行洪、偎堤走溜堤段较多，已修有防护坝 383 道。

倒灌区现有防护坝工程主要分布在大车集以下的临黄大堤上，石头庄以上共有防护坝 81 道，均为长短不一的丁坝。工程标准较低，很多坝垛年久失修，多年未曾加高，有的仅有土坝体，抗洪能力较差。

Ⅳ. 控导工程

控导工程是在滩区适当部位修建的坝垛护岸工程，具有控导河势和保护滩地的作用。黄河下游目前已建成控导工程 219 处，坝垛 4625 道，工程长度为 427.466km。

倒灌区现有 4 处控导工程，包括禅房、大留寺、周营上延和周营等控导工程，工程长度共计 17.366km，丁坝 144 道。

Ⅴ. 灌区工程

左寨灌区是在红旗灌区一干渠框架下形成的，灌区范围南至封丘县与长垣市界，西至天然文岩渠右堤，东至贯孟堤，南北长 22km，东西宽 4～9km。受益的乡（镇）有恼里镇、魏庄街道和芦岗乡，设计灌溉面积 17 万亩。

郑寨灌区位于长垣临黄堤以东、生产堤以西的黄河滩地，包括武丘乡、苗寨镇和芦岗乡的一部分，南部与左寨灌区相接。南北长约 23km，东西宽约 5km，灌溉面积为 7 万亩。

石头庄灌区设计流量为 20m^3/s，设计灌溉面积为 22 万亩，灌溉孟岗镇、方里镇、丁栾镇、满村镇、蒲东街道。

（7）滩区生态现状

Ⅰ. 生态红线

长垣市有水源涵养、生物多样性维护两类生态保护红线类型区。其中，水源涵养生态保护红线类型区 1 个，面积为 64.46km^2，占全市面积的 6.13%；生物多样性维护生态保护红线类型区 1 个，面积为 0.32km^2，占全市面积的 0.03%。长垣市生态保护红线划分结果见图 6.2-3。

图 6.2-3　长垣市生态保护红线划分结果图

Ⅱ. 主要地表水环境及水源地监测断面

依据《长垣县水体达标方案》（2017 年 11 月），长垣县过境水系流入及流出县域各有两个省级监控断面。其中，入境断面分别为封丘王堤断面和封丘陶北断面，前者位于文岩渠上，后者位于天然渠上。出境断面分别是滑县孔村桥断面和濮阳渠村桥断面，前者位于黄庄河上，后者位于天然文岩渠上。由于天然文岩渠断面现在采取了截流措施，断面处于断流状态，没有相关监测数据。出境及入境断面的水质目标均为《地表水环境质量标准》（GB 3838—2002）地表水V类标准。

依据《长垣市乡（镇）、街道办事处千吨万人集中式饮用水水源保护范围（区）划分》（2019 年 12 月），长垣市内有 16 个千吨万人集中式饮用水水源地，包括武丘乡武丘村地下水型水源地（共 4 眼井）、孟岗镇野寨村地下水型水源地（共 3 眼井）、蒲东街道办事处光明社区地下水型水源地（共 3 眼井）、魏庄街道办事处参木村地下水型水源地（共 3 眼井）、张三寨镇横堤地下水型水源地（共 3 眼井）、佘家镇老岸村地下水型水源地（共 3 眼井）、南蒲街道办事处西郭庄村地下水型水源地（共 3 眼井）、常村镇同悦社区地下水型水源地（共 4 眼井）、武丘乡鲍寨村地下水型水源地（共 3 眼井）、佘家镇钟家村地下水型水源地（共 4 眼井）、恼里镇南杨庄村地下水型水源地（共 4 眼井）、樊相镇青岗村地下水型水源地（共 3 眼井）、魏庄街道办事处傅寨村地下水型水源地（共 2 眼井）、魏庄街道办事处魏庄村地下水型水源地（共 4 眼井）、南蒲街道办事处南蒲新村地下水型水源地（共 3 眼井）、芦岗乡关公刘村地下水型水源地（共 2 眼井）。

6.2.2 长垣黄河滩区面临的问题与矛盾

（1）防洪保安问题

“二级悬河”态势严重，是黄河下游防洪体系的突出短板，长垣黄河滩区为严重河段的典型。“二级悬河”是水沙关系不协调与人类活动影响共同作用形成的，东坝头至陶城铺河段滩面横比降达 1‰～2‰，是河道纵比降的 6～10 倍，是“二级悬河”最严重的河段之一。东坝头至陶城铺的 245km 河段“二级悬河”态势最为严重，易引发“横河”“斜河”“滚河”等不利河势，危及大堤安全。

滩区群众防洪威胁大，有 26 万人没有达到国家规定的安全建设 20 年一遇防洪标准。尚余近百万人存在安全风险（无解决方案），其中长垣黄河滩区就有 26 万人，占 1/4 以上，是黄河下游沿黄 43 县（市、区）任务最重的地区，群众防洪威胁大。

贯孟堤、天然文岩渠右堤等防洪工程标准不足。遇 20 年一遇洪水时，倒灌区长垣市有 80 个村庄受淹，受淹人口达 14.98 万人。黄河下游 20 年一遇洪水淹没水深分布见图 6.2-4。天然文岩渠右堤现状防洪标准为 10 年一遇，仍需提升。

（2）生态退化风险大

湿地不湿，湿地萎缩。河南新乡黄河湿地鸟类国家级自然保护区的主要保护对象为珍稀濒危鸟类及黄河下游特有的湿地生态系统。

水环境污染风险大。滩区外水体受点源、面源污染，存在劣V类水体，水体质量改善存在较大压力。天然文岩渠上游水质不佳，水环境受威胁。

自然保护区受人为活动影响大。自然保护区内分布大量基本农田，其中大部分是核

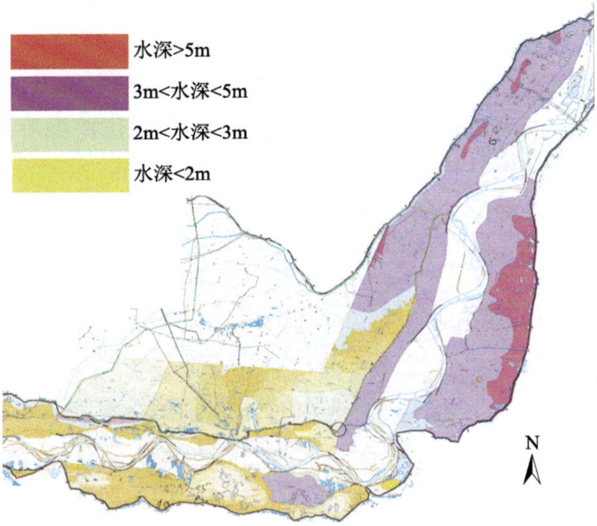

图 6.2-4　黄河下游 20 年一遇洪水淹没水深分布示意图

心区。水源保护区涉及大量生活、生产区域，生态保护难度大。不当收割芦苇和非法捕猎等人为因素仍有较大影响。

（3）水资源保障能力不足

水资源利用效率低，还有节水潜力。长垣引黄指标为 0.84 亿 m^3，为刚性约束，已约束堤外生态、生产、生活用水，影响社会经济发展。长垣市部分工业企业生产设施落后，工业增加值用水量为 17.2m^3/万元，与双控要求的 13.1m^3/万元还有一定的差距；灌溉渠系老化，渠系跑冒、渗漏问题突出，农田水利建设配套不够完善，导致农业用水占比较高，占用水总量的 54.4%，农业用水仍有较大的节水潜力。

地下水水质较差，威胁供水安全。地下水水质相对较差，在地下水监测的 3 个站点中，达标的站点仅 1 个，占 33.3%，地下水水质不达标的站点为 2 个，占 66.7%，长垣市对地下水水源依赖性较大，对供水安全构成一定的威胁。

污水处理率低，非常规水利用量少。长垣市现状年污水处理率比较低，仅为 43.45%，再生水使用量较少，需加快推进再生水的利用，实现污水资源再利用、水环境改善和污染减排等多种功能，建立并完善再生水利用激励政策，鼓励污水处理厂采用再生水利用技术。引黄调蓄能力不足，仅利用天然文岩渠增加调蓄能力 0.15 亿 m^3。

（4）历史资源挖掘不充分

历史底蕴厚重，文化发展潜力大、条件足。长垣历史底蕴厚重，是黄河流域中与黄河联系最紧密的地区，不论河道如何变迁，黄河始终与长垣相依相伴。黄河流经长垣 56km，滩区面积 339km^2，比长垣市面积的 1/3 还多；长垣黄河滩区耕地面积 33.5 万亩，耕地面积占长垣市面积的 1/3 以上；长垣黄河滩区群众 28 万人，也基本接近了全市的 1/3。滩区村镇、工业、耕地共存，为黄河文化的发展与弘扬提供了坚实的基础。

黄河水文化挖掘不足。黄河长垣段河道特征明显，目前对长垣市与黄河的渊源、黄河长垣段特色的悬河和堤防等方面文化的挖掘不足。

现有遗迹保护利用不足。滩区内现有零散分布的古迹遗址，如旧城三皇庙等。多数遗址未进行必要的保护而破败；部分得到保护的，存在文化挖掘不深入、展示利用的条件不足、缺少展示设施和保护措施等问题。

现有人文、民俗项目文化缺失。现有月亮湾生态旅游度假区、鹿港乐园等生态观光展示项目，黄河文化缺失，特征不明显。

（5）发展不平衡不充分动力不足

滩区内经济发展受限，经济滞后。长垣黄河滩区居民人均可支配收入是相邻乡（镇）的 80%，是全市的 60%。滩区公共服务、基础设施等历史欠账较多，医疗卫生设施不足，应对重大传染病等突发事件的能力不强，重要商品和物资储备规模、品种、布局亟须完善，保障市场供应和调控市场价格的能力偏弱，城乡居民收入水平低于全市平均水平。

滩区内部发展不平衡。武丘、苗寨、芦岗等低滩区与周边恼里、魏庄等发展差距大，产业基础相对薄弱。

特色产业高质量发展动力不足。滩区第一产业主要为传统农业，机械化水平较低和科技支撑能力较弱；特色工业基础较好，起重、防腐、服装制造等产业蓬勃发展，但产业链不完善，创新能力差，利润率低。产业整体倚能倚重、低质低效问题突出，缺乏有较强竞争力的新兴产业集群。支撑高质量发展的人才资金外流严重、要素资源比较缺乏。受环境和法规影响，滩区的第三产业发展滞后，公共服务设施配套不齐全。

6.2.3 长垣黄河滩区生态廊道构建

（1）高效且富有韧性的行洪输沙廊道

长垣黄河滩区是黄河下游地区最典型的宽河道、浅河床、主流游荡型河段，对保障黄河下游地区行洪安全起着重要的作用，此段又是“二级悬河”态势最严重的地区之一，急需重塑生态安全本底，稳定该段的生态廊道基础。因此按照“洪水分级设防、泥沙分区落淤、三滩分区治理”的黄河下游滩区综合治理思路，采用生态疏浚、泥沙淤筑的方式塑造滩区，形成高滩、二滩及嫩滩的空间格局，科学处理洪水、泥沙、人和生态的关系，保障河道高效行洪输沙。行洪输沙廊道中的主槽、嫩滩、二滩在面对不同量级洪水时承担的作用各有侧重，从广义上来讲，其都有行洪输沙的功能，从狭义上来讲，主槽和嫩滩更侧重于保障上游来水快速下泄，而二滩广阔的空间更像一个“巨型容器”，其更侧重于对洪水的拦截与滞蓄，三者之间相互配合，有弹性地保障黄河河道行洪输沙，因此在长垣黄河滩区规划中，我们力求构建一个高效且富有韧性的行洪输沙廊道。

（2）生活、生产、生态紧密联系的三生融合发展廊道

目前，滩区内各居民点分布散乱，生活空间长期受洪水威胁且品质低下；滩区内基础设施薄弱，运营管理方式落后，生产空间低质低效；滩区内生态环境敏感脆弱，且与生产、生活空间交错分布、矛盾突出，难以得到有效的保护与修复。总之，滩区内“三生”空间之间的关系是复杂矛盾的，难以产生正向的联系。为此，我们在塑造滩区行洪输沙廊道的基础之上，重新排布滩区的生活、生产、生态空间，构建滩区“三生”融合发展廊道。

利用高滩建镇的模式，实现人水分而不离，既能解决滩区群众的防洪安全问题，又能节约集约利用土地资源，还能提升群众生活空间的品质。居民迁建后，对滩区废弃民居拆旧复垦，复垦的土地归还于生产、生态空间，实现生活、生产、生态空间的良性交互。“三生”空间关系见图 6.2-5。

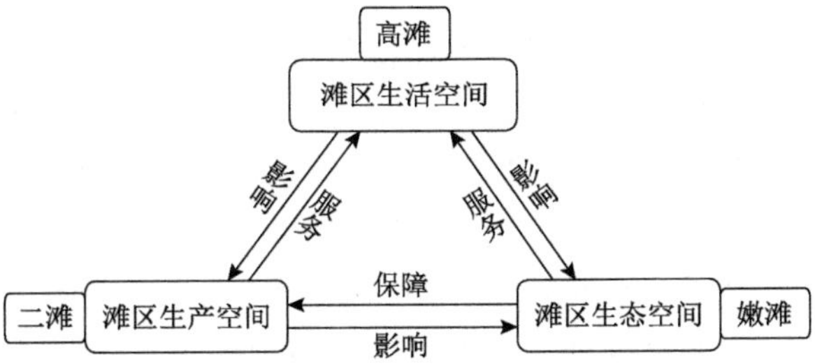

图 6.2-5　“三生”空间关系图

滩区人口向高滩集中，将原有滩区零碎的生产、生态空间整合，以便于集中运营管理，同时完善生产空间内相关的基础配套设施，提升单位生产空间的产出效益。理顺滩区内的生态空间，在保护与修复生态空间的同时，挖掘生态空间的生态价值，发挥其生态效益。

（3）文化景观保护与传承廊道

早在史前传说中的三皇五帝时期，华夏先民就在黄河两岸繁衍生息；从夏商周一直到北宋，以关中、河洛地区为主的黄河流域是历代王朝的核心之地，长安、洛阳、开封等名城更是 30 多个朝代的都城。中华民族的发展史就是一部治黄史，黄河河道及沿线区域分布有丰富的历史文化资源及人文景观资源，是地区人文精神的重要载体，更是文化景观保护与传承的廊道。在本次长垣黄河滩区规划中我们充分认识这一点，在梳理滩区历史文化资源的同时，做好保护与传承工作，结合人文景观节点，串联好滩区文化景观资源，理清文化景观脉络，打造好长垣黄河滩区文化景观保护与传承廊道。

6.2.4　总体规划

（1）基本原则

防洪优先，保障安全。规划范围位于黄河滩区，保障人民群众生命财产的安全是最基本的要求，因此，应加强滩区安全建设，其他各项规划措施应建立在满足防洪安全的基础上。

以人为本，人水和谐。把保障和改善民生放在重要位置，以改善滩区人居环境、惠及民生、凝聚民心为出发点，从提高人民群众生活水平和生活质量的实际要求出发，解决好与人民切身利益密切相关的滩区治理问题，满足居民生产生活和生态休闲的需要，把人民群众直接受益的基础设施作为本次规划的优先领域。同时，应遵循自然规律，坚持人水和谐，促进人与河流、人与自然的和谐相处，实现治理需求与自然规律的有机统一。

尊重自然，绿色发展。规划依照党的十九大提出的“坚持人与自然和谐共生”的基本方略，树立“绿水青山就是金山银山”的意识，强化尊重自然、顺应自然、保护自然的理念和量水发展、以水定城的发展思路，充分尊重区域水系和水资源的自然分布及其演化规律，在维护河湖生态系统的自然属性、满足基本水资源需求的基础上，促进水生态系统自我平衡和自我修复功能的发挥，努力降低开发利用、各产业污染对水生态系统的负面影响。通过水生态环境的明显改善和特色水景观水文化品牌的培育，以及生态文明建设的先导作用，形成绿色发展方式和生活方式，推动滩区健康和谐发展。

政策指引，上位指导。以国家各级部门近年来出台的有关生态文明建设、水生态文明建设、河长制等政策性文件的要求为指引，以《黄河流域综合规划（2012—2030年）》《长垣县城乡总体规划（2016—2030年）》《中华人民共和国国民经济和社会发展第十三个五年规划纲要》等上位规划为依据，突出本规划的方向性、科学性、前瞻性和支撑性。

统筹协调，系统治理。正确处理需要与可能、整体与局部、开发与保护等各方面的关系，按照“多规合一”的思想，兼顾水安全、水生态、水环境、水资源、水景观、水文化、水管理等各方面的需求，统筹山水林田湖草系统治理，协调上下游、左右岸、干支流、水体岸上、滩区内外的关系，以问题和目标为导向，增强治理保护工作的针对性和有效性，合理布局各类工程和非工程措施。

保护为主，防治结合。尊重河道自然条件，加强水生态、水资源、水环境的保护和修复，强化对自然水生态环境系统完整性和健康状况的维护。在保护和修复的基础上合理开发利用，充分考虑工程建设的生态环境影响并采取切实有效的生态环境保护措施。坚持源头治理和重点整治相结合，做到防治结合、标本兼治。

稳步推进，分期实施。抓住突出问题和主要矛盾，区分轻重缓急、难易程度、效果大小等，合理安排近期重点项目规划布局和重点措施。通过科学谋划，做到稳步推进，分期实施。选择治理需求较强、基础条件较好、易于实施、见效较快、示范作用较强的部分工程项目先行建设，发挥启动探索、积累经验教训和示范带动的作用，在此基础上再进行全面推广。

（2）研究范围及水平年

本次研究核心区域为长垣黄河滩区，总面积为339km^2，主要涉及武丘乡、苗寨镇、芦岗乡、恼里镇和魏庄街道，涉及 190 个行政村、人口 36 万人。研究范围涉及长垣全市域范围，以及黄河下游东坝头至高村河段的全部范围。

长垣黄河滩区是破解黄河在区域发展中矛盾和问题的焦点地区，是黄河下游生态廊道建设规划重点实施的试点区域，是探索国土空间规划、乡村振兴、下游滩区治理的试验田，是黄河生态带上的一个亮点，是“节水优先、空间均衡、系统治理、两手发力”

治水思路中“系统治理”思想的体现，需要政府的强力引导、治河部门的技术支撑及社会力量共同参与。

规划水平年：近期——2025 年，远期——2035 年，展望至 2050 年。

（3）发展目标

到 2025 年，长垣黄河滩区生态保护和高质量发展取得重要进展，“三滩分治”方略初见成效，滩区群众防洪威胁降低，滩区群众生命财产安全进一步得到保障；滩区生态环境明显得到改善，区域生境质量进一步提高；滩区水资源保障能力进一步增强，水资源节约集约利用体系初步建立；滩区农业综合生产能力稳步提升，农业供给体系质量明显提高，农村一二三产业融合发展水平进一步提升，现代农业体系基本建立；滩区农民增收渠道进一步拓宽，城乡居民生活水平差距持续缩小；农村基础设施全面提升，村庄规划管理基本实现全覆盖，农村人本公共服务大体均衡，城乡融合发展体制机制初步建立；滩区文化产业初步形成，乡风文明建设成效显著，社会主义核心价值观得到广泛弘扬，优秀传统文化得以继承和发展；居民收入持续增长，城乡收入差距稳步缩小。

到 2035 年，长垣黄河滩区生态保护和高质量发展取得决定性进展，滩区群众防洪威胁基本消除，滩区生态环境根本转好，农业农村现代化初步实现；滩区基本形成完备的水资源保障体系和水资源高效利用体系；滩区一二三产业实现融合发展，滩区基本形成具有一定竞争力的文旅融合产业和文创企业；农业结构得到根本性改善，农民就业数量和质量显著提高，共同富裕迈出坚实步伐；城乡基本公共服务均等化基本实现，城乡融合发展体制机制更加完善；乡风文明达到新高度，乡村治理体系更加完善。

到 2050 年，滩区生态保护和高质量发展目标全面实现，滩区社会经济、生态治理、产业发展、文化传承的发展目标全面实现，滩区农业强、农村美、农民富全面实现。

6.2.5　重点举措

针对长垣黄河滩区生态保护和高质量发展面临的五大难题，结合长垣现实需求，我们提出了五条契合该领域实际的发展路径和战略举措，并且根据实际需要初步梳理出了 43 项重点项目。按照“洪水分级设防、泥沙分区落淤、三滩分区治理”的黄河下游滩区综合治理思路，开展滩区的深入规划，细化规划布局及应对措施，破解黄河下游长期存在的洪水调度与经济发展之间的矛盾、保障滩区防洪安全、修复滩区生态环境、节约集约利用滩区水资源、巩固提升滩区特色产业、弘扬滩区黄河文化，为长垣市经济社会发展、推进流域生态保护和高质量发展提供有力支撑，为整个黄河下游滩区生态保护和高质量发展提供示范和引领作用。

6.2.5.1　保障滩区防洪安全方面

针对防洪保安问题突出，我们计划实施：贯孟堤扩建——划定封丘倒灌区安全区与三滩分区治理创新区，加高天然文岩渠右堤以保障滩区群众防洪安全；三滩分区治理创新实践——高滩安置近十万群众，二滩结合土地复耕与高标准农田整治对“二级悬河”

开展治理，控导工程新续建、疏浚主槽，补齐防洪工程体系短板。

根据规划总体布局，黄河大堤、天然文岩渠右堤、贯孟堤将长垣黄河滩区分为一带两区：即天然文岩渠绿色活力带、特色产业集聚区和三滩分治创新示范区。对于天然文岩渠绿色活力带，以排为主，实施天然文岩渠右堤加高工程，打造集安全、生态保护、景观风貌等于一体的生态堤防。对于特色产业集聚区，构建“排蓄结合”的防洪排涝体系，实施贯孟堤扩建工程以及天然文岩渠交汇湿地工程。对于三滩分治创新示范区，按照“洪水分级设防、泥沙分级落淤、滩槽水沙自由交换”的治理新模式，通过疏浚主槽，淤筑滩区，形成高滩、二滩和嫩滩，改善“二级悬河”的不利局面，使 8000m^3/s 量级洪水不上二滩，使高滩防洪标准达到 20 年一遇。防洪工程布局见图 6.2-6。

图 6.2-6 防洪工程布局图

6.2.5.2 生态保护与修复方面

针对生态退化、环境破坏风险大的问题，规划开展山水林田湖草生态保护与修复工程，重点围绕滩区生态空间优化管控、湿地生态网络修复、鸟类多样性维护、水环境综合治理等，实现滩区生态环境良性发展。本次规划重点关注滩区内重要生态敏感区域的保护与修复，尤其是长垣黄河滩区南北分布有两个自然保护区，分别是河南新乡黄河湿地鸟类国家级自然保护区和濮阳县黄河湿地省级自然保护区，其中新乡保护区面积占绝大多数，约 37.5km^2，保护区的鸟类组成以小型雀形目和雁形目鸟类为主。鸟类组成共有 16 目，非雀形目鸟类共有 24 科 49 属 99 种，分别占保护区鸟类总科数的 60%、总属数的 51.6%、总种数的 64.7%；雀形目鸟类有 16 科 46 属 54 种，分别占保护区鸟类总科数的 40%、总属数的 48.4%、总种数的 35.3%，是保护区鸟类的主体。因此本次规划制订了鸟类生境修复相关工作，从长垣黄河滩区现状鸟类种类与分布、类群及习性特征、敏感因子等因素综合考虑，依据滩区分区治理与规划总体要求，根据场地区位、环境特点和鸟类栖息地要求，规划“一网、两廊、三区”的鸟类生境布局，见图 6.2-7。

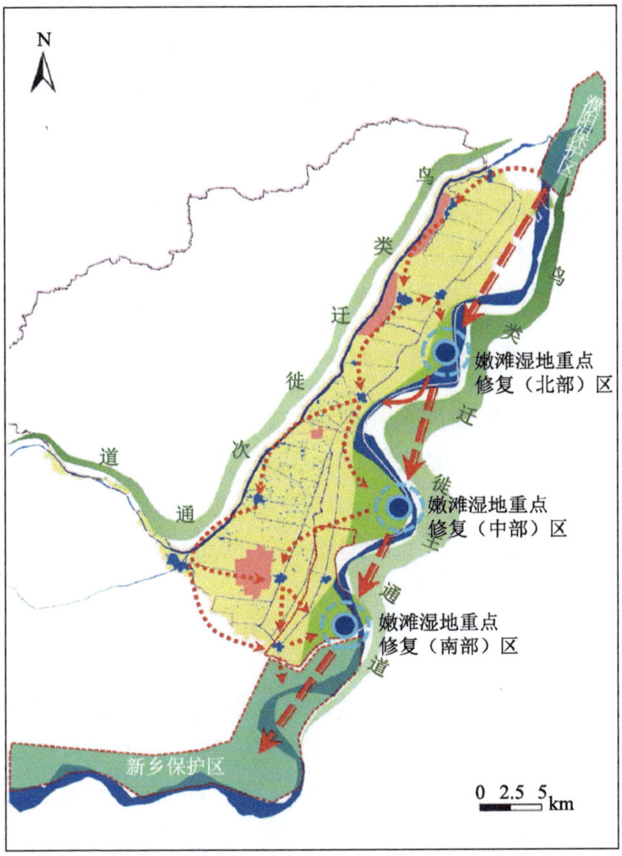

图 6.2-7　长垣黄河滩区鸟类生境保护与修复总体布局

一网：以滩区生态用水工程为主体，沟通东西两河、南北五乡（镇、街道），兼顾“三生”用水的滩区生态大水网，为鸟类迁徙、觅食、繁衍和隐蔽提供全纬度的生境空间。水网以河渠为轴、以湖泊为点，通过营造湿地水生态系统和水岸植被缓冲区，为鸟类提供优良的栖息环境。

两廊：东部黄河和西部天然文岩渠两大主干河流。黄河干流水量集中、水面广大，是各种鸟类活动特别是候鸟南北迁徙的主轴；大面积的嫩滩湿地和河心洲为各类涉禽、游禽提供了天然优良的觅食地和营巢场所。天然文岩渠是长垣市区与滩区的天然屏障，不但提供了充沛的生态水源，更是鸟类生存与繁衍的保护带。

三区：即 3 处黄河嫩滩湿地重点修复区，该区以自然恢复为主、以人工修复为辅，包括建立水生-湿生-陆生立体层次韧性湿地植被群落，建设鸟类食源区、鸟类环志站、生态监测站等措施，为鸟类及其他生物营造优良、稳定的嫩滩湿地生境，有助于进一步完善区域生境多样性结构，显著提升区域生态功能，保育珍稀动植物资源。结合鸟类生境布局，进行以下鸟类生境修复工程展布。

1）对大流寺以南 2.5km 的黄河滩、周营水厂东南 6km 的黄河滩、魏寨以东 2.5km 的黄河滩等 3 处嫩滩进行重点湿地修复，湿地修复面积约为 391hm^2。以嫩滩基底优化为基础，以自然恢复和人工种植相结合的方式进行水生-湿生-陆生立体结构层次的韧性植被群落构建，恢复营造生物多样性高、初级生产力旺盛、具备一定洪泛韧性的滩地生态系统。

2）以现状农田为基础，在湿地修复核心区外围建设鸟类食源区，工程面积约为 1175hm^2。通过合理的农作物选种搭配、低干扰农作、发展有机农业等措施，为滩区野生动物特别是鸟类提供安全、丰富的食物资源，有利于鸟类种群的保护和扩大。

3）在 3 处黄河嫩滩湿地修复区分别建设 1 处鸟类环志站和 1 处生态监测站，便于开展鸟类保护和记录、生态环境监测预警等工作。

4）开展湿地修复区防护隔离网等设施建设，建立长效管理维护机制。

6.2.5.3 水资源节约集约利用方面

针对水资源保障能力不足的问题，规划实施引黄调蓄工程、水系连通工程，强化应急备用水源建设，实现双水源、多水源供水保障格局；推动“双供双排”新型基础设施建设，构建完善的乡镇水资源节约集约利用体系；建设引黄沉沙工程，推动农业结构调整和农业节水化；规划构建安全可靠、均衡高效的城乡居民、现代农业、平原绿洲及生态廊道供水安全保障体系。

（1）生活供水安全保障体系

随着长垣黄河滩区生态保护和高质量发展战略规划的实施，滩区乡（镇、街道）根据当地自然资源和自身特色，加快转变经济发展方式，着力推进转型升级，重点发展滩区特色休闲旅游业和新型现代化观光旅游农业，逐步形成多元发展、多级支撑的现代产业体系。规划水平年对水资源的依赖性将会逐步加强，构建滩区乡（镇、街道）供水保障体系，强化应急备用水源建设，实现双水源、多水源供水保障格局，势在必行。

长垣黄河滩区范围内共有 5 个乡（镇、街道）驻地，其中恼里镇为中心镇，芦岗乡、苗寨镇、武丘乡、魏庄街道为一般乡（镇、街道）。现状滩区乡（镇、街道）供水主要依靠地下水源，共有魏庄街道参木水厂、茅芦店水厂，恼里镇恼里水厂、南杨庄水厂，苗寨镇于林水厂、胡口供水站，芦岗乡芦岗水厂、关公刘水厂，武丘乡武丘水厂、鲍寨水厂共 10 处集中供水工程，根据《长垣市“十四五”农村供水保障工程总体规划》，长垣市将实施引黄滩区乡（镇、街道）水源置换工程，现有地下水源将作为备用水源。引黄滩区乡（镇、街道）水源置换工程规划覆盖滩区的魏庄街道、恼里镇、苗寨镇、芦岗乡、武丘乡，共 190 个行政村，总供水人口为 36 万人。“十四五”期间，南水北调每年向长垣市供水 3850 万 m^3，现用水量每年约 2350 万 m^3，可调控南水北调水量约 1500 万 m^3，这部分可调控水量也可以作为滩区的机动水源。

依据乡村振兴战略规划，统筹规划工程建设，急需进一步完善长垣黄河滩区供水格局，采用水源保护、水源置换、净化处理、加强检测等措施，重点解决缺水村落、农村饮水水质不达标、水源分散、取水方便程度低等问题。随着长垣市地表水源置换规模化供水工程的实施，供水网络逐步完善，县级、乡级、村级供水保障率将会大大提高。

规划水平年逐步关停以地下水为水源的自备水井，恢复提高地下水的储备能力；加强饮用水水源保护，全面开展重要饮用水水源地安全保障达标建设；改造完善供水管网，全面推进老旧供水管网改造；落实生活饮用水卫生强制标准，优化水处理工艺，加强水厂净化设施配套，保障供水水质稳定达标；强化水质监测和监管，尤其是对“千吨万人”供水工程，健全完善供水单位-公众-监管部门“三位一体”的水质监督管理体系，及时发布供水水质信息，扩大公众参与和监督，细化落实从源头到龙头的各供水主体、监管主体水质保障责任，确保供水水质达到国家规定标准；建立滩区乡（镇、街道）供水工程建设和维修养护持续投入机制，彻底解决“先天建设不足”和“后天管养不够”的问题；提升计量监控和管理服务水平，开展工业节水宣传活动，全面实行取用水计量，推行农村供水“一户一表”建设和改造，鼓励安装预付费智能水表，推行便捷收费和供水服务方式。

（2）工业供水安全保障体系

根据长垣黄河滩区工业用水发展的需求特点，长垣黄河滩区工业供水在地区上与生活、农业及城市化发展相协调，按水资源供需平衡的原则实行用水总量控制，同时与生态环境的治理、改善和保护的要求相配合，结合工业自身的产业结构调整、技术水平升级以及产品的更新换代，合理制订不同规划水平年的用水计划和用水需求，同时根据对用水水质的不同要求，采用不同水源，做到优水优用、分质供水。

按照以水定供、以供定需的原则，调整产业结构和工业布局，制定和完善工业节水法规和政策，规范企业用水行为，将工业节水纳入法制化管理；鼓励企业采取高效节水措施，加快节水技术和节水设备、器具及污水处理设备的研究开发，淘汰落后的技术与设备；加强建设项目水资源论证和取水许可管理，鼓励发展用水效率高的高新技术产业，加强废水综合利用，落实废水资源化等非传统水资源政策；建立和完善工业节水机制，强化企业内部用水管理和建立完善三级计量体系，加强用水定额管理，改进不合理用水因素；建立工业水价预警机制，定期发布工业水价预测信息，引导企业增加节水投入，鼓励工业企业引进外资和吸收利用社会资金，加速工业节水技术改造。

（3）现代农业供水安全保障体系

构建长垣黄河滩区现代农业供水安全保障体系，对于缓解长垣市水资源短缺和沿黄高质量发展有着极其重要的作用。长垣黄河滩区耕地面积为 33.5 万亩，其中实灌面积为 16.7 万亩。规划水平年，农业用水量随着节水工程的建设、用水制度的改革、新技术的应用以及灌溉管理水平的提高会逐步下降。2025 年和 2035 年，滩区灌溉定额由现状年的 166m^3/亩分别降低到 155m^3/亩和 140m^3/亩，灌溉用水量由现状年的 2779 万 m^3 分别降低到 2595 万 m^3 和 2344 万 m^3。构建长垣黄河滩区现代农业供水安全保障体系主要包括以下几个方面。

1）优化滩区农业灌溉布局。以滩区灌区等为重点，加快灌区续建配套和现代化改造，逐步推进规模化高效节水灌溉。结合高标准农田设施建设，加大田间节水设施建设力度。开展农业用水精细化管理，科学合理确定灌溉定额，推进灌溉试验及成果转化。推广喷灌、滴灌、管灌、集雨补灌、水肥一体化、覆盖保墒等技术。加强农田土壤墒情监测，实现测墒灌溉。

2）优化调整作物种植结构。优化农业种植结构，适度压减高耗水作物，因地制宜，发展旱作农业。滩区灌溉主要依靠引黄水，局部采取井灌结合，在地下水超采的灌区，适度扩大引黄灌溉面积，积极发展集雨节灌，增强蓄水保墒能力，严格限制开采深层地下水用于农业灌溉。

3）大力发展节水产业和技术。根据滩区灌区实际情况，推动农业灌溉、计量监控智能化应用等节水技术与工艺创新，加快灌溉节水产品投入和技术研发，推动节水技术成果市场化。培育具有竞争力的大型现代化灌区节水服务企业，提供社会化、专业化、规范化灌区节水设施配套服务。

4）健全节水机制。积极推进农业水价综合改革，实行“按方收费、按亩返还”。推动建立节水财政激励政策、税收优惠政策和绿色金融信贷政策，全面激发节水内生动力。积极推动合同节水管理。加大宣传力度，提升公众节水意识。

（4）滩区生态廊道供水安全保障体系

长垣市地处黄河沿岸，辖区内分布 4493hm^2 的滩涂湿地，是河南省沿黄生态廊道的重要组成部分。根据《长垣县土地利用总体规划（2010—2020 年）调整方案》，长垣市沿黄湿地已被列入了“生态环境安全控制区”和“自然与文化遗产保护区”，属于禁止建设区，规划实施期间对其进行严格的保护，严禁开发建设和破坏。根据上级相关文件和“多规合一”精神，紧密结合环境保护规划，在此基础上，长垣市划定了生态保护红线，保护面积为 6478hm^2，涉及芦岗乡、恼里镇、魏庄街道、苗寨镇、武丘乡等 5 个乡（镇、街道），其中一级管控区 2214hm^2，以黄河湿地内陆滩涂、黄河水面和耕地为主；二级管控区 4264hm^2，以基本农田为主。

长垣市沿黄生态廊道的建设有力地支撑长垣市内的黄河国家级水利风景区、黄河马拉松公园、水上游乐项目、美食主题项目、美丽乡村农业旅游、汽车主题公园等旅游项目的发展，对于经济的发展有着极其重要的作用。因此，构建长垣黄河滩区生态廊道供水安全保障体系是十分必要的，主要采取以下措施。

严格河湖空间管控。划定河湖水生态管控空间，制定水生态空间管控方案，确定水资源、水环境、水生态管控指标，提出负面管控清单。发挥河长制、湖长制作用，严格分区管理与用途管制，持续开展河湖“清四乱”，加快推进多部门联合执法，建立水生态空间管控评估考核体系，推动长垣市沿黄河湖生态湿地系统持续向好。

开展河湖生态系统修复。加强河流湿地保护，严禁不合理开发和开垦。加强土著及珍稀濒危鱼类栖息地保护，对因涉水工程建设而受损的栖息地，开展替代生境保护、鱼类庇护所建设、连通性生态恢复、生态护岸改建等修复工程。加强河道外湖泊及湿地保护。

构建滩区人工绿洲生态带。长垣黄河滩区绿洲和湿地用水主要是引黄水源，部分水体兼顾涵养水源、净水沉沙、旅游观光等多种功能。规划水平年，必须加强黄河湿地生态带保护，合理确定河道外人工湿地规模，保证合理的生态用水规模和水源。

6.2.5.4 黄河文化传承弘扬方面

针对黄河文化资源发掘不够充分的问题，规划以“延续古蒲千年文脉、绘制悬河生态宏图”为目标（图 6.2-8），将长垣黄河滩区划分为古蒲垣味文化区、悬河主题文化区、新蒲生态文化区三大主题文化区，通过打造一批文化产业特色乡镇和文化产业特色村，建设一批乡村文化旅游项目，实施乡村文化品牌培育行动，创办一批具有创新力与竞争力的文旅融合产业和文创企业，盘活地方和民族特色文化资源，走特色化、差异化发展之路。

图 6.2-8　文化远景目标示意图

（1）古蒲垣味文化区

该段位于长垣市东北部，离主城区较远，场地内新菏铁路、长济高速横穿而过。在高滩区域建设古蒲风情小镇、垣味御膳小镇，分别体现旧城风貌及长垣烹饪文化。整个场地保留现有林地、农田、水系的肌理格局，北部区域以大地景观、农耕体验的形式向游客展示农耕文化起源与发展；南部靠近垣味御膳小镇区域设置饮食供应的果蔬、水产特色园。古蒲垣味文化区平面图见图 6.2-9。

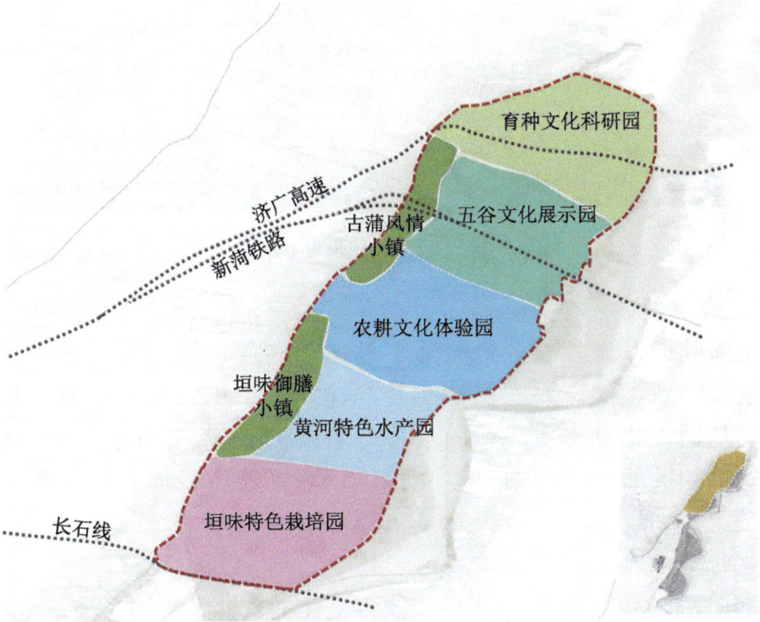

图 6.2-9　古蒲垣味文化区平面图

Ⅰ. 育种文化科研园

作为中华民族第一个由渔猎转入农耕的氏族部落，炎帝神农氏族创造了中国的农业文化。神农氏教民种五谷，解决了民以食为天的大事，促进了农业生产的发展，中原地区由原始游牧生活进入了原始农耕生活。自古以来，中国人都非常重视留种工作，总是千方百计地保护作物种子，甚至有“饿死不吃种子”的说法。

因此，本次规划在古蒲垣味文化区北侧区域设置育种文化科研园，新建种子博物馆，讲述神农授人栽植五谷至今的育种发展历程。同时，为实现高质量发展，开辟小麦、水稻等相关农产品新品种制种研发基地，开展新品种育种工作。

Ⅱ. 古蒲风情小镇

为体现旧城文化，在高滩区域建设古蒲风情小镇，再现南宋时期的旧城风貌，并对旧城变迁史进行集中展示，同时融入长垣特色五彩皮影戏、落腔（省级非物质文化遗产）等民俗活动。

Ⅲ. 五谷文化展示园

将新菏铁路两侧区域作为五谷生产展示区，将三皇授人渔猎、耕种的传说以大地景观的形式展现出来（图 6.2-10）。栽植五谷包括稻、黍、稷（小米）、麦、菽（大豆），以及花生、红薯、西瓜、油菜、向日葵等。同时设置五谷艺术坊，就地取材让人们可以参与五谷画的制作，对五谷画进行传承和发扬。

图 6.2-10　五谷文化展示园意向图

Ⅳ. 农耕文化体验园

农耕文化体验园以现代农业为载体，承担面向都市居民假日休闲的功能，包括户外农耕课堂、农业采摘、农产品购买等，建立青少年农耕文化参与和体验基地、亲子农耕体验基地，让都市居民体验耕种与农收的乐趣。同时，将农耕发展历程、农耕器具、农耕相关的二十四节气等文化以墙体彩绘、景墙、稻草和麦秸编织的形式展现出来。

Ⅴ. 垣味御膳小镇

黄河是中华民族的摇篮，是中华民族饮食文化的重要发祥地之一。与黄河共生的长垣烹饪有着悠久的历史。陶文台教授在《中国烹饪史略》一书中，称赞少康是“我国历史上第一个有年代可查的厨师”，他为长垣带来的先进烹饪术和酿酒术，对长垣烹饪曾产生巨大影响。春秋时期，孔子倡导的“食不厌精，脍不厌细”及“割不正不食，不得其酱不食”等饮食观，对长垣烹饪讲究刀口、注重调味曾产生直接的影响。垣味御膳小镇作为美食小镇，在向人们提供长垣美味的同时，展现长垣悠久的烹饪文化和历代御厨、名厨，以及先贤文化对长垣饮食文化的影响（图 6.2-11）。

图 6.2-11　垣味御膳小镇意向图

Ⅵ. 黄河特色水产园

黄河特色水产园利用滩区内规划的河流、湖泊等水系，养殖黄河特色水产黄河鲤、小银鱼、黄金鲫、虾、鲢等（图 6.2-12），为垣味御厨小镇供应长垣名菜“红烧黄河鲤鱼”等所需正宗水产品。

图 6.2-12　黄河特色水产园意向图

Ⅶ. 垣味特色栽培园

在黄河滩区，利用黄河水浇灌的土地栽植长垣十大名菜、十大特色小吃所需食材，如大葱、豆腐、芹菜、大蒜、黄瓜、小麦等，为垣味御厨小镇提供新鲜健康的蔬菜、水果等食材（图 6.2-13）。

图 6.2-13　垣味特色栽培园意向图

（2）悬河主题文化区

对该区域的文化内涵进行系统梳理，设计悬河文化展示园，建设黄河文化展览馆，展示黄河长垣段“二级悬河”特色；建设黄河高滩小镇，解释长垣地名由来，展示黄河与长垣的历史渊源；设计堤防文化园，结合现状的贯孟提和杨耿坝，展示长垣治水文化历史（图 6.2-14）。“二园一小镇”处于区域中轴线上，将全方位展示长垣段特殊的悬河文化。

图 6.2-14　悬河主题文化区平面图

区域北边建设黄沙主题园，融入沙坡、沙滩、沙画、亲水等元素，形成特色体验园区。区域南侧将三滩纳入，设计滩区风情体验园，展示特色滩区文化，展示三滩不同的游憩体验。悬河主题文化区内策划项目有：悬河文化园、黄河高滩小镇、堤防文化园、黄沙主题园、滩区风情体验园、一级水源地保护区。

Ⅰ. 黄沙主题园

黄沙主题园位于区域北侧，结合黄河的泥沙元素，打造主题园区，设计沙坑游乐设施、沙雕展示区，开设沙画课堂、职业体验等亲水沙地主题体验项目。

Ⅱ. 黄河高滩小镇

黄河高滩小镇位于黄沙主题园南边，结合遗留村庄，以体现黄河高滩风貌为主题的特色小镇，展示黄河下游典型华北民居，临近黄河同时兼有水乡民居特点，展示滩区治水文化、黄河下游治水方略（图 6.2-15）。结合长垣地方特色，设计“长垣景墙”，呼应长垣地名的文化内涵，将长垣的历史脉络加以展示。

图 6.2-15　黄河高滩小镇意向图

Ⅲ. 堤防文化园

堤防文化园位于区域东侧，在黄河不断改道之下，长垣筑堤而形成堤防文化，以此为主题设计堤防文化园。结合现状杨耿坝，设计挡墙式景墙，与水景观相结合，表达长堤的意向。浮雕景墙展示古人治水理念，展示长垣人民的勤劳与智慧。

Ⅳ. 悬河文化园

悬河文化园位于区域西侧芦岗乡，该区域距长垣主城区最近，是规划区的核心位置，主要展示黄河长垣段独有的悬河文化。设置黄河文化展览馆，对黄河文化进行科技化、创新化展示；园内设置“二级悬河”微缩景观，展示长垣段特殊的悬河形态；并设置模拟黄河变道景观，引水形成亲水节点，使人们了解黄河变道历史（图 6.2-16）。

图 6.2-16　悬河文化园意向图

Ⅴ. 滩区风情体验园

区域最南侧设置滩区风情体验园。该区域三滩均在范围内，滩面形式丰富，高滩设置自行车道，二滩设置游览步道，嫩滩保护，不设置栈道（图 6.2-17）。通过丰富的慢行系统，在不同滩区设置相应的体验活动，给人滩区特色风情体验。

图 6.2-17　滩区风情体验园意向图

（3）新蒲生态文化区

对该区域的文化内涵进行系统梳理，区域主题词为“和衷共济”，体现长垣人民从古至今齐心协力、克服困难的精神。沿天然文岩渠设计和衷共济之路，展示长垣发展变迁历程；在文岩渠与天然渠交汇处设计“和衷共济”主题雕塑，形成带状的文岩新貌体验园（图 6.2-18）。

图 6.2-18　新蒲生态文化区意向图

区域西北侧设计湿地文化展示园，将水系引入农田肌理，展示湿地科普特色。在恼里镇产业聚集区建设高质量发展创意园，展示长垣工业发展的企业文化与内涵，同时结合黄河滩区高质量发展的要求，因地制宜，结合艺术处理手法，充分表达与展示长垣产业文化和创意。

围绕高质量发展创意园形成生态保护缓冲带，在工业园区与湿地生态保育中心之间自然过渡，通过生态保护圈层的设计手法，将生态修复理念层层渗透，形成蒲城新貌的新空间格局。

Ⅰ. 生态保护缓冲带

围绕高质量发展创意园及区域内二滩统一规划生态保护缓冲带，设置观鸟塔、眺望台（图 6.2-19），可以远观湿地保育区的候鸟。通过圈层保护的方法，对核心工业园区进行缓冲保护，并且更好地对湿地保育中心进行过渡。

图 6.2-19　生态保护缓冲带意向图

Ⅱ. 高质量发展创意园

结合恼里镇工业区和黄河滩区高质量保护发展的要求，设置高质量发展创意园，园区贴合黄河滩区高质量保护发展的理念，对长垣的现代化工业文化进行展示。在园区内设置通畅的园区慢行系统及休闲节点。园区开设特色活动，如产品展示、创意市集、博物展览、交互体验、高端会议等，全面带动恼里镇产业发展（图 6.2-20）。

图 6.2-20　高质量发展创意园意向图

Ⅲ. 文岩新貌体验园

沿天然文岩渠设置带状体验园，沿渠设置慢行系统，可开展骑行、马拉松等运动项目，体现长垣人民有活力、自信的精神面貌。在天然渠和文岩渠交汇处打造一处开阔水面，设计地标性雕塑，并在沿线设置和衷共济之路，以时间轴线的形式，设置景观柱，将长垣历史从古至今加以展示，展示艰苦奋斗、锐意进取的长垣精神（图 6.2-21）。

图 6.2-21　文岩新貌体验园意向图

6.2.5.5　高质量发展方面

针对滩区经济社会发展不平衡、不充分、动力不足，规划优化城乡空间结构，推动长垣滩内外、城乡融合发展；优化调整滩区产业布局，以特色制造产业引领带动、以生态科农产业创新驱动、以休闲文旅产业融合支撑，实现滩区一二三产业融合发展；推动滩区基础设施互联互通，补齐民生短板弱项，为实现长垣黄河流域生态保护和高质量发展夯实基础。

（1）建设优质特色的产业体系

Ⅰ. 产业发展目标定位

本次产业规划的目标愿景是打造市域生态文明高质量发展示范区，发展定位是努力将长垣黄河滩区变成特色产业、生态农业、文旅产业高质量发展示范区，同时依托长垣黄河滩区已有的起重、卫材、机械、服装制造等特色产业，巩固提升发展高端制造业和现代服务业。破解滩区发展瓶颈和限制，按照生态优先、绿色发展的思路，在滩区实施全域国土综合整治工程，乡村依靠村级集体经济带动引领现代生态农业、乡村旅游业及适合农村发展的加工业和服务业，促进一二三产业融合。

Ⅱ. 产业总体布局

总体按照紧凑布局、底线约束和韧性发展的原则，根据特色制造业、生态科农产业和休闲文旅产业的产业链环节，依据功能展布产业功能分区，同时根据城乡规划村镇用地布局，依据水系和道路交通网分割功能区块，结合堤内堤外产业分布和总体规划以及滩内原有产业现状，结合堤外邻近乡（镇、街道）的发展情况，依据总体规划“一带两区”（天然文岩渠绿色活力带、特色产业集聚区、三滩分治创新示范区）研究产业总体布局，依据环境敏感点布置嫩滩功能分区。

III. 功能分区

整体产业发展功能分区主要依据总体规划“一带两区”分区布局。“一带”为天然文岩渠绿色活力带。“两区”分别为特色产业集聚区和三滩分治创新示范区。天然文岩渠自身生态基地良好，左侧为黄河大堤，右侧为天然文岩渠右堤，结合其原有自然禀赋布置苗木花卉展示区和康养展示带，同时设置环渠马拉松赛道。

特色产业集聚区位于天然文岩渠右堤和贯孟堤围合区域，贯孟堤修成以后，此区域防洪标准达到 20 年一遇，属于安全区，可以适当布置一些工业产业。其主要辖恼里镇、魏庄街道和芦岗乡部分区域，在恼里镇和魏庄街道有恼里组团和参木工业组团，发挥原有制造业优势，同时结合恼里南部省级传统村落，融合文旅和医疗康养业态，将此区域细分为八大功能区，分别为工业旅游艺术区、乡村振兴示范区、双创 SOHO 示范区、特色起重制造区、服装创意制造区、防腐新材料科研区、黄河文化展示区和医养健康展示区。

三滩分治创新示范区位于天然文岩渠和贯孟堤围合东侧区域，此区结合三滩思路分为三大组团，分别是高滩产城融合综服组团、二滩生科中试休旅组团、嫩滩生态保育科研组团。

武丘乡紧邻滩外城市副中心赵堤镇，依据赵堤镇种植水稻的基础，同时结合武丘乡现状金丝皇菊种植项目，综合考虑高滩产业类型，形成武丘、苗寨以农业中试为主，南部二滩以休闲文旅为主的二滩生科中试休旅组团。高滩分为古蒲垣乡配套区、和谐安迁宜居区、生态科农孵化办公区和美食康养产业区四大功能区；二滩包含三大主题休闲区，分别是万亩牧草、万亩花田和田园牧场；七大农科体验区，分别是特色蔬菜中试区、特色食材中试区、CSA 共享农业园区、生态漂浮示范区、金丝皇菊中试区、五谷杂粮中试区和水稻高效种植实验区；嫩滩主要包含三大功能区，分别是湿地生态保育区、滨水滩地拓展区和湿地科研探索区（图 6.2-22）。

（2）构建市域经济城乡融合发展新格局

Ⅰ. 城乡空间结构优化引导策略

该策略旨在推动长垣黄河滩区内外城镇融合发展。长垣中心城区规模大，腹地面积小，城市对市域的辐射作用强，集聚与扩散双重作用下市域乡（镇）发育缓慢，中心城区与乡（镇）地区发展存在不小差距，尤其是黄河大堤以南的滩区乡（镇）地区，经济发展受滩区防洪因素制约，嫩滩内外乡（镇）的经济发展也存在一定差异，结合这一重要特征，本次规划在《长垣县城乡总体规划（2016—2030）》确定的“一核两心多点”、城市带郊区的城乡空间形态的基础之上，进一步优化滩区城乡空间结构。以黄河大堤、天然文岩渠右堤、贯孟堤为基础，区域整体形成“一带两区”、双心驱动的规划结构。

以黄河大堤与天然文岩渠右堤为边界，以天然文岩渠为主轴，沿渠两侧中心城区、两个副中心组团、四个乡（镇）为节点，构建“1+2+4”绿色城镇协同发展体系。

特色产业集聚区：以贯孟堤与天然文岩渠右堤为边界，以倒灌区安全区为主体，集聚长垣起重、卫材、机械等特色产业布局，巩固发展提升，升级恼里副中心组团。

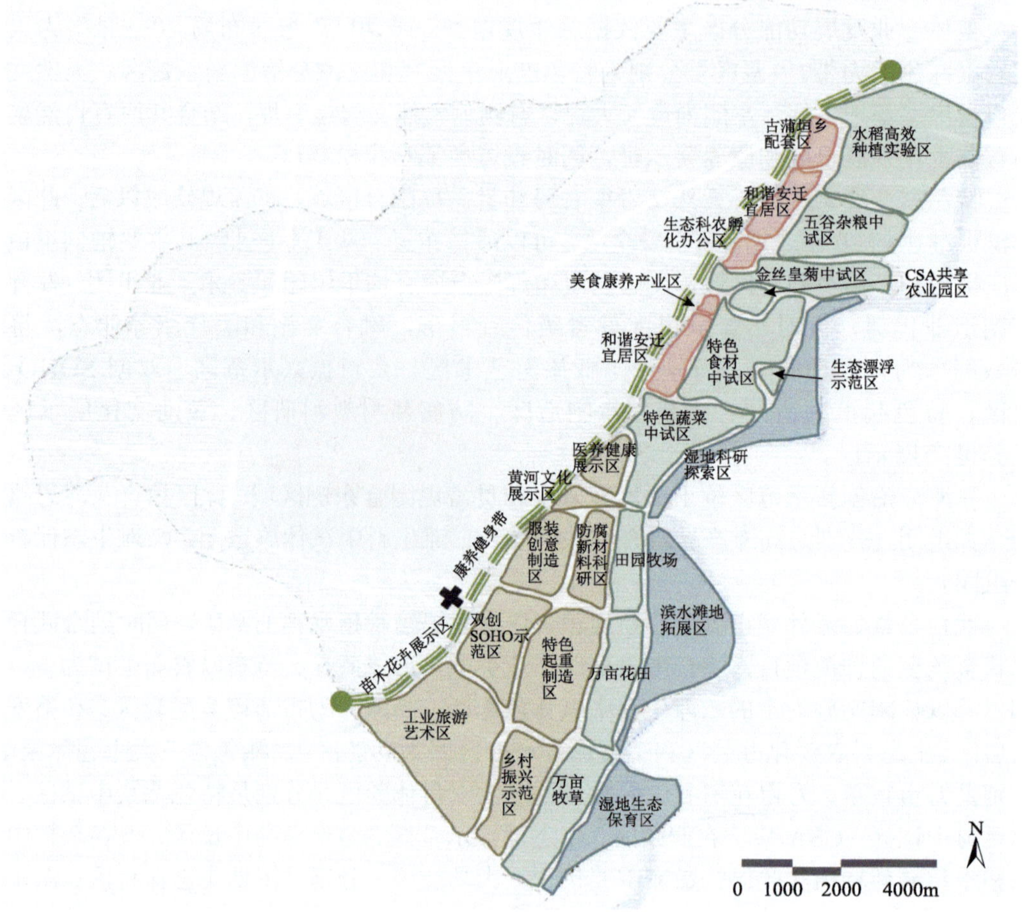

图 6.2-22　产业功能分区图

三滩分治创新示范区：三滩分治示范以贯孟堤与天然文岩渠右堤为边界，以低滩区为主体，创新示范“三滩分区治理”的理念，优化生活、生产、生态空间，构建区域生态廊道。

双心驱动：“双心”指恼里魏庄、赵堤武丘两个副中心组团。引导恼里镇和魏庄街道集聚形成恼里魏庄副中心组团，充分发挥其引领滩区高质量发展的龙头带动作用，作为推动特色产业集聚区发展的核心引擎；引导赵堤镇和武丘乡集聚形成赵堤武丘副中心组团（图 6.2-23），做好滩区高质量发展的“凤尾”，推动三滩分治创新示范区高质量发展。

Ⅱ. 高质量发展引导策略

生态优先、绿色发展。滩区城镇要优先开展生态保护和生态修复工程建设，开展山水林田湖草生态保护与修复工作，划定蓝线控制范围，发挥黄河及文岩渠的天然生态屏障作用，嫩滩的建设要以生态敏感性评价为基础，对于环境敏感地带，应严格按照自然保护区环境保护相关要求执行，以生态保育功能为主；对于非敏感地带，在不影响防洪和生态功能的前提下，适度开展探索性建设。以现有文岩渠两侧湿地为基础，开展文岩渠两岸生态湿地建设，以滩区现有沟渠、坑塘为基础，开展河道疏浚、水系连通及湿地修复工程建设，充分发挥滩区水网的生态功能。

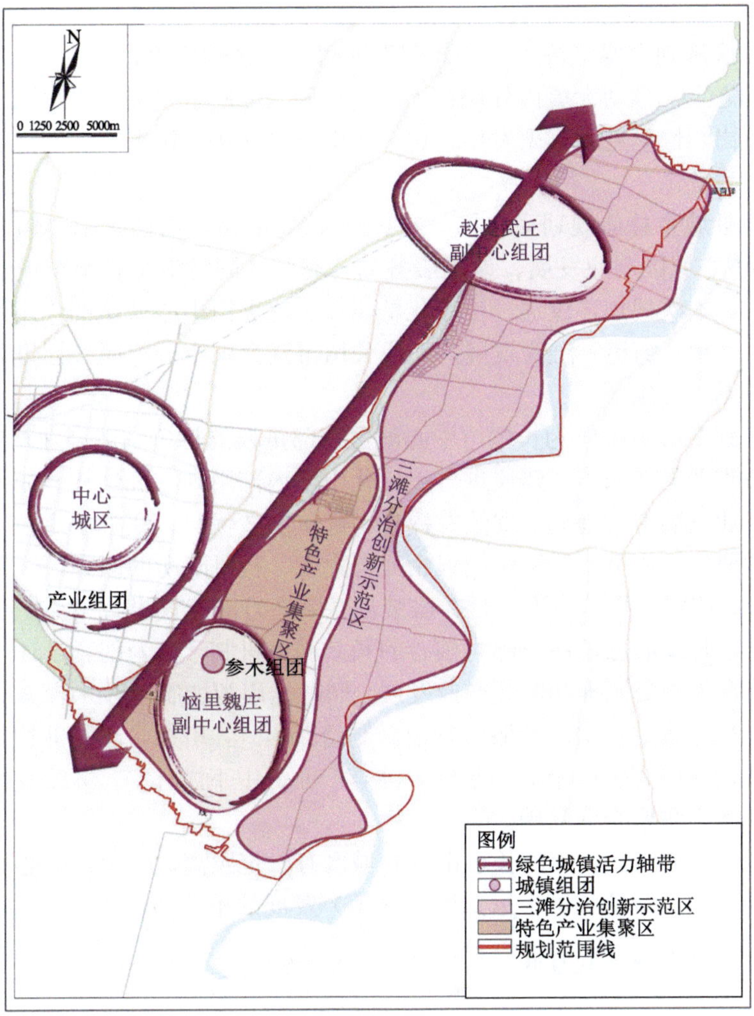

图 6.2-23　城镇空间结构优化引导图

以水而定、量水而行。本次规划按照“三滩分区治理”的总体思路，贯孟堤以东采取“高滩建镇”的规划方案，人均建设用地指标取 100m^2，集约高效建设；贯孟堤以西引导村庄向镇区集聚，同时提高贯孟堤的防洪标准至 100 年一遇，保障该区域的防洪安全。

因地制宜、分类施策。结合长垣黄河滩区现状本底，宜水则水、宜山则山，宜粮则粮、宜农则农，宜工则工、宜商则商，对嫩滩等生态功能重要的地区，以生态保护、水源涵养、研发生态产品为主；对二滩等适宜粮食作物生产的区域，以发展现代农业为主，提高农产品附加值；对于贯孟堤以西的恼里镇、芦岗乡等经济发展条件好的地区，集约发展优势产业，提高经济和人口承载能力；对于苗寨镇、武丘乡等经济发展落后、受洪水威胁较大的区域，采取“高滩建镇”，在提高基础设施和公共服务水平，以及全力保障和改善民生基础之上，引导产业高质量发展。

统筹谋划、协同推进。推动滩区城镇发展，滩区城镇不能各自为政，大堤内外不能分道而行，滩区规划也要坚持“一张蓝图”的思路，在构建“1+2+4”绿色城镇协同发展体系的基础之上，推动大堤内外城镇“两两协同”高质量发展。引导赵堤武丘、苗寨方里、芦岗孟岗、恼里魏庄集聚发展，进一步促进乡（镇、街道）之间优势互补、资源共享、信息互通等。

将《长垣县城乡总体规划（2016—2030）》确定的市域内两个中心镇（恼里镇、赵堤镇），作为中心城区产业发展、设施服务的补充，其同时也是长垣市域北部和南部的经济发展核心。本次规划建议进一步强化恼里镇、赵堤镇中心城镇的作用，促进中心镇与周边邻近乡（镇、街道）融合发展，形成长垣市两大副中心组团：恼里魏庄副中心组团、赵堤武丘副中心组团。

恼里魏庄副中心组团作为长垣市中心城区南部重要的特色制造产业基地，未来将成为长垣市经济重要的增长点。建议进一步优化组团内部用地布局结构，加强区域对外交通建设，为产业发展夯实基础。继续发挥长垣起重制造优势，注重起重技术研发，进一步完善“产学研”合作机制，密切加强企业与大学、科研院所的联系，注重向大数据传输、远程监控、纠错分析等方面发展。服装创意制造方面建议设置中原服装创意设计联盟，形成一个以时尚创意设计资源为核心的长效服务机制，成为创意设计品牌发展的孵化器，通过整合优势资源推动服装产业发展，同时运用智能制造技术探索大规模个性化服装定制及小批量柔性化生产等服装行业新制造新模式，引领带动行业快速突破。防腐新材料方面建议在原有防腐企业的基础上注重产业链中下游环节，继续发挥防腐产业优势，打造长垣本土防腐企业品牌。

赵堤武丘副中心组团，距离长垣市中心城区有一定距离，应承接中心城区部分区域公共服务职能，作为带动长垣市远郊区乡（镇）发展的重要核心。

（3）加强基础设施互联互通

大力推进数字信息基础设施建设，完善交通、能源等跨区域重大基础设施体系，提高长垣与周边区域之间的互联互通水平，促进人流、物流、信息流自由便捷流动。

Ⅰ. 轨道交通

随着郑新融合发展上升为省级发展重要战略，新乡市区、卫辉市、辉县市、获嘉县、平原新区、原阳县共同构建组合城市，形成规划、交通、产业一体化，组团式融入郑州，促进郑新一体化。长垣市作为新乡市次中心，铁路建设严重滞后，仅有一条以货运为主的新菏铁路穿境而过，客运铁路已然成为制约长垣市建设地区性中心城市的严重交通短板。

规划长垣至郑州轨道交通 K1 线，向西连接封丘县、延津县、原阳县至平原新区枢纽站，全长 83km。该项目的建设将补足长垣民营经济的发展短板，实现长垣规划区域及城市职能，有效实现长垣与新乡组合城市及郑州之间的联系，优化支撑新乡城镇体系结构，缓解黄河南北两岸交通供给失衡的现状，促进沿黄两岸和谐高质量发展。

Ⅱ. 高速公路

高速公路的建设对于促进长垣市面向区域发展、提升区域交通的通达性、提升长垣市在区域交通中的地位、加强长垣市与区域内重要城市之间的交通联系起着重要的作用。同时，在区域层面上，对于强化长垣市与中原城市群之间的联系，加强与山东省、东部沿海发达城市间的交通联系，带动地区发展也是十分必要的。

规划建议菏宝高速在赵堤镇处增设高速出口，一方面能在一定程度上缓解菏宝高速长垣北高速出口的压力，另一方面其作为长垣市的东北部门户，能够加强赵堤武丘副中心组团的对外联系，从而带动滩区经济社会发展。

西南部抓住兰原高速（兰考至封丘段）建设契机，利用马高线及 S219，向南延伸，在封丘县尹岗镇南部，与兰原高速预留高速口相连接。兰原高速（兰考至封丘段）起点位于兰考县谷营镇，与兰南高速相交，经兰考县东坝头镇，封丘县尹岗镇、李庄镇、黄陵镇、曹岗乡，止于封丘县潘店镇西接兰原高速封丘至原阳段，并与大广高速交叉，路线全长 30.395km。兰原高速是郑州联系新乡与豫东最主要的便捷通道，对促进豫东区域经济协调发展具有重要作用。

Ⅲ. 跨河通道建设

规划建议推进长垣跨黄河通道建设，对现状跨河通道 S309、S310 进行升级改造，保障其通行能力、提升通行效率，规划建议尽快实施 G237、长东快速路跨河方案研究，开辟长垣连接 G106 高速的东向出口。加强沿黄两岸经济社会联系，促进滩区乃至长垣的高质量发展。

（4）滩区智能绿色交通规划

Ⅰ. 滩区路网骨架系统

构建级配合理、功能完善的滩区道路系统。通过便捷连通的干路网，满足滩区对外交通需求；通过尺度宜人的城市街道，形成开放有活力的城镇街区，保障各城镇街区交通微循环；以服务人为中心设计街道，满足交通出行需求，促进社会交往，构建小街区、密路网的路网体系。结合滩区现状路网系统，对部分道路进行升级改造，疏通滩区断头道路，对道路线性不合理的路段重新优化，使滩区骨干路网整体形成“五纵十三横”的高效路网骨架格局（图 6.2-24）。

“五纵”是指黄河大堤路、天然文岩渠右堤路、马高线、贯孟堤路、沿黄控导工程路。“十三横”是指 G327、S309、长东快速路（经七路）、S310 等跨黄河道路 4 条；X005、X001、X003、X035 等县道 4 条；罗老线、Y033、Y013、Y021、Y047 等乡道 5 条。

Ⅱ. 滩区道路设施数字化建设

根据交通运输部印发的《数字交通发展规划纲要》，到 2025 年，交通运输基础设施和运载装备全要素、全周期的数字化升级迈出新步伐，数字化采集体系和网络化传输体系基本形成；到 2035 年，交通基础设施完成全要素、全周期数字化，天地一体的交通控制网基本形成，按需获取的即时出行服务广泛应用。

图 6.2-24　长垣黄河滩区规划路网骨架图

在滩区优先开展道路设施数字化建设，优先选取文岩渠右堤路作为首批推进的试点道路，推动滩区交通基础设施规划、设计、建造、养护、运行管理等全要素、全周期数字化，促进滩区交通、旅游等各类信息充分开放共享，融合发展。鼓励平台型企业深化多源数据融合，整合线上和线下资源，鼓励各类交通运输客票系统充分开放接入，打造数字化出行助手，为旅客提供“门到门”的全程出行定制服务。倡导“出行即服务（MaaS）”理念，以数据衔接出行需求与服务资源，使出行成为一种按需获取的即时服务，让出行更简单。打造旅客出行与公务商务、购物消费、休闲娱乐相互渗透的“智能移动空间”，带来全新出行体验。推动“互联网+”便捷交通发展，鼓励和规范发展定制公交、智能停车、智能公交、汽车维修、网络预约出租车、互联网租赁自行车、小微型客车分时租赁等城市出行服务新业态。

III. 智能公交系统

积极推进滩区建立智能化需求响应型的智能公交系统（图 6.2-25）。通过大数据、云计算等技术手段，基于对公交出行需求的感知、汇聚与迭代计算，智能生成线路，实现公交调度方案的自动生成和实时优化，提供地块到地块的公交服务，构建以公交为核心的“出行即服务（MaaS）”系统。

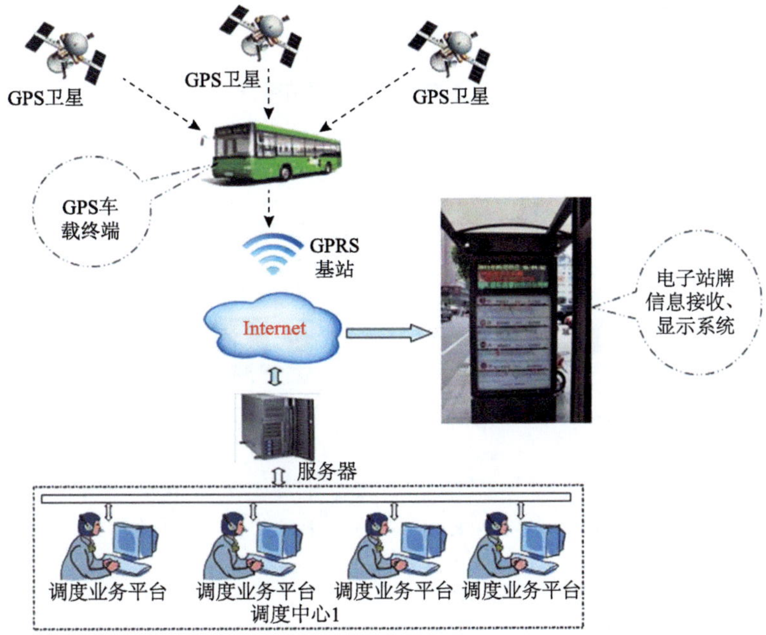

图 6.2-25　智能公交系统示意图

（5）新型基础设施建设

Ⅰ. 5G 基站建设

建设滩区全域覆盖的 5G 及未来先进无线通信技术网络环境，发挥 5G 及未来技术低时延、高速率、高密度、高可靠的特点，全面推动 5G、人工智能等技术在滩区生产、生活、生态各个方面的深度应用。实现工业互联网、智能控制、高精度网络化生产等新型生产技术智能化，推动传统生产方式向智能化生产方式转变。加速医疗卫生、居家养老、在线教育等服务网络建设，创新发展智能医疗、智能康养、智能教育等新模式；推进无人驾驶、车路协同、智能管控，提供方便、快捷的智能出行服务；实现通信、娱乐等智能体验，全方位感受 5G 和未来科技带来的生活新变化、服务新维度。部署智能传感设备，创新大气、水质、环境的生态治理新模式，全面提升城市生态治理能力。

Ⅱ. 农业高效节水自动化灌溉系统

在滩区积极推行农业高效节水自动化灌溉系统。农业高效节水自动化灌溉系统由阀门控制系统、土壤墒情监测系统、水泵控制系统、通信网络和监测服务中心等组成。监测服务中心与各系统的通信由各系统的田间控制器设备通过 2G/3G/4G/LoRa 网络实现，各子系统通过阀控、传感器和田间控制器完成监测和管理控制。系统采用全无线漫游组网，田间不需要铺设线路，通过分区管理，级联通信，实现数据的远程传输。每一个电磁阀有一个专用名称，根据轮灌制订的计划开启电磁阀，监控中心给指定电磁阀或者轮灌组下达指令，开启电磁阀灌水，或关闭电磁阀停止灌水。可根据土壤水分含量，联动阀门控制器实现自动灌溉，系统中设定土壤水分阈值，当土壤水分低于设定阈值时，开启电磁阀灌水，当达到阈值时，关闭电磁阀停止灌水。农业高效节水自动化灌溉系统见图 6.2-26。

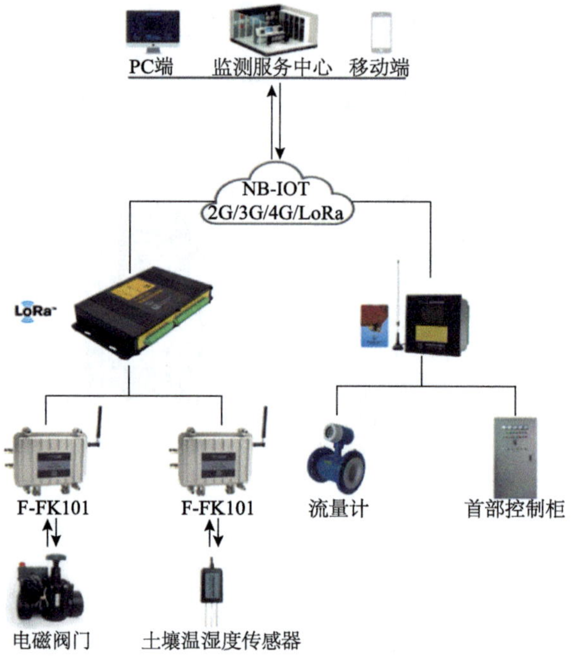

图 6.2-26　农业高效节水自动化灌溉系统

III. 城镇双供双排系统

城镇供排水系统建设要体现“绿色、环保、节能、生态”的发展理念，就必须对现有系统进行改造，建设“分质供水、分类排水、精准处理、循环利用”的新型供排水系统。

为保障饮用水安全、满足居民不同用水需求，建议滩区新建城镇建设分质供水的给水系统，根据城镇居民数量，将净水厂 10%～15%的水进行深度处理，达到直饮水标准。其他用水保持原有的常规处理工艺，水质满足冲洗、清扫、淋浴等一般用水水质要求即可，实行分类处理、分质供水。将粪便污水单独收集处理后向农业生产提供有机肥料，其他污废水集中收集，输送至污水厂处理后进行中水回用，实现污水双排放，分类排水，降低运营成本，实现资源回收利用。

（6）补齐民生短板弱项

Ⅰ. 滩区民生短板弱项提升指引

根据《国家发展改革委关于加快开展县城城镇化补短板强弱项工作的通知》，认真贯彻党中央、国务院关于统筹推进新冠肺炎疫情防控和经济社会发展的重大决策部署，落实政府工作报告要求，抓紧补上疫情暴露出的县城城镇化短板弱项，大力提升公共设施和服务能力，促进公共服务设施提标扩面、环境卫生设施提级扩能、市政公用设施提档升级、产业培育设施提质增效，适应农民日益增加的到县城就业安家的需求，扩大有效投资、释放消费潜力、拓展市场纵深，为坚定实施扩大内需战略和新型城镇化战略提供重要支撑。

一是推进滩区公共服务设施提标扩面。在健全医疗卫生设施方面，主要是乡镇卫生院提标改造、村卫生室标准化建设等。在完善教育设施方面，主要是建设公办幼儿园、改善义务教育学校设施等。在改善养老托育设施方面，主要是扩充护理型床位、建设乡镇供养服务设施（敬老院）和社区托育服务设施等。在发展文旅体育设施方面，主要是打造新型文旅商业消费聚集区、完善乡镇级公共图书馆与文化馆、改善游客服务中心等旅游配套设施、建设运动公园和城市公园等。在完善社会福利设施方面，主要是建设儿童福利设施和未成年人救助保护设施、残疾人康复和托养设施等。在建设社区综合服务设施方面，主要是建设集基本和非基本公共服务等功能于一体的美好生活服务站。

二是推进环境卫生设施提级扩能。在完善滩区垃圾无害化、资源化处理设施方面，主要是建设生活垃圾焚烧终端处理设施、危险废弃物处理设施等。在健全污水集中处理设施方面，主要是提高管网收集能力、提标改造污水处理厂、建设污泥无害化、资源化处理设施等。在改善公共厕所方面，主要是配建补建固定公共厕所或移动式公共厕所、改造老旧公共厕所、增加无障碍厕位和第三卫生间等。

三是推进市政公用设施提档升级。在优化市政交通设施方面，主要是建设公共停车场、改造乡镇客运站、完善市政道路“三行系统”等。在完善市政管网设施方面，主要是更新改造水厂和老旧破损供水管网、完善燃气储气设施和燃气管网、集中改造燃煤锅炉、推进路面电网和通信网架空线入地等。在发展配送投递设施方面，主要是建设公共配送中心、布设智能快件箱等。在推进滩区智慧化改造方面，主要是建设新型基础设施、搭建智慧化管理平台等。

四是推进产业培育设施提质增效。在完善产业平台配套设施方面，主要是在产业园区和特色小镇等产业集聚区内，健全检验检测认证中心、技术研发转化中心、智能标准厂房、便企政务服务中心、农村产权交易中心等。在提升农贸市场水平方面，主要是改善交易棚厅、在批发型农贸市场配置检测检疫设备、在零售型农贸市场和社区菜市场完善环保设施、改造畜禽定点屠宰加工厂等。

Ⅱ. 滩区应急保障能力与提升规划

建立国家级防汛物资储备中心。目前，新乡市水利局防汛物资仓库距离长垣市较远，难以满足长垣市的防汛应急要求，且根据近年来工程抢险的经验教训，为保证抢险物资调运快速及时，十分有必要改变目前防汛物资仓库分布不均的状况。此外，结合长垣市拥有起重机械制造的优势，十分有必要在长垣市建设黄河国家级防汛物资储备中心，用以保障长垣乃至整个黄河下游滩区的防汛物资调拨安全。

规划国家级防汛物资储备中心占地 2 万 m^2，位于黄河大堤路与长石线交汇处大堤淤背区之上，此处交通便利，该中心从应急物资研发、生产、筹措、存储、调度、配送、发放、回收各环节入手，建立防汛抗旱应急物资智慧管理平台，实现物资管理的现代化和智慧化。

规划建议在滩区建立黄河防汛应急教育中心，打造黄河滩区防汛抗旱应急教育基地，开展各类应急教育工作，加强对仓储运行管理人员的政治理论和岗位培训工作，培训内容为：财政部、水利部印发的《中央防汛抗旱物资储备管理办法》和《中央防汛抗旱物资储备管理办法实施细则》（国家防汛抗旱总指挥部办公室），以及国家及各部、委关于物资方面的其他有关政策、法规，有关黄河防汛物资储备、管理的规章制度，新型防汛物资的仓储管理、防汛物资调度使用要求等。对仓库运行管理人员分级、分期、分批每两年进行一次培训。通过培训不断提高管理人员的政治和业务素质，以较全面的专业知识和良好的敬业爱岗精神，更好地完成防汛物资仓储运行管理工作。

III. 提高重大公共卫生事件应急能力

2019 年 12 月爆发的新冠肺炎疫情，严重影响了国民正常的生活工作秩序及身心健康，对全国层面的社会经济造成了不可估量的损失，其危害性已经不亚于地震、洪水等自然灾害。恶性疫情（传染病）对我国城镇化及人居环境提出了严峻挑战。通过深入思考此次疫情中突显出来的城市规划与城乡建设中被忽略、需反思、必应对的重大问题，及时探讨和研究，对当下共克时艰、对将来未雨绸缪。常规的城市综合防灾减灾专项规划中主要考虑地震、人防、火灾、洪水、自然气候灾害（风灾）等，但是传染病疫情在传统防灾减灾专项规划中少有涉及，因为传统观念认为疫情防控是卫生疾控部门的事权，且与城市规划建设关系不太紧密。但经历疫情劫难后，必须转变思维，在本次滩区高质量发展规划中，针对滩区实际情况，提出以下几条建议。

（1）加强滩区特殊产业设施、园区的选址论证。首先，鉴于疫情传染源常存在于畜禽和野生动物间，应严格控制潜在传染源产业的选址布局，对城镇集中建设区及周边农业生产空间中的大规模、高密度畜禽养殖、宰杀、交易场所的选址加强论证，设定邻避要求、风向位置要求、通风要求、卫生隔离要求，强调国土空间规划的全域管控。长垣黄河滩区分布有大量湿地，动植物资源丰富，要严防野生动物的非法交易。

（2）优化高滩新建城镇内形态和功能布局。高滩城镇优先选择带型城市布局，城市空间形态东西长、南北窄，既不影响河道行洪安全，又依托现状堤防、水系等自然地貌，较好体现滩区城镇风貌特色，使城市的空间形态处于良性、理性状态，避免城市空间无度异化扩张。同时利用贯穿南北楔状绿地系统，打造城市“风道”，通风有利于防止含有病毒的气溶胶和其他污染物在室外空间里聚集，促进其消散；引入“山水生态屏障”的概念，建立水网和生态绿网体系，使“水有出路”“人有去处”，优化城市人居环境、强化公共场所建设。武丘高滩绿地系统规划图见图 6.2-27。

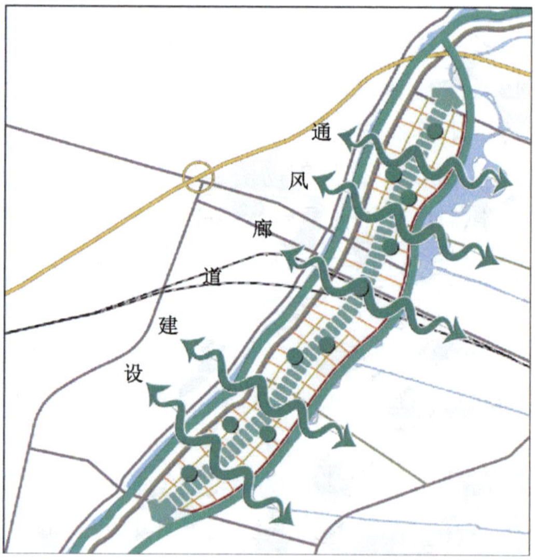

图 6.2-27　武丘高滩绿地系统规划图

（3）提升应急物资保障能力。抓住长垣市申请建设国家医用防护用品储备基地调拨中心的机遇，根据滩区公共安全风险评估，制定不同类型应急预案的物资储备标准，确定具体而详尽的基本物资储备目录，包括物资配置与储备和器材维护、补充与更新等，规范应急药品、医疗器械等的储备品种、数量、地点及方式等工作，为突发重大公共卫生事件的应急处置提供必备的应急物资；选用适当的储备方式，建立实物储备与商业储备相结合的多种储备方式，确保重要物资储备的运作灵活和高效。

（4）城市大中型公建应急功能拓展。在武汉建设的“方舱医院”就是利用现有体育馆、展览馆等高大空间建筑，应急搭建“方舱医院”，以填补医疗设施、场所资源的巨大需求缺口，对控制疫情起到了关键作用，赢得了宝贵的治疗“时间窗口期”。长垣市宜采用“平疫结合”的建设理念，对全市的体育场馆、文化馆、展览馆、会议中心等大型公共建筑物进行摸底调查，适度提升应急功能，作为未来公共卫生事件突发时的应对预案，实现快速改造和功能转换。

（5）预留防灾减灾基础设施用地。规划建议优先启用黄河大堤淤背区作为滩区防灾减灾基础设施用地，应该在城市规划阶段即开展应对疫情暴发、恐怖袭击、战争等极端情况的紧急医疗设施预留选址研究，并对用地进行预控及建筑方案提前设计。同时在常规医疗设施内预留“应急备用诊区”等用地，可大幅提高疫情暴发初期的收治效率。

6.2.6　政策诉求

为推动长垣黄河滩区生态保护和高质量发展，长垣市政府要求各部门最大限度重视并配合黄河流域的生态保护工作，深入贯彻落实“加强生态环境保护，保障黄河长治久安，推进水资源节约集约利用，推动黄河流域高质量发展，保护、传承、弘扬黄河文化”等五方面的要求，确保长垣在黄河流域生态保护和高质量发展上走好、走稳、走实，奠定高质量发展的坚实基础。面对滩区社会发展与生态保护之间复杂的形势，要想尽快解决滩区发展问题，需要国家在重要政策、重点工程及亟待破解的瓶颈和问题上给予大力支持。

1）政策补偿方面。一是建议国家、省在编制黄河流域生态保护和高质量发展纲要和规划时，将黄河滩区作为特殊区域进行专题研究，并纳入总体规划。在研究制定黄河流域市场化、多元化生态补偿机制中，从资源开发补偿、排污权配置、水权配置调整、黄河滩区耕地保护等政策方面，对黄河滩区予以统筹考虑、给予倾斜支持。二是建议国家、省支持滩区城镇产业发展，尽快出台引黄渠道泥沙治理的相关政策，支持长垣市产业集聚发展。三是建议国家、省加强黄河滩区项目建设要素保障，在重大项目、重大基础设施建设用地方面给予重点保障；在交通、农田水利、人居环境整治、教育、医疗等基础设施和公共服务设施项目安排上给予倾斜支持，加大中央预算内资金总规模，增加中央、省拨付比例，减小地方资金配套比例。

2）资金补偿方面。一是建议国家、省设立黄河滩区发展专项基金，并充分考虑黄河滩区内人口数量、经济基础、生态保护等多种因素，采取投资补助、资本金注入、财政贴息、以奖代补、先建后补等方式，支持生态农业、高端制造业、现代服务业、生态环保产业等领域的建设。二是建议国家、省加大财政转移支付力度，加大中央对地方财政的转移支付力度，增加对黄河滩区涉及区域的转移支付资金总规模；加大对教育、医疗卫生、养老、社会保障等民生领域的财政转移支出力度，提高黄河滩区转移支付比例。三是建议国家、省加大专项债券支持力度，对黄河滩区的交通、能源、农田水利、生态环保、社会事业、物流设施、市政和产业等八大领域基础设施建设支持，对黄河滩区申报的相关项目给予政策倾斜。

3）创业补偿方面。建议国家、省研究出台支持教育发展及鼓励创新创业方面的相关政策，对黄河滩区的职业教育、专业技能培训，以及创新创业平台、机构建设给予政策和资金倾斜支持。

6.3 开封黄河滩区试点规划实践

6.3.1 开封与黄河概况

6.3.1.1 城市概况

开封市位于河南省中部地区（34°11′45″～35°0′10″N，113°52′15″～115°15′42″E），地处黄河中下游平原，西与郑州市相连，东与商丘市毗邻，北接黄河，南临许昌市和周口市。地理区位的优势和舒适宜人的气候环境使得开封市成为我国小麦、花生、棉花等农作物的重要产区。截至 2019 年，开封市总人口达到 527.77 万人，常住人口为 457.49 万人，常住人口城镇化率为 50.28%，比上年末提高 1.43 个百分点；全市生产总值完成 2364.14 亿元，进入全省第二方阵，经济态势持续向好（《2019 年开封市国民经济和社会发展统计公报》）。

开封作为曾经的八朝古都，有 4100 余年的建城史和建都史，是中华民族的重要发祥地，入选为首批国家历史名城。城市最初由春秋时期仪邑逐渐发展起来，先后有夏、战国时期的魏，五代时期的后梁、后晋、后汉、后周，以及北宋、金在此地建都。在漫长的历史发展过程中，勤劳的开封人民创造了丰富多彩的城市文化，造就了中原古城独特的气质。近年来，随着黄河流域生态保护和高质量发展等国家重大战略的深入推进，开封市抓住历史机遇，以传承发扬城市传统文化为目标，将文化因素向产业转化发展，促进文旅融合，坚定文化自信，重启城市活力，努力实现城市复兴，成为河南省乃至国家中部地区最具发展活力的城市之一（《开封市城市总体规划（2011—2020 年）》）。

6.3.1.2 开封段黄河概况

开封黄河滩区水沙量年际分布不均，1930～2000 年，进入下游的最大年沙量为 37.63 亿 t（1933 年），为最小年沙量 1.85 亿 t（1961 年）的 20.3 倍；最大年水量为 753.7 亿 m^3（1964 年），为最小年水量 178.7 亿 m^3（1991 年）的 4.2 倍。小浪底水库蓄水运用以来至 2019 年 6 月，由于小浪底水库的拦沙作用，沙量减少较多，进入下游的年平均水沙量分别为 268.36 亿 m^3、0.82 亿 t。

2003 年 8 月底，黄河流域发生了历史上少见的长历时、大流量秋汛过程，干支流相继发生较大洪水，在龙羊峡、小浪底等骨干水库大量拦洪的条件下，潼关最大洪峰流量为 4350m^3/s，花园口最大洪峰流量为 2780m^3/s，下游流量长期稳定在 2500m^3/s 左右，时间达 70 多天。受洪水前期畸形河势持续下挫的影响，黄河下游开封兰考蔡集控导工程 32 号至 35 号坝长时间受大溜顶冲，发生了重大险情，并导致工程上首生产堤冲决，大量洪水通过生产堤口门进入"二级悬河"严重的兰考滩、东明滩，给滩区造成重大损失。除兰考滩外，滩区内大部分区域无水网渠系，仅分布有零星坑塘。

6.3.1.3　开封与黄河的关系

开封与黄河作为一个生态平衡体系共同发展，具有相互依存、相互制约的关系。开封是唯一一座紧邻黄河干流、被黄河毁灭又重生 7 次的八朝都城，现今城区距黄河已不到 10km。城的发展离不开水，水的演变离不开城。黄河水系作为开封市中重要的自然生态要素，与城市的地形地貌、空间格局演变以及城市独特的文化特征都息息相关。

（1）黄河与城市地形地貌的塑造息息相关

黄河是城市选址的重要影响因素。开封的地理区位特色可以概括为黄河之滨、中原腹地、交通要塞，这三个特征都与黄河密切相关，充分发挥了黄河的资源、交通、防御优势。开封城市依靠黄河充足的水源建立了完善的水系网络，解决了城市人民的饮水问题，为居民生存发展提供了保证。同时黄河可作为重要的交通要道，在古代依据黄河开挖的人工水系可通航贸易和作为运送军队物资的渠道，造就了昔日城市贸易的繁盛，城市地位得到提升。此外，黄河还作为防御渠道，一定程度上阻止外敌侵犯，但也因此容易发生洪涝、决溢、改道的灾害。据统计，自金明昌五年到新中国成立前，黄河河道在今开封有 7 次较大变迁，其中侵入和淹没内城 4 次，黄河频繁改道和多次泛滥对开封周边的自然河道与湖泊造成了重大影响（孙盛楠，2014）。古城通过历朝历代筑堤围墙、开挖运河，与自然灾害进行抗争，形成了今日的城市水系结构布局。

黄河的泥沙淤积塑造了城市的地形地貌，产生了"地上悬河"奇观。黄河连同海河、滦河等河流共同塑造了开封所处的华北平原主体。开封位于黄河下游大冲积扇的南岸，地形地貌主要有临黄滩地、沙丘沙平地、黄河岗地和背河洼地等多种类型（孙盛楠，2014）。黄河决溢淤积、湮灭湖沼，在城市盛行风的作用下，于开封周边形成大片沙地，与沙丘、洼地交错分布。黄河中上游挟带的大量泥沙在河道变宽的下游流速降低，泥沙淤积、沉降，表现出松散沙层覆盖的冲积平原的特点。黄河每年都有上亿吨泥沙在下游淤积，使得河床逐年升高。经过长年累月的积累，河床不断淤积抬高，大堤也不断加高，开封河段形成著名的"地上悬河"。据统计，柳园口黄河段水位比市内地面高出 5～8m，呈现出悬河奇观。

历次黄河泛滥决堤形成地下"城摞城"现象。黄河在开封的数次泛滥改道使得城市周围河流淤泥堵塞，导致城市土壤具有沙化软土的特质，也使得城市多次被淹。历次黄河水患使开封从战国时期的魏都大梁时代到清朝的 2000 多年间的 6 座古城池被深深填埋于开封城地下 3～12m 处，6 座城池上下叠压，形成了著名的"城摞城"现象。

（2）黄河是城市格局演变、历史文化形成的重要推动力

开封城市格局的变化受到黄河影响很大。在利用黄河水资源和抵御黄河水灾害的几千年历史长河中，生活在这里的人们引黄河水开挖运河、筑围墙建堤坝，运河是联系城市与黄河的重要纽带。开封城市的空间格局变化主要经历了以下几个关键历史节点：魏都大梁初凿人工运河，城市临运河发展；隋唐漕运通航，城市跨运河发展；北宋构建水系网布局，城市沿运河发展；明清内湖形成，城市围运河发展；近代河湖连通（图 6.3-1）。黄河对开封历朝历代的兴衰有重要影响，与魏国、隋唐、北宋、明清、近代等五个重要时期的社会文化紧密联系，这些文化特征是现今开封社会文化特色形成的基础。

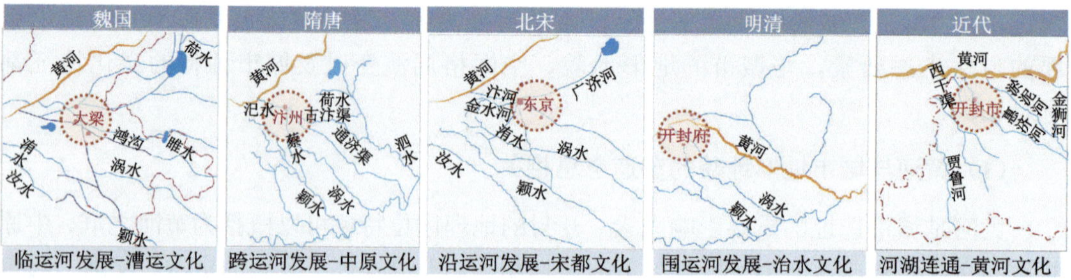

图 6.3-1　开封水系分布图

Ⅰ. 魏都大梁初凿人工运河、漕运文化形成

开封地形平坦，水资源丰富，周边自然河流池沼众多，极易发生洪涝积水。魏国建都大梁后，便疏浚河道，开挖鸿沟运河作为沟通黄河与淮河的交通渠道。这是开封历史上开挖的第一条人工运河，也是隋朝通济渠的前身。鸿沟的开挖改变了以往城市散布在自然水系网中的封闭内向性空间格局，城市开始临河发展。通过人工运河可以向城市运送丰富的资源，有利于耕地灌溉和居民饮水，使得大梁成为当时的水运交通要塞，促进了城市经济的发展，城市开始逐渐兴盛。自此城市与黄河、运河的关系逐渐紧密。

战国时期魏都大梁鸿沟水系的开挖，既解决了城市洪涝问题，又使开封凭借地理优势成为商业、文化交流中心。运河带来的漕运文化成为大梁都城文化形成的基础，形成开封尊贤纳才的文化特征。经济的发展导致统治者求贤招贤的需求不断上升，大量文人聚集于此。以孟子游魏为代表的学者游说活动以及魏文侯招贤纳士的行为反映出当时大梁城尊贤重才的社会风气。漕运的繁盛也使得城市由封闭的社会文化转向开放的商业文化，漕运文化是开封城兴起的重要标志，也是城市文化发展的重要源头。然而自秦国引水灌入魏国都城后，大梁失去了其政治、经济中心的地位，鸿沟水系也受到严重破坏（孙盛楠，2014）。

Ⅱ. 隋唐漕运通航、中原文化发展

自魏晋南北朝至唐末，开封一直为汴州治所。隋炀帝于大业元年开挖通济渠沟通黄淮水系，作为联系西北政治中心和东南经济中心的枢纽，而开封正处在运河与黄河之间

的位置处。自通济渠开通，大量漕运在此转运，通过唐朝的综合整治，通济渠的重要性逐渐加强，开封地区逐渐成为工商业交通重镇，城市人口逐渐增加。这也反映了开封进一步跨河发展的趋势。

统治者大力发展水上运输，促进了开封的繁荣，使其成为南北文化的交流中心。唐朝将开封作为政治治所，为开封经济繁荣创造了条件。自此，开封经济逐渐发展起来，其地理位置的重要性日渐凸显。自隋唐至北宋，开封一直作为政治、经济、文化中心，在原有地域文化的基础之上吸收了由漕运带来的北方燕赵文化、南方吴楚文化，从而形成儒雅、开放、高贵而包容的中原文化。它承接吸纳前朝历代文化特征，又为后代北宋文化的大繁荣奠定了基础，既是开封城市的地域文化，又是黄河文化的集中代表。

Ⅲ. 北宋构建水系网布局、宋都文化繁盛

这一阶段黄河水势仍然相对平稳，城市规模进一步扩大。北宋统治者对东京城进行了扩建，并在后周的基础上构建了点、线、面布局的运河水系网络。城市内有四条运河穿城而过，呈现出“四渠贯都”的城市景象。依靠城市运河发展起来的城内园林遍布，形成了著名的“汴京八景”特色景观。黄河与汴河的相通，充分发挥了河道的运输作用，使西北漕粮可依赖黄河运输至东京，作战时也可帮助将物资运输至军区，同时黄河也可作为一道抵御敌方的天然屏障，促进了城市经济的发展和政权的稳固。此外，黄河也是各个运河的重要水源，促进耕作灌溉，保障居民生产、生活的需要。与此同时，水系的贯通性也会导致大量的黄河泥沙进入汴河，使河道淤积堵塞，河床升高。该时期统治者针对运河河道发生决溢的情况采取合理的疏浚方案以保证漕运的正常进行，汴河的地位愈加突出，城市沿运河发展趋势明显。

魏、后梁、后晋、后汉、后周、北宋等均建都开封，城市的都城文化由此兴起，其中北宋时期的宋都文化最具代表性。自宋朝构建了点、线、面结合的完善的水系网络布局起，开封成为中国与世界各国政治、经济、文化的交流中心。北宋的开放性、包容性促进了宫廷文化、宗教文化、园林文化、菊花文化、民俗文化等发展。文化的融合在现今开封城市留下了众多文物古迹，如大相国寺、延庆观、东大寺等。北宋时期形成的节气习俗也对现今开封城市的民俗文化产生了重要影响，其中影响最大的就是清明节祭祀踏青的习俗。至 2019 年，开封市已经连续举办了十一届清明文化节，旨在提升清明文化内涵，促进大宋文化的传承创新。

Ⅳ. 明清内湖形成、治水文化凸显

明清时期开封水患频发，运河堵塞，城市规模逐渐缩小。在北宋以前，黄河距离开封城市数百里，河道流经河南北部，在天津入海。宋朝为了抵御金兵，在滑县决开黄河，黄河改道经滑县汇入淮河。从此，黄河逐渐逼近开封。明朝开封城受到黄河多次泛滥的影响，城池受到洪水的破坏，对城市发展起到了消极的作用（开封市博物馆，1982）。清朝黄河多次泛滥，使大量泥沙在开封城外沉降，从而内外高差越来越大，为解决城市内部排水不畅的问题，统治者在城内掘土挖湖，城市内湖开始形成，城市包围内湖发展。

魏都大梁开挖鸿沟开启了治水的先河，明清时期水患频发，治水更是成为关乎城市存亡的重要课题，由此衍生的治水文化也成为当代开封重要的文化特征之一。自北宋黄河持续逼近开封城市，开封人民开始了修墙筑堤、抵御水灾的历史。明朝治水专家于谦在城市外部修筑护城堤、铸造镇河铁犀，以镇黄河泛滥。清朝名臣林则徐于道光年间黄河再次决口时，在黄河南岸修建黄河大堤作为遏制黄河水灾的重要屏障。在以后数年间黄河多次决口，城内运河水系受到破坏，至此开封水运通航结束。

Ⅴ. 近代河湖连通、黄河文化发展

民国时期引黄河水入惠济河，水势逐渐恢复。20 世纪以来，随着人们对生态环境的保护意识逐步增强，城市注重园林水景的营造，城区的水域面积相对增加。2013 年，开封市政府批复了《开封市水系总体规划》。按照该规划，开封市将打造“十湖连通”的水系空间格局，其中，新城区构建“一湖两区三横四纵”的水系布局，老城区构建“五湖相连”的宋都水系网络布局，通过“一渠六河”工程的综合整治，实现新老城区河湖贯通。

自新中国成立以来，共产党人治理黄河 70 多年，成效显著。党的十八大以来，党中央高度重视黄河流域生态文明建设工作。现今开封城市保留的焦裕禄事迹展览馆从侧面表达了劳动人民根除水患、安居乐业的强烈愿望，反映了开封人民几千年的治水历史和黄河文化。

在数千年历史长河中，人们在黄河水势平稳期利用水资源人工挖湖扩展城市规模，在黄河水灾发生前筑墙建堤，甚至在水灾严重时，被水灌堤淹城，城市规模缩小。黄河的变迁对城市的空间格局产生了重要影响，关系着历朝历代的兴衰。黄河在现今开封城市水系规划的蓝图中扮演了不可或缺的角色，为相关工程提供了丰富的水源。在“一渠六河”工程中，黄河水经过黑池沉淀后被引入西湖，经过护城河流入老城区的湖泊中，从而实现新老城区的河、湖贯通。目前，“一渠六河”工程已经全线对市民开放，城市水系成为开封市靓丽的风景线，开封市“北方水城”的特色更加凸显，“以水润城”的规划蓝图正在变成现实。

开封城市格局在利用黄河水资源和抵御黄河水灾害的过程中不断发展演变，可以说黄河是开封城市发展变化的重要推动力。因历史上黄河多次泛滥，开封形成“城摞城”的世界奇观，而唯一不变的是城市中轴线，是历经磨难后重建家园的恒心，这充分体现了中华民族不屈不挠、生生不息的精神。现如今，在黄河流域生态保护和高质量发展的重大战略推动下，开封更加注重城市与黄河的和谐发展。政府决策者秉持人与自然和谐相处的理念，力图通过协调城市与环境之间的关系，推动开封城市更好更快地发展。滩区作为城市与黄河之间的过渡空间，是维系开封与黄河的纽带。黄河滩区生态廊道规划实践对开封政府践行社会主义生态文明建设、发展生态经济有重要意义。

6.3.2 工作基础

6.3.2.1 《郑州大都市区空间规划（2018—2035 年）》

郑州大都市区是以郑州为核心，包括郑州市域，开封、新乡、焦作、许昌四市中心城区，以及巩义市、武陟县、原阳县、新乡县、尉氏县、长葛市、平原新区，规划明确了未来一个时期大都市空间开发格局和发展策略，是区域内各县（市、区）编制各类空间规划的基本遵循。

规划对开封市的发展定位是：郑州都市圈的文化中心、中原城市群现代服务业和创业创新基地。计划打造开封宋都历史文化交往平台，建设国际文化旅游目的地和国际商务服务休闲旅游基地。

规划对开封黄河滩区的生态定位是：黄河文化生态协同发展示范区。规划提出重点建设开封黄河滩区等城乡统筹示范区，创新沿黄地区农业发展和农村建设路径，同时计划在郑州城区、航空港区、开封城区之间打造郑汴港生态绿心，保护绿心地区良好生态基底。

6.3.2.2　《开封市城市总体规划（2011—2020 年）》

为贯彻落实中部崛起战略，全面建成小康社会，引导城乡持续、健康发展，开封市人民政府组织编制了《开封市城市总体规划（2011—2020 年）》。该规划提到，开封市发展目标为中原城市群重要的中心城市和富有中原特色的国际知名文化旅游城市。规划对开封黄河湿地自然保护区，柳园口乡、水稻乡范围内的引黄工程和干渠的生态定位是生态保护核心区，同时将三义寨乡北部、柳园口乡、水稻乡、袁坊乡、刘店乡、东坝头乡、谷营镇等片林区定位为生态保护缓冲区。

6.3.3　现状及问题

黄河滩区指黄河下游宽河道段主槽至两侧河堤之间的地带，该区域是黄河沉积泥沙、滞蓄洪水的场所，同时也是数百万群众的生活家园（马鑫雨，2019）。

6.3.3.1　研究范围

开封黄河滩区规划范围西起中牟县和开封市交界处，东至兰考县和东明县交界处，北抵开封市行政区界，南至黄河大堤，堤外拓展研究范围为开封段黄河大堤至连霍高速、日兰高速。开封境内黄河长约 88km，河道宽 0.64～10.09km，滩区面积为 335km^2，滩区内现居住人口约 15.85 万人。研究范围内行政区划包含城乡一体化示范区、龙亭区、顺河回族区、祥符区和兰考县（图 6.3-2）。

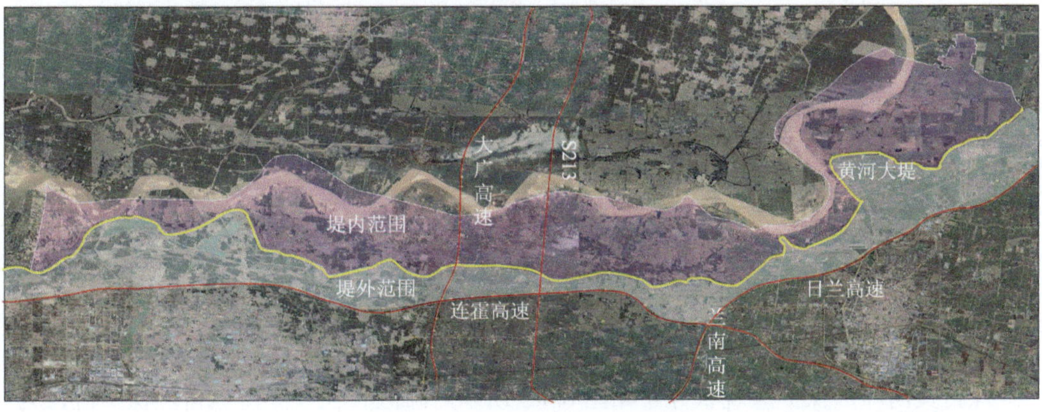

图 6.3-2　开封黄河滩区研究范围

6.3.3.2 现状概况

（1）自然概况

开封黄河滩区地处黄河冲积平原，地势西高东低、北高南低，按其形态可分为沙丘、平地和洼地 3 种基本类型。从地形上来看，开封黄河滩区两岸整体起伏不大，地形地貌较为平缓，便于改造利用。从西往东进行河道断面分析可以看到，开封黄河滩区断面形态尚可，但东坝头以下河段“二级悬河”态势加剧（图 6.3-3）。滩区土壤资源丰富，以潮土为主，适合多种花木和农作物生长。

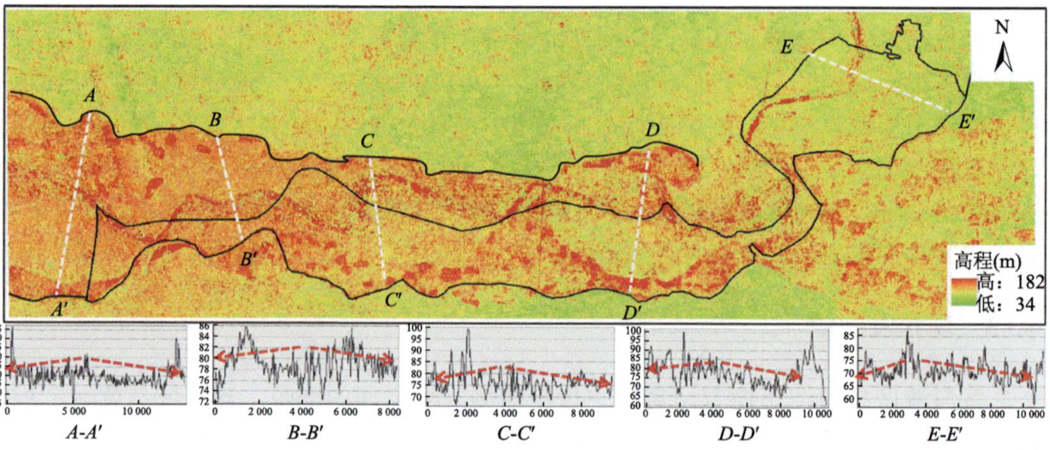

图 6.3-3 开封黄河滩区河道高程示意图

开封黄河滩区隶属黄河流域，大部分土地失灌，无基础灌溉渠系，灌溉方式多为井灌，地下水抽取深度达 70m。如图 6.3-4 所示，城乡一体化示范区、龙亭区和祥符区滩内存在零星坑塘和鱼塘，兰考县滩区渠系较发达，总体上开封段黄河滩区水系较为匮乏且存在显著的人饮问题，滩区群众生活用水全部为地下水，同时水质较差，现状滩区村庄污水处理率低，非常规水利用量少。

图 6.3-4 开封黄河滩区河网水系分布图

开封黄河滩区保护区现状分布如图 6.3-5 所示。滩区存在一处湿地自然保护区，为开封柳园口湿地省级自然保护区，总面积为 16 308.5hm^2，其中核心区面积为 4894.8hm^2，缓冲区面积为 458.6hm²，实验区面积为 10 955.1hm²。滩区还有一处饮用水水源保护区，为黄河黑岗口地表水饮用水水源保护区，其中一级保护区范围为黑岗口闸上游 1000m 至下游 100m 黄河南岸大堤内侧外 50m 至开封市北界内的区域，面积为 10.9781km²；二级保护区范围为一级保护区外黑岗口闸上游 3000m（开封市界）至下游 300m 黄河南岸大堤外侧至开封市北界内全部区域，面积为 32.5491km²。滩区野生动植物种类丰富，根据历史资料和调查数据，保护区现有陆生野生脊椎动物 216 种，其中鸟类 169 种、兽类 21 种、两栖类 9 种、爬行类 17 种，列入国家一级重点保护的动物有白鹳、黑鹳等 15 种。保护区有野生维管植物 598 种，约占全省维管植物总数的 14.6%。木本植物有 38 种，草本植物有 560 种，其中有国家二级重点保护野生植物 1 种，即野大豆。

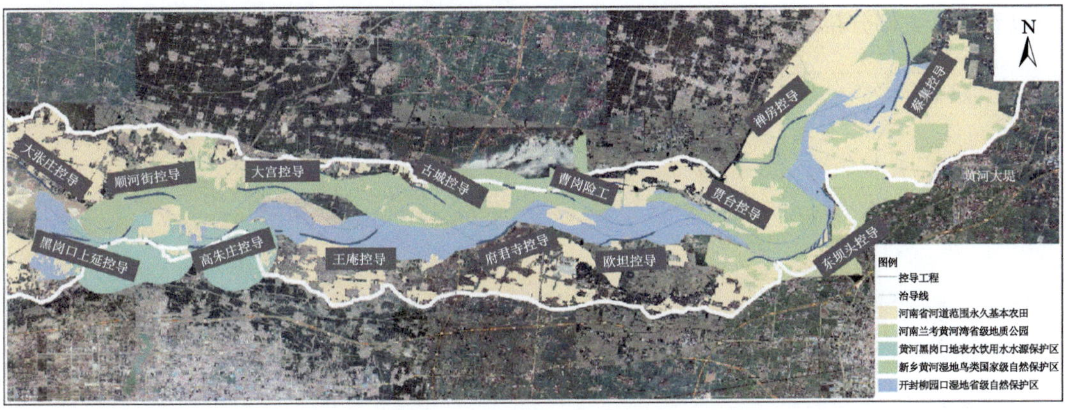

图 6.3-5　开封黄河滩区保护区现状分布图

（2）社会经济概况

滩区涉及水稻乡、柳园口乡、袁坊乡、刘店乡、三义寨乡、东坝头镇、谷营镇等 7 个乡（镇），现居住人口约 15.85 万人，共有行政村 67 个。现状产业以传统种植业为主，部分产业承包给个人或大型公司，发展生态农业、紫花苜蓿和万寿菊种植、畜牧养殖、服装加工等产业。对滩区内 11 处产业（企业）分布进行重点分析，发现其主要分布在控导路、黄河大堤附近，距离市区较近、交通便捷。开封黄河滩区产业现状分布见图 6.3-6。

图 6.3-6　开封黄河滩区产业现状分布图

（3）土地利用概况

根据第三次全国国土调查成果，开封滩区土地总面积为 339.74km^2，其中，耕地面积最大，为 189.54km^2，占 55.79%；水域及水利设施用地面积为 57.98km^2，占 17.07%；林地面积为 50.46km^2，占 14.85%；农村宅基地面积为 23.83km^2，占 7.01%。园地、草地、商业服务业设施用地、工矿仓储用地、住宅用地、公共管理与公共服务用地、特殊用地、交通运输用地及其他土地等占比相对较小。在耕地分布中，有 27.84%的耕地位于河道范围内。另外，滩区部分区域存在大片林地，不符合河道管理规定。根据《开封市土地利用总体规划（2006—2020 年）》，开封滩区基本农田面积为 108.5km，地类多为水浇地，主要分布在兰考县的谷营乡、东坝头乡和祥符区的袁坊乡、刘店乡。将耕地分布图与基本农田分布图叠加可以看到，大部分耕地被划为基本农田，部分河道耕地也被划为基本农田（图 6.3-7）。

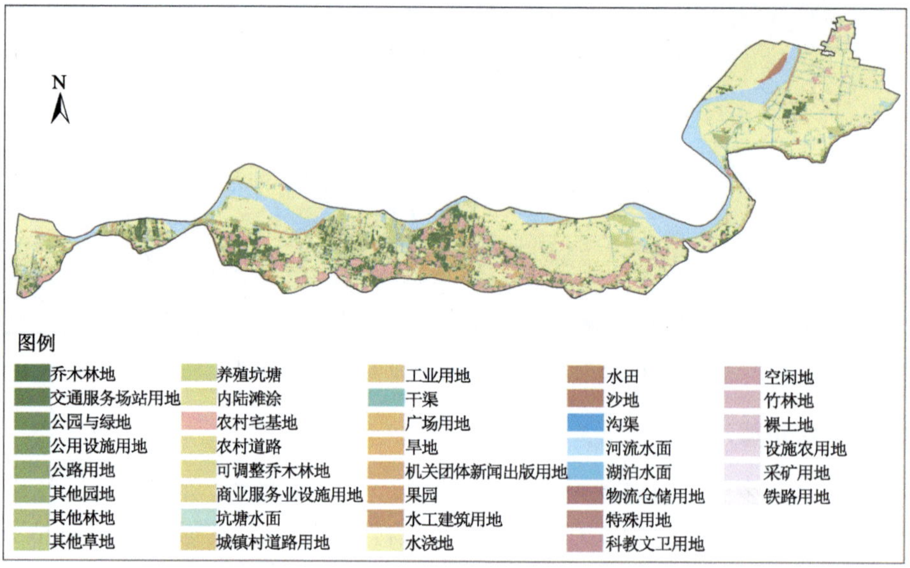

图 6.3-7　开封黄河滩区土地利用现状图

（4）道路交通现状

滩区周边主要涉及的高速公路有三条，即大广高速、连霍高速、日兰高速；涉及省道有 S219、S213 等；主要东西向道路为两侧沿黄河大堤路（图 6.3-8）。除此之外，区域内分布有乡道、农村生产道路。境内跨河通道主要是现状省道、高速，即 S219、S213、大广高速，除此之外在兰考县东坝头镇存在一处生产浮桥。

（5）水利设施现状

开封河段右岸堤防建于明清年代，已有 500 多年的历史，随着河道变迁，经历代不断修建而成。现行大堤按防御花园口 22 000m^3/s 洪水设防，相应黄河左岸大堤的堤防桩号为（70+250）～（156+050），长约 86km，其中开封一局［（70+250）～（97+500），约 27km］、开封二局［（97+500）～（126+650），长约 29km］、兰考局［（126+650）～（156+050），

图 6.3-8　开封黄河滩区道路现状示意图

约 29km］堤防已达到标准化堤防要求。控导工程有 8 处，分别为黑岗口、高朱庄、王庵、府君寺、欧坦、夹河滩、东坝头和蔡集等控导工程；险工有 4 处，分别是黑岗口险工、柳园口险工、杨庄险工、四明堂险工；引黄闸有 3 处，分别是黑岗口引黄闸、柳园口引黄闸、三义寨引黄闸，均为穿堤闸，主要向黄河大堤以外灌区供水（图 6.3-9）。

图 6.3-9　开封黄河滩区水利设施现状示意图

（6）文化资源概况

滩区内文化资源可以概括为 3 类：悬河文化、治黄文化和水利文化。黄河泥沙的淤积使河床不断抬高，开封段黄河比堤外高 7～10m，是中国最高的悬河，这里是黄河“豆腐腰”最脆弱的位置，历史上黄河开封段决口 338 次，有记载以来开封先后 7 次被淹没毁城。多次决口灾难也造就了一代又一代治黄名人，如大禹治水的精神教育和激励了一代代中华儿女，为中华民族积淀了宝贵的精神财富；清朝著名治水专家于谦为抗洪救灾，筑建护城大堤、铸造镇河铁犀，以镇黄河泛滥；焦裕禄治黄背后所包含的“亲民爱民、艰苦奋斗、科学求实、迎难而上、无私奉献”的精神，被后人传颂。丰富的水利文化也激励着后世水利人奋发向上、开拓创新。滩区内黄河流域最长的险工在黑岗口，长度达 5695m，九曲黄河最后一道弯在开封兰考东坝头，柳园口水利风景区犹如一颗明珠，内容涵盖河润古城、悬河景观、大河之殇、大河之治、抗洪凯歌、景区展望、综合管理等。开封黄河滩区文化资源概况分布如图 6.3-10 所示。

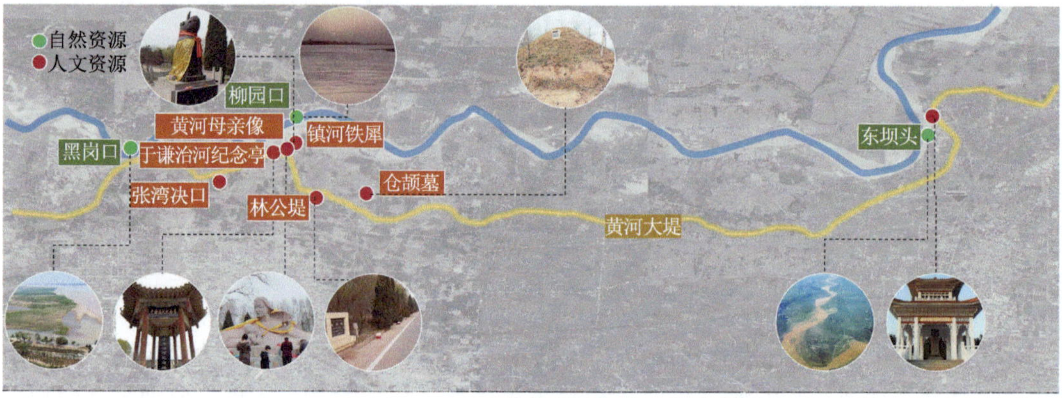

图 6.3-10 开封黄河滩区文化资源概况分布图

6.3.3.3 问题剖析

（1）防洪保安问题突出

主流摆动频繁、游荡性河势问题严重。开封兰考河段河道宽浅，水流散乱，主流摆动频繁，两岸大堤之间的距离平均为 9km，最宽处 20km。开封至兰考河段河势不稳定，摆动幅度较大，近年来一直存在畸形河势。该河段历史上，出现过多次决口，形成黑岗口、张家湾、柳园口、张君楼、三仙庙、大王潭、老小新堤等口门。虽然黄河下游防洪工程体系已初步形成，但该河段面临的防洪形势依然严峻，特别是从柳园口至东坝头河段约 52km 的黄河右岸大堤属无险工段，发生大洪水漫过控导工程上滩的情况时，抢险战线长，抢护难度较大。从河道断面形态上来看，东坝头以上河段各断面的“二级悬河”形态不明显，东坝头至李门庄河道断面右岸的“二级悬河”问题比较突出，滩唇处比堤脚高 3～5m。群众防洪安全标准不达标。计划外迁后滩区剩余人口仍有 12 万人，防洪标准达不到 20 年一遇。

（2）生态基底脆弱

①土壤沙化加剧，是 PM_{50} 的主要来源地。开封滩区多次受到黄河冲积泛滥的影响，土壤质地多以砂质壤质土为主，土壤侵蚀以风沙侵蚀为主，主要集中于轻度风化、中度风化与高度风化三种类型。②土壤重金属污染。通过对开封段黄河滩区土壤布点采样，得出结论：Cd 元素达到了中度风险以上，土壤 Hg 的潜在生态风险达到强烈水平，Pb 对重金属综合潜在生态风险的贡献率高达 50.5%，是最主要的生态风险重金属，各个重金属的污染程度为 Hg＞Pb＞As[①]＞Cd＞Cr。由 RI 值对应的潜在生态风险等级可知，开封黄河滩区土壤存在中等级别重金属潜在生态危害。③农业面源污染严重。2017 年开封市施用化肥折纯总量达 243 056t，其中氮肥施用量 98 170t，磷肥施用量 49 386t，钾肥

① 砷（As）为非金属，鉴于其化合物具有金属性，本书将其归入重金属一并讨论。

施用量 27 129t，复合肥施用量 68 371t；化肥单位面积施用量 344kg/hm^2，高于我国农作物化肥单位施用量 328.5kg/hm^2，高于发达国家公认的安全水平 225kg/hm^2。湿地生境受迫，生态功能下降。通过对黄河中下游典型河段河岸带调查的 52 个群落样方分析，区域共有 36 科 78 属 86 种植物，群落物种组成较为丰富，但优势种并不明显。单一群落样方中，物种组成简单，不同样方之间物种组成与多样性存在明显差异，其中，受干扰较重的样方物种多样性较低，表明研究区河岸带植物物种多样性深受人为干扰所造成的生境破碎的影响。

（3）水资源短缺

滩区内居民生活全部开采地下水（水源单一），人饮井越打越深，用水高峰期面临出水能力不足、用水末端水量和水压不足等问题。灌溉用水无法保证，滩区现状灌溉用水主要是开采地下水，井深 60～70m，集中灌溉期出水量严重不足，且灌溉水源单一，导致灌溉保证率低；灌区工程不配套、建筑物老化、标准偏低。污水处理率偏低，非常规水利用量有待提高：滩区再生水使用率低，雨污水规划缺失，雨污混流现象严重，大部分的污水直接排入河道，造成水体污染。

（4）滩区经济滞后，高质量发展动力不足

滩区内部发展不平衡。特色产业高质量发展动力不足。第一产业主要为传统农业，机械化水平较低和科技支撑能力较弱；工业基础薄弱，现有农副产品加工企业不成规模，产业链不完善，创新能力差，利润率低。沿黄旅游产业具有一定的基础，但缺乏特色，对外不具有吸引力。

（5）文化保护、传承、弘扬缺失

现有遗迹保护利用不足。滩区内现有零散分布的古迹遗址，黄河水文化挖掘不足。黄河开封段河道特征明显，而对于开封与黄河的渊源、黄河开封段特色的悬河、堤防等方面文化的挖掘不足。现有人文、民俗项目文化缺失。黄河文化缺失，特征不明显。

（6）相关规划对滩区问题的缺失

《郑州大都市区空间规划（2018—2035 年）》指出，要“联动大黄河流域的治理与发展，保护沿黄地区的生态与文化基底”“重点建设黄河北岸平原示范区-原阳县，黄河南岸开封市两处黄河滩区城乡统筹示范区，创新沿黄地区农业发展和农村建设路径”。《开封市城市总体规划（2011—2020 年）》规划了“一带两廊三片”的带状组团式总体布局，划分了北部生态、旅游、休闲文化走廊片区，南部工业和仓储物流片区，北部发展教育、科技创新、文化创意产业片区，并针对市域、城市规划区和中心城区等三个空间层次做了详细的规划部署。

这些上位规划对滩区规划有一定的指导意义，包括探索建设黄河文化生态协同发展示范区、弘扬沿黄发展、保育沿黄生态、探索新型城镇化实施模式；设郑汴沿黄快速通道，打造多功能生态文化休闲旅游区；优化规划区滩区布局，整合土地资源，集中发展优势产业。滩区是黄河河道范围，既是滞洪沉沙的场所，又是群众生产生活的空间，存在多头管理问题，相关城乡规划、国土功能区规划等上位规划对于滩区概念和范围迷糊不清，对滩区问题关注度不高，没有明确提出未来滩区的战略目标和针对相关问题的解决方案，导致滩区发展受限、人民日益增长的物质文化需要和落后的发展相矛盾，是河南省最具代表的“三山一滩”集中贫困区之一。

有记载以来，黄河开封段决口 338 次，开封先后 7 次被淹没毁城。黄河开封段处于黄河“豆腐腰”最脆弱的位置，是游荡性河势向过渡性河势转变的重要节点，同时还是黄河下游“二级悬河”严重发育的河段（兰考东坝头段），槽高、滩低、堤根洼的不利河道断面形态特别显著。保障黄河长治久安，必须创新河道与滩区综合提升方略，治河与治滩并重，实践三滩分区治理建设、控导工程连接建设等创新方略，对游荡性河势、“二级悬河”等短板问题做出创新实验和实践。

6.3.4 总体策略

本次规划抢抓黄河流域生态保护和高质量发展的重大战略机遇，立足开封文化资源优势、红色基因转化优势、郑开同城化先发优势和黄河研学资源优势，兼顾生产、生活和生态三方面，针对开封黄河滩区的具体情况，创新河道与滩区综合提升方略，深入挖掘黄河文化蕴含的时代价值，实施促进一二三产融合，实现乡村振兴。

6.3.4.1 规划目标、目的及意义

（1）规划目标

根据滩区实际情况，确定规划目标为：①加强滩区生态环境保护与修复，构建开封滩区生态廊道，进行滩区生态综合整治，促进河流生态系统健康，为开封市乃至郑开同城化建设发展提供生态安全保障；②加强水资源节约集约利用，置换滩区地下水水源为地表水水源，构建开封滩区灌排体系，推进灌溉体系现代化改造；③实施河道和滩区综合提升治理工程，结合“十四五”防洪工程规划，加快控导工程续建加固进度，开展东坝头“二级悬河”治理，在保证防洪安全的基础上，对开封滩区剩余 13.47 万人进行安置，解决滩区人民群众生活、生产安全问题；④提出滩区产业发展建议以及开发运营策略，加强滩区基础设施互联互通，实施控导路连接等工程，推动滩区高质量发展；⑤保护、传承、弘扬黄河文化，打造开封黄河滩区特色文旅品牌，规划沿黄特色文旅游线和赛事，讲好开封滩区黄河故事。

（2）目的及意义

开封黄河滩区目前生态环境脆弱，经济发展不平衡不充分，产业低质低效，这些都是影响城市高质量发展的短板。本次规划聚焦开封黄河滩区，结合滩区现状及存在的问题，依据三滩分治和韧性发展理念，构建滩区生态廊道和“三生”空间布局，探索滩区生态廊道格局构建在国土空间规划领域的实践应用，引导开封滩区良性发展，实现城市“三区一基地”目标，推动开封加速融入郑开同城化，落实新时期黄河战略，以期为黄河下游各地滩区生态保护和高质量发展提供借鉴。

6.3.4.2　依据原则

坚持生态优先、绿色发展。要把生态保护与修复放在首要位置，牢固树立“绿水青山就是金山银山”的理念，顺应自然、尊重规律，从过渡干预向自然修复、休养生息转变，改变流域生态脆弱现状，推动清洁生产，坚定走绿色、可持续的高质量发展之路。

坚持量水而行、节水为重。要把水资源作为最大的刚性约束，坚持以水定城、以水定地、以水定人、以水定产，统筹优化生活、生产、生态用水结构，推动水资源节约集约利用，促进人口经济与水资源承载力相协调。

坚持因地制宜、分类施策。黄河下游两岸不同地区自然条件千差万别，生态建设重点各有不同，要提高政策和工程措施的针对性、有效性，分区分类推进保护和治理。

坚持统筹谋划、协同治理。要立足于流域和生态系统的整体性，坚持共同抓好大保护，协同推进大治理，统筹谋划两岸的保护和治理，合理安排水资源分配利用、产业布局等。特别要破除地方和部门的思维习惯，形成统分结合、协同联动的工作机制，上下齐心、各县（市、区）协力推进黄河保护和治理。

6.3.4.3　研究构思

针对黄河滩区这一集合了自然生态、生活生产的多功能区域性带状空间，提出韧性发展的理念，即在应对不确定性洪水灾害的冲击下，具有持续的适应和恢复能力（邴启亮等，2017）。以应对洪水灾害和自然生态为导向，科学配置韧性基础设施，建立应对洪水创新优化体系，实现开封黄河滩区生态保护和高质量发展的目标。

1）合理布局生活空间，完善系统灵活丰富性

面对水患发生的隐患，丰富的滩区生活空间更有利于发挥各形态空间的长处，从而适应潜在风险。相比于形态功能单一的空间，灵活丰富的滩区布局更有助于实现多样需求，从而能够更有效地减少水灾可能带来的损失，延续生活空间的繁荣与活力。在保护生态和保障群众安全的基础上，合理规划生活空间，完善公共服务功能，提升设施的弹性，构建紧凑完善的布局体系，减少洪水可能造成的损失。

2）构建生态韧性网络，增强系统缓冲能力

以滩区现有水系为主干布局水系网络，完善水系功能，并与各类现状绿地斑块连接，构建生态韧性网络，增强系统缓冲能力，发挥最大的生态效应。通过蓝绿网络连接重要的野生动植物栖息地，增加空间的生物多样性。在城市河流生态廊道的景观建设中，应当注意乡土型河岸带植被的恢复。在修复已受破坏的生境区域时，要避免人工建设对环境的再次破坏（陈竞姝，2020）。合理布局滩区内的生态湿地、调洪湿地、泄洪通道，同时兼顾滩区景观的营造，有效减缓雨水汇集速度，发挥滩区海绵体系的功能。

3）发挥生产空间韧性，促进产业多元化转型

针对产业类型单一、基础较差的黄河滩区空间，因地制宜增加产业类型，促进滩区产业结构向功能多元化转型，在面临潜在的洪涝灾害时能够把握新的发展机遇，尽可能地使滩区的经济损失降到最低。滩区产业选择首先要应对洪涝灾害，基于上位规划及对开封滩区内外现有产业链发展现状的综合分析，立足滩区的自然条件，剖析生态科技农业（产业）自身兼具的生态保护、经济提振与韧性发展的三大特色，以生态科农创新驱

动和休闲文旅融合支撑作为开封黄河滩区的主要产业突破口，确定高滩、二滩、嫩滩等不同类别空间的产业布局。

高滩重点规划宋韵文化产业示范区、中原创新发展示范区、黄河文化展示区、传统城市复兴示范区；二滩重点规划万亩花田、田园农耕、黄河故道展示区、稻米高效种植实验区、特色蔬菜中试区、CSA 共享农业园、金丝皇菊中试区、汴梁瓜果中试区、乡村振兴展示区、爱国教育示范区、紫花苜蓿中试区；嫩滩重点规划湿地生态保育区、湿地科研探索区、湿地滩面拓展区。

4）建立便捷的交通网络，提升工程韧性

在遵循上位规划的基础上，因地制宜，综合考虑滩区用地条件和功能布局，确保滩区内外空间具备便捷的交通，建立资源、信息相互连通的廊道。一方面，在滩区受到外界冲击影响的情况下，通过及时调动系统内部资源，补充最需要的缺口（Wildavsky，1990）。另一方面，在城乡发展中，为区域合作提供有效的物质运输通廊、信息交换网络，以实现滩区内外相互支撑与协作（Godschalk，2003）。通过构建多样联结的交通网络，规划合理的观光游线，把滩区活动空间的各个节点都串联起来，三滩联动，营造宜居宜业宜游的复合“三生”空间。

6.3.4.4 总体布局

考虑空间均衡发展，对河道内空间进行优化配置，连通现状村镇、土地等各缀块成廊成网，按照不同防御洪水标准和设计泥沙淤积分区，塑造高滩、二滩、嫩滩等不同生态分区，打造“一带三区三滩四核”的总体布局（图 6.3-11）。

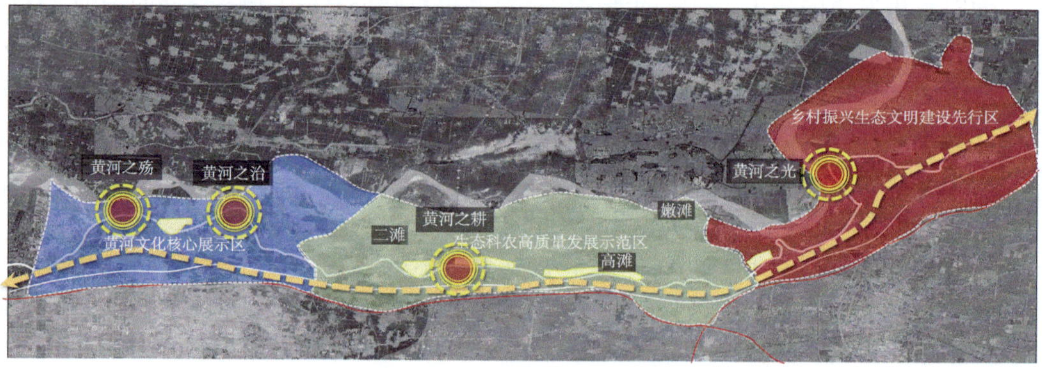

图 6.3-11 开封黄河滩区总体布局示意图

“一带”指的是沿黄河大堤和 S312 沿黄乡村振兴带。黄河大堤现状 100m 宽的淤背区，可改造为带状公园，串联靠堤乡村。实施滩区外迁和临堤筑村台，保证防洪安全，促进乡村振兴战略实施。增加自行车道、慢行系统、文化景墙等元素，展示黄河文化。举办黄河马拉松、沿黄健康骑行等体育赛事活动，激发绿色活力。

“三区”指的是沿河道方向按照城与河关系紧密区、城郊区和县域经济发展区将滩区分为黄河文化核心展示区、生态科农高质量发展示范区、乡村振兴生态文明建设先行区。黄河文化核心展示区：以水稻乡和柳园乡为核心，展现悬河奇观和治黄历史，打造黄河文化核心展示区。生态科农高质量发展示范区：以祥符区袁坊乡、刘店乡、曲兴镇等为核心，开展国土空间整治，发展生态科技农业中试及种植和休闲文旅产业，打造生态科农高质量发展示范区。乡村振兴生态文明建设先行区：以兰考三义寨乡、东坝头镇、谷营镇为核心，建设滩区草业基地，统筹农业农村现代化，打造乡村振兴生态文明建设先行区。

“三滩”指的垂直河道方向分为高滩（特色小镇，宜居舒适生活空间）、二滩（田园综合体，集约高效生产空间）、嫩滩（湿地生态，滩绿水清生态空间）。分析滩区人口情况和区位情况，依据三滩分区治理的原则，合理布置高滩、二滩、嫩滩，分别解决滩区群众防洪安全、地方经济发展生态空间和生态修复及连续性问题，因滩施策，实现人水和谐和高质量发展。高滩临堤淤筑高台，建设特色小镇，打造宜居舒适的生活空间，解决居民防洪安全；二滩在居民搬迁的基础上实施集约开发，构建田园综合体，打造集约高效的生产空间，解决经济发展和生态空间之间的矛盾。对于主槽与嫩滩，以自然修复为主，打造滩绿水清的生态核心空间，破解黄河下游滩区长期存在的矛盾，解决生态横向纵向连续性修复问题，实现滩区生态治理，促进滩区内外融合发展。

“四核”即“黄河之殇文化展示区”“黄河之治文化传承区”“黄河之耕文化体验区”“黄河之光文化弘扬区”。黄河之殇文化展示区位于一体化示范区黑岗口，主要展现黄河决口历史，以及黄河悬河文化、“城摞城”奇观等。黄河之治文化传承区位于龙亭区柳园口，结合柳园口水利风景区主要展现历代名人治黄文化，打造治黄故事讲述地。黄河之耕文化体验区主要位于祥符区袁坊乡高滩处，结合居民安迁和生态农业科技中试展现黄河流域农耕文明。黄河之光文化弘扬区主要位于兰考县东坝头镇，打造中国共产党治理黄河、黄河湾乡村振兴示范地。

6.3.4.5　规划策略

针对开封黄河滩区生态保护和高质量发展面临的“人水混居、环境污染；渠系缺乏、用水粗放；河水游荡、洪水威胁；发展受限、传统低效；特色不足、亟待发掘”等五大难题，结合开封市现实需求，提出五条契合该领域实际的发展策略：空间重塑、生态修复；规划渠系、高效利用；控导加固、高滩淤筑；科技赋能、有序发展；挖掘提炼、文化植入。开封黄河滩区总体规划见图 6.3-12。

图 6.3-12　开封黄河滩区总体规划示意图

（1）滩区生态保护与生态治理规划

针对人水混居、环境污染问题，提出滩区生态保护与生态治理规划，具体包括生态保护和生态综合整治两个方面。

在生态保护方面，借助景观生态学手法，运用廊道、基质、斑块理论，打造人河城和谐统一的沿黄绿色生态廊道。堤内结合防洪治理，促进生活、生产、生态空间融合；堤外结合滩内现状道路和与滩外连接道路构建生态绿廊，作为城与河联系的纽带；堤内外协调联动创新发展。树种选择是构建绿色生态廊道的重要环节，大堤内嫩滩区适合种植具备一定的耐干旱、抗水淹能力的植物，通过自然恢复形成一个群落类型多样的湿地生态系统，如芦苇、狗牙根、苍耳等。大堤内二滩区适合种植开封的经济农作物、低矮花卉，打造清新自然的田园风光，兼顾经济效益。大堤内高滩区适合栽植观花灌木，营造怡人小气候，打造一年四季不同时节的季相景观。大堤外淤背区适合种植的树种主要为适生林、绿化苗木和经济林等，与临河防浪林、堤顶行道林带、淤背区外景观带建设相结合，可有效减轻河道扬尘天气对生态环境造成的不利影响，改善沿黄生态小气候。

关于生态综合整治，主要针对滩区人口迁建问题，研究制定安全迁建策略。根据发展改革委对开封滩区人口的统计数据，滩区现状人口共 15.85 万人，扣除列入河南省迁建规划的 2.38 万人，开封滩区还有 13.47 万人。开封滩区现状人口分布见图 6.3-13。

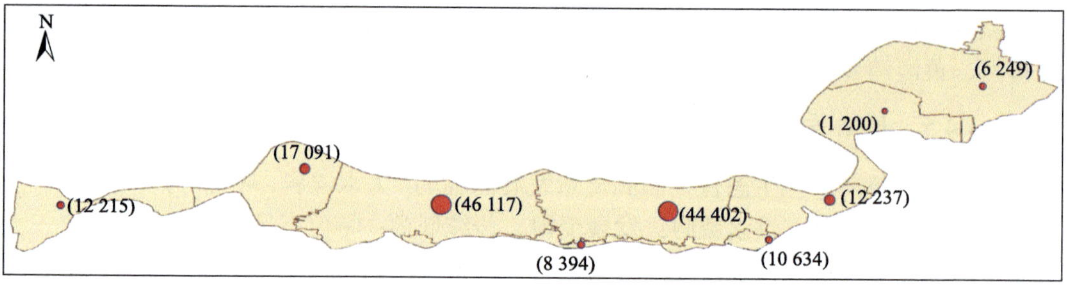

图 6.3-13　开封滩区现状人口分布图

规划中安全迁建考虑的重要原则是结合堤外用地情况和群众安全迁建意愿，整建制乡在滩区临堤筑村台安置，非整建制乡全部外迁至 S312 沿黄大道。安置区建设规模根据安置区人口和人均建设用地标准确定。结合行政区界和实际地形，共设三个高滩安置区，分别是金明滩、袁坊乡安置区（考虑大广高速避让）、刘店乡安置区。考虑安全等多种因素，高滩的防洪标准取上限值 20 年一遇。为了最大限度地提升高滩防洪能力，同时考虑高滩居民出入的安全性、便利性，本次规划高滩顶高程与现状大堤顶高程持平。开封黄河滩区规划安置人口见表 6.3-1。

针对土壤沙化和饮用水面源污染问题，规划构建林草田复合生态系统体系，达到水源和土地保护与修复的目的。网格状林草田以条、带状相结合或条、块状相结合的方式构建，具体策略主要包括两个方面：一是退耕还林、防风固沙，农田防护林网的营建必须尽量标准化、力求整齐，尽量将林网设置与道路、排灌系统结合起来，根据是强风区

表 6.3-1　开封黄河滩区规划安置人口表

省辖市	县（市、区）	乡（镇）	滩区总人数		外迁人口（一、二期试点和三年迁建规划）		本次规划安置人口		规划安置情况			
									外迁		高滩安置	
			村数（个）	人口（人）	村数（个）	人口（人）	村数（个）	人口（人）	村数（个）	人口（人）	村数（个）	人口（人）
开封市	城乡一体化示范区	水稻乡	4	12 215			4	12 215	2	7 329	2	4 886
	龙亭区	柳园口乡	12	17 091			12	17 091	8	11 964	4	5 127
	祥符区	袁坊乡	19	46 117	2	6 173	17	39 944			17	39 944
		杜良乡	9	8 394	1	3 402	8	4 992	8	4 992		
		刘店乡	22	44 402			22	44 402			22	44 402
		曲兴镇	12	10 634	3	6 835	9	3 799	9	3 799		
	兰考县	三义寨乡	6	12 237			6	12 237	6	12 237		
		谷营镇	5	6 249	5	6 249	0	0				
		东坝头镇	1	1 200	1	1 200	0	0				
	合计		90	158 539	12	23 859	78	134 680	33	40 321	45	94 359

还是弱风区选择合适的带距；二是调整土地利用方式和强度，可根据地貌类型，或建平行式林草田复合生态系统，或建人工草场，构建的方式均应遵循大中有小的原则，在用地结构上避免单一化，树种以樟子松和灌木沙棘为主，草地以斑块状与耕地相间分布。

《黄河流域生态保护和高质量发展规划纲要》明确提出，要依法合法利用滩区土地资源，实施滩区国土空间差别化用途管制。目前《黄河流域重要岸线保护与利用规划》和《黄河流域重要河段河道采砂管理规划（2020—2025 年）》已形成初步成果。后续会结合上述规划提出开封黄河滩区国土空间差别化用途管制制度研究内容。

根据《郑州大都市区空间规划（2018—2035 年）》《开封市城市总体规划（2011—2020 年）》对开封黄河滩区的生态定位，结合河南黄河下游山水林田湖草生态保护与修复实施方案，开展湿地生态保护与修复规划。目前滩区内湿地现状是面积过少、类型单一、水量不足、功能受限。规划以开封黄河滩区生态补水工程为主体，以引黄涵闸为源，以灌溉渠系为脉，连通沉沙净水、调蓄储水、湿地增水三大类功能区块，提高湿地面积总量和占比、完善湿地类型和空间格局、增加湿地生态供水，打造滩区生态大水网，构建滩河林田草综合生态空间，从根本上改变滩区湿地资源稀缺、湿地质量不高的现状，为滩区生态功能的保护与修复提供重要的水资源支撑和生态过程基础。

（2）水资源节约集约利用规划

针对渠系缺乏、用水粗放问题，提出滩区水资源节约集约利用规划。构建开封全域大水网，市域以黄河干流为主，统筹支流水系、饮用水水源，构建“黄河为源、四横五纵、十湖联通”的大水网格局，保证黑池、柳池供水安全。

在滩内规划布置灌溉渠系，调整种植结构，优化灌溉方式，实行高效节水灌溉（喷灌、滴灌）。分别在龙亭区、祥符区、兰考县规划灌排渠系，设置沉沙池、调蓄池和渠系等，置换地下水灌溉为地表水灌溉，提高节水效率，积极推行滴灌和喷灌等。灌排水系水源主要包括滩区引黄水和滩区地下水。居民综合生活优先考虑地下水，农业灌溉用水优先考虑引黄水。开封滩区水资源规划改地下深井灌溉为地表引黄水灌溉。通过挖沉沙池和调蓄池解决黄河含沙量高、引黄时段和用水时段不匹配的问题，实现高效节水灌溉。借助泵站饮水解决由黄河调水调沙和现行河道下切导致的引黄闸引水效果差的问题。利用城镇双供双排系统，提高污水处理率。

（3）防洪安全保障规划

针对河水游荡、洪水威胁问题，提出滩区防洪安全保障规划。堤防隐患除险加固，涵闸改建，险工加固，防护坝加固；对主槽和渠道进行清淤疏浚处理；合理布置灌排水系，连通滩区全域。《黄河下游“十四五”防洪工程可行性研究报告》（2019 年 11 月水规总院复审），对开封段柳园口控导、府君寺控导、欧坦控导、东坝头控导、蔡集控导等安排续建，对黑岗口上延控导、高朱庄控导、王庵控导、府君寺控导、夹河滩控导、东坝头控导、蔡集控导进行改建加固，对兰考滩大堤桩号（140+900）～（155+900）安排 10 300m 堤河治理。

利用人工放淤、机械放淤结合村庄拆除复垦的方式，以及高标准农田整治，实施淤滩工程等，对“二级悬河”进行治理。东坝头“二级悬河”结合高标准农田进行淤填整平。采取人工机械干预措施，开挖主槽泥沙，对滩面进行淤填，人为使黄河滩区地面淤填抬高，以此来减缓“二级悬河”不断发展的趋势。

（4）高质量发展规划

针对发展受限、传统低效问题，提出滩区高质量发展规划。具体分两个方面：建设特色优势现代产业体系和加强基础设施互联互通。滩区产业首先要应对洪涝灾害，应具有形态可变换、汛期可监测、作物可选择的优势。针对开封黄河滩区产业的优劣势分析，在农业方面，滩区汛期易发生洪涝灾害，如房屋损害、设备受损、作物损失等，因此应优选取具有一定韧性的产业，可优先选择生态科技农业（产业）。在文旅产业方面，充分发挥开封文化历史底蕴深厚、文化旅游产业特色突出的优势，推动“农业+生态+文化+旅游”融合发展，以乡村旅游产业作为开封文旅产业的延伸，可创立乡村休闲文旅产业的品牌；确定农科中试产业和乡村休闲文旅结合的主导产业基调；注重农业种植技术提升和休闲文旅品牌打造，保障农作物经济效益和文旅品牌推广。开封黄河滩区核心产业选择见图 6.3-14。

确定分配机制，构建完整产业链条，打通产品销路，促进产业落地。在滩区内实施控导道路连接工程，推动滩区基础设施互联互通以及补齐民生短板，为实现开封黄河流域生态保护和高质量发展夯实基础。开封黄河滩区道路规划见图 6.3-15。

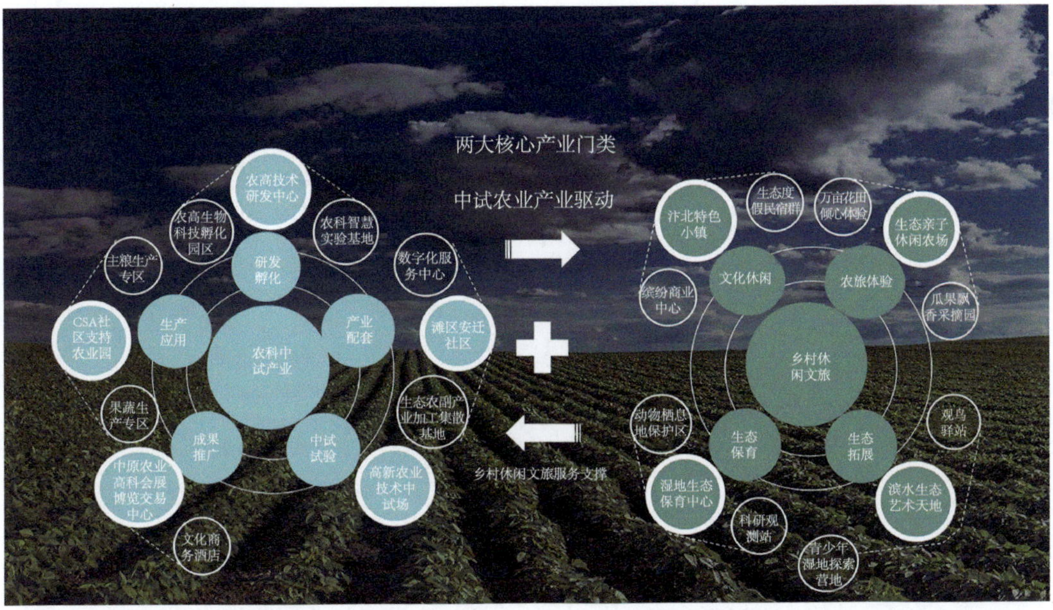

图 6.3-14　开封黄河滩区核心产业选择示意图

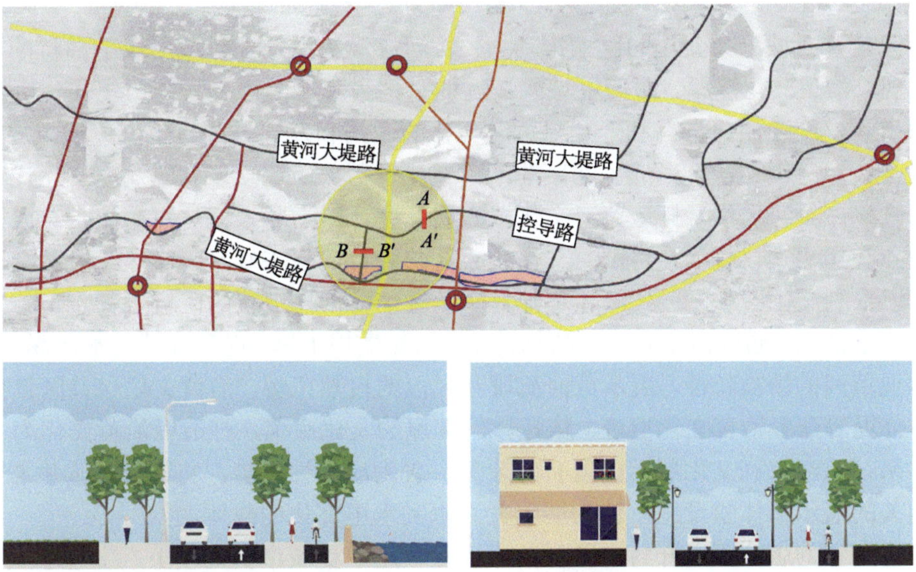

滩区控导连接路断面示意图*A*-*A′*　　**滩区刘店乡高滩连接路断面示意图*B*-*B′***

图 6.3-15　开封黄河滩区道路规划示意图

（5）黄河文化保护、传承、弘扬规划

针对特色不足、亟待发掘问题，提出滩区黄河文化保护、传承、弘扬规划。挖掘开封城市和开封段黄河的历史文化资源特色，分析资源类型和分布现状。将开封黄河滩区分为黄河文化核心展示区、生态科农高质量发展示范区、乡村振兴生态文明建设先行区。统筹时间轴、空间轴，构建新时期黄河流域生态保护和高质量发展文化高地。保护、传

承、弘扬黄河文化，促进文旅深度融合，打造开封黄河滩区特色文旅品牌。合理布局分区，规划沿黄特色文旅游线和赛事，讲好开封滩区黄河故事。开封黄河滩区文旅规划见图 6.3-16。

图 6.3-16　开封黄河滩区文旅规划示意图

黄河是开封城沧桑变化的巨大推动力，黄河泛滥决堤使开封城形成了独特的“城摞城”景观，治黄文化深厚。距离主城区最近的水稻乡和柳园口乡紧邻历史文化资源丰富的开封市区，交通便捷，有利于开封黄河文化的弘扬和发展。开封距离黄河大堤较近，历史上被黄河淹没 7 次，形成了深厚的治黄文化，历史遗迹众多。应发挥文化优势，结合黄河之殇、黄河之治，打造黄河文化核心展示区，作为联系城与河的纽带。根据地理位置特点和历史文化资源，将黄河文化核心区分为黄河生态修复研学区、治黄文化科普区、黄河水利文化展示区。黄河生态修复研学区主要依托现状的矿坑进行生态修复，开展科普研学活动。通过构建完善的植物群落，修复受损土壤，提升该区的水源涵养能力，同时体现黄河的植被特征，展示黄河流域开封段的自然风貌。治黄文化科普区包括黑岗口、林公堤等众多治黄文化遗迹，依托该区深厚的文化底蕴，打造以治黄文化为主题的游览体系。黄河水利文化展示区现有月牙湖，曾为游荡性河势，将其打造为生态湿地，完善相关的展示和体验设施，作为展示黄河水利水电文化的载体。

袁坊乡和刘店乡距离开封市区及黄河大堤较远，受城市干扰较小，生态基底较好。区域气候温和、土质肥沃，农产品丰富，农耕文化深厚，规划生态农业示范区，发展生态农业。生态农业示范区具体划分为两个区域，分别为绿色农业示范区、田园牧歌体验区。绿色农业示范区结合场地内现有文化资源和滩区的风资源，设置特色汴文化风场、风车花海、仓颉造字艺术园等节点。将绿色能源发电与生态环境建设结合，促进产业转型升级。田园牧歌体验区种植有经济效益的农作物、中草药等，形成大规模的作物景观，如花生、红薯、油菜、稻米、金银花、枸杞等，增加农民收入。

三义寨乡、东坝头镇和谷营镇紧邻兰考县及黄河大堤，其中东坝头是九曲黄河最后一个大拐弯处，黄河在此处决堤数次。规划乡村振兴生态文明建设先行区，通过梳理滩区文化现状资源，总结滩内主要存在黄河文化资源、绿色农业资源、红色文化资源：以九曲黄河最后一湾为主的黄河文化风情展示区，以焦裕禄治沙为主的红色治黄文化传承区，以农业种植、紫花苜蓿种植为主的绿色农耕文化体验区。结合相关上位规划，在保证黄河防洪安全的前提下结合黄河生态休闲组团和黄河堤岸生态休闲走廊的定位，在现有滩区资源禀赋基础上，大力发展文旅、农旅、生态旅游等产业。

6.3.5　实践总结

开封黄河滩区作为开封市重要的组成部分，在新时期黄河流域生态保护和高质量发展背景下意义重大，要实现开封市生态保护和高质量发展，滩区问题不可回避。

黄河滩区是滞洪沉沙的重要场所。黄河下游滩区发挥了重要的沉沙落淤和滞蓄洪水的作用，对保障华北平原人民生产生活的安全做出了重要贡献，是下游防洪工程体系中必不可少的组成部分。此外，黄河滩区是居民重要的生活空间。黄河滩区范围内有充足的水源，适合人民耕作灌溉，是居民重要的生活空间。同时，黄河滩区还是联系城市和黄河的纽带。黄河滩区作为开封城市与黄河之间的过渡区域，有重要的纽带作用。分属不同区域的黄河滩区所起的作用也不相同，如开封龙亭区、城乡一体化示范区范围的黄河滩区是城市与河道关系紧密联系区，祥符区黄河滩区是城郊与黄河的分隔区，兰考县黄河滩区是县域经济发展区与黄河的分隔空间。

本次规划基于滩区具有的滞洪沉沙、生产生活、城市纽带等三重属性的区域特征，通过评估开封黄河滩区现状及存在问题，树立规划目标、提出应对策略，探讨基于三滩分区治理、韧性城市视角下的开封黄河滩区生态廊道构建。研究聚焦开封黄河滩区有着十分重要的理论意义和现实意义。

开封黄河滩区生态廊道构建思路和理念对沿黄滩区实践研究有着重要的理论借鉴意义。目前黄河滩区研究以滩区产业振兴规划研究、居民迁建策略研究、改造安全风险分析等为主，这些研究对黄河滩区发展有着重要的意义，但其大多停留在理论策略的建议阶段，难以落实到实际的滩区空间规划当中。而基于“韧性”理念和“三滩分区治理”理念的黄河滩区生态廊道构建有一定的创新性。由于黄河滩区所具有的滞洪沉沙、生产生活、城市纽带的功能相互交叠，因此其成为“韧性”理论和“三滩分区治理”理论的适用场所。

开封黄河滩区生态廊道格局构建对于改善社会民生、促进城市和谐发展有着重要的现实意义。不确定性洪水侵袭的困扰使得滩区基础设施水平较低，产业发展滞后，这严重制约着滩区经济的发展。探索具有洪涝可适应性的滩区空间发展策略，有助于促进滩区经济发展，改善社会民生。开封黄河滩区空间规划实践，对于改善滩区落后的局面、促进开封城市和谐发展有重要意义。同时，随着黄河流域生态保护和高质量发展上升为重大国家战略，黄河滩区发展规划对我国践行生态文明建设有重要的示范作用。针对开封黄河滩区的生态廊道格局构建，有利于引导黄河滩区走上具有洪涝可适应性的生态发展道路。

第 7 章　黄河下游生态航道构建展望与建议

建设黄河下游生态航道，对完善河南、山东两省交通运输体系，促进流域社会经济协调发展，发展黄河生态旅游，弘扬黄河文化、讲好黄河故事具有重要意义。根据黄河下游实测资料，小浪底水库运用以来黄河下游最小平滩流量已达到 4300m^3/s，枯水河槽已明显恢复，最小通航流量相应水面宽度达到 120～200m，水深达到 1.0～2.5m，具备一定的复航条件。研究提出，可按照整体Ⅳ级、局部Ⅲ级航道标准，结合黄河下游生态治理提升工程建设，通过中水河槽和通航河槽的生态疏浚、游荡型河段整治、碍航建筑物生态改造和码头建设，打造下游长约 800km 的生态航道。考虑古贤、东庄等水沙调控工程建设，利用下游生态治理塑造的高效输沙通道，结合水沙调控相机“排沙减淤”，适时“挖河扩槽”，解决航道淤积问题，实现生态航道的长期维持。建议按照“统筹部署、先易后难、先通后畅、逐步提高”的原则，加快推进黄河下游生态航道建设。

7.1　黄河下游生态航道提出背景

7.1.1　黄河下游航运概况

黄河干流自河南省洛阳市孟津区白鹤镇至山东省东营市垦利区宁海河道全长 878km。黄河水运资源丰富，航运历史悠久，早在春秋时期（公元前 647 年）就有“秦粟输晋，泛舟之役”的记载。清末民初，公路、铁路兴起，黄河水运逐渐衰落。而后一段时期，黄河航运在运送部队开赴前线、供给给养和沟通各边区等方面起了重要作用。20 世纪 50～70 年代，我国加大了对黄河下游河道的治理，下游航运能力得以提高，高村至利津河段可通航 100～500t 级的机动驳船，山东段相继建成旧城、孙口、董庄、洛口、济阳、清河、北镇、利津等 10 个港口，历史最高年水运货运量达到 120 万 t（1959 年）；河南段也修建了孟津白鹤码头、郑州花园口码头、开封柳园口码头、兰考东坝头码头和濮阳码头，年吞吐量数十万吨；80 年代中期以后，下游河道淤积萎缩，航运停滞。

7.1.2　生态航道建设重要意义

由于多种原因，黄河航运至今未进行过系统的建设。水运在黄河流域综合运输网中所占的比重很小，也未起到应有的作用。

1）建设黄河下游生态航道对完善河南、山东两省交通运输体系，补齐交通运输网络“短板”具有重要意义。在现代综合交通运输体系中，内河水运具有运能大、占地少、能耗低、污染小、安全可靠等特点，是实现国家经济社会可持续发展的重要战略资源。当前，黄河下游河南、山东两省主要是公路、铁路运输，运输成本高，容量不足。内河水运相较于公路、铁路运输在运输能力、运输成本和节能环保上极具优势。从运输能力来看，Ⅳ级通航船舶为 500t 级，相当于近 10 节火车厢的运输能力；从运输成本上来看，我国内河水运单位运输成本约为铁路的 1/3、公路的 1/7；从节能环保来看，水运能耗最小，以我国目前长江水运为例，公路、铁路、水运的能源单耗比为 10∶2∶1。当前黄河下游泥沙淤积和游荡型河段河势正逐步得到控制，贯通黄河下游的稳定行河流路为复航和长期通航提供了基本条件，结合黄河下游生态治理，打造从河南郑州到山东东营长约 800km 的入海水路通道，既可节省投资、少占土地，又可补齐交通运输网络“短板”，形成铁路、公路、水运等多种交通运输网络，对调整优化沿黄河地区产业布局，促进节能减排和区域经济协调发展具有重要意义。

2）建设黄河下游生态航道对发展滩区经济，形成新的产业支撑点，促进产业融合发展具有重要意义。黄河下游滩区是典型的农业经济，基本无工业，由于汛期洪水漫滩的影响，滩区经济社会发展滞后，群众生产生活贫困。2013 年以来，河南省将“三山一滩”（大别山、伏牛山、太行深山、黄河滩区）作为扶贫开发的重点区域，加大了河南省滩区精准扶贫的力度。建设下游生态航道，以水运发展客货运输，形成下游新的产业支撑点，结合滩区生态治理，进行产业融合，助力滩区经济社会高质量发展。

3）建设黄河下游生态航道对弘扬黄河文化、发展黄河生态旅游具有重要意义。黄河文化光辉灿烂，在我国 5000 多年文明史上，黄河流域有 3000 多年是全国的政治、经济、文化中心，孕育了河洛文化、齐鲁文化等，分布有郑州、洛阳、开封等古都，诞生了“四大发明”和《诗经》《老子》《史记》等经典著作。建设黄河下游生态航道，增进沿黄郑州、新乡、开封、濮阳、济南等 30 多座大中城市的交流，建成黄河下游生态航道经济带，对发展黄河生态旅游、弘扬黄河文化、讲好黄河故事具有重要意义。

4）建设黄河下游生态航道可助力京杭运河复航，形成连接黄淮海平原城市群的水运大动脉。黄河航运历史悠久，如今虽已断航多年，但从沿线发展的诉求和其他地区发展经验来看，逐步恢复其航运功能仍具有十分显著的价值。特别是随着京杭运河黄河以北段复航实施，黄河下游生态航道建设的重要性越发凸显，可作为我国航运的东西向大动脉，完善我国内河航运网。同时，黄河通航可实现小清河与京杭运河的连通，目前京杭运河黄河以北段预测年货运量约 1 亿 t，小清河年货运量约 5000 万 t，黄河通航以后，作为河南的唯一航运入海口，可沟通京杭运河和山东省内河水运网、连通海运，为沿线地区煤炭、矿产、建材、粮食等大宗物资调运和内外贸交流创造更经济、环保的运输路径，预计货运量可实现亿吨水平，成为连接黄淮海平原城市群的水运大动脉。

7.1.3　生态航道建设面临的形势

经过多年治理，黄河下游防洪减灾体系基本建成，保障了黄河下游伏秋大汛岁岁安澜。2000 年以来，通过以小浪底水库为核心的水库群拦沙和调水调沙，黄河下游河道实现了全线冲刷，河槽平均冲刷下切 2.5m 左右，平滩流量由 2002 年汛前的 1800m^3/s 增加至 4600m^3/s。当前，黄河下游防洪短板问题依然突出，“二级悬河”严重威胁防洪安全，“二级悬河”发育最为严重的东坝头至陶城铺河段，滩面横比降约为河道纵比降的

10 倍，极易形成“横河”“斜河”“滚河”，引起洪水顺堤行洪，增大冲决堤防的危险；小花间无控区间洪水预见期短、威胁大，高村以上 299km 游荡性河势未得到完全控制，持续小水容易诱发畸形河势，横河、斜河危及堤防安全。下游滩区约 190 万居民生活贫困，生产生活与滞洪行洪沉沙矛盾突出，河南、山东两省居民迁建规划实施完成后，仍有近百万人存在洪水风险。新的形势下，实施下游河道生态治理，消除下游“二级悬河”，控制游荡型河段河势，补齐下游防洪短板，解决滩区百姓防洪保安问题，迫在眉睫。

结合新时期国家发展战略及治水新思路，考虑黄河下游自然特点和水沙输移规律，张金良提出“洪水分级设防，泥沙分区落淤，滩槽水沙自由交换”的下游生态治理新方略，具体措施是结合“二级悬河”治理及低洼地整治，利用疏浚主槽泥沙对滩区进行再造，自两岸大堤向河槽依次改造为高滩、二滩、嫩滩，“三滩”再造后高滩将作为生态移民安置区，设防标准为 20 年一遇以上，二滩发展高效生态农业、观光农业，构建田园综合体等，设防标准达 5 年一遇以上，嫩滩构建湿地生态系统，与河槽一起承担行洪输沙功能。黄河下游生态治理方案能够很好地解决长期存在的滩区行洪滞洪沉沙与群众防洪保安、洪水调度与群众脱贫致富、沿黄城市群生态空间需求与滩区土地有效利用等的突出矛盾。

7.1.4 生态航道研究现状

我国水运资源丰富，航运在交通运输中占据不可替代的重要地位，支撑了我国经济社会飞速发展，然而在航道建设中也出现了破坏水生生物栖息地、河流渠道化及河流生态系统的完整性和多样性受到明显扰动等诸多问题，在反思航道建设对生态环境影响的过程中，“生态航道”这一概念逐渐形成，目前我国关于“生态航道”研究处于起步阶段，相关研究多集中于生态技术在航道整治中的应用，具体河段航道生态治理效果评价尚缺乏系统的生态航道建设理论体系和技术体系，对于黄河下游，由于目前航运停滞，尤为缺乏关于生态航道建设的系统研究。

在黄河下游生态治理总体布局下，统筹防洪保安、生态环境保护和沿黄经济发展等需求，结合小浪底水库建成后下游河道冲淤演变现状，深入分析黄河下游通航条件，研究提出生态航道建设标准、河槽生态疏浚、游荡性河道整治、碍航建筑物生态改造和沿线码头建设方案，提出航道长期维持的生态航道建设措施，推进下游生态航道建设，是支撑黄河流域生态保护和高质量发展的内在需求。

7.2 通航条件分析

黄河下游河道贯穿河南、山东两省 14 个地市，既是黄河行洪输沙的重要通道，又是重要的生态廊道和水路运输通道，由于泥沙淤积和河势游荡多变，长期无法通航。但是随着黄河流域生态保护和高质量发展重大国家战略的实施，黄河防洪减淤体系和水沙调控体系将不断完善，下游河道游荡多变和持续淤积抬升的局面也将逐步得到控制，黄河下游复航将面临前所未有的历史机遇。

1）下游河道泥沙淤积抬升局面逐步得到控制，使复航和长期通航将成为可能。

黄河水少沙多，水沙关系不协调，导致黄河下游不断淤积抬高。1950～1999 年黄河下游累计淤积泥沙约 92 亿 t。小浪底水库运用以后，通过水库拦沙和调水调沙，至 2019 年汛前黄河下游共冲刷泥沙 30.17 亿 t，河道淤积抬升的趋势得到遏制，下游最小平滩流量已达到 4300m³/s，适宜的中水河槽规模已初步形成，河槽形态也正在向有利于通航的方向发展，见图 7.2-1 和图 7.2-2。除此之外，小浪底水库建成后下游凌情也大幅减轻，高村以上河段常年不封冻。

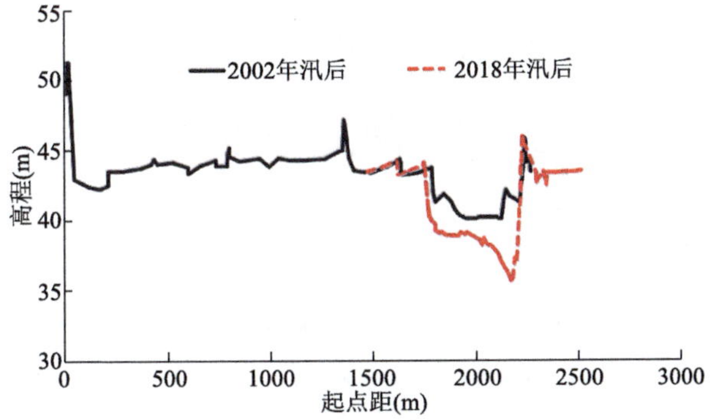

图 7.2-1　阴柳科断面形态变化

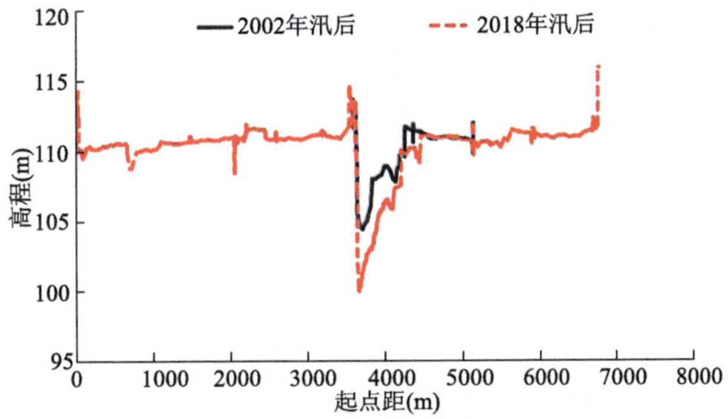

图 7.2-2　下官庄断面形态变化

未来随着东庄水库、古贤水库等水沙调控工程的建成运用，下游河道水沙关系将得到进一步改善，黄河来沙 8 亿 t 以下，维持下游中水河槽不淤积抬高的年数超过 50 年，下游复航和长期通航成为可能。

2）下游游荡型河段河势逐步稳定，为复航和长期通航提供基本条件。

黄河下游自 20 世纪 50 年代以来，开始有计划地治理，特别是“十五”以来，依据国务院批复的《黄河流域防洪规划》，国家对下游进行了多次治理，实施了大量河道整治工程建设，坚持采取“以坝护弯，以弯导溜”的微弯型整治方案，取得了明显成效，目前除高村以上 299km 游荡型河段外，黄河下游河势基本得到控制。当前，《黄河下游“十四五”防洪工程可行性研究报告》提出对高村以上河段进行重点治理，共安排控导工程新续建 69 处，工程长度 39.48km。未来工程实施后，该河段中水流路将基本得到控制，形成贯通黄河下游的稳定流路，为复航和长期通航提供基本条件。

3）下游通航的基本流量条件明显改善，未来随着黄河水沙调控工程逐步完善和南水北调西线工程实施，下游通航流量将进一步得到保障。

20 世纪 70 年代开始，黄河出现断流，1972～1999 年的 28 年中有 22 年发生断流，其中 1997 年断流达 226d，断流河道达 704km，从入海口一直上延至河南开封。1999 年 3 月起，黄河水量统一调度，至今黄河实现连续 20 年不断流，花园口站、夹河滩站、高村站常年的流量均超过 250m^3/s，孙口站、艾山站 90%流量保证率也达到了 250m^3/s、220m^3/s，各站相应流量下的水面宽度为 120～200m，水深达到了 1.0～2.5m，这些基本的流量条件、水深条件，将为下游复航提供最基本的通航保障。

7.3 生态航道建设方案

7.3.1 总体建设思路

以生态文明建设思想为指导，以共同抓好大保护、协同推进大治理为导向，坚持创新、协调、绿色、开放、共享的发展理念，以防洪保安为前提，统筹生态环境保护、绿色航道建设和沿黄经济发展等需求，在下游河道和滩区综合提升治理的总体布局下，结合“二级悬河”治理及“三滩”再造，通过生态疏浚打造黄河下游长达 800 余千米的高效行洪输沙通道和绿色水运通道，按照“控导主流、稳定河槽、保护岸滩”的总体思路实施航道生态整治，通过“相机排沙减淤、适时挖河扩槽”实现行洪输沙通道和航运通道的长期维持，最终形成集防洪、生态、经济、文化、航运等功能于一体的黄河下游河道生态体系。

7.3.2 通航标准

（1）航道标准

黄河下游生态航道通航标准，按照已有航运规划，综合考虑与京杭运河和山东内河水系联通确定。1988 年、1998 年《黄河水系航运规划报告》提出，2030 年前后，黄河下游航道标准达到Ⅳ级。《海河流域综合规划（2012—2030 年）》将京杭运河黄河北岸至天津段规划为内河Ⅲ级航道，目前京杭运河黄河以南已经建成Ⅱ级航道。《山东省综合交通网中长期发展规划（2018—2035 年）》提出，构建以京杭运河、小清河、黄河、徒骇河航道“一纵三横”为主骨架，以济宁港为核心，枣庄、菏泽、泰安港为辅助，其他一般港口为补充的航运体系，配合国家开展京杭运河黄河以北段复航研究。

综合考虑黄河水系规划，以及今后与京杭运河和山东内河水系的联通，下游生态航道整体按照Ⅳ级航道建设，局部河段考虑与京杭运河和山东内河水系联通，按照Ⅲ级航道建设。

（2）航道尺度及代表船舶

根据《内河通航标准》（GB 50139—2014），Ⅳ级航道尺度最大直线段宽度为双线 90m，水深为 1.6～1.9m，通航船舶吨级为 500t；Ⅲ级航道尺度最大直线段宽度为双线

110m，水深为 2.0～2.4m，通航船舶吨级为 1000t。

7.3.3 主要措施

7.3.3.1 航道疏浚

自小浪底水库投入运用以来，黄河下游河道实现了全线冲刷，河槽平均冲刷下切 2.5m 左右，适宜规模的中水河槽基本形成。从满足通航要求来看，目前黄河下游 $250m^3/s$ 左右的通航流量相应河槽宽度已经达到 120～300m，水深达到 1.0～2.5m，只需要对通航河槽稍加整治即可满足航道建设要求。从黄河下游生态治理来看，目前黄河下游存在的“槽高、滩低、堤根洼”的断面形态阻碍了滩槽水沙交换和物质能量循环，是黄河下游“二级悬河”发育、防洪形势严峻、生态系统支离破碎的症结所在，也需要通过河槽疏浚消除“二级悬河”，重塑“槽低、滩高”的正向断面形态，因此河道生态疏浚需要考虑通航和生态治理两方面需求。

根据实测资料分析，黄河下游河道断面存在 V 型断面和 U 型断面两种形态。在相同流量条件下，V 型断面的排洪输沙能力要明显大于 U 型断面，疏浚后有利于提高排洪输沙效果；U 型断面流速分布均匀，更容易满足通航水深和航宽要求，有利于保障通航安全。综合考虑，黄河下游生态治理中水河槽疏浚将尽可能采用 V 型断面，河相系数应控制在 6～10。航道疏浚主要针对枯水河槽，应尽可能采用 U 型断面，疏浚宽度不小于 90m，考虑到黄河冲淤调整幅度大，疏浚后水深不小于 2.0m。典型疏浚断面概化图见图 7.3-1，该断面河槽紧靠控导工程，为保障控导工程安全，控导工程前留出 50m 安全距离，疏浚宽度按 140m 考虑，疏浚断面形态采用 U 型断面，疏浚后 $250m^3/s$ 流量下水深达到 3.3m，满足Ⅳ级航道通航水深要求，并有 1.5m 以上的富裕度，该断面疏浚面积为 $280m^2$，以此推算整个下游疏浚量约为 2.2 亿 m^3。

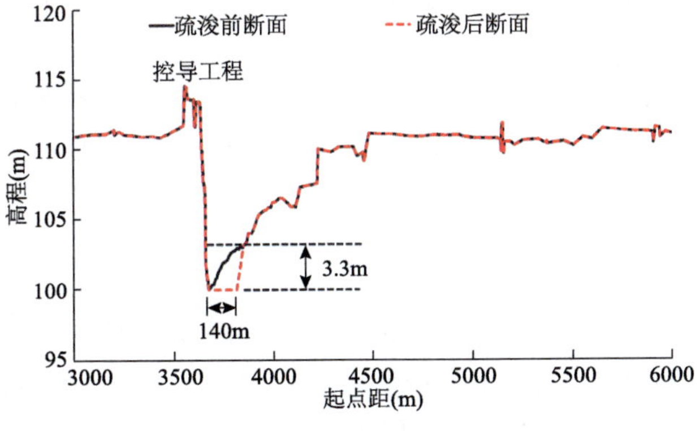

图 7.3-1　黄河下游典型疏浚断面概化图

7.3.3.2 河势控制

《黄河下游“十四五”防洪工程可行性研究报告》安排的河道整治工程实施后，黄河下游中水流路将基本得到控制。由于下游河道整治工程是按照 $4000m^3/s$ 中水流量布置的，对长历时的小流量过程适应能力不足。为稳定小流量流路、满足通航要求，结合现状河道整治工程布局，提出中水、小水兼治的航道治理措施，即沿治导线修筑生态潜坝，与现有控导工程一起控制小水流路，生态潜坝坝顶高程与现状滩面齐平，以此增加小流量送流长度，稳定小水流路。大流量时，水流漫过生态潜坝，滩槽水沙自由交换。开仪至裴峪河段小水流量整治示意图见图 7.3-2。

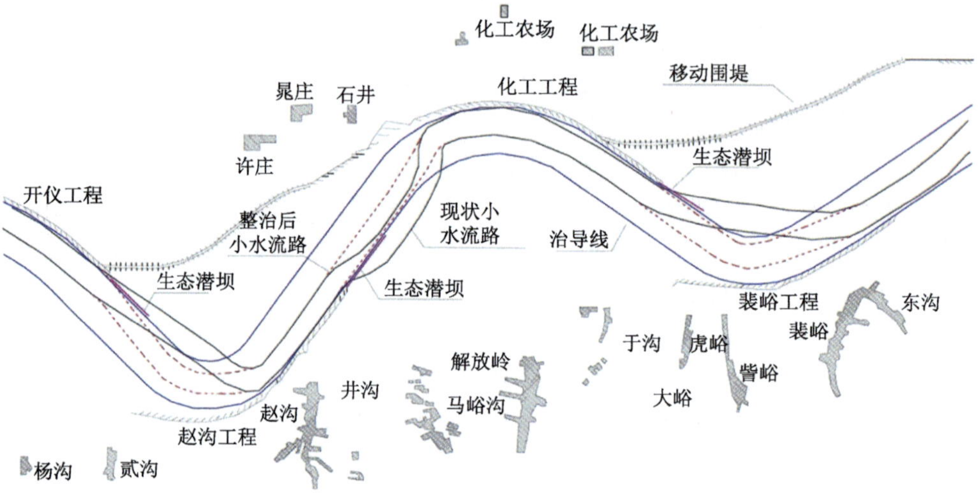

图 7.3-2　开仪至裴峪河段小水流量整治示意图

生态潜坝设计要求工程结构对河流的生态系统冲击最小化，不仅对水流的流量、流速、冲淤平衡、环境外观等影响最小，而且适宜于创造动植物生存和繁衍的多样性生活空间，应依照岸坡稳定、正常行洪、表面异质、材料自然、内外透水及成本经济等原则来进行。

在工程设计和实施时，根据现场条件选择最优的生态水工技术，如土体生态工程技术、生态砖、鱼巢砖等构件、石笼席、天然材料垫、土工布包裹、混凝土块、土工格室、间插枝条的抛石、椰壳纤维捆、木框墙、三维土工网垫等。生态潜坝实施时，结合水体功能区划和周边湿地建设，因地制宜地选择潜坝类型，同时满足通航、景观、生态、游憩等多种功能需求。

7.3.3.3　碍航建筑物生态改造

为满足下游两岸日益增长的交通需求，黄河下游各年代修建了大批跨河桥梁，据统计，至 2018 年，下游建成公路大桥 33 座、铁路大桥 15 座，另外还有 65 座浮桥。这些桥梁中浮桥和早期建设的桥梁不能满足Ⅳ级通航标准，需要采取拆除重建或者提升改造等措施解决其碍航问题。

（1）浮桥、跨径不足的桥梁

黄河下游浮桥一般以船体作为桥面支撑浮在主槽上，阻断航道，因此应予以拆除。跨径不足的桥梁一般建成年代久远，限于当时的经济条件、施工技术及设备条件等因素，跨径较小，例如，郑州黄河公路大桥的跨径只有 30m，不能满足Ⅳ级航道功能。且此类桥梁一般桥面高程也较低，桥下净空也不能满足通航要求，此类桥梁应予以拆除重建。

（2）不满足通航净空的桥梁

对于不满足通航净空的桥梁，目前有条件通过技术手段对部分桥梁进行提升改造，使其满足通航所需的桥下净空，从而避免拆除重建带来的资源浪费，例如，对于桥梁上部结构与下部结构分离、通过支座连接的桥（连续梁桥、矮塔斜拉桥、系杆拱桥等），可通过桥梁整体顶升的技术，在整联桥各墩上布置千斤顶，联动顶升，加高桥墩后落梁就位，这种施工方式造价低廉且工期较短，是解决此类问题的一种较好途径。

（3）对于航道偏离通航孔跨的桥梁

部分黄河大桥建成后，由于河势变化，主流从通航孔跨范围摆动至引桥桥跨范围，导致现状跨径不能满足通航要求。若对桥梁进行重建，代价巨大，可根据桥位河段河势情况，通过修建河道整治工程，将主流导向通航孔跨，从而解决此类桥梁的碍航问题。

7.3.3.4　码头建设

黄河下游两岸文化旅游资源丰富，河南黄河沿岸分布有清明上河园、龙门石窟、云台山、少林寺等八大地标性景观，以及黄河湿地公园、沁河水利生态公园等 60 多处自然生态资源；山东黄河两岸也分布有孙膑旅游城、东平湖景区等八大地标性景观，以及黛色湖光风景区、观鸟森林公园等 20 多处自然生态资源。黄河下游主要文化旅游资源见表 7.3-1。

表 7.3-1　黄河下游主要文化旅游资源表

河南省	山东省
清明上河园	孙膑旅游城
龙门石窟	东平湖景区
云台山	东阿阿胶养生文化苑
少林寺	百里黄河风景区
黄河小浪底景区	天下第一泉
白马寺	济南八景
龙亭公园	济宁市明故城三孔旅游区
焦裕禄纪念园	黄河口生态旅游区

下游码头建设同时考虑货运和旅游需求，按照沿黄城市的旅游资源禀赋和货运需求，将沿黄城市建设为一级航运城市及二级航运城市。一级航运城市设观光、货运两类码头，二级航运城市主要考虑规划观光码头，在满足下游货运需求的同时，实现全线大河水上观光。下游共规划郑州市、济南市等 12 个一级航运城市，以及洛阳市、聊城市等 15 个二级航运城市，黄河下游沿黄城市航运分级见表 7.3-2。下游共计规划货运码头 12 个，旅游观光码头 27 个。

表 7.3-2　黄河下游沿黄城市航运分级表

一级航运城市		二级航运城市	
河南省	山东省	河南省	山东省
郑州市区	东阿县	洛阳市区	聊城市区
巩义市	齐河县	焦作市区	菏泽市区
中牟县	济南市区	孟州市	东明县
平原新区	滨州市区	温县	平阴县
长垣市	东营市区	武陟县	济阳区
开封市区		原阳县	邹平市
兰考县		封丘县	淄博市

7.3.3.5　泥沙淤积影响和处置措施

目前小浪底水库仍处于拦沙期，对下游仍有减淤作用，2035 年，古贤水库建成生效后，与小浪底联合调控水沙。在黄河年均来沙量 8 亿 t 条件下，即便遇到不同的来水来沙过程组合，水库对黄河下游河道的减淤量也是相当显著的，且作用比较稳定，对黄河下游航道维持将起到重要作用，水库运用前 50 年左右的时期内下游河道平滩流量均可保持在 $4000m^3/s$ 以上，其作用不因遇不同水沙系列而明显减弱。在黄河年均来沙量 6 亿 t 条件下，水库发挥拦沙减淤功能时间更长，黄河下游河道可以在相当长的时间内保持较低的淤积水平，黄河下游 $4000m^3/s$ 以上中水河槽过流能力能够长期维持，对于局部河段泥沙淤积形成的碍航段，可采用“挖河扩槽”的放淤方式，疏浚航道或碍航浅滩泥沙并输送至滩区改造良田，在综合处理黄河泥沙的同时，实现生态航道的长期运营。

7.4　结论与建议

1）建设黄河下游生态航道，打造从河南郑州到山东东营长约 800km 的入海水路通道，对完善河南和山东两省交通运输体系、促进流域社会经济协调发展、发展黄河生态旅游、弘扬黄河文化、讲好黄河故事具有重要意义。

2）自小浪底水库投入运用以来，黄河下游河道持续冲刷，河槽明显恢复，最小通航流量相应水面宽度达到 120～200m，水深达到 1.0～2.5m，具备一定的复航条件。未来，随着黄河防洪减淤体系和水沙调控体系不断完善，黄河下游河道淤积萎缩的局面和游荡型河段河势将逐步得到控制，下游全线复航将面临前所未有的历史机遇。

3）研究提出按照整体Ⅳ级、局部Ⅲ级航道标准打造黄河下游生态航道，主要建设措施包括生态疏浚、河势控制、碍航建筑物生态改造和码头建设。生态航道建设后，考虑古贤水库、东庄水库等水沙调控工程建设运用以及黄河下游河道和滩区治理提升，利用输沙通道结合水沙调控“相机排沙减淤、适时挖河扩槽”，能够解决航道淤积问题，实现生态航道的长期运营维持。

4）建议按照“统筹部署、先易后难、先通后畅、逐步提高”的原则，抓紧开展黄河下游生态航道建设规划，加快推进黄河下游生态航道建设，让黄河成为造福人民的幸福河。

参考文献

邴启亮，李鑫，罗彦. 2017. 韧性城市理论引导下的城市防灾减灾规划探讨. 规划师, (8): 12-17.

曹民雄. 2018. 黄长江南京以下深水航道生态型整治建筑物结构研究. 水运工程, (1): 1-11.

陈竞姝. 2020. 韧性城市理论下河流蓝绿空间融合策略研究. 规划师, 36(14): 5-10.

董烈. 2015. 黄河淤背区树种选择须兼顾生态经济双效益. 中国农村科技, (5): 64-65.

董哲仁. 2006. 河流生态修复的尺度格局和模型. 水利学报, (12): 1476-1481.

开封市博物馆. 1982. 古都开封. 郑州：中州书画社.

马鑫雨. 2019. 韧性城市视角下的新乡市黄河滩区空间分析评价与优化研究. 北京林业大学硕士学位论文.

牛彦合，景坤鹏，甘亚迪. 2020. 历史文脉植入下的河南省黄河生态廊道概念规划研究. 建筑与文化, (5): 253-254.

孙盛楠. 2014. 从历史水系变迁看开封城市特色塑造. 河南农业大学硕士学位论文.

邬建国. 2000. 景观生态学——格局、过程、尺度与等级. 北京：高等教育出版社.

吴玉娇，张红伟. 2016. 黄河下游防洪工程管理存在的问题及对策. 山东水利, (1): 40-41.

徐新亮. 2015. 山东黄河淤背区土地开发管理研究——以惠民黄河河务局为例. 山东师范大学硕士学位论文.

许鹏山. 2010. 甘肃省生态航道建设思考. 水运工程, (9): 87-91.

严登华. 2018. 内河生态航道建设理论框架及关键问题. 北京师范大学学报(自然科学版), 54(6): 755-756.

张金良. 2017. 黄河下游滩区再造与生态治理. 人民黄河, 39(6): 169-173.

赵彦伟，杨志峰. 2005. 河流生态系统修复的时空尺度探讨. 水土保持学报, 19(3): 196-200.

朱强，俞孔坚，李迪华. 2005. 景观规划中的生态廊道宽度. 生态学报, (9): 2406-2412.

Bernard J M, Tuttle R W. 1998. Stream Corridor Restoration: Principles, Processes, and Practices. USDA Natural Resources conservation Service.

Godschalk D R. 2003. Urban hazard mitigation: creating resilient cities. Natural Hazards, (4): 136-143.

Wildavsky A. 1990. Searching for Safety. The Journal of Risk and Insurance, 57(3): 564-565.